www.tredition.de

AF302199

Roman Nies

Die Genesis aus biblischer Sicht

© 2020 Roman Nies

Verlag und Druck: tredition GmbH, Halenreie 40-44, 22359 Hamburg

ISBN

Paperback: 978-3-347-07064-6

Hardcover: 978-3-347-07065-3

e-Book: 978-3-347-07066-0

Die Genesis aus biblischer Sicht

von

Roman Nies

Teil 1 Die Jetztwelt

Teil 2 Die Sechs-Tage-Schöpfung

1.

Analysen der biblischen Genesis

2.

Synthesen der biblischen Genesis

3.

Drachenhistorie

DIE GENESIS AUS BIBLISCHER SICHT

Teil 1

Die Jetztwelt

1.

Genesis und Physik

Die Formel des Lebens

Die naturwissenschaftliche Forschung unterliegt in weiten Bereichen noch dem Paradigma der Prämissen der Weltanschauungen des Naturalismus und Materialismus. *1 Dazu gehört der Glauben, dass alles materiell und naturgesetzlich einem strengen Determinismus folge. Das ist erstaunlich, weil die Quantenphysik bereits im frühen zwanzigsten Jahrhundert den Materialismus zunächst erkenntnistheoretisch und dann auch experimentell gründlich widerlegt hat.

Ursprünglich dachte man auf der Grundlage des klassischen Welt- und Menschenbildes, dass man die Welt in den Griff bekommen würde, wenn man der Natur auf den Grund geht und die Materie bis in ihre kleinsten Bestandteile zerlegt. Schon die alten Griechen stellten sich die Welt aus kleinen Atomen, den kleinsten unteilbaren Teilchen, zusammengesetzt vor. Als man seit John Dalton *2 die chemischen Elemente entdeckte, schien sich diese Vorstellung zunächst zu bestätigen. Doch dann kam die große Ernüchterung. Und sie begann mit Ernest Rutherford. *3 Er stellte mit seinen Alphastrahlen fest, dass Atome noch weiter teilbar waren, und um den Kern kreist eine diffuse Hülle aus Elektronen. Schlimmer noch: Dieses Atomsystem versagte sich den Regeln der klassischen Physik, denn es konnte nur stabil sein, wenn man die Teilchen als immaterielle Schwingung verstand. Damit war klar, das Atom war als Substanz nur vorgetäuscht, es gibt in der Welt nichts Ursprüngliches und nichts Reines, sondern nur eine unfertige Form, die im Werden zur nächsten unfertigen Form wird!

Das alte Physik-Gebäude kam zum Einsturz, hatte man doch fest darauf vertraut, dass das Fundament der Welt, das Seiende, aus Materie besteht. Stattdessen finden sich Informations-, Steuerungs- und Erwartungsfelder, die mit Energie und Materie ebenso viel zu tun haben wie Beine mit einem Paar Schuhen. Die Beine brauchen die Schuhe nicht wirklich, aber möglicherweise benutzen sie sie. Nicht Materie, sondern Form und Gestalt und ihr Werden liegt im Wesen der Welt. Und sie alle unterliegen dem Primat der Information.

Man könnte vereinfacht und nicht ganz frei von Ironie sogar sagen, Einstein hat seinen Nobelpreis für Physik dafür verdient, dass er nachgewiesen hat, dass Zweifel an der Ungültigkeit des Determinismus unberechtigt sind. Oder positiv formuliert: Der Determinismus ist nicht Herr über die Elemente! Ein Grund für die Verweigerung vieler Naturwissenschaftler, die neuen Erkenntnisse in ihren Wissensgebieten gelten zu lassen, wird oft genannt. Man sagt, dass sie an den Wirklichkeiten unserer Alltagswelt nichts ändern würde. Es stimmt auch, ein Apfel fällt weiterhin wie immer senkrecht vom Baum. Dennoch stimmt diese Aussage nur eingeschränkt.

Aus dem Blickwinkel der Quantenphysik, deren Richtigkeit vielfach nachgewiesen worden ist, gibt es in der Physik nichts Reales, sondern nur Potentiales, das sich in der Wirklichkeit entfaltet, oder auch nicht. Auch das kennen wir aus unserem Alltag und ist uns bei unseren eigenen Entscheidungen nicht unbekannt. Tun wir etwas oder tun wir es nicht? Glauben wir oder glauben wir nicht?

Im Mikrokosmos der Quantenphysik hat man festgestellt, dass die Wirklichkeit, wie man sie wahrnehmen kann, ganz wesentlich vom Beobachter abhängt. Es gibt das berühmte Gedankenexperiment des Kernphysikers Erwin Schrödinger *4 mit der Katze, die in einem Kasten steckt, mitsamt einer Vorrichtung, die die Katze töten kann. Man weiß das aber erst, wenn man hineinschaut. Solange man das nicht tut, ist die Katze, wenn man die Verhältnisse des Quanten-Mikrokosmos zugrunde legt, sowohl tot als auch lebendig. Wie kommt man auf dieses Paradoxon jenseits unserer erlebbaren Wirklichkeit? Durch eine Tatsache, die die Forscher aus der Fassung gebracht hat. Licht zeigt sich, je nach Messung entweder als Welle oder als Photon. *5 Beide haben die Masse null. Aber nicht nur Photonen, alle Quanten, das sind die (vorerst) kleinsten Wirkungseinheiten eines elementarphysikalischen Objekts, haben die Masse null. Das bedeutet, dass die Quantenwelt immateriell ist. *6 Sie ist aber informativ. Was wir eigentlich als Materie wahrnehmen ist nur eine Gestalt, eine Form, die, wenn man ihr „auf den Grund" geht, nichts Materielles, d.h. nichts Festes, Stetes, mehr zeigt, jedoch von Information bestimmt ist. Weniger als heiße Luft! Mehr als Zufall! Viel mehr!

Nach der Quantenphysik sind alle Elemente eines Systems miteinander verbunden, jeder Eingriff wie beispielsweise eine Messung durch einen Physiker wirkt sich darauf aus. Er will an Informationen ran, er bekommt sie! Doch damit verändert er das System. Die Beobachterrolle, die den Physiker zu solchen verblüffenden Feststellungen nötigt, dass es bei der Bedeutung einer Sache auf die Beobachtung ankommt, erinnert an das kosmologische anthropische Prinzip. *7 Kosmologen haben nämlich festgestellt, dass das Universum anscheinend genauso gebaut ist, dass der Mensch als Beobachter darin existieren kann. Es gibt unzählige Naturkonstanten, die gegeben sein müssen, damit es Leben auf der Erde geben kann. Man könnte noch einen Schritt weitergehen und sagen: das Weltall ist so beschaffen, dass menschliche Bobachter feststellen können, dass das Weltall so gebaut ist, damit Menschen es erforschen können.

Aber es gibt noch eine weitere erstaunliche Analogie zwischen Makrokosmos und Mikrokosmos. Das Universum soll durch einen Urknall entstanden sein. Vor dem Urknall war Nichts, jedenfalls nichts Messbares, nichts was wir Menschen beobachten oder ermitteln können. Da sind die Grenzen der Natur-Wissenschaft spätestens erreicht. Gott, der außer Raum und Zeit ist, lässt sich auch nicht messen. Die Naturwissenschaft kann nichts über Gott sagen. Vor dem Urknall war nichts.

Aber das Nichts ist ebenso vor dem, was im Mikrokosmos gerade noch als Wirkung im Kleinsten feststellbar ist. Das Nichts vor dem Urknall ist also vergleichbar mit dem Nichts jenseits der Welt der kleinsten Wirkungen, die ihrerseits eine Welt ist, in der das Wort „Materie" nicht einmal Zustände (Masse- oder Energiezustände), sondern nur Vorgänge beschreibt.

Die Quantenphysik widerspricht nicht der Bibel. Sie widerspricht aber dem Naturalismus und Materialismus, mithin der weltanschaulichen Grundausrichtung der Naturwissenschaft im 21. Jahrhundert. Sie widerspricht aber auch der darwinistischen Evolutionslehre, wenn diese nur Materie und Zufall oder besser gesagt materielle und zufällige Ereignisse für die Existenz und Entwicklung der Lebewesen verantwortlich machen will. Materie gibt es an sich gar nicht. Und „zufällige" Ereignisse sind abhängig von „Messungen", die entweder im Verbund der bereits funktionierenden und informell aufgeladenen Systeme zustande kommen oder von Entscheidungen eines Beobachters abhängig sind.

In der Quantenwelt geht es immerzu um die Verwirklichung des Möglichen, nie um das blinde Gewährenlassen des Zufalls, das zwar auch vorkommt, aber der Verwirklichung des Möglichen untergeordnet ist, spätestens dann, wenn eine Messung, eine gezielten Interaktion vorgenommen wird. Im Mesokosmos, also der Welt, die wir mit bloßem Auge sehen und mit der Hand betasten können, stellt zum Beispiel die Isolierung einer Tierart auf einer Insel eine Bedingung dafür dar, dass das System „Tierart" sich einer Messung aussetzt. Ein Messfaktor ist die Besonderheit der Nahrungsressourcen, ein anderer das Vorkommen von Fressfeinden. Nach der Evolutionstheorie wirken diese (durch Auslese) nur auf das Ergebnis, was die Tierart durch zufällige Eigenprozesse abgeliefert hat. So ist es aber nicht, denn Auslese nimmt nur etwas weg von dem, was schon da ist und erschafft nichts Neues.

Die Tigerhaie kommen nicht zufällig an genau dem Tag an einen bestimmten Küstenabschnitt, wo der Albatrosnachwuchs seine Flugversuche macht. *8 Sie sind informiert. Information ist etwas Anderes als Zufall. Spannend ist die Frage, wo die

Information herkommt. Information hat immer eine geistige, immaterielle Urquelle und bleibt auf der geistig-immateriellen Ebene. Die Worte dieses Satzes geben nur in den Gedanken des Lesers einen Sinn (oder auch nicht), nicht schon, weil sie dastehen. Es besteht ein fundamentaler Unterschied zwischen Da-stehen und Ver-stehen. Die Welt steht da und wird nur von Geist verstanden. Sie ist semantisch strukturiert. Durch zufällige Transformation ist das bloß Dastehende nicht in das Verstehende zu überführen.

Aus Sicht der Quantenphysik wäre es vielleicht möglich gleichsam in einer „Ver-schränkung" zwei Beobachtungen, die sich zu den Gedankenkonstrukten über die Entstehung und Erhaltung des Lebendigen, dem der (nicht darwinistischen) Evolu-tion und dem der Kreation, zusammenzubringen. Evolution ist aber nicht der Um-gang des Zufalls mit der Materie, sondern der Werdeprozess, der zum Fakt wird. Das Genom des Lebens erscheint als Bausteine von Molekülen; die Information dafür, wie die Bausteine zusammengesetzt sein sollen und was sie in den Zellen bewirken sollen, ist aber ebenso eine immaterielle Größe wie die Feinstruktur der Bausteine. Letzteres weiß man erst seit der Quantenphysik und die Evolutionisten würden gut daran tun, dies einmal zur Kenntnis zu nehmen. Ersteres, dass eine Sequenz von Molekülen nicht Information ist, sondern lediglich Information trägt, hätte man bereits vor dem Quantenzeitalter erkenntnistheoretisch wahrnehmen können. Aber schon Darwin unterlag dem Irrtum, zwei verschiedene Kategorien des Existentiellen nicht unterscheiden zu müssen. Vermutlich, weil ihm das gar nicht bewusst war, dass er Denkkategorien durcheinanderbrachte. Eigentlich er-staunlich für eine Geistesgröße wie ihn, denn absichtliche Ignoranz wird man ihm nicht unterstellen wollen. Fakt ist, auch er verwechselte Hardware mit Software. Dabei ist das Erbgut der Lebewesen noch komplexer als Computersoftware. Man könnte die DNA *9 unscharf als Schaltstelle für etwas Übergeordnetes verstehen, denn was sie zu tun scheint, ein Programm zu beherbergen und, je nach dem, zur Anwendung zu bringen, ist nur das, was man beobachten kann, wenn man auf der Ebene der Umsetzung der in der DNA gespeicherten genetischen Information bleibt. Da die DNA aber im Innern quantenphysikalischen Vorgängen unterworfen ist und zudem auch außerhalb der DNA informatorische Schaltungen vor sich gehen, ist nie mit den Mitteln des Experiments über eine Schwelle des Beobachtbaren hinauszugehen. Man stelle sich einen Computerchip vor, der ein Programm enthält, eine Betriebsanweisung für einen Computer. Wenn uns völlig unbekannt wäre, dass seine Konstruktion ein menschliches Hirn hervorgedacht hat, könnten wir lediglich feststellen, dass die Anordnung der Moleküle zum Fließen von Strom und Nichtfließen von Strom zur sinnvollen Informationsübermittlung dient. Der geistige Prozess beim Erfinder und bei denen, die den Chip zusammengebaut haben, kann auf diese Weise der Beobachtung und Messung nicht erschlossen werden. Ebenso verhält es sich mit der DNA. Wir können nicht entscheiden, welche geistige Kraft sie entworfen und zusammengestellt hat. Wir können nur sagen, dass ein informationsstiftender Prozess für die Erstellung einer Software verantwortlich ist. Einen gewichtigen Unterscheid gibt es aber. Die menschlichen Erfinder haben es noch nicht fertig gebracht dem Chip ein Selbstreparatursystem und eine Selbstreproduktionsvorrichtung zu verpassen. Doch das verkompliziert die Softwareinformation auf dem Chip nur zusätzlich und erfordert offensichtlich noch mehr geistigen Input und nicht weniger.

Fakt ist, dass es eine nichtmaterielle Komponente in zweierlei Hinsicht gibt. Die Materie löst sich als solche ins Nichts auf und es bleibt Gestalt und Information. Und das alles ist eingebettet in ein Beziehungsgefüge der Messung, also Beobachtung, und der Eingriffsmöglichkeit von außen. Deshalb muss man bei der Evolutionstheorie ebenso wie bei der kreationistischen Theorie beides berücksichtigen und stellt fest, dass sie, quasi wie zur „Versöhnung“, sich vereinbaren lassen müssen. Sie unterliegen gewissermaßen einem Zwang der Quantenphysik (besser gesagt, der „wirklichen Physik“). Die Grenzen dieses Messbaren sind in Makrokosmos und Mikrokosmos, an den Rändern des Universums ebenso wie an den Quanten zu verorten. Was darüber hinausgeht, muss man als nichtmessbare, aber existentielle Meta-Ebenen bezeichnen, weil aus dem Nichts nicht wirklich etwas entstehen kann. Und so kann man eine Formel für die Entstehung und Erhaltung des Lebens aufstellen, die man auch Formel der Evolution und Kreation nennen kann. Sie lautet:

älK / iAM / iAU = jLK, d.h. ein älterer Lebenskomplex (älK), der der Möglichkeit eines Einflusses eines informativen Agens sowohl aus dem nichtmessbaren mikrokosmischen Bereich (iAM) als auch aus der lebensbedingenden und –begrenzenden Umwelt (iAU) ausgesetzt ist, wird zum jüngeren Lebenskomplex (jlK). ***10**
Eine andere Darstellung wäre:

E1 = Erbfaktor Agens (nichtmaterielle Größe, die sich materiell auswirkt, erstmals, wenn auch nicht zwangsläufig nur in DNA, Herkunft DNA und unbekannt)

X= x Faktor Agens (nichtmaterielle Größe, die sich materiell auswirkt, erstmals, wenn auch nicht zwangsläufig nur in DNA, Herkunft Sinn- u. Zweck-Potenz)

U= Umweltfaktor Agens

E2= Erbfaktor Agens der Folgegeneration

/ = Es kommt zu einem Wechselspiel von Wirkungen

Der (nicht darwinistische) Evolutionsprozess ist also nach oben und unten offen: unten das ist die informative Quantenwelt, die offen ist für andere Wirklichkeitsdimensionen, aus denen sie einen informativen Input gewinnen kann; oben, das ist der Beziehungsverbund mit der Umgebung unseres Raum-Zeit-Kontinuums. Alles webt und lebt ineinander und voneinander. Der Taktgeber ist jedoch ein anderer. Diese Formel stimmt aus quantentheoretischer Hinsicht auf jeden Fall, weil sie möglich ist. Und wer als Kreationist fragt, wo dabei Raum für den Gott ist, der jenseits von Raum und Zeit ist, dem kann gesagt werden: Das Geistige ist nur auf der geistigen Ebene bestimmbar und die Bibel sagt Gott ist Geist (Joh 4,24)! Wer Gott messen oder beobachten will, muss Ihm also auf der geistigen Ebene begegnen (zum Beispiel beim Gebet). Wenn Gott entscheidet, umgekehrt in den Weltenlauf durch „Messung" und tätiges Beobachten einzugreifen, mag Er das im Meso- oder Makrokosmos sogar durch „Wunder" tun, (im Mikrokosmos steht Ihm ja die Tür zur

Welt sperrangelweit offen!), uns fehlen dazu die (technischen) Mittel. So gesehen wären Wunder nur ein Qualitätsproblem, eine Kompetenzfrage des Beobachters, aber keine Verletzung der Naturgesetze. Der Fehler der Philosophen der vermeintlichen „Aufklärung", die behaupteten, Wunder seien nicht möglich, oder, weil sie nicht der Erfahrung entsprächen, dürfe man sie auch nicht als Bestandteil der Weltereignisse betrachten, bestand darin, dass sie bei ihren Gedanken mit einem weitmaschigen Netz im Meer fischten und dabei an den kleinen Fischen vorbeifischten. Die entgingen ihrer Kenntnisnahme. Wer nicht weiß, wie die Welt beschaffen ist, sollte schweigen, bevor er alte Weisheiten über die Schöpfung in Zweifel zieht. Das Schweigen sollte er nutzen, nachzudenken.

Man hat zu konstatieren: die gängige Evolutionstheorie kann schon wegen den Feststellungen der Naturwissenschaftler auf dem Gebiet der Erforschung des Mikrokosmos nicht stimmen. Ihre Aussage, dass es so etwas wie eine Evolution **11** gibt, stimmt. Und es gibt tatsächlich auch Evolutionsfaktoren, uns bereits bekannte und noch nicht bekannte. Doch diese haben mehr oder weniger Gewicht. Die Welt ist nicht starr. Aber die Evolution als Phänomen ist vor allem ein geistiges Phänomen, denn sie wird andauernd durch „Beobachtung", die den Lebensformen verinnerlicht ist oder wird, ihre Interkommunikation und Interaktion mit der Umwelt, angetrieben, nicht durch einen blinden Zufall. Der Zufall kann zwar als Handlanger gebraucht werden, aber er ist nicht der Meister, der angibt, wo und wozu am Lebensgebäude gezimmert wird.

Eines muss noch gesagt werden. Die Natur hat in der Tat eine kreative Kraft und ist in der Lage auf veränderliche Umweltverhältnisse durch Anpassung zu reagieren. Doch diese hat Grenzen. Dass sie relativ eng angelegt sind, erkennt man daran, dass die Wälder Amazoniens abgeholzt werden und sich nicht dagegen wehren. Ihre „Rache", das Land der allmählichen Verödung anheimfallen zu lassen, fällt nicht aufbauend aus. Atheisten sind sich der Gefahr bewusst, die der Erde und ihren Bewohnern droht, wenn die Krone der Schöpfung, der Mensch, der von Atheisten wohl eher bald „Sackgasse der Evolution" genannt werden muss, so weitermacht wie bisher. Ihr schwacher Trost könnte allenfalls darin bestehen zu sagen, die Evolution geht auch ohne den Menschen, dann eben mit niedrigeren Lebensformen weiter. Kreationisten bauen auf die Hoffnung, dass der Schöpfer von Himmel und Erde jederzeit wieder eine Neuschöpfung in Gang setzen kann. Fruchtbare Erde unterscheidet sich von abgebrannter Erde ja nur in der Qualität der Information. Aber in einem können sich Atheisten und Kreationisten die Hand reichen: der Mensch sollte Pfleger und Heger der Naturschätze sein. Das ist man schon seinen Kindern schuldig.

Genesis und Quantenphysik

Der Bericht über die Entstehung unserer Welt, wie er in der Bibel nachzulesen ist, und die Erkenntnisse der Naturwissenschaften sind komplementär. Ein provokanter, aber berechtigter Satz. Er ist ein Bekenntnis und ein Forschungsauftrag. Die Wissenschaft kann sich der Wahrheit dieses Satzes auf der einen Seite annähern, die Theologie, d.h. die Forschung über Gott und den Logos, von der anderen Seite. Aus Sicht der Naturwissenschaften muss die Bibel, wenn sie Recht hat, die Erschaffung der Himmel und der Erde in sechs Tagen sehr zutreffend erklären. Der Text dazu steht im ersten Buch Mose. Die Juden nennen es Buch „Bereschit". Das bedeutet zu Deutsch „Im Anfang", denn das sind die ersten beiden Worte der Bibel. „Im Anfang" bedeutet, so fing alles an, als die Himmel und die Erde erschaffen worden sind. Weiter zurück kann man in Bezug auf sie nicht gehen, es sei denn, man befasst sich mit dem, der für die Schöpfung verantwortlich ist, denn der bestand vor der Schöpfung, oder besser gesagt, außerhalb von ihr. Im Altgriechischen bezeichnet die „Genesis" (γένεσις) die ‚Schöpfung', ‚Entstehung', ‚Geburt'. Andere Bibelstellen ergänzen das, was die Naturwissenschaftler nicht wissen, weil sie es nicht ermessen können. Es ist nicht in ihrem Messbereich. Das ist das grundsätzliche Problem der Wissenschaften, dass nur das als „Wissenschaft" oder als „wissenschaftlich" erscheinen kann, was Menschen dazu erklärt haben. Menschen sind aber nicht im Besitz der Wahrheit oder der Wirklichkeit, sie nehmen allenfalls daran teil. Daher kann Wissenschaft immer nur etwas Vorläufiges sein. Die Bibel erhebt hingegen den Anspruch Gottes Wort zu sein. Wenn sie das ist, dann ist sie verlässlich. Wenn der Gott der Bibel wirklich Gott ist, dann handelt es sich um einen zuverlässigen Gott, denn das bezeugt Er selber von sich. Der Gott der Bibel kann kein falsches Zeugnis ablegen und Er weiß bereits alles, was ein Mensch je wissen kann.

Die Schöpfungsgeschichte betrifft den Text von Gen 1,1 bis Gen 2,15, wobei der Textabschnitt ab Gen 2,3 noch einmal das bereits Gesagte mit neuen Details versetzt. *12 Die Kapiteleinteilung wurde nicht vom Verfasser der Genesis so vorgenommen. Das Buch Genesis ist nicht das einzige Dokument innerhalb der Bibel, zu deren Entstehung ja 40 Menschen über einen Zeitraum von über eintausend Jahren beigetragen haben, welches etwas über die Entstehung von Himmel und Erde zu sagen hat.

So besagen Joh 1,1ff, Röm 11,36, 1 Kor 8,6, Kol 1,16 und Heb 1,2, dass Gott in und durch Jesus die Dinge erschaffen hat und dass das gesamte All, einschließlich des Menschen dem Ziel Christus zugeführt und untergeordnet werden soll, ist die neutestamentliche Ergänzung zum Schöpfungsbericht (1 Kor 15,21-28). Das bedeutet, dass die physikalisch feststellbare Welt aus einer nicht feststellbaren Welt heraus entstanden ist und aus ihr heraus auch immer weiter verändert wird, bis sie dieses Ziel, das ihr bestimmt ist, erreicht hat. Man kann die Entstehung der Welt mit einem Urknall, beginnen lassen, dann zur Entwicklung von Sternen und Planeten Theorien spinnen, danach versucht man sich mit Entwicklungstheorien über die Entstehung des Lebens und der Evolution der Arten und lässt alles wieder am Ende der Zeit im Sternentod erlöschen. Das sind Versuche, die Welt ohne Gott zu erklären, die zwar einen Wahrheitsanspruch haben, aber schon deshalb nicht der Weisheit letzter Schluss sein können, weil die Versuche immer wieder abgewandelt und ergänzt werden müssen. Sie sind Welterklärungsversuche ohne Gott, die immer dann in die Irre führen müssen, wenn es einen Schöpfergott gibt.

In der Bibel fängt die Schöpfungswoche damit an, dass Gott sprach, es werde Licht (Gen 1,3). Das Sprechen Gottes ist nichts anderes als das Wirken Seines Geistes, der die Dinge, wie sie sein sollen, weil Er sie so haben will, konstituiert. Sprechen bedeutet eine Information an einen Zuhörer weiterzugeben, der darauf reagieren soll, wenn das Sprechen in der Befehls- oder Ausführungsform geschieht. Beim Computer nennt man es Eingabebefehl. Je mehr Gott in die Welt hinein spricht, desto mehr auszuführende Information bekommt sie, gerade immer in den Quanten wie es geschehen soll. Das erklärt, warum Gott mit der Erschaffung von Materie, Raum und Zeit beginnt, ehe er dazu übergeht, die Materie in Raum und Zeit zu ordnen und schließlich durch eine Zugabe der entsprechenden Information hoch-komplexe, funktionierende Gebilde schafft. Dieser schöpferische Vorgang wird in der Bibel in der Schöpfungswoche beschrieben (Gen 1,2-31). Insofern ist der Be-richt wissenschaftlich stringent und konsequent. Er genügt dem Anspruch, der wis-sen will, wie es gemacht ist. Durch Input an Informationen.

Alle Lebewesen haben eine genetische Bauanleitung und Betriebsanleitung, in der das Sprechen Gottes, die Informationsgabe für Seine Geschöpfe, materialisiert und funktionalisiert wird. Die Erschaffung der Lebewesen stellt damit auch den letzten Schritt vor der Erschaffung des Menschen dar. Es gibt keine weiteren Zwischen-schritte. Diese Erschaffung des Menschen wird in der Schöpfungswoche am letzten Tag nicht nur durch die Formgebung von Materie erzielt, der „Leben" eingehaucht wird, sondern durch die Eingabe des Geistes, den der Mensch benötigt, um Mensch sein zu können. Er ist das Ebenbild Gottes, der Geist ist und Körperlichkeiten wäh-len kann wie Er will. Für den Menschen hat Er die Wahl getroffen, passend zur Menschwerdung, denn der Mensch ist nicht fertig, wenn alle seine Lebensfunktio-nen in Gang gesetzt sind. Vor allem muss er sich noch geistlich entwickeln. Wenn ihm Flügel wachsen würden, wie er sich das vermutlich selber gewünscht hätte, wären ihm diese eher auf dem Weg seines Lebens hinderlich. Leben und Geist sind

Sondergaben aus der jenseitigen Welt, der göttlichen Hemisphäre, deren Wirkungen zwar in dieser geschaffenen Welt wahrnehmbar und messbar sind, die aber an sich nicht dinglich oder herkunftsmäßig feststellbar sind, weil sie unmittelbar auf Gott zurückzuführen sind.

In der Schöpfungswoche schuf Gott zuerst Materie, Raum und Zeit, dann gab Er ihnen eine Ordnung, die wir als Naturgesetze wahrnehmen. Er bildete immer komplexere Phänomene unter den bereits geschaffenen Vorbedingungen und schließlich schuf Er Lebendiges und geistige Wesen, mit denen er interagieren und kommunizieren konnte.

Der Schöpfungsbericht ist in sich geschlossen, logisch und sinnreich. Darin unterscheidet er sich auch fundamental von allen anderen Schöpfungsberichten, die aus der Antike bis zum heutigen Tag überdauert haben. Er hat nichts Mythisches an sich.

Die Naturwissenschaftler wissen inzwischen, dass Materie, Raum und Zeit, die nach der Genesis von Gott zuerst geschaffen worden sind, eine für uns untrennbare Zusammengehörigkeit haben. Sie sind von Gott für die gleiche Seinsebene in aufeinander abgestimmten Dimensionen erschaffen worden. Das geschah in Gen 1,2-5 am ersten Schöpfungstag. Die Relativitätstheorien von Einstein, die atomarphysikalischen Erkenntnisse von Nils Bohr, vor allem aber die Ergebnisse der Forschung der Quantenphysik durch Max Planck, Werner Heisenberg und andere lassen keinen anderen Schluss zu, als dass es das Eine in unserer wahrnehmbaren Welt, nicht ohne das Andere gibt und dass die Dinge nichts Unendliches oder Absolutes an sich haben. Das hatte man früher immer angenommen, die Materie, der Raum oder die Zeit, jedes für sich, sei eine feste, unverrückbare Größe, auf die man sich, wenn alles andere zerbricht, immer noch verlassen könne. Die moderne Physik hat mit diesem Irrtum der Naturforscher (Newton) und Philosophen (Descartes, Kant) früherer Epochen aufgeräumt. Nur die Atheisten verharren in dieser Sichtweise wider die naturwissenschaftlichen Erkenntnisse.

Schon Mose, dem Verfasser des biblischen Genesisberichtes, **13** war bekannt, dass nur Gott eine feste Größe sein kann (5 Mos 32,4). Die Materie an sich hat keine Festigkeit. Materie ist und hat keine Substanz, sie geschieht nur und das ist auch nicht zum Innersten hin beobachtbar. Was man in den äußeren Schichten der messbaren Wirklichkeit nachweisen kann, ist lediglich, dass Materie etwas Energiereiches ist. Bei der Messung und Handhabung des Materiellen greift man jeweils immer nur eine Möglichkeit aus einer unbekannten Zahl von Möglichkeiten der ganzen Bandbreite seines Erscheinungspotentials heraus. Im Innern des Materiellen findet man nichts, ebenso wie man im Innern der Lebewesen nur die Moleküle der DNA-Erbsubstanz findet, die auf geheimnisvolle Weise etwas steuern, was sie sich selber nicht zur Aufgabe gemacht haben können. Das ist ein Mythos, dass sich Materie selbst organisiert. Sich organisieren ist etwas Geistiges, ebenso wie Information, die gebieterisch weitergereicht und umgesetzt wird. Nicht der Geist ist Mythos, sondern seine Leugnung.

Alles was an einem Elementarteilchen messbar ist, ist immer nur relativ zu einer anderen Größe. Nur das Planck'sche Wirkungsquantum ist unveränderlich und zeigt, dass es eine kleinste Wirkung gibt. Sie ist immer gleich. Wer hat sie so festgesetzt? Sie stellt sicher, dass es ein „sicher" überhaupt in der Schöpfung geben kann, eine verlässliche Grundlage, nicht Chaos! Wer hat all die anderen Naturkonstanten festgesetzt? Als solche werden Größen bezeichnet, die genauso sein müssen, wie sie sind, damit der Mensch überhaupt in dieser geordneten Welt lebensfähig sein kann. Es gibt eine unüberschaubare Menge dieser Naturkonstanten, die darauf hinweisen, dass nichts wirklich Zufall sein kann und dass die Phänomene des Geschaffenen im Sinne von Röm 1,19-20 zu deuten ist: *„…weil das von Gott Erkennbare unter ihnen offenbar ist, denn Gott hat es ihnen offenbart. Denn sein unsichtbares Wesen, sowohl seine ewige Kraft als auch seine Göttlichkeit, wird seit Erschaffung der Welt in dem Gemachten wahrgenommen."* Freilich nur von denen, die das geringe Wagnis des Glaubens eingehen. Glauben bedeutet hier lediglich das Wahrnehmen des Wahrnehmbaren und die logische gedankliche Schlussfolgerung, dass es einen Schöpfergott, der alles in Gang gesetzt hat, geben muss. Gott hat sich nicht unbezeugt gelassen, denn es drängt sich der menschlichen Vernunft immer wieder auf: hinter den vielen relativen Größen, muss es eine initiative absolute Größe geben. Die Schöpfung ist von einer Vorläufigkeit, die auf ein Endgültiges zulaufen. In Röm 11,34-36 kommt das so zum Ausdruck: *„Denn wer hat des Herrn Sinn erkannt, oder wer ist sein Mitberater gewesen? Oder wer hat ihm vorher gegeben, und es wird ihm vergolten werden? Denn aus ihm und durch ihn und zu ihm hin sind alle Dinge! Ihm sei die Herrlichkeit in Ewigkeit.“* Darum geht es Gott, „die Herrlichkeit in Ewigkeit“. Aus Ihm kommt die Schöpfung, das ist nach unseren limitierten Augen das Nichts, aber zu Ihm sind doch noch alle Dinge. Nichts entgeht Ihm! Nichts kann seine Eigenwege bis zum Schluss durchhalten, denn das Geschaffene ist so geschaffen, dass es gar nicht ewig Bestand haben kann. Es kann sich nur umwandeln lassen zum Ewigen hin. Die Ewigkeit ist eine Qualität, die nur Gott hat und diejenigen, die Gott sich einverleibt hat.

Festigkeit und Zuverlässigkeit in den letzten Dingen gibt es nur bei dem, der sich auch als feste Burg oder Fels bezeichnete. ***14** Da Jesus Christus der Schöpfer war, ist es folgerichtig, dass er als Fels bezeichnet wird (1 Kor 10,4). Er „trägt alle Dinge mit seinem kräftigen Wort“ (Heb 1,3). Das lässt darauf schließen, dass das in der Schöpfungswoche gesprochene Wort „Es werde...“ auch weiterhin seine Informationen in die Schöpfung einfließen lässt. Es entfaltet Seine Kraftwirkung ***15** dauerhaft vom Logos (hebr. Dabar) her aus dem Jenseitigen ***16** Zur Geburt des Logos als Menschenkind bezeugten die Engel das Kommen von dieser Kraftwirkung aus dem Bereich Gottes in einem Lobpreis: *„Doxa en hypsistois Theo"* (Lk 2,14). Das Erscheinen des Sohnes Gottes ist eine Folge der Kraftwirkung Gottes aus der Höhe. Mit dieser Proklamation führen die Geistwesen aus dem Umkreis Gottes den Heiland in die Welt ein. Er ist gekommen, dass sich jeder dieser Kraftwirkung aus der Höhe anvertraut. Sie wird in Joh 15,26 auch als Tröster bezeichnet, der nach Jesu Himmelfahrt an Christi statt gekommen ist. Die Bibel ist in einer Sprache geschrieben worden, dass sie in allen Generationen und bei allen Völkern verstanden werden kann. Wäre sie in der Sprache der Naturwissenschaftler geschrieben worden, könnten ihre wesentlichen Wahrheiten nur schwer von normalen Menschen verstanden werden.

Diese physikalisch unergründliche Kraftwirkung wird vielfach in der Bibel genannt. Sie füllt die ganze Erde aus, *17 sie durchstrahlt den Sternenhimmel und die ganze Schöpfung *18 und immer ist sie Jesus Christus zuzuordnen (Jud 25), durch alle Weltzeiten hindurch, denn sie ist unverweslich und unsichtbar, weil sie von Gott selbst kommt (1 Tim 1,7). Die Übertragung der Kraft auf die Dinge dieser Welt geht vom Geist Gottes aus, den die Bibel genauer als Geist des Schöpfergottes Christi identifiziert (Röm 8,9). Die gleiche Quelle der Kraftübertragung setzt auch die geistliche Entwicklung des Menschen in Gang. Das wird besonders deutlich im Brief des Paulus an die Römer. Da offenbart Paulus: *„Die aber, die im Fleisch sind, können Gott nicht gefallen. Ihr aber seid nicht im Fleisch, sondern im Geist, wenn wirklich Gottes Geist in euch wohnt. Wenn aber jemand Christi Geist nicht hat, der ist nicht sein. Ist aber Christus in euch, so ist der Leib zwar tot der Sünde wegen, der Geist aber Leben der Gerechtigkeit wegen. Wenn aber der Geist dessen, der Jesus aus den Toten auferweckt hat, in euch wohnt, so wird er, der Christus Jesus aus den Toten auferweckt hat, auch eure sterblichen Leiber lebendig machen wegen seines in euch wohnenden Geistes.“*

Hier findet also eine Übertragung geistlich-jenseitiger Dinge auf das hiesige Menschsein statt. Das Empfangsorgan des jenseitig Geistlichen ist der Geist des Menschen. Der ist nun aufgerufen, sich nicht an das bloß Diesseitige festbinden zu lassen von den Elementen dieser Welt, sondernd er geist Christi im Menschen bewirkt eine Entwicklung, die zu einer Auferstehung in einer ganz anderen Lebewelt, eben jener der Geistigkeit, führt. Dies alles vermag die Naturwissenschaft nur staunend zur Kenntnis zu nehmen, denn es ist nicht ihr Forschungsgebiet. Was sie leisten kann ist vergleichsweise gering. Den Naturwissenschaftlern müsste ihre Begrenztheit bewusst sein, wenn sie wieder einmal zum Essen gerufen werden müssen. Sie haben keine unbegrenzte Verfügbarkeit über ihren Geist, denn der Mensch besteht ja aus Geist, Seele und Leib, oder wie es die Bibel auch nennt „Fleisch". Den Zerfall des Leibes kann er nicht aufhalten, obwohl sich der Geist mit Dingen beschäftigt, die für den Leib unzugänglich bleiben: die Vergangenheit und die Zukunft. Und nun sagt Paulus auch noch provokant: *„Denn so viele durch den Geist Gottes geleitet werden, die sind Söhne Gottes."* (Röm 8,14)

Was nützt also das ganze Forschen des Messbaren, wenn man doch nicht den Geist Gottes hat? Alle Forschung muss letzten Endes in der Sackgasse münden, wenn sie nicht mit dem Göttlichen rechnet.

Die Bibel lehrt, dass es neben Gott nichts Absolutes gibt. Gott, der Schöpfer steht für sich. Aber Er steht zugleich mitten in Seiner Schöpfung. Er kann sich jederzeit einmischen, Er hat jederzeit die Elemente im Griff, von Ihm sind sie ausgegangen, zu Ihm gehen Sie zurück, aber mehr noch, Er hat sie nie losgelassen. Ihre Kraftwirkung kommt von Ihm. Bei Jesus klingt das an, wenn Er sagt, dass Gott jedes einzelne Haar von uns kennt (Lk 12,7). Er kennt es von innen heraus.

Psalm 104, 30-31 stellt den Zusammenhang zwischen dem Geist-Hauch, hebr. Ruach (fem.) her, mit dem Gott das Lebende im wahrsten Sinne des Wortes ins Leben ruft, als Abglanz seiner strahlkräftigen Herrlichkeit, hebr. Kabod (masc.).

„Du sendest deinen Lebenshauch aus: Sie werden geschaffen; du erneuerst die Flächen des Ackers. Die Herrlichkeit des HERRN sei ewig! Der HERR freue sich seiner Werke!"

Der göttliche Lebenshauch Ruach belebt den Menschen. Und wenn Gott Seinen Lebenshauch wieder wegnimmt, so wird es da beschrieben, vergeht der Mensch zum Staub der unbelebten Materie. Aber der Lebenshauch, weiß der Psalmist, ist auch der Schöpfergeist und ist ewig. Das Erschaffene ist jedoch in die Endlichkeit hineingestellt.

Heute wissen die Naturwissenschaftler, dass weder die Materie, noch Raum oder Zeit verlässliche Größen sind. Es gab aber noch etwas, worauf man anstelle von Gott seine Hoffnung, die eigene Weltanschauung sei belastbar und durchtragend, setzte: der Determinismus, wonach jede physische Folge auch exakt nur eine zugehörige physische Verursachung hat. Auch der Determinismus, dem die Philosophen und Naturforscher vergangener Jahrhunderte große Wertschätzung entgegenbrachten (Hume, LaPlace), ist durch die Ergebnisse der Quantenphysik als ultima ratio der Welterklärung hinfällig geworden. In der Mikrowelt kann man keinem noch so kleinen Teilchen vorausberechnen, wie es sich definitiv verhalten wird. Es besteht nur eine Wahrscheinlichkeit. Statistisch kann man Zustände und Vorgänge beschreiben. Damit läuft der Normalbetrieb des Universums. Aber dieser Normalzustand kann jederzeit unterbrochen werden. Das wäre zum Beispiel dann der Fall, wenn sich ein Geist am Universum zu schaffen macht.

Und der Mensch weiß sehr wohl, dass nichts sicher ist, sonst hätten nicht schon ganze Völker Angst davor gehabt, dass die Sonne am nächsten Tag nicht wieder über dem Horizont aufgehen könnte. Und da kommt die Quantenphysik und behauptet, dass Dinge an sich nur existieren, sofern ein Subjekt mit ihnen in Beziehung tritt. Nicht bloß, dass ein Objekt sich verändert, wenn sich das Subjekt ihm auf irgendeine Weise nähert, beispielsweise durch einen Messvorgang, sondern auf eine geheimnisvolle Art und Weise konstituieren sich die Energie- und Elementarteilchenfelder erst dann zu einem Objekt, das sie darzustellen haben, wenn ein Subjekt eine Beziehung zu ihnen eingeht. An jedem Ort, an dem ein Objekt vermutet wird, befinden sich, in dem Augenblick, da man sich ihm zuwendet, wie auch sonst im Universum, Kraftfelder und Energiequanten, die im Innersten nichts Materielles mehr zum Messen anbieten, denn der Kern des Materiellen entzieht sich jeder Messung, ebenso wie die genaue Bestimmung der Örtlichkeit. Erst Subjekte, also Personen, stellen eine phänomenologisch existenzgründende Beziehung zu der Erscheinung her, und lassen es zu einem Objekt werden. Das ist nur möglich, wenn sie auf einer gemeinsamen Ebene miteinander in Verbindung stehen, die materiell-physikalisch nicht erfassbar ist, weil sie offenbar einer anderen Daseinsebene angehört. Es gibt keine unabhängigen Objekte. Objekte treten immer nur dann in Erscheinung, wenn vorher ein Subjekt da war. Die Natur ist also durch und durch von den Willensentscheidungen dazu fähiger Wesen abhängig, wenn sie überhaupt in Erscheinung treten soll. Diese Einsicht kommt nicht etwa von Philosophen oder Theologen, die sich noch dagegen sperren, sie anzuerkennen, weil sie so jenseitig und irrational anmutet, sondern von den Kernphysikern. Was sich in der Schöpfungswoche entfaltet hat, ist, mit den Worten der Quantenphysik gesprochen, die durch Gottes Schöpfergeist bewirkte Hineingabe dessen, was wir als Kosmos wahrnehmen, in die Möglichkeit des Erscheinens. Quantenphysik, das ist nicht wie höhere Mathematik der Physik, sondern das ist wie Metaphysik. Eines Tages werden sich auch die Evolutionstheoretiker mit der Quantenphysik beschäftigen. Und dann werden sie sehen, dass Evolution nicht mit dem Zufall gekoppelt ist, sondern an geistigen Vorgängen hängt, die neue Impulse in die Mikrowelt hineingeben. Wenn aber Determinismus ebenfalls ausscheidet als fester Grund, dem man anstelle von Gott huldigen könnte, was bleibt dann anderes als sich mit dem Faktum auseinanderzusetzen, dass es nur noch eine plausible Erklärung für die Existenz von Materie, Raum, Zeit, Naturgesetzen, Lebewesen, Menschen gibt? Wenn Objekte nicht ohne Subjekte denkbar sind, dann kann am Anfang der Schöpfung nichts Materielles gestanden haben, sondern ein personales Subjekt, das alles in Erscheinung treten ließ. Damit ist aber auch klar, der enge Zusammenhang der Schöpfung mit dem Schöpfer und den Menschen, wie er in der Genesis dargestellt wird, findet in der Quantenphysik eine erstaunliche Bestätigung. Die Quantenphysik hat keine Einwände gegen die biblische Genesis. Gegen die Evolutionstheorie hat hingegen schon die herkömmliche Physik abqualifizierende Einwände. Nach dem zweiten Hauptsatz der Thermodynamik gilt, dass In einem geschlossenen, wärmedichten System die Entropie nicht abnehmen kann, sie nimmt in der Regel zu. Zustandsgröße eines physikalischen Systems, das ist die Beschaffenheit eines Systems, die durch eine mehr oder weniger gegebene Ordnung oder Systematik gekennzeichnet ist.

In einem Gas sind zum Beispiel die Moleküle, je länger man das System abgeschlossen hält, gleichmäßig verteilt. Die Folge davon ist, dass man daran nur etwas in Richtung einer Ordnung ändern kann, wenn man zielgerichtet Energie eingibt. Eine Zielrichtung vorgeben kann aber nur ein Geist. Konkret bedeutet das unter anderem, dass sich Lebewesen nicht höher entwickeln können, weil dazu eine zielgerichtete Verwendung von Energie notwendig wäre. Lebewesen sind hinsichtlich ihrer inneren Ordnung geschlossene Systeme. Die Energie in Form von Nahrung, die sie zu sich nehmen, wird maschinell auf eine verwertbare Ebene gebracht. Der Lebenskreislauf ist geschlossen. Wird er unterbrochen, stirbt das Lebewesen und es setzt der Zerfall sofort ein, weil keine zielgerichtete Information mehr weitergegeben wird, um die vorhandene oder bereit zu stellende Nahrung verarbeiten zu können. Das System als solches kann am Laufen gehalten werden, solange sichergestellt ist, dass die Information in Befehlsform weiter umgesetzt wird.

Das was die Naturwissenschaft als Naturgesetz oder Naturregel feststellt, *19 sind natürlich nur Wirkungen, die als solches erkannt werden. Das Wirken der Naturgesetze schafft Ordnungen, die das Weltall im Makrokosmos und Mikrokosmos zusammenhält und es nicht zu einem bloßen Chaos werden lässt. Gesetze an sich sind ein Abstraktum, das aber auch so existiert, dass es wahrnehmbare und messbare Wirkungen hinterlässt. Als Ordnung schaffendes Abstraktum verweist es ebenfalls auf die nicht feststellbare, jenseitige Welt und damit auf Gott den Schöpfer und Gesetzgeber. Das sagen auch zahlreiche Bibelstellen aus. *20 Das Chaos in der Welt muss der Ordnung und dem Frieden Gottes weichen. In diesem Zusammenhang sei darauf hingewiesen, dass das griechische Eiränä ähnlich wie das hebräische Schalom mehr als nur einen äußeren Frieden bedeutet. Es gibt auch den inneren Frieden und damit einen Seinszustand der Harmonie, der nicht nur die belebte, sondern auch die unbelebte Welt betrifft (1 Kor 14,33). Dieser wird letzten

Endes in der Unterordnung von allem unter Christus erreicht werden. ***21** So lehrt es die Bibel. Aus Sicht der Naturwissenschaft ist die Bibel richtungsweisend, obwohl doch ihre Verse zweitausend Jahre alt sind und aus einer Zeit stammen, als die Menschen noch nichts von Thermodynamik und Quantenphysik wussten.

Wenn aber alles in Gott verankert ist und selbst die kleinsten Wirkungen nicht an Ihm vorbei entstehen können, dann muss zwangsläufig jeder Versuch, eine heile Welt ohne Gott zu schaffen, im Chaos, in vollendeter Entropie enden und die geringste Entfernung von Gott dem Wesen und Ziel der Schöpfung zuwiderlaufen. Das Universum ist kein Perpetuum mobile. Es ist noch nicht einmal ein vorübergehend, unabhängig existierendes mobile. Es ist ja nur ein Objekt, das sich aus vielen Objekten zusammensetzt. Der Ausruf von Jesus am Kreuz „Ich werde alle zu mir ziehen!" (Joh 12,32) ist demzufolge eine für jedermann ernst zu nehmende Verheißung, der man sich nur gegen die Vernunft verschließen kann.

Den Zerfall und das Chaos, die man im Makrokosmos feststellen kann, folgen in den von ihnen betroffenen mikrokosmischen Strukturen einer naturgesetzlichen Ordnung. Moleküle und Atome bilden keine Unordnung, nur, weil ein Unwetter tobt. Und umgekehrt gilt auch, die Unberechenbarkeit und Undeterminiertheit der Elementarteilchen ändert gar nichts an der äußeren Gestalt der Dinge und den großen Abläufen in der Natur. Das wäre nur verwunderlich, wenn man dahinter keinen Sinn entdecken würde.

Dass Gott die Ordnungen in der Natur festgesetzt hat, ergibt sich z.B. auch aus Jer 33,25-26. Der Kontext zeigt, dass es bei Gott neben „Naturgesetzen" auch andere von Gott „gesetzte", zuverlässige Ordnungskonstanten gibt. Hier bei Jeremia wird der Fortbestand Israels genannt. So wie Gott bestimmt hat, dass Elektronen den Atomkern umkreisen und Planeten ein Zentralgestirn, so gewiss ist es, dass Israel nicht auslöschbar ist. Das gilt nicht für die Feinde Israels, wie man am Beispiel Babylons, Assyriens und anderer sieht, die als Volk und Staat nicht mehr existieren.

„So spricht der HERR: Wenn mein Bund mit dem Tag und der Nacht nicht mehr besteht, wenn ich die Ordnungen des Himmels und der Erde nicht festgesetzt habe, dann werde ich auch die Nachkommen Jakobs und meines Knechtes David verwerfen, dass ich nicht mehr von seinen Nachkommen Herrscher nehme über die Nachkommen Abrahams, Isaaks und Jakobs.“ Das ist zunächst einmal eine theologisch starke Aussage, an der sich derjenige Gott messen lässt, der gesagt hat, dass Seine Zusagen zutreffen.

Hier wird gezeigt, die naturgesetzlichen Ordnungen haben nur eine begrenzte Bedeutung. Sie müssen sich jederzeit dem unterordnen, der sie in Gang gesetzt hat. Hier werden sie in Beziehung gesetzt zum Bestand eines Volkes. Es ist Gott, der Schöpfer der Folge von Tag und Nacht und der Ordnungen in Himmel und Erde, der auch über das Volk Israel und über alle anderen Menschen verfügt. Er bestimmt, dass dieses Volk nicht untergeht, solange der Kosmos Bestand hat. ***22** Er hat die Vollmacht über das physische Universum, aber auch die Herrschaft über die Geister. Er ist es, der Geschichte macht und andere machen lässt, solange es mit Seinen Plänen übereinstimmt. Wo nicht, schreitet Er. Das Beispiel der Sintflut zeigt, dass ein simpler Regen die ganze belebte Welt begrenzen kann. Es überlebten nur die, die Gott anerkannten. Die Menschengruppen, die bei der Sprachverwirrung am Turm zu Babel beteiligt waren, stellten nur mit Verwunderung fest, dass die jeweils anderen plötzlich eine andere Sprache sprachen (Gen 11,4). Dafür hatten sie keine Erklärung. Bei ihnen war ja alles in Ordnung. Gott hatte sich ihnen nicht mitgeteilt, nur den Vorfahren Abrahams.

In Ps 148,6 heißt es, dass Gott der Schöpfung eine Ordnung gab, die sie nicht überschreiten kann. *„Lobt ihn, ihr Himmel der Himmel und ihr Wasser, die ihr oberhalb des Himmels seid! Loben sollen sie den Namen des HERRN! Denn er gebot, und sie waren geschaffen. Er stellte sie hin für immer und ewig. Er gab eine Ordnung, die wird man nicht überschreiten.“* (Ps 148,4-6)

Alles Geschaffene ist endlich. Die Physik hat mit den Gesetzen der Thermodynamik entdeckt, dass das Prinzip der Entropie jeglicher Ordnung, die aus dem Nichts entstehen soll, entgegensteht. Das Verhältnis von Materie, Raum und Zeit ist immer so, dass es dem Zustand des energieärmsten Stillstands zustrebt. Um eine Bewegung zu einer Entwicklung zu erreichen, muss man Energie verfügbar machen, die gezielt und geordnet eingesetzt wird. Jegliche Herstellung einer Ordnung verlangt ebenfalls wie schon jedes Da-sein oder So-sein Intelligenz und Willen, sind also personal vorausgesetzt. Alles hängt am Schöpfergott. Der Psalmist preist Ihn folgerichtig: *„Du hast die Erde fest gegründet und sie bleibt stehen. Sie steht noch heute nach deinen Ordnungen; denn es muss dir alles dienen"* (Ps 119,90-91). Gottes Kabod und Gottes Ruach durchwalten die kleinsten Elementarteilchen und stellen die Möglichkeiten des Wählbaren in jeder Zeiteinheit bis hinunter zum kleinsten Wirkungsquantum bereit. Ohne Gott bräche sofort alles zusammen. Insofern gibt es keinen echten Dualismus. Himmel und Hölle, Körper und Geister, Mensch und Maschine, Elementarteilchen und Kraftfeld, Schwingung und Schwankung, alles hängt in Gott und hört auf Sein Befehlswort. Er hat die Allmacht. Er hat die uneingeschränkte Verfügungsgewalt. Die Bibel gibt als Ziel Seiner Schöpfung das völlige Unterordnen unter Christus zur Verherrlichung Gottes an. Christus selbst bezeichnet sich wie schon im Alten Testament *23 auch in der Offenbarung der letzten Dinge als *„das Alpha und das Omega, der Erste und der Letzte, der Ursprung und das Ziel."* (Off 22,13) Arche und Telos können auch mit Anfang und Vollendung übersetzt werden. Das was Gott durch Christus angefangen hat, wird Er auch zur Vollendung bringen. Das ist wahrlich eine gute Botschaft.

Lichtforschung

Die Bibel beginnt mit dem Satz *„Im Anfang schuf Gott die Himmel und die Erde"* und in den nachfolgenden Versen wird dokumentiert wie das Gott ausgeführt hat.

Der Geist Gottes war da und Gott hat die Dinge in die Existenz gerufen, zuerst noch aus einer Unordnung, dann aber in eine zunehmende Ordnung hinein, die anfänglich noch leere Räume ausfüllend, mit der unbelebten Natur und den Naturgesetzen, mit der belebten Natur und endlich auch mit dem Menschen, den Gott mit Bewusstsein und Geist ausgestattet hat. So beschreibt das Buch Genesis die Schöpfung. Zuerst waren nicht die Materie und der Zufall, sondern Geist und intelligente Planung.

Die Naturwissenschaften ab dem 20. Jahrhundert haben sich darauf geeinigt, das nicht anzuerkennen, sondern alles unter der Prämisse zu erforschen, als wäre es umgekehrt. Zuerst sei die Materie gewesen und irgendwie hätte sich dann im Verlauf der Evolution Ordnung und Organisation, Information, Geist und Bewusstsein gebildet.

Die Frage lautet also, hat sich alles zufällig aus dem Nichts gebildet oder hat eine schöpferische, intelligente Kraft alles ins Dasein gerufen? Blaise Pascal sagte einmal „Gott gibt so viel Licht, dass wer glauben will, glauben kann. Und Gott lässt so viel im Dunkeln, dass wer nicht glauben will, nicht glauben muss." Insofern stünde es unentschieden, bei der Bewertung der Indizienlage. Auch ein Naturwissenschaftler kann sich an das Licht halten und Gott hinter den Dingen, die er erforscht, sehen. Oder er kann sich an der Dunkelheit orientieren. Viele Naturwissenschaftler, Galileo, Kopernikus, Kepler, Newton, Planck, Einstein, Heisenberg, um nur einige wenige zu nennen, haben sich dafür entschieden, an einen intelligenten Verursacher des Universums zu glauben. Was könnte man für sie sprechen lassen?

Schon den ersten Satz der Bibel kann man in einen sinnvollen Zusammenhang bringen mit einem Phänomen, das man so umschreiben könnte: dass Leben auf der Erde möglich ist, hängt mit der ausgeklügelten, feinabgestimmten Beschaffenheit der Himmel (Pl.) und der Erde zusammen. Das ist nicht überraschend, wenn am Anfang ein Schöpfergott der Weltenarchitekt und Baumeister war. Für Naturforscher ist der Himmel, so wie wir ihn kennen, ebenso wie die Erde bisher nur zu einem minimalen Teil überhaupt erforschbar gewesen. Doch trotz dieser Limitierung der menschlichen Erkenntnismöglichkeiten weisen die Forschungsergebnisse darauf hin, dass Himmel und Erde und alles, was auf ihr vorkommt, nicht zufällig und planlos entstanden sind. Die Naturwissenschaft hat zwar natürliche Erkenntnisgrenzen, sie hat sich aber zusätzliche Erkenntnisgrenzen gesetzt, indem sie sagt, die Welt untersuche man nur wie eine Maschine und setze voraus, dass sie keinen Konstrukteur hat.

So kann man auch einen Auto-Verbrennungsmotor erforschen. Irgendwann ist man in der Lage zu erklären, wie er zweckmäßig funktioniert und wie die einzelnen Teile geplant und intelligent anmutend zusammenwirken. Doch dann verweigert man konsequent die Aussage, dass sich das Ganze aus der Existenz des Erfinders Nicolaus August Otto begründen lässt, denn nirgendwo am Forschungsobjekt sieht man etwas von ihm. ***24**

Es gibt aber eine Menge an unwahrscheinlichen „Zufälligkeiten", ohne die wir Menschen gar nicht erst dazu gekommen wären, über unser Herkommen nachzudenken. Hier einige dieser „Zufälle" oder doch wohl Planungsergebnisse, die Voraussetzung dafür sind, dass wir auf dem Planet Erde existieren können. Manche davon sind feststellbare Fakten, andere werden nach den Berechnungen der Wissenschaftler als gegeben angenommen:

- es gibt eine Feinabstimmung zwischen Materie und Antimaterie, die bewirkt, dass überhaupt Materie stabil bleiben kann,

- es gibt eine Feinabstimmung bei der Kohlenstoffsynthese, die bewirkt, dass Kohlenstoff überhaupt stabil bleiben kann. Kohlenstoffe sind Bausteine des Lebens,

- in unserem Sonnensystem gibt es nur eine Sonne, was die Planetenumlaufbahnen stabilisiert,

- die hochexplosive Sonne hat gerade die Masse und die Eigenschaften, die ein Planet wie die Erde benötigt, um in ihrem Umkreis existieren zu können,

- die Planeten unseres Sonnensystems haben Größe, Beschaffenheit und Umlaufbahn wie sie für die Erhaltung der Bedingungen, unter denen die Erde um die

Sonne läuft, notwendig zu sein scheinen, wie man durch Berechnungen festgestellt hat. Dazu gehören:

- - nahezu kreisförmige Bahnen sorgen für einen gleichbleibenden Abstand zur Sonne mit einem gleichgerichteten Umlaufsinn und gleich gerichteten Drehsinn um die eigene Rotationsachse,

- - Gliederung in kleinere erdähnliche, innere Planeten und größere, gasförmige, äußere Planeten

- - Abstände der Planeten untereinander gemäß einer mathematischen Reihe

- - die äußeren Gasplaneten schlucken kosmisches Material, das die Erde treffen könnte

- der Erdmond stabilisiert die Erdachse,

- die Erdrotation bringt eine Tag- und Nachtdauer von 24 Stunden, so dass sich die eine Seite nicht zu sehr aufhitzen und die andere Seite nicht zu sehr abkühlen kann,

- die Erdatmosphäre ist so aufgebaut, dass sie vor der (sechsfach schädlichen) Strahlung aus dem Weltraum geschützt ist. Nur der optisch sichtbare Teil der Strahlung erreicht den Erdboden und genau dafür sind Mensch- und Tieraugen ausgestattet,

- die Erde ist so aufgebaut, dass nur an ihrer dünnen Oberflächenschicht Leben möglich ist, sie hat dazu den passenden Erdmagnetismus und die passenden atmosphärischen Bedingungen: Die Erdgröße bedingt, dass Moleküle und Luft nicht in den Weltraum entweichen können,

- verschiedene erdtypische Faktoren wirken zusammen, dass Erdboden, Luft und Ozeane in mäßiger Bewegung gehalten werden, was für Lebensbedingungen und Fortpflanzung der Lebewesen wichtig ist, große Stürme wie auf anderen Planeten gibt es nicht; zu solchen Faktoren zählen die Plattentektonik, die gemäßigte Erdrotation, der gemäßigte Vulkanismus,

- die Erde befindet sich in einem exakten Abstand zur Sonne, der irdische Lebensverhältnisse ermöglicht, weil geringe Abweichungen davon die Erde wegen zu großer Hitzeentwicklung oder zu großer Kälte in eine Wüste verwandeln würde: zu

diesen Lebensverhältnissen gehört das Vorkommen von flüssigem und kondensierbarem Wasser,
- der Wasserkreislauf ist ein sich selbst regulierendes System, das ist nur möglich, weil Wasser spezifische Eigenschaften hat, die zu den atmosphärischen und geologischen Bedingungen auf der Erde passen bzw. von diesen mit ihren Wirkungen ergänzt werden.

Warum die Naturwissenschaftler angesichts der Fülle der Designargumente in der Schöpfung nicht zurückkehren zu den Denkvoraussetzungen ihrer wissenschaftlichen Vorfahren liegt offenbar an der vorherrschenden „gottlosen" Weltanschauung, der sie huldigen, ob sie daran glauben oder auch nicht. Johannes Kepler oder Max Planck können als beispielhaft dafür gelten, dass es inspirierend und motivierend sein kann „die Gedanken Gottes nachlesen" zu können oder sogar zu Gott hin zu denken, um etwas über Ihn zu erfahren. Das müsste das größte Ziel überhaupt sein, das sich ein Forscher setzen kann. Dass man sich als Naturwissenschaftler zwangsläufig zu Gott hinbewegt, haben in ähnlicher Weise der britische Astrophysiker Arthur Stanley Eddington, der Physiker Ernest Rutherford und der Begründer der modernen Geologie Charles Lyell erfahren. Der sagte sogar: *„In welcher Richtung wir immer unsere Nachforschungen anstellen, überall entdecken wir die klarsten Beweise einer schöpferischen Intelligenz, ihrer Vorsehung, Weisheit und Macht."*
Arthur Schopenhauer hat schon im 19. Jahrhundert kritisiert, dass die aufkommenden neuen Weltanschauungen, die nicht mit Gott rechnen, einen Teil der Wirklichkeit ausblenden könnten. Fast prophetisch wirkt es, wenn er warnte: *„Wohin Denken ohne Experimentieren führt, hat das Mittelalter gezeigt; aber dieses Jahrhundert lässt uns erleben, wohin Experimente ohne Denken führen."* ***25**
Diese Verweigerung gründlicher Reflektion des empirisch Belegbaren, währt nun schon über ein Jahrhundert und kann am Beispiel zweier berühmter, in der Mitte des letzten Jahrhunderts gemachter Entdeckungen gezeigt werden, die immer

noch als Nachweis des „Lebens ohne Gott" missbraucht werden, obwohl die Entdecker selber davon abgerückt sind.

Stanley Miller hatte herausgefunden, dass man im Labor Aminosäuren, Bausteine für die Lebewesen, aus einfachen Ausgangsstoffen herstellen konnte. Beinahe zeitgleich fanden Watson und Crick die Struktur der Erbinformation in den DNA-Molekülen heraus. Alle drei glaubten zunächst, dem Rätsel des Lebens nahe gekommen zu sein.

Watson und Crick redeten sogar davon, sie hätten das „Geheimnis des Lebens" entdeckt, als sie auf die molekulare Struktur der DNA gekommen waren. Man hat schon damals wissen können, dass in der DNA lediglich die Erbinformation (oder auch nur ein Teil davon) molekular niedergeschrieben ist und dass Aminosäuren nur ein Baustoff, aber noch keine „Lebenssubstanz" sind. Watson gab als seine Motivation und Zielsetzung an, er wolle das Leben nur aus der Sprache der Chemie heraus erklären: *„Genau das wollten wir. Denn wenn das Leben Chemie ist, dann können wir es verstehen. Wenn es mehr als Chemie wäre, würden wir es nicht verstehen. Wenn Gott das Leben geschaffen hätte, würden wir es nie verstehen"* ***26**

Die Naturwissenschaftler versuchen alles auf der Grundannahme des Naturalismus zu ergründen. Aber wenn es „mehr als Chemie" und „mehr als Biologie und Physik" gibt, muss dieser Versuch scheitern. Das „Mehr" wäre dann ein „meta" und lässt sich nicht bis zum Grund erforschen.

Aber dennoch stößt man immer wieder auf sich aufdrängende Rückschlüsse, die nicht zum Paradigma, dass die Welt ziel- und zwecklos durchs Weltall treibt, passen. Der Astrophysiker Norbert Pailer schrieb: *„Obwohl jede von einem Archäologen gefundene Hieroglyphe als Zeichen einer Intelligenz gewertet wird, haben manche Zeitgenossen bei diesbezüglichen Aspekten des Kosmos persönliche Vorbehalte!"* ***27** Der britische Philosoph und Mathematiker Alfred North Whitehead, der die Leugnung der Zweckmäßigkeit in der Natur für widersinnig und erkenntnisverdunkelnd hielt, schrieb 1976: „*Wissenschaftler, deren Lebenszweck in dem Nach-weis besteht, dass sie zwecklose Wesen sind, sind ein hochinteressanter Durchsu-chungsgegenstand.*" ***28***

Die Weigerung heutiger Wissenschaftler diesen früheren Weg der Forschung unter Einbezugnahme der Existenz des Schöpfers allen Lebens zu beschreiten, könnte sich als kontraproduktiv erweisen, nicht nur für den Erfolg ihrer Forschung, sondern auch für ihre eigene Erkenntnisfähigkeit. Denn wie schon Pascal wusste, man kann nur im Licht bleiben, wenn man sich nicht von ihm abwendet.

Dass die Betreibung von Naturwissenschaft heutzutage im 21. Jahrhundert unter einem Diktat der Evolutionisten steht, steht außer Zweifel. Die Front der alternativen „Intelligent Design" – Vertreter wird immer größer, weil sich die Widersprüche und Lücken in der Religion des atheistischen Evolutionismus nicht mehr unter den Tep-pich kehren lassen. Es wäre intellektuell redlich, wenn die Wissenschaftswelt wie-der mehr zu einer ergebnisoffeneren Perspektive zur Entstehung des Lebens über-gehen würde. Darwins Theorie benötigt zu viele unbewiesene Vermutungen und Hilfsthesen um für sich mehr beanspruchen zu können, als weiter der Forschung unterworfen zu sein.

Die ersten Lebewesen in der untersten geologischen Ablagerung des Kambri-ums sind voll entwickelt und haben keine fossilen Vorgänger. Das hatte schon Dar-win bemerkt und kritisiert. Er durfte zu seiner Zeit noch hoffen, dass man in der geologischen Forschung einfach noch nicht so weit war und sich die Fossilien noch finden lassen würden. Doch das ist nie geschehen, obwohl man weltweit giganti-sche Mengen an Fossilien gefunden hat. Aber niemals sind es Zwischenformen, sondern immer sind die Organismen voll ausgebildet. Es gibt andere Forschungs-gebiete, die sich erst noch nach Darwin etablieren und entwickeln mussten. Dazu gehört auch die Biochemie. Man weiß heute, dass die zufällige Entstehung eines funktionell stabilen Proteins ausgeschlossen ist. Auch eine Million Mutationen, die ja nicht zielgerichtet sein können, helfen nicht weiter. Es gibt aber unzählige hoch-komplexe Proteine, die sich voneinander unterscheiden.

Es wäre an der Zeit, dass Wissenschaftskreise mit der Hexenjagd auf Evolutionsverweigerer aufhörten und stattdessen damit anfangen, der Vorstellung, dass das Leben auf der Erde von einer höheren Macht gestaltet wurde, Raum zu geben. Es ist auffällig, wie erbittert die Gottgläubigen bekämpft und verdrängt, teilweise auch verleumdet werden. Die Wahrheit spricht für sich und setzt sich durch, warum muss man dann Glaubensgegner bekämpfen. Ein nachvollziehbarer Grund wäre, weil man weiß, dass der Gegner im Recht ist und man selber das Recht nicht hat. Das war zu allen Zeiten bei gewaltbereiten Diktatoren so. Ihnen ging es nie darum, die Wahrheit oder das Recht zu verteidigen, sondern ihre Macht zu sichern und zu festigen. Die Evolutionslehre und mit ihr der daraus entwickelte Naturalismus ist wie eine Religion, die keine andere Religion neben sich duldet. Das ist sehr zu bedenken, weil es eigentlich selbstoffenbarend ist. Jeder, der diese Religion in Frage stellt, erntet Hass, Wut und Verachtung. Genauso verhielt sich die religiöse Führung zu Zeiten Jesu ihrem Gott gegenüber. Man wollte ihn mundtot machen, weil seine Lehre die Wahrheit war, die den religiösen Machthabern nicht gefallen konnte, weil sie ihren Irrtum offenlegte.

Auch in der Wissenschaftswelt gibt es viel Dunkelheit, die mit dunklen Mächten in Verbindung steht und mit dunklen Mitteln an der Macht gehalten wird. Es ist ein Glaubensdiktat, das letzten Endes scheitern wird.

Der Weltraum – endliche Weiten

Zum 25. Jubiläum des Hubble Weltraumteleskops brachte der Taschenverlag einen großformatigen Bildband mit einigen der beeindruckendsten Fotos des Weltraums dieses Teleskops heraus. ***29** Es hat tiefer in den Weltraum geschaut als es vorher je einem Menschen möglich war. Schaut man die Bilder an, dann möchte man dem Mitautor Owen Edwards beinahe zustimmen, wenn er sagt, dass das Teleskop nicht nur beeindruckende wissenschaftliche Daten liefert, sondern auch pure Kunst.

Gemeint ist damit die Schönheit des Gezeigten. Aber genau genommen stimmt das nicht, denn das Teleskop ist nur die Maschine, die das was in den Weiten des Weltalls vorhanden ist, sichtbar macht. Die Kunst liegt in der Schöpfung, nicht in dem, der die geschaffenen Dinge anschaut. Wenn man in eine Kunstgalerie geht, wird ja der Besucher auch nicht zum Künstler, nur, weil der die Meisterwerke, die andere geschaffen haben, anschaut.

In wenigen Jahren soll ein weitaus leistungsstärkeres Teleskop in einem Abstand von 1,5 Millionen Kilometer von der Erde visuell noch weiter zum Anfangspunkt des Universums, bzw. seiner mutmaßlichen Geburtsstunde vordringen, das James Webb Space Telescope. Was verspricht man sich davon? Denn selbst wenn man optisch irgendwo angelangt, hinter dessen Horizont allem Anschein nach alles begonnen haben könnte, so erfährt man dadurch über den Anfang schwerlich mehr als heute. Man kann nicht zeitlich oder räumlich vor den Urknall sehen. Gleichgültig wie ausgedehnt das Weltall ist, es ist das Haus, in dem wir leben, ein fensterloses und türloses Haus, aus dem wir nicht heraus können, höchst wahrscheinlich kommen wir nicht einmal aus unserem winzig kleinen Zimmer heraus, unserem eigenen Planetensystem mit unserer kleinen Erde, irgendwo in dem unermesslichen Sternenmeer.

Die einen staunen über die Evolution von diesem allem aus dem Nichts - und haben nichts davon. Die anderen ergreift die Ehrfurcht vor der genialen Größe dieses großen genialen Geistes, der dies alles geschaffen hat. Sie preisen Gott und erkennen, dass von diesem Gott gute Absichten auch für sich zu erhoffen sind. Wer durch so wenig Mühe so große Dinge schafft (nach Gen 1,16 an einem Schöpfungstag), ein Universum dessen Feinabstimmung angefangen von den Milliarden Galaxien bis hinunter zu den Bewegungen der Elementarteilchen genau für die Existenz des Menschen auf seiner kleinen Wohnerde abgestimmt zu sein scheint, der muss es gut mit uns Menschen meinen und der Mensch hat gute Gründe dafür, auf diesen Schöpfergott zu hören. Was will Er? Was sagt Er?

Atheisten staunen im Grunde vor dem sinnlosen Nichts, was auch ihr Staunen sinnlos macht. Wozu mit dem Zufall gewidmeten Gedanken die zufälligen Materieentwicklungen erforschen? Die Evolution macht ja nicht Halt und der Mensch verschwindet, jeder einzelne zuerst und dann die ganze Menschheit. Sie sagen, der Mensch ist unbedeutend, angesichts der Weite des Weltalls, er ist zufällig entstanden. Er, aus Sternenstaub, scheint auf wie einer der Sterne und verschwindet ebenso sicher, dafür umso schneller.

Es gibt Wissenschaftler, die sogar glauben, gerade weil die Existenz des Lebens auf der Erde ein so unwahrscheinliches Ereignis sei, könnte es gut sein, dass wir tatsächlich die einzigen Bewohner des Weltalls sind. Andere sagen, das wäre eine Platzverschwendung der Evolution. Es sei vermessen anzunehmen, wir seien die einzigen Lebensformen. Das Weltall müsse auf unzähligen Welten mit Leben bevölkert sein. Freilich, nichts Genaues weiß man!

Die Bibel sagt nichts über fremde Welten. Sie bringt hingegen klar zum Ausdruck, dass Gott die Himmel und die Erde und alles was auf ihr lebt, geschaffen hat. Am Ende der Schöpfungswoche hat Er den Menschen geschaffen und Er hat sie danach nicht allein gelassen. Er hat ihren Werdegang aus einem ganz bestimmten Grund begleitet, ja, Er hat sie schließlich besucht, nicht als majestätischer Herrscher über alle Lande und Welten, sondern als Mensch, der in einer Krippe geboren wurde. Er wurde Mensch, nicht etwa um die Lebensverhältnisse der Menschen zu verbessern, deren Geschichte eine endlos erscheinende Aneinanderreihung von Kriegen und Gewalttaten ist, sondern um ihnen die Möglichkeit zu geben, sich auf ein ganz anderes Leben einzulassen, ein Leben jedenfalls, wo die Erreichbarkeit der unendlichen Weiten des Universums mit seinen Abermilliarden Sonnen zwar nicht mehr unmöglich sein, aber gewiss nicht im Hauptinteresse der Menschen stehen würde. So lässt es sich aus der Botschaft der Bibel schließen, die dieser Schöpfergott als Informationsangebot hier hinterlassen hat.

Übrigens kann Gott es sich leisten, ein Universum zu erschaffen und es dann durch ein anderes zu ersetzen. Er braucht ja nur eine knappe Woche für das Ganze!

Die Bibel beschreibt, dass Gott am Ende dieser Erdzeit die Himmel und die Erde neu erschaffen wird (Of 21,1.5). Das indiziert erst recht diesen überaus reizbaren Gedanken, dass das riesige Universum gerade deshalb im Vergleich zum Lebensbereich des irdischen Menschen so groß geworden ist, weil Gott damit sagen will, dass Ihm im Vergleich zu allem anderen, nur der Mensch wirklich wichtig ist. Nur ihn hat er auf eine blaue, fruchtbare Kugel gesetzt, die nur deshalb blau und fruchtbar ist, weil das ganze Drumherum des Weltraums darauf ausgerichtet ist. Jesus ist auch nicht für die Sterne und die Gasnebel gestorben, sondern für die Menschen, um das Undenkbare möglich zu machen, die Gemeinschaft des Menschen mit Gott. Gegenüber der Herrlichkeit, die der Mensch bei Gott haben wird, ist die Pracht des Universums mit den glänzenden Edelsteinen, die so groß sind wie Planeten, mit funkelnden Diamanten, die so groß scheinen wie Sonnen, mit den interstellaren Schatzkästchen der Materienebel rein gar nichts. Gott könnte uns mit diesem Universum sagen wollen, ihr seid in der Tat klein und bedeutungslos ohne mich, der ich mit Leichtigkeit Milliarden solcher Welten erschaffen könnte. Aber nicht wegen mir habe ich sie erschaffen, sondern wegen dem Menschen, weil ich ihn zu meinem Ebenbild erschaffe. Und Gott fängt klein an! Er fängt mit dem Bau des Universums an.

Und Er sagt uns noch etwas Anderes, wenn Er alles so bis ins Kleinste zum Funktionieren gebracht hat und so einen Aufwand dafür betrieben hat, damit wir einen Atemzug tun können, dann können wir uns Ihm völlig anvertrauen. Das war die Botschaft, die Gott Hiob gegeben hat, als Er ihm vor Augen malte, was Er geschaffen hat. Hiob hatte in seinem persönlichen Leben viel Schreckliches erfahren. Und zwar zu Unrecht. Gott antwortet mit Seiner souveränen Kompetenz als Schöpfer von Himmel und Erde. Das bedeutet, alles dient Gottes Plan, alles unterliegt Seiner Kontrolle: *„Wo warst du, als ich die Erde gründete? Teile es mit, wenn du Einsicht kennst! Wer hat ihre Maße bestimmt, wenn du es kennst?... Hast du die Ordnungen des Himmels erkannt, oder bestimmst du seine Herrschaft auf der Erde?"* (Hiob 38,4-5.33).

Die Menschen sprechen großspurig von der „Eroberung des Weltraums", dabei liegen ihre Sprungübungen von der Oberfläche der Erde abzuheben näher bei den Anstrengungen einer Ameise von der heißen Steinplatte wegzukommen. Und ihre Moral qualifiziert sie auch nicht mehr wie ihr wissenschaftlicher Findergeist, den Zugang in den Weltraum à la Raumschiff Enterprise jemals zu bekommen. Als sie damit anfingen, Atome zu spalten, hat es nicht lange gedauert, bis sie es nutzten, um hunderttausend unschuldige Menschen zu töten und den Rest der Menschheit mit der Vernichtung zu bedrohen. Man könnte über die Überheblichkeit der Menschen lachen, wenn sie nicht so ernsthafte Folgen hätte. Tatsächlich, der Hochmut des Menschen scheint das einzige zu sein, womit der Mensch mit der Grenzenlosigkeit des Weltalls gleichziehen könnte.

Gott hätte jede einzelne Sonne mit einem kleinen blauen Planeten bestücken können, mit unzähligen Lebensformen bevölkern oder für jeden Erdenbürger eine ganze solche Welt und jede wieder anders, ganz wie es Ihm beliebt. Doch weit gefehlt. Die Wirklichkeit übersteigt das alles. Am Ende der Erdenzeit faltet Gott Himmel und Erde zusammen, als wenn es gar nichts wäre und schiebt sie in seine Westentasche, von wo Er sie einst herausgenommen hat. Was wir große Kunst genannt haben, war nur ein Muster, das genug zum endlosen Staunen für den menschlichen Betrachter hergab.

Ich wage die Prognose, dass Gott nirgendwo sonst im Weltall Leben geschaffen hat, denn erstens sagt die Bibel nichts davon und zweitens wird so erst recht die Bedeutung des Menschen für Gott, den er zu Seiner eigenen Verherrlichung erschaffen hat und Ihn zu Ehren bringen wird, die ihm jetzt noch lange nicht vorstellbar sind, richtig deutlich. Hier auf der Erde nimmt die Vervollständigung des Planes Gottes mit der Schöpfung seinen Lauf, nicht anderswo. Nur hier ist der Sohn Gottes ans Kreuz gegangen. Gott hat den Menschen nach Seinem Ebenbild geschaffen. Er hat keine Marsianer geschaffen und auch keine kleine Schildkrötenartige auf der Wega. Gott ist kein alberner Experimentator. Er weiß stets, was Er tut.

Mag sein, dass das Hubble Teleskop, wie es im Vorwort des Buches über das expandierende Universum heißt, dazu beiträgt *„dass wir im Geiste von Galilei, Kopernikus, Kepler und Erwin Hubble fortfahren, die Grenzen des Möglichen auszuweiten."* Zwei wichtige und richtige Aussagen scheinen in dieser Aussage zu stecken. Zuerst einmal die Erkenntnis, dass wir Menschen nur das tun können, was uns möglich gemacht ist. Das ist deshalb wichtig, weil es nicht selbstverständlich ist, dass der Mensch, die von ihm gesetzten Grenzen wahrnimmt oder gar bereit ist, anzuerkennen. Die Evolutionslehre ist beispielsweise unzureichend, die Entstehung der Artenvielfalt oder auch nur des Lebens zu erklären. Dass man noch an ihr festhält, erklärt sich daher, dass es außer einer göttlichen Schöpfung keine Alternative gibt als Erklärung, warum das ist, was ist. Die Evolutionsforschung hat bisher jedoch versagt, mehr als nur Mechanismen zu entdecken, die vielleicht ausreichend sind, innerhalb von Arten Varianten hervorzubringen, und zwar immer dann, wenn kleine Ursachen auch einigermaßen große Wirkungen erzielen können. Und nicht einmal das ist gesichert, da einen strengen Determinismus festzustellen eben nicht im Bereich des Menschenmöglichen ist. Aber eigentlich ist er darüber schon hinaus, noch mit einem strengen Determinismus rechnen wollen zu können. Mit anderen Worten, die Naturwissenschaft hat bisher nur über die Anfänge des Universums und die Entstehung des Lebens die Aussagen bestätigen können, die mit dem Buch Genesis übereinstimmen.

Es gibt also allen Grund für das demütige Eingeständnis, dass wir nur das Menschenmögliche tun können. Edwin Hubble kannte die Grenzen Seiner Forschungsmöglichkeiten und hatte im Unterschied zu anderen verstanden, dass man maximal zu den Grenzen des Universums forschen könnte, aber nicht darüber hinaus. Er sagte: *„Wir wissen nicht, warum wir in diese Welt hineingeboren worden sind, aber wir können versuchen, herauszufinden, was für eine Welt dies ist – zumindest in physikalischer Hinsicht."* ***30**

Zum Zweiten heißt es in dem Satz, dass wir die natürlichen Grenzen unseres Wissensdranges nur dann erreichen können, wenn wir es im Geist Galileos, Kopernikus` und Keplers tun. Diese drei glaubten an die Schöpfung der Himmel und der Erde durch den Gott der Bibel. Von diesem Glauben ausgehend, verstanden sie, dass Himmel und Erde Gesetzmäßigkeiten zu folgen hatten, die sich Gott ausgedacht hatte. Er hatte die unsichtbaren Bänder des Siebengestirns geknüpft und dem Orion seinen Platz zugewiesen (Hiob 38,31). Das beflügelte ihre Forschung, denn in einem nicht vom Zufall regierten Weltall, dessen Ordnungen auf einen genialen Architekten zurückzuführen waren, konnte es möglich sein, irgendwann auf diese Ordnungen zu stoßen. Alle drei stießen in ihrem Forscherleben auf einige dieser Ordnungen. Ihnen war nie der Gedanke gekommen, dass Naturgesetze zufällig entstehen könnten.

Gott benutzt im Buch Hiob oder im ersten Buch Mose nicht die Sprache der heutigen Wissenschaft. Es ist eher eine dichterische Sprache. Die Verbindung von kreativer Kunst und Physik oder Astrophysik mag zwar ein Anliegen von Wenigen sein. Gelungen ist sie bisher aber nur Gott. Leonard Shlain hat in seinem Buch „Art and Physics" behauptet, *„Künstler und Physiker streben gleichermaßen danach, herauszufinden, wie die einzelnen Teile der Realität miteinander verwoben sind."* Wenn sie am Ziel angelangt sind, werden sie festzustellen haben, dass Kunst und Physik in Gott zusammenlaufen. Gott hat in den Menschen als Anfangsgabe genau das hineingelegt, was ihn selber auszeichnet: die Fähigkeit Physik und Kunst zu betreiben. Das Weltall ist sowohl betrachtungswürdiges Kunstwerk als auch ein architektonisches Wunderwerk. Zweckmäßigkeit, Funktionalität bilden eine Einheit mit Ästhetik und Schönheit. Das ist es, was Einstein suchte und was ihn auf die Relativitätstheorie brachte. Auch Menschen versuchen oft, das Eine mit dem Anderen zu verbinden. Zum Beispiel, wenn sie ein Haus bauen oder ein Auto konstruieren. Wer nun herausfinden will, wie es möglich ist, dass beide Phänomene zusammengehen, kann sich zunächst einmal die Frage stellen, wie es überhaupt möglich ist, dass der Mensch die Fähigkeit für beides hat. Die Antwort auf beide

Fragen ist die gleiche. Es ist die geistige Ebenbildlichkeit, die Gott in Seine Kreation, den Menschen, hineingelegt hat. Und nur deshalb kann der Mensch das Universum erforschen und sich an der großen Kunst des Meisterarchitekten erfreuen. Diesen Künstler kann man ohne Bedenken anbeten. Und man sollte es auch wirklich tun!

Interessanterweise heißt es in dem Buch „Expanding Universe", dass sehen glauben heißt. *31 Während wir aus der Bibel die Aussage kennen, dass Glauben sich auf das nicht sichtbare bezieht, ist es aus Sicht der Naturwissenschaft verständlich, das Sichtbare, also mit Messmethoden Feststellbare, für die Wirklichkeit zu halten, an die man glaubt. Man soll aus rein wissenschaftlicher Überlegung nur an das glauben, was man gesehen hat. Aber gerade im Falle der Evolutionslehre hält man sich nicht daran. Sie wird einfach als richtig vorausgesetzt, obwohl man noch nie die Entstehung des Lebens oder die Entstehung einer neuen Art höherer Ordnung beobachtet hat.

Man hat auch die Entstehung des Universums nicht beobachten können. Aber immerhin deutet man eine messbare isotropische Mikrowellen-Hintergrundstrahlung als Nachhallen des Big Bang, mit dem die Entstehung und Expansion des Universums begonnen haben soll. Auch das Buch „Expanding Universe" kommt ohne eine weltanschauliche Aussage nicht aus, weil sich gerade angesichts der gewaltigen Ausdehnung des Weltalls die Frage nach unserer Herkunft stellt. *Wir kennen Magnetismus und Schwerkraft, aber Phänomene wie Dunkle Energie und Dunkle Materie sind für unser Leben einfach nicht relevant. Trotzdem haben diese Vorgänge uns hervorgebracht.* Das widerspricht der vorherigen Aussage, dass man nur das glauben soll, was man gesehen hat. Aber es zeigt auch, Astronomen bringen eine große Bereitschaft für Glauben auf. Hier glaubt der Astronom, dass etwas, was für das Leben des Menschen nicht relevant ist, dennoch den Menschen hervorgebracht hat. Ist es da nicht klüger, anzunehmen, dass der Mensch deshalb hier ist, weil er hier sein soll und dass sich seine Relevanz auf den, der ihn erschaffen hat, bezieht?

Der Mensch ist physikalisch gesehen vielleicht Sternenstaub, aber schon, dass er über seine Herkunft nachdenken kann, zeigt, dass es jenseits der sichtbaren Physik unsichtbare Realitäten gibt, die ein Weltraumteleskop nicht entdecken kann.

Wunder gibt es immer wieder

Atheisten berufen sich gerne auf die Argumentation des schottischen Philosophen David Hume (1711-1776), wenn sie behaupten, in der Natur gäbe es keine Wunder. In der Natur gibt es nur Materie und die Naturgesetze, denen sie unterworfen ist, sagen sie. Da ist kein Raum für Wunder. Daher kann man auch nicht an die Auferstehung von Jesus Christus glauben. Das sei aus naturwissenschaftlicher Sicht nicht möglich.

Humes Argumentationskette dafür, dass es keine Wunder geben kann, geht allerdings von Denkvoraussetzungen aus, die nicht stimmen können. Eines dieser Postulate war, dass die Natur gleichförmig sei und der Mensch sich deshalb an diese Erfahrung halten müsse. Aus Sicht von Sir Isaac Newton war es äußerst unwahrscheinlich, dass es im August 1945 irgendwo auf der Erde zu einer molekularnuklearen Kettenreaktion kommen würde. Es hätte jeder menschlichen Erfahrung widersprochen. Nun könnte man zwar sagen, schon damals hätte ein kluger Kopf das vorausdenken können und schon damals hätte die Natur und die Naturgesetze (wie immer sie beschrieben worden wären) diese Kettenreaktion zugelassen, aber es war der menschliche Findungsgeist, planerisch und kreativ, der es zur Ausführung brachte. Und so könnte es auch bei einem Wunder zugehen. Es geschieht etwas, mit dem niemand rechnet und das niemand erklären kann - die betroffenen Japaner hielten das, was über sie hereinbrach, vielleicht für einen göttlichen Sturmwind - aber es widerspricht den Naturgegebenheiten, die der Mensch versucht naturgesetzlich festzumachen, überhaupt nicht. Für die Japaner war es eine „höhere Macht", die da zuschlug. Und so war es gewissermaßen auch, denn die Amerikaner waren diese „höhere Macht", die etwas geschehen ließ, was im Erfahrungshorizont der Bewohner von Hiroshima und Nagasaki noch nicht vorgekommen war.

Was Hume und alle Atheisten nicht beweisen können, ist, dass die Auferstehung Jesu Christi gegen die Naturgesetzlichkeiten verstößt. Vielleicht lässt die Natur, so wie sie wirklich ist, nicht so, wie wir denken, dass sie ist, viel mehr zu, als wir annehmen. Ganz gewiss tut sie das. Ja selbst, dass man Masse in Energie umwandeln kann, was bei einer solchen nuklearen Kettenreaktion geschieht, kann man als Wunder bezeichnen, wenn man Wunder so definiert, dass etwas Unerklärliches, nicht Erfahrenes geschieht.

Atheisten widersprechen sich allerdings bei diesem Prinzip, nur auf das Erfahrbare zu setzen, selber. Sie wissen ja gar nicht sicher, was erfahrbar ist, sondern nur, was sie erfahren haben. Reicht die Erfahrung aller Menschen aus, um eine vollständige Beschreibung der Natur zu erhalten? Dann wäre ja auch das Forschen hinfällig. Man darf also Erfahrbares nicht mit Erfahrenem gleichsetzen.

Unter dem Begriff des Aktualismus, der besonders in der Geologie bekannt ist, bezeichnet man die Annahme, dass alles was heute erfahrbar ist, schon immer und auf die gleiche Weise erfahrbar war. Demzufolge müsste das, was es heute nicht gibt, auch schon früher nicht gegeben haben. Aber diese These ist ebenso oft richtig wie nicht. Wenn der Colorado River heute wenig Material im Flussdelta ablagert, bedeutet das nicht, dass der Grand Canyon, durch den er fließt, viele Millionen Jahre alt sein muss, denn vielleicht hat sich auch der Fluss verändert. Vielleicht führte er früher mehr Wasser, floss schneller und lagerte viel mehr Material ab. Dass der Aktualismus nicht stimmen kann, sieht man schon an den vielen Naturkatastrophen, die gemächlichere und ungestörte Zeitabläufe umstürzen.

Hume geht davon aus, dass es so etwas wie Naturgesetze gibt. Aber das, was er unter Naturgesetzen versteht, sind in Wirklichkeit nur Versuche der wissenschaftlichen Beschreibung, was in der Natur geschieht. Als Newton die Gesetze der Schwerkraft mathematisch formulierte, dachte jeder, dass es sich hier um etwas

Unveränderliches handelte. Schließlich ist doch die Mathematik eine „exakte" Wissenschaft. Seit Einsteins Relativitätstheorie wissen wir, dass diese „Gesetze" so gar nicht in der Natur vorkommen, weil die Natur noch viel diffiziler geregelt ist und Newtons Gesetzmäßigkeiten nur im Groben „funktionieren". Seit der Entdeckung der Quantenphysik ist man davon abgekommen, streng deterministisch von nach Ursache und Wirkung ablaufenden Naturvorgängen zu reden. Das bedeutet, dass der Mensch bisher nur eine Annäherung an das, was in der Natur geschieht und wie es geschieht, erzielt hat. Und es sieht danach aus, dass das immer so bleiben wird, weniger vielleicht, weil der menschliche Verstand begrenzt ist als vielmehr, weil der Mensch Teil des Systemganzen ist. Er ist die Ameise, die die Welt aus der Perspektive des Ameisenbau-Bauers sieht und gar nicht anders sehen kann. Inzwischen ist man auch von dem Glauben abgekommen, dass die Mathematik eine exakte Wissenschaft sei. Sie setzt immer den schöpferischen, geistigen Input des Menschen voraus. Sie ist eine Rückmeldungsinstanz für das Vortasten des menschlichen Rechners. Sie bestätigt lediglich, ob man sich der erfahrbaren Wirklichkeit angenähert hat.

Interessanterweise hat man sich ja auf anderen Gebieten erkenntnistheoretisch zu der Annahme durchgerungen, dass man postmodern alles als Wahrheit und damit eben gerade nichts als reine Wahrheit stehen lassen kann. Nur bei den Naturwissenschaften wehrt man sich gegen dieses gedankliche Konzept, das nicht der reinen Erfahrung entspricht, sondern einer weltanschaulichen Willenskundgebung. Nichts weiter als eine weltanschauliche Willenskundgebung ist jedoch der Naturalismus oder Materialismus, der unterstellt, dass alles auf natürliche, naturgesetzliche, rein materielle Ursachen zurückgeht. Dabei hat der Naturalismus tatsächlich eines mit der Naturwissenschaft gemein: er kann nur beschreiben, was existiert und wie es existiert. Niemals das Warum. Und beides, das Was und Wie, das man feststellt, kann nie den Anspruch erheben, die ganze Wirklichkeit abzubilden, weil man nie wissen kann, ob hinter dem Horizont, den man erforscht hat, noch weitere, neue Länder auftauchen. Kolumbus war sich bis an sein Lebensende sicher, sagt man, dass er Indien entdeckt hatte. Er befand sich in einem doppelten Irrtum. Erstens war Amerika nicht Indien, zweitens waren vor ihm schon andere Europäer in Amerika. Ähnlich könnte es sich mit der Theorie verhalten, dass Zufall und Auslese ausreichen, um vererbbare Information zu bilden und weiterzugeben. Man hat tatsächlich etwas entdeckt: dass Arten veränderlich sind und dass die natürliche Auslese eine Rolle dabei spielt. Aber dass dadurch keine Entwicklung, schon gar nicht eine Höherentwicklung oder gar die Entstehung des Lebens möglich ist, haben noch nicht alle verstanden. Indien liegt woanders!

Biologen wissen, dass sie nicht den Schlüssel des Lebens gefunden haben, nur, weil sie wissen, wie das genetische Erbmaterial in der DNS aufgebaut ist, wie es an die nächste Generation weitergegeben worden ist und wie es Informationen in der Zelle abliefert. Auch hier wieder hat man nur das Wie und Was erforscht. So kann man auch den Verbrennungsmotor von Otto erforschen. Irgendwann weiß man, wie und zu was die Teile funktionieren. Aber niemand würde annehmen, dass der Zweck ein Verbrennungsmotor zu sein, sich zufällig ergeben hätte, denn man weiß ja, da steckt der Erfinder Nikolaus Otto, somit ein findiger Geist dahinter. Die Entstehung des Lebens auf der Erde ist für Naturwissenschaftler noch jenseits ihres Verstehenshorizontes, obwohl es sogar ein Teil ihres Erfahrungshorizontes ist. Das Leben muss entstanden sein, sonst wären wir nicht hier. Aber das Lebendige gibt immer nur Leben weiter, das schon da ist.

Das ist unsere Erfahrung. Aber es befriedigt unseren Intellekt nicht, wenn wir sagen, da wir nie eine andere Erfahrung gemacht haben, müssen wir annehmen, dass es Leben schon immer gab. Zwar sagen die Naturalisten das nicht. Aber sie sagen etwas Ähnliches: Materie gab es schon immer. Dadurch verhindern sie, dass ein Schöpfergott bei ihnen den Fuß in die Tür bekommt. Gott soll in der Naturwissenschaft nicht vorkommen. Aber, wenn man alle Fakten abwägt, kann man die Lücke, die man entstehen lässt, wenn man Gott aus der Naturwissenschaft herausnimmt, nicht durch den Lückenbüßer Evolutionslehre schließen. Sie ist der „göttliche

Sturmwind" der Materialisten und Atheisten, der zwar Chaos verursacht und das Licht verhüllenden Rauch aufsteigen lässt, aber nicht die ganze Wirklichkeit erfasst. Die Quantenphysik hat die Denker jedenfalls darauf aufmerksam gemacht, dass das Universum so beschaffen ist, dass es im Mikrokosmos in eine Sphäre führt, die sich dem forschenden Zugriff noch verwehrt und geeignet erscheint, eine offene Stelle im Denkgebäude gleich welcher naturalistischen Denkansätze zu bleiben. Manche sehen diese offene Stelle als einer Art Interface zu einer anderen Wirklichkeit. Aber auch das kann sich nur bewahrheiten, wenn man den Zugang zu dieser anderen Wirklichkeit dort zweifelsfrei verortet hat. Grundsätzlich kann man anzweifeln, dass man geistige Vorgänge jemals anders als nur auf dem geistigen Wege definieren kann. Die DNS besteht aus Atomen, aber nicht die Atome sind die Information zum Leben, ebenso wenig wie die Anordnung der Druckerschwärze in diesem Heft die Information der Nachricht des Geschriebenen ist. Nicht einmal die Anordnung der Basensequenzen oder die Anordnung der Buchstaben sind die Information, sondern das, was unser Geist darunter versteht.

Dass die Buchstabenfolge des Wortes „Geist" bei uns an das denken lassen, was wir unter Geist verstehen, liegt nicht in den Buchstaben begründet, sondern in unserer Übereinkunft, dass die Buchstaben das bedeuten sollen. So gesehen kann es keine „zufällige" Information geben, denn es ist immer ein Geist, der aus einem Code einen Code macht. Ein Code kann niemals durch Zufall entstehen, weil alle Zeichenfolgen, ganz gleich, wie sie zustande gekommen sind, erst durch die Sinngebung zu einem Zeichen werden. Die Buchstabenfolge u-n-s-i-n-n erkennen wir nur deshalb als etwas „Unsinniges", weil wir das deutsche Wort dafür haben. Einem Finnen sagt sie nichts. Zeichensetzung erfordert geistige Übereinkunft. Die Übereinkunft liegt in der Sprachgemeinschaft.

Deshalb sagt die Bibel, naturwissenschaftlich präzise, im Anfang war der Logos, der alle Dinge willentlich und wissentlich, geplant und kreativ ins Leben gerufen hat (Joh 1,1ff). Und es ist auch kein Zufall, dass ausgerechnet dieser Logos derjenige war, der von den Toten auferstanden ist. Ganz gleich ob er das unter Berücksichtigung der von Ihm selber installierten Naturgesetzlichkeiten getan hat oder nicht, davon hängt der Fortgang und das Heil der Schöpfung ab, nicht von Naturwissenschaftlern, Naturphilosophen oder Naturschützern. Er hat diese Welt erschaffen, Er tut mehr als das Menschenmögliche, um die Schöpfung zu retten. Er steht als Schöpfer der Natur mit Seinen Möglichkeiten über der Schöpfung. Wunder sind für Ihn kein Tabu, sondern übliches Wirken. Die ganze Schöpfung ist ein Wunder. Und die Schöpfung steckt voller Wunder. Gerade weil alles so „wunderbar" funktioniert im Kleinen wie im Großen. Man denke an die vielen Naturkonstanten, die Voraussetzung für das Leben auf der Erde sind.

Alles im Universum scheint so minutiös aufeinander abgestimmt, im Makrokosmos und im Mikrokosmos, als ob das die Bedingung für die Menschwerdung wäre. Warum sollte Gott, der das Leben in eine so mannigfaltige Artenvielfalt gelegt und in eine lebensmögliche Umgebung gebettet hat, nicht Tote zu neuem Leben erwecken können? Er hat ganz am Anfang der Schöpfung mit Ideenreichtum und gezielter Hingabe Seinen Lebensodem in das Unbelebte gegeben. Er kann es auch wieder tun. Tatsächlich ist das die Hoffnung der Menschen auf ein Weiterleben. Und deshalb gibt es Menschen, die an die Auferstehung Christi glauben und wissen, dass dies mit einer Verletzung von Naturgesetzen nichts zu tun hat.

Humes Ansicht, dass die Erfahrung aus der Natur lehrt, dass Wunder nicht möglich sind, ist also falsch. Die Natur ist voller Wunder und Grenzüberschreitungen. Im Bereich der Quanten kommt es andauernd zu solchen Grenzüberschreitungen, weil andauernd Informationen in die Schöpfung eingegeben werden.

Ebenso falsch ist zu sagen, dass man mit Hilfe von Naturgesetzen oder einer Weltformel alles, was ist, erklären könnte. Die Gravitationsgesetze von Newton erklären annäherungsweise, warum ein Apfel, den ich loslasse, zu Boden fällt, aber sie erklären nicht, warum ich ihn loslasse. Den Naturgesetzen ist das egal. Das ist nicht ihr Zuständigkeitsbereich. Offenbar geht das Fallen des Apfels auf einen geistigen Prozess, eine Willensentscheidung zurück. Das lässt daraus schließen, dass alles, was in der Natur existiert, Äpfel und Gravitationsgesetze, dazu dient, dass ein geistiges Wesen Entscheidungen treffen kann. Die Natur ist tatsächlich so beschaffen, das kann keiner bezweifeln, dass der Mensch aus Geist, Seele und physischer Leib existieren kann. Die Tatsache, dass ich den Apfel sowohl festhalten als auch fallen lassen kann, zeigt, dass es eine geistige Ebene gibt, die weitgehend unabhängig von natürlichen Bedingungen der physischen Welt ist und nicht streng deterministisch ist.

Was der Mensch als geistiges Wesen kann, kann Gott schon lange. Niemand kann beweisen, dass Seine Macht nicht so weit reichen würde, die Sonne und Erde still stehen zu lassen, wenn Er beide, Sonne und Erde erschaffen und sie in eine kreisähnliche Bahn platziert hat. Und deshalb ist auch falsch, zu sagen, dass die Naturgesetze beweisen würden, dass sie keinen göttlichen Verursacher haben. Das gehört schlicht nicht in die Entscheidungskompetenz von Naturgesetzen, zu beweisen, dass der, der sie entworfen und in Kraft gesetzt hat, nicht existiert oder nicht in der Lage wäre, in natürliche Prozesse einzugreifen. Es ist absurd, dies anzunehmen. Genauso absurd wäre es, zu behaupten, nachdem Nikolaus Otto den Verbrennungsmotor erfunden hat, habe sich dieser selbständig gemacht und sich jede weitere Einmischung durch menschliche Tüftler und Ingenieure verboten.

Wenn es aber eine geistige Ebene gibt, die unabhängig ist von den materiellen Dingen und Naturgesetzen unserer Welt, dann kann man auch nicht mehr sagen, dass eine Auferstehung von den Toten nicht möglich sei. Sie könnte schon deshalb möglich sein, weil eine geistige Ebene irgendwie in die physikalisch beschreibbare Welt einwirkt. Dieses Einwirken könnte dann als „Wunder" wahrgenommen werden, wie im Falle der Auferstehung Christi oder auch im Verborgenen bleiben, wie es bei der Jungfrauengeburt der Fall gewesen sein könnte. Den Atheisten und Materialisten sei gesagt, dass ein Wunder als etwas beschrieben wird, was man sich nicht erklären kann. Aber was nicht ist, kann ja noch werden!

Was Hume anbelangt, da er nicht an Wunder zu glauben bereit war, konnte es für ihn auch keines gegeben haben. Er mag richtig beobachtet haben, dass es in seinem Leben kein Wunder gab, aber er kann naturgemäß nicht wissen, ob es im Leben anderer Wunder gegeben hat. Damit seine Denkvoraussetzung stimmt, muss er unterstellen, dass sich alle, die es behaupten, geirrt haben. Damit setzt er voraus, was er beweisen möchte. Insofern kann Humes Argumentationskette nicht für Naturwissenschaftler tauglich sein, zu beweisen, dass alles was ist, Natur ist. Hume hat mit seiner Argumentationskette lediglich bewiesen, dass er nicht an Wunder glaubt, weil er selber keines erlebt hat. Das ist für einen ernsthaften Naturforscher zu wenig!

Anmerkungen zu Kapitel 1 - Genesis und Physik

1

Der Materialismus als Erkenntnistheorie deutet alle Vorgänge und Seinszustände als Variationen des Zusammenspiels von Materie und Naturgesetzlichkeiten. Nicht nur gegenständliche, sondern auch geistige Wirklichkeiten bestehen ausschließlich aus Materie oder lassen sich auf materielle Prozesse zurückführen.

Der Naturalismus als Erkenntnistheorie entspricht weitgehend dem Materialismus und geht davon aus, dass durch empirische, wissenschaftliche Untersuchung die Natur jeder Sache exakt zu ermitteln ist. Das würde jedoch die grundsätzliche Fähigkeit des Menschen Allwissen zu erwerben und letztlich unfehlbar zu werden, voraussetzen. Das ist natürlich eine Utopie.

2

John Dalton, 1766-1844, „A New System of Chemical Philosophy", 1808.

3

Ernest Rutherford, 1871-1937, Nobelpreis für Chemie 1908.

4

Erwin Schrödinger, 1887-1961, gilt als einer der Begründer der Quantenmechanik. Für die „Entdeckung neuer produktiver Formen der Atomtheorie" erhielt er 1933 den Nobelpreis für Physik.

5

Zu allem Überfluss können Quanten eine zweite Existenz mit gleichen Eigenschaften über beliebige Entfernungen haben. Sie sind identisch, weil alle ihre Merkmale identisch sind. Diese Zustände können experimentell hergestellt werden und bedeuten, dass Informationen eines Ortes A bereits jetzt schon schneller als mit Lichtgeschwindigkeit an einem Ort B hergestellt werden können.

6

Masse wurde ja bereits von Einstein als bloßes Äquivalent zu Energie und Lichtgeschwindigkeit ($m=E/c^2$) nachgewiesen.

7

Von griechisch „anthropos", „Mensch".

8

In der Lagune des Atolls French Frigate Shoal, das vom Durchmesser her größte Atoll der Nordwestlichen Hawaii-Inseln.

9

DNA, englisch für deoxyribonucleic acid (Desoxyribonukleinsäure), ist ein Makromolekül, das bei allen Lebewesen Träger von Erbinformation auf den Genen ist.

10

Theologisch und teleologisch findet ein Prozess vom außerhalb von Zeit und Raum Seienden zum Werdenmachenden statt. Deshalb bezeichnet sich Gott in der Bibel in Bezug auf die Schöpfung und die Vollendung der Schöpfung zurecht als JHWH, derjenige, der ist und sein wird, oft mit „der Ewige" übersetzt, was bezeichnenderweise ein unscharfer, unmessbarer, unbestimmbarer Begriff ist. Dem Menschen ist es unmöglich, Gott zutreffend zu beschreiben oder zu definieren, weil der Mensch selber nicht Teil des Vollkommenen ist.

11

Kreationistische Wissenschaftler unterscheiden zwischen Mikroevolution und Makroevolution. Bei der Mikroevolution wird das informatorische Genmaterial unzufällig und gezielt variiert und zeitigt Veränderungen im Genotyp und Phänotyp (Erscheinungsform). Dies ist beobachtbar. Makroevolution wurde dagegen bisher noch nicht nachgewiesen. Bei der Makroevolution sollen völlig neue Lebensformen und –funktionen entstehen. Es besteht also qualitativ ein „Quantensprung". Falls es Makroevolution gibt, wäre noch zu erklären, ob sie ebenso wie die Mikroevolution im Genpotential bereits als Veränderungsvariante intrinsisch ist. Man muss also grundsätzlich unterscheiden zwischen der Fähigkeit von Organismen, sich zu verändern und den Faktoren, die die Veränderung ermöglichen bzw. voraussetzen.

12

Die Thesen dazu, dass es sich um zwei gesondert entstandene Berichte handelt, die hier vereint worden sind, soll hier nicht diskutiert werden. Sie sind zudem reine Spekulation.

13

Am biblischen Schöpfungsbericht haben Naturwissenschaftler, Historiker, Philosophen und sogar Theologen alles angezweifelt. Dazu gehört natürlich auch die Verfasserschaft. Das ist eine logische Entwicklung des Zweifels. Wer einmal lügt, dem glaubt man nicht mehr. Nur wer sich selber belügt, glaubt sich weiter noch im Recht zu befinden. In dem Moment, wo man dem biblischen Bericht einen Irrtum unterstellt, sät man Zweifel m biblischen Gott, weil der „biblische" Gott ja eigentlich nur noch eine Kunstform ist. Das Ergebnis ist, dass man alle Aussagen des biblischen Gottes anzweifeln zu können glaubt. Damit hat man bereits festen Grund unter den Füßen verloren und neigt zur Beliebigkeit des Zweifelns. Die Alternative ist, dass man sich selber glaubt, was aber keine besseren Ergebnisse an Versicherung über den Glaubensstand erbringen kann, weil der Mensch auf jeden Fall irrtumsfähig ist und bleibt. Das bedeutet, dass ein Zweifel am biblischen Bericht den Menschen zurückwirft auf den Unglauben.

14

2 Sam 22,2; Ps 31,4; Jes 26,4: 44,8.

15

Gr. Doxa, hebr. Kabod

16

Gr. Epuranos, wörtlich „Überhimmlisches" bzw. hypsistos, hebr. Marom für „Höheres"

17

Jes 6,3; Ps 75,5-6.

18

Ps 19,2; 1 Chr 29,11-12.

19

Der zweite Hauptsatz der Thermodynamik ist eine Regel, weil man – das liegt an der Natur der Sache - noch nicht rechnerisch nachweisen konnte, dass er immer gilt. Aber er hat sich ausnahmslos in der Natur bestätigt. Ein Haus, das man sich selbst überlässt, zerfällt unweigerlich, es baut sich nie weiter auf. Erst wenn ein Bauherr seine Absicht und Energie hineinsteckt, baut es sich weiter auf oder kann bewahrt werden. Entropieabnahme bedeutet also Info-Input. Das deutet auf Planung und Geist hin.

20

1 Kor 14,33, Jak 3,17-18.

21

1 Kor 15,28; Phil 2,9-11.

22

Was Muslimen kaum bewusst sein wird. Sie stehen unter der Denkvoraussetzung, dass die Bibel gefälschtes Wort Gottes sei. Falls sie sich dabei irren, sind sie in großer Gefahr, sofern sie zu denen gehören, die die Auslöschung Israels betreiben, denn die Bibel verheißt denen, die Israel vernichten wollen, ein hartes Gericht. Das ist der Grund, warum man sagen kann, dass Israelfeinde aus biblischer Sicht keine gläubigen Juden oder Christen sein können. Solche Israelfeinde, die sich als Juden oder Christen verstehen, glauben der Bibel bzw. dem Alten Testament nicht. Insofern sind sie im biblischen Sinne nicht gläubig.

23

Jes 41,4; 44,6-7; 48,12.

24

Der Astrophysiker Norbert Pailer in „Lichtwelten", 2011: *„Wir dürfen die Mechanismen unseres Kosmos nicht mit seinen Ursachen verwechseln! Ein Weltbild, das dem nicht Rechnung trägt, ist unvollständig."* Das ist eigentlich selbstverständlich. Es wird aber bei Evolutionisten und Naturalisten regelmäßig übersehen. Der Grund dafür ist verständlich. Die Forschungsgrenze liegt im Bereich des Materiellen und der Naturgesetzlichkeiten. Wer die Materie und die Naturgesetze verursacht hat, kann sich der Forschung nicht erschließen, da man nie einen völlig kausal-deterministischen Zusammenhang zwischen der erforschbaren Materie und den feststellbaren Naturgesetzen und einer Person herstellen kann. Dass Personen dabei relevant sein können, ist eine Tatsache, die wir als Menschen tatsächlich erleben. Der Apfel fällt vom Baum, weil ich den Baum geschüttelt habe. Ich bin die personelle Ursache des Falls, nicht die Naturgesetzlichkeiten.

25

Schopenhauer, Parerga und Paralipomena, 2 Bde., 1851. Zweiter Band. Kapitel 6. „Zur Philosophie und Wissenschaft der Natur."

26

DIE ZEIT, 28. 5. 2003.

27

Norbert Pailer in „Lichtwelten", 2011.

28

„Die Funktion der Vernunft", engl. „The Function of Reason", FV 16; 1929.

29

Owen Edwards, „Expanding Universe. Photographs from the Hubble Space Telescope", 2018.

30

Gale E. Christianson, „Edwin Hubble: Mariner of the Nebulae." S. 183, 1996.

31

S. Nr. 29

2.

Der widernatürliche Naturalismus

Der Naturalismus als Mythos

Der Naturalismus erscheint in mancher Hinsicht wie ein alter Baals-Mythos in modernem Gewand. Der Naturalismus ist die vorherrschende Weltsicht der Moderne und ihrer Wissenschaftsdisziplinen. Er wird durch folgende Denkvoraussetzungen gekennzeichnet:

- Alles was in der Natur ist, ist materiell entstanden und hat keine geistige Ursache.

- Das Komplexere ist aus dem Einfachen hervorgegangen.

- Was ist, ist aus Zufall geworden wie es ist, es gibt keine Planung, außer durch Menschen.

- Die feststellbare Ordnung ist ein Nebenprodukt der überwiegenden Unordnung.

- „Geist" ist Nebenprodukt der Materie.

- Der Mensch ist materiell, zufällig und unfreiwillig (d.h. auch in seinem Willen determiniert durch materielle Vorgänge).

- Absolute Moral gibt es nicht, Moral ist ein Nebenprodukt unmoralischer Sachverhalte.

- Eine Verantwortlichkeit gegenüber einem Gott gibt es (wegen 1. bis 7.) nicht (Gott ist tot und der Mensch ist es irgendwann auch und dabei bleibt es). *1

So oder so ähnlich denken die Naturalisten, Darwinisten und Reduktionisten. *2

Alle acht Denkvoraussetzungen unterliegen einem bzw. mehreren Irrtümern. Keiner dieser acht Punkte ist durch die Naturwissenschaft bewiesen worden. Das kann auch nicht sein, da sie falsch sind. Infolgedessen kann gesagt werden, dass der Naturalismus eine Weltanschauung ist, ähnlich einer Religion, die zumindest teilweise auf unbewiesenen Behauptungen aufbaut.

Bemerkens- und bedenkenswert ist, dass der Naturalismus wesentliche weltanschauliche Prinzipien mit pantheistischen und polytheistischen Mythen gemeinsam hat. Das berechtigt zu der Annahme, dass der Naturalismus selbst ein Mythos ist, denn eine Weltanschauung, die mythische Elemente zu ihren Hauptaussagen macht, ist selbst ein Mythos. Im Unterschied zum biblischen Zeugnis enthält der Naturalismus nachweislich unrichtige Behauptungen, also mehr als nur bloße Glaubenssätze und richtige Beobachtungen, wie sie in jeder Weltanschauung vorkommen können.

Woher kommt diese Nähe zum Pantheismus oder Polytheismus? Offenbar von der inhaltlichen Verwandtschaft, die eine geistige Verwandtschaft nahelegt. Auch der Pantheismus und der Polytheismus sind von Menschen rezipierte Weltanschauungen, die die Verursachung der Schöpfung und die Verantwortlichkeit für die Schöpfung auf naturalistische Gegebenheiten verschieben. Der Verursacher der Schöpfung ist nach der Sicht der Bibel Gott. Wer das leugnet, redet entweder von vielen Göttern, die sich uneins sind, wozu der Mensch nichts „machen" kann. Wer von diesen Göttern der Schöpfergott ist, spielt keine Rolle, weil er nicht herausragt. Oder der Mensch erklärt eine rein materielle, zufällige Verursachung der Schöpfung und des Menschen wie z.B. im Darwinismus. Oder er erklärt alles für eins und Gott sei in allem und jedem (Pantheismus, Hinduismus). In all diesen Fällen gibt es niemand, gegenüber dem man verantwortlich wäre. Man erklärt sich durch seine Weltanschauung von der Notwendigkeit einer Rechtfertigung befreit und „entschuldet" sich oder folgert, dass es so etwas wie ein existentielles Problem entweder nicht gibt, oder dass es durch den Menschen selbst lösbar sei. Ein gutes

Beispiel dafür ist der Buddhismus, in dem die Götter nicht kompetent sind, den Stand des Menschen wesentlich zu verbessern, weil sie selber erlösungsbedürftig sind. Im Buddhismus ist jeder Mensch für seine Erlösung allein zuständig. Im reinen Darwinismus kann man sich der Theorie nach getrost zurücklehnen, wenn man es geschafft hat, sich fortzupflanzen. Der eigene Tod gibt Raum für die nachfolgende Generation. Nur in der Praxis will das mit dem Trost nie so richtig gelingen!

In diesen Konzepten braucht man keinen Gott, meint man, gegenüber dem man Rechenschaft ablegen müsste. Das ist die hauptsächliche Gemeinsamkeit und zugleich eine Erklärung für die Existenz dieser Weltanschauungen. Sie sind attraktiv für ein Denken, das selber existieren möchte wie es will und sich keiner übergeordneten Instanz am letzten Ende verantworten möchte. Die Berechtigung der eigenen Existenz, so wie sie ist, soll grundsätzlich nicht in Frage gestellt werden.

In der Bibel ist der Mensch völlig Gott untergeordnet und ist Ihm am Ende Rechenschaft schuldig. Seine Rechtfertigung ist ebenso völlig von Gott abhängig. Der Mensch kann selber, anders wie in den Religionen, nichts tun, um seine Existenz zu sichern, außer sich Gott, der ihn erschaffen hat, völlig unterzuordnen. Das lehrt die Bibel. Die Religionen und Weltanschauungen der Menschen lehren das nicht. Sie setzen auf Selbsthilfe und materielle Erfindungen und Entwicklungen, während die Bibel die Neuschöpfung verlangt und diese nur durch den Geist Gottes im Menschen beginnen und erfolgreich zum Ziel gebracht werden kann.

Was der Mensch betreibt, wenn er diesem Konzept nicht zustimmt, ist im Grunde eine Fortsetzung der Rebellion der Schöpfung gegen den Schöpfer, die seit Adam in undenkliche Variationen durch die Menschen inszeniert wurde. Der autonome Mensch setzt das, aus dem sein Leib gemacht wurde, die Materie gegen Geist und er setzt sich als Sünder gegen den sündlosen Gott. Der sündlose Mensch und Gott - das war und ist Christus. Durch Seinen Geist erfolgt die Erneuerung der Schöpfung. Durch Christus geschieht die Erlösung von der Sündenschuld und zugleich die Befreiung von dieser existentiell unzureichenden, in jeder Hinsicht begrenzten Daseinsweise.

Auf diesem Hintergrund ist klar, dass die Weltanschauung des Naturalismus nicht biblisch sein kann, und der christlichen Sichtweise völlig konträr ist.

Der Naturalismus behauptet auf jeder Ebene des Existenten, dass aus Nichts zuerst Etwas und dann qualitativ noch mehr wird. Dass dem so sei, konnte noch nicht bewiesen werden. Es handelt sich um einen Glaubenssatz, der an sich absurd und rational nicht haltbar ist. Dennoch hält die Wissenschaftswelt daran fest, weil er sich für die Zwecke, für die man ihn einsetzt, zumindest zum Teil bewährt hat. Er kann sich bewähren, weil die Welt so beschaffen ist, dass man eins und eins auch zu zwei zusammenzählen kann, ohne dafür Gott zu benötigen. Wasserstoff und Sauerstoff können im Labor zu Wasser vereinigt werden, ohne dass Gott jedes Mal dazu Pate stehen muss. Aber selbst, wenn jeder Mensch seit Adam streng deterministisch handeln würde, so dass er völlig autonom von der Existenz eines Gottes wäre, so bleibt doch das Rätsel der Existenz eines ersten Menschen, der nicht beschlossen hat, zu existieren, weil er gar nicht gefragt wurde.

Einen anderen Grund für die Begeisterung für den Naturalismus könnte es aber auch noch geben. Wenn dieser natürliche Prozess ganz ohne Zutun Gottes ist, entwickelt sich auch der Mensch höher und die Sünde spielt ebenso wenig eine Rolle wie der Gedanke des Rechtfertigenmüssens vor Gott.

Interessant ist, dass bei den Erklärungsversuchen, warum aus nichts etwas und dann qualitativ noch mehr geworden sein soll, beständig Fakten ausgeblendet werden, die sich als hinderlich erweisen können. Mit anderen Worten, es wird etwas an sich Unsinniges oder Zweifelhaftes behauptet und bei dem Versuch, es sinnvoll erscheinen zu lassen, werden bestimmte Einwände übergangen. Das Prinzip kann man so darstellen: Behauptung: Vögel sind aus Reptilien entstanden. Erklärungsversuch: Reptilien haben vor den Vögeln existiert und Vögel legen Eier wie Reptilien. Einwand: Es gibt auch Säugetiere und Insekten, die Eier legen. Und: Man hat nur Fossilien von Vögeln gefunden, die von Anfang an fertig ausgebildete Vögel waren. Und: Es gibt kein einziges Fossil eines halbfertigen Vogels, den man als Zwischenform der Evolution deuten könnte. Alle diese Einwände gewichtet man weniger als die eigene Idee, wobei der Erklärungsversuch bereits eine unbewiesene Annahme enthält, die als bewiesen postuliert wird. Es ist keineswegs sicher, dass die Reptilien vor den Vögeln existierten. Napoleon ritt meist einen Schimmel. Das ist historisch belegt, dass es diesen Schimmel gab. Dennoch gehört er nur deshalb, weil er zeitlich vor mir existiert hat, nicht zu meinen Vorfahren.

Der Philosoph Thomas Nagel, der beweist, dass man auch als Atheist nicht alles, was gegen Gottes Existenz ins Feld geführt wird, für bare Münze nehmen muss, betrachtet es als ein Phänomen, das der Naturalismus die Deutungshoheit in den Naturwissenschaften hat. Er nannte ihn ironisch *„heroischer Triumph einer Ideologie über den gesunden Menschenverstand."* *3 Über den gesunden Menschenverstand geht diese Ideologie also hinaus. Sie verletzt und beleidigt den gesunden Menschenverstand.

Interessant, wenn auch nicht überraschend, ist, dass schon kluge Köpfe des alten Griechenlandes wie ein Aristoteles gewusst haben, dass der Naturalismus nur vorgibt, etwas zu erklären. *„Denn das sich im Sein und Werden das Gute und Schöne findet, davon kann doch… nicht das Feuer oder die Erde oder sonst etwas dieser Art die Ursache sein … aber ebenso wenig ging es wohl an, eine so große Sache dem Zufall und dem Ungefähr zuzuschreiben."* *4 Das ist vorweg genommene Darwinismuskritik.

Aristoteles hat gleich mehrere der Grunddenkfehler des Naturalismus genannt. Erstens: Aus der Materie kann nicht das Gute und Schöne erklärt werden. Und warum? Weil das ein Kategorienwechsel ist. „Gut" und „schön" - das sind geistige, nichtmaterielle Größen; Materie ist nur Materie. Ein evolutionärer Übergang zwischen Materie zu etwas Geistigem ist nicht möglich, da etwas entweder materiell oder geistig ist. Genau das wird aber immer vom Naturalismus geleugnet und ohne weiteres als richtig vorausgesetzt, dass eine „Evolution" stattgefunden haben müsse, denn auch Geist an sich gebe es ja eigentlich nicht. Zweitens: Die Zutaten, die das an sich Unmögliche doch noch erklären sollen, um einen Geist, Planer und Schöpfer nicht beteiligen zu müssen, sind an sich machtlos und unüberprüfbar. Dem Zufall kann man alles ungeprüft in die Schuhe schieben. Das „Ungefähre", wie es Aristoteles kritisch nannte, drückt sich im Darwinismus typischerweise darin aus, dass man sagt, man wisse noch nicht genau wie etwas entstanden ist, aber so „ungefähr" muss es passiert sein. Oder „die Zukunft wird es bringen", man müsse nur noch mehr erforschen. Nichts Genaues weiß man, aber so oder so müsste es gewesen sein. Das sind an sich durchschaubare Ausflüchte.

Die Zukunft des Darwinismus sieht jedoch nicht rosig aus und verdunkelt sich immer mehr. Tatsächlich bekommt der Darwinismus, mit dem der Naturalismus die Welt erklären will, mit der Zeit immer deutlicher werdende Erklärungsdefizite und Ungereimtheiten. Bis heute gibt es keine empirischen Hinweise, dass komplex Neuartiges durch die ungerichtete Evolution zustande gekommen sein könnte. Die Erklärungsversuche dafür, wie es geschehen sein könnte, sind außerdem unzureichend. Es ist noch nicht einmal gelungen nachzuweisen, dass die geistlose Evolution von Materie zu Geist überhaupt theoretisch möglich ist. Alle gedanklichen Anstrengungen scheiterten bisher, wenigstens einmal eine Idee zu präsentieren, die intellektuell belastbar wäre. Der Naturalismus widerspricht der Ansicht, dass die Welt durch Planung oder vernunftgemäße Überlegung entstanden ist. Er sagt nichts Anderes, als dass die Welt vernunftlos und geistlos entstanden sein soll. Richtig ist nur: Die These des Naturalismus, dass die Welt vernunftlos und geistlos zustande gekommen ist, ist ohne Beteiligung von Vernunft und Geist zustande gekommen.

Warum wollen dann so viele an eine Unmöglichkeit glauben? Warum hat man Forschung auf die Grundlage einer Ideologie gesetzt? Eine Ideologie kann nicht wissenschaftlich getestet werden. Aber sie kann Fragwürdiges legitimieren und „wahr" heißen. Sie kann die Lücken schließen, die die Wissenschaft offenlässt. Der

Darwinismus ist kärglich beim Nachweis von Fakten, die zu einer schlüssigen Aussage beitragen können, aber verschwenderisch bei der Verwendung von Begriffen, die es behaupten. Er betreibt also Flickschusterei, indem er durch die Sprache die Erklärungslücken schließen lässt. Das ist ein Massenschummeln und vielleicht sogar der Betrug des Jahrhunderts. Begrifflichkeiten, die auf ein handelndes Subjekt hinweisen, werden einfach auf die Naturkräfte projiziert. Nicht Gott hat gehandelt, sondern die Natur handelt, aber auf eine Art und Weise wie es nur eine Person kann. Diese gedankliche Fehlleistung muss aber in Kauf genommen werden, weil man sonst gar nichts mehr, nicht einmal zum Schein erklären kann. Diese Flucht in den Mythos zur Grundlage des wissenschaftlichen Denkens zu machen, kann für eine Gesellschaft nicht ohne schwerwiegende Folgen bleiben.

Der Philosoph Immanuel Kant hat in Bezug auf die Unmündigkeit der Menschen und damit auch der Wissenschaftler und all derer, die ihr huldigen, gesagt, dass sie mit einem Mangel an Mut einhergeht, sich seiner Verstandeskräfte „ohne Leitung eines anderen zu bedienen". Er nannte Faulheit und Feigheit als Ursachen, warum so viele Menschen *„gerne zeitlebens unmündig bleiben und warum es anderen so leicht wird, sich zu deren Vormündern aufzuwerfen."* * 5 Genau das ist bei der Wissenschaftshörigkeit der Fall. Wenn die Wissenschaft sagt, der Mensch stammt vom Affen ab, dann sagt der Unmündige: „dann ist das halt so", ohne sich die Argumente dazu anzusehen. Die Argumente sind dann in einer Sprache verfasst, die dem Laien fremd ist und der dann beeindruckt nickt. Die Kunst der mythos-lastigen Naturwissenschaftler besteht dann darin, dem was eigentlich ein alter Mythos ist, einen wissenschaftlichen Anstrich zu geben.

Wenn der Naturalismus ein Mythos ist wie die uralten Religionsmythen, dann kann es nicht verwundern, wenn er sich ganz ähnlicher Argumente bedient. Der Jahrtausende alte babylonische Mythos Enuma Elisch kommt als einer der Vorläufer des Naturalismus in Frage. Diese Erzählung macht Apsu und Tiamat, ursprungslose Gewässer zu Anfang der Welt. Selbst die Götter gingen daraus hervor.

Sie haben also einen materiellen Ursprung. Und sie verfügen ur-plötzlich über Geisteskräfte und Personalität. Aus den Göttern Lachmu und Lachamu entstand dann durch eine Art Höherentwicklung Anschar und Kischat, die noch potenter und fähiger als ihre Vorgänger waren, und so ging das in den nachfolgenden Generationen noch weiter. Zu den hervorragenden, höherentwickelten Nachfahren gehört dann auch der Gott Bel bzw. Baal (der in der Bibel als einer der „Nichtse" bezeichnet wird). Insoweit kann man sagen, dass der Naturalismus und der Darwinismus nichts Anderes sind als Ableger des Baals-Mythos, denn der babylonische Mythos hat ziemlich alle oben beschriebenen Merkmale des Naturalismus. Sogar auch die „Unfreiwilligkeitsthese", denn die Menschen wurden ausdrücklich dafür geschaffen, damit die Götter ihre Mühsal auf sie legen können. Der Mensch hat keine Wahl!

Man sieht, worauf die Moderne und die Naturwissenschaften als erkenntnistheoretische Grundausrichtung aufbauen, ist ein alter babylonischer Mythos. Im biblischen Schöpfungsglauben ist erkennbar, dass das Niedere vom Höheren abstammt, denn alle Dinge sind von Gott oder den Menschen erschaffen worden und übertreffen ihren Schöpfer niemals. Im Naturalismus ist es genau umgekehrt. Das Höhere stammt vom Niederen ab. Doch steht dem ein Naturgesetz entgegen. Es ist das Gesetz über Thermodynamik. Das versteht auch ein Laie. Überlässt man eine Hütte sich selbst, entwickelt sie sich nicht zu einem Palast, sondern sie zerfällt immer mehr. Der natürliche Gang der stofflichen Dinge ist, dass sie sich zersetzen und einem Zustand der geringsten Ordnung zustreben. In der Natur verwandelt sich Ordnung in Unordnung, Leben in Tod. Und zwar immer dann, wenn keine Energie mehr planmäßig und geordnet zugeführt wird. Wer eine Hütte vor dem Zerfall schützen will, muss sich zuerst überlegen, welche Gegenmaßnahmen er ergreifen muss, dann macht er sich ans Werk und steckt Arbeit nach einem bestimmten Plan hinein. Das ist alles wohlüberlegt oder zum Scheitern verurteilt. Die Natur folgt überall und immer diesem Prinzip, wo planmäßig Energie eingesetzt wird, entsteht Ordnung, wenn nicht, entsteht Unordnung und Zerfall des Bestehenden. Daher ist eine darwinistische Evolution nicht möglich und die darwinistische Theorie widerspricht dem, was man aus der Natur weiß. Das hätte auch schon ein Darwin wissen können. Er ist daher nicht entschuldigt. Mir scheint die Behauptung, dass Darwin, der Sohn eines Pastors, selber kein Darwinist gewesen sei, eine unheilige Legende zu sein.

Das, was man aus der Natur weiß, widerspricht nicht der Bibel, wonach am Anfang eine geplante, geschaffene Ordnung war, die einen andauernden informatorischen Input gesteuerter Prozesse benötigte, um sich nicht in Unordnung aufzulösen. Gerade der Mensch beweist in seinem Lebensumfeld, dass er ohne schöpferisch-geistigen Aufwand nicht sinnvoll leben, ja nicht einmal überleben kann. Auch Menschen, die sich gehen lassen, verkommen.

Die Schöpfung schöpft aus einer Kraft, die ihr verliehen wurde. Die nachfolgenden Generationen überleben nicht deshalb, weil die Elterngeneration stirbt, sondern weil ihnen das Leben und die Lebenskapazität weitergegeben wurden.

Während die Naturwissenschaftler den naturalistischen Erklärungsversuchen der alten Menschheitsmythen vertrauen und weiter im Dunkeln tappen, offenbart die Bibel die Lösung für das Rätsel des Lebens und der Herkunft aller Dinge. Das haben zu allen Zeiten auch Naturwissenschaftler erkannt. Aber der Weg derer, die sich dazu bekennen, ist ein schmaler Weg. Wer die Grundlagen der Naturwissenschaft in Frage stellt, hat einen schweren Stand. Er gefährdet seinen Ruf und nicht nur seine wissenschaftliche Existenz. Viel breiter und bequemer ist der breite Weg des Naturalismus, auf den sich die Mehrheit in den Tempeln der Wissenschaftswelt geeinigt hat.

Das Muster ohne Geistwert

Wenn der Naturalismus als Wissenschaftstheorie ernst genommen werden möchte, muss er folgende Phänomene erklären können:

-   Komplexität und Ordnung in der Schöpfung

- Wie Geist aus Nichtgeist entstanden sein soll und damit auch Bewusstsein und Ethik.

Das kann er nicht. Dass er dennoch von vielen als Theorie genutzt wird, liegt nicht an seinem wissenschaftlichen Erklärungswert, sondern an der weltanschaulichen Festlegung und Voreingenommenheit.

Für Komplexität und Ordnung soll eine Aneinanderreihung von zufälligen allmählichen Erbänderungen, die sich in der Umwelt bewähren, verantwortlich sein. Der Nachweis, dass so Komplexität und Ordnung entstehen, ist bisher nicht gelungen. Hier hofft man, dass die wissenschaftliche Forschung irgendwann die Erklärungsprobleme beheben können wird. Anders verhält es sich mit dem Problem der Existenz geistiger Phänomene. Da besteht aus gutem Grund noch viel weniger Hoffnung.

Eines der großen Probleme des Naturalismus ist, dass er keine überzeugende Erklärung für die Existenz geistiger Phänomene hat und es fraglich ist, ob es berechtigt ist, mit der Suche danach überhaupt zu beginnen. So sagte der Philosoph Ludwig Wittgenstein: *„Die Ethik ist, insofern sie überhaupt etwas ist, übernatürlich".* ***6** Der Naturalismus kann nämlich eine objektive Moral nicht nur nicht begründen. Er hat überhaupt keine stimmige Erklärung für die Existenz des geistigen Phänomens der Moral an sich.

Wenn es für eine Gruppe von Menschen ein Evolutionsvorteil bedeutet, sich moralisch zu verhalten, so kann eine andere Gruppe von Menschen eine ganz eigene und andere Vorstellung von ihrer Moral oder eine völlig a-moralische Einstellung haben. Moral muss im Naturalismus wie alles Geistige immer relativ und damit beliebig verstanden werden, weil sie sich entwickelt haben muss, ohne jeden ethischen Maßstab. Und daher hat jeder das gleiche „Recht" (auch wieder eine geistige Größe) mit seiner Vorstellung von Moral. Auch der unmoralischste Mensch hat lediglich die Aufgabe, seine Nachkommenschaft zu sichern und mögliche Konkurrenten zu überflügeln. Wenn alles, was ist, Materie und ein Derivat von Materie ist, dann kann es keine Verpflichtung an eine Moralvorstellung geben, weil amoralisches Verhalten ebenso eine materielle Verursachung hat. Der größte Verbrecher handelt daher im Naturalismus ebenso richtig wie der größte Menschenfreund. Man kann ebensogut sagen, im Naturalismus gibt es nur das Reden über Moral, aber die verpflichtende Moral an sich ist nicht existent. Mehr noch, sie kann auch gar nicht in Existenz kommen, denn das naturalistische Dilemma besteht ja gerade darin, dass man postulieren muss, aus etwas, was an sich keine Norm vorgeben kann darüber, was moralisch oder amoralisch sein soll, nämlich die Materie, kann keine absolute Norm hervorgehen. Damit lässt sich schwer eine religiöse, gesellschaftliche oder gesetzliche Ordnung ableiten und einfordern. Sätze wie: „der Holocaust war ein Verbrechen" werden dann zur Meinungssache.

Um die Evolutionstheorie zu retten, ist man gezwungen, zu sagen, dass sich der Irrtum, dass Moral etwas Absolutes sein soll, wie es zum Beispiel in den Religionen behauptet wird, als vorteilhaft erwiesen habe, sonst wäre dieser Irrtum nicht so verbreitet. Die gewaltsame Revolution frisst ihre eigenen Kinder und der gefräßige Evolutionismus frisst sie auch.

Was auch zu beachten ist: in einer Welt ohne absolute Moral gibt es keine Menschenwürde. Die Würde des Menschen hängt an seiner Beziehung zu Gott. Der Naturalismus spricht dem Menschen die Würde ab oder dichtet sie ihm unbegründet an, um sich ein paar Wahlstimmen zusätzlich zu sichern. Es geht beim Naturalismus nur um Leben und Überleben. Dazu ist jedes Mittel recht. *7
Inwieweit hinter diesem Selbstbestimmungskonzept ein eigentlicher Plan ersichtlich wird, Theismus und christlicher Glaube zu verdrängen, ist schwer zu beurteilen, weil die handelnden Personen nicht immer wissen, was sie antreibt.

Der Gefreite aus Braunau brachte wiederholt zum Ausdruck, dass er das Judentum und das Christentum beseitigen wollte, weil sie der Entwicklung des Stärkeren im Wege stehen würden. Ihm wurde aber auch verschiedentlich nachgesagt, dass er wie ein dämonisch Getriebener wirkte. So wie er die Rassenlehre als „wissenschaftlich" bezeichnete, nannten auch die Kommunisten ihre Weltsicht „wissenschaftlicher" Sozialismus. Heute wird beides von niemand mehr ernst genommen. Wenn das wissenschaftlich sein soll, dann könnt ihr gleich einpacken! Und sie haben eingepackt! Die übrigen Naturalisten werden auch noch einpacken müssen!

Aber schon in der Zeit ihrer Entstehung konnte man absehen, dass die Behauptung der „Wissenschaftlichkeit" in Bezug auf die Grundaussagen haltlos war. Auch der Naturalismus wird sich einmal als rein geschichtliches Phänomen untersuchen lassen. Und auch beim Naturalismus kann man wissen, dass er als Wissenschaftstheorie haltlos ist. Wer das leugnet, ist nur ein Leugner um der Leugnung willen. Aber es gibt noch eine weitere Parallele. Im Machtbereich des wissenschaftlichen Sozialismus und im Machtbereich der Rassenlehre der Nazis hatte man gesellschaftliche Nachteile zu erdulden, wenn man gegen die herrschende Meinung aufmuckte.

Wer in der Wissenschaftswelt im 21. Jahrhundert Darwinismus oder Naturalismus als haltlos bezeichnet, wird ausgegrenzt und diskreditiert. Es gibt längst Vorschläge, die an die Nazizeit und den Stalinismus erinnern, wie mit solchen Störern verfahren werden soll. Manche Wissenschaftsautoren reden über die Nichtangepassten in ganz ähnlicher Weise wie die Nazis über Regimegegner oder Juden redeten. Cambridge am Cam und Braunau an dem Inn liegen doch nahe beieinander.

Die Wahrheit vergesellschaftet sich nicht mit militanter Aggressivität, Mordlust, Beleidigungen und Feindseligkeitsgehabe. Die Unwahrheit schon. Das liegt daran, dass die Wahrheit eine geistige Verwandtschaft mit der Moral hat. Die Unwahrheit nicht. Die absolute Wahrheit hängt an der absoluten Moral und sie haben einen personalen Ursprung in der absoluten Person Gottes. Gott selbst ist nicht so wie die Militanten, Mordlüsternen, Beleidiger, Feindseligen. Deshalb mögen Ihn so geartete Menschen nicht und Er mag ihr Verhalten nicht.

Die Unwahrheit vergesellschaftet sich ebenso sicher mit dem, mit was sich die Wahrheit nicht zusammentut. Das ist der Grund, warum von Seiten gewisser atheistischen Evolutionsbefürworter kein Interesse an der Wahrheit besteht, sondern an ihrem brüchigen Weltbild auch mit unmoralischen Mitteln fest zu halten. Das ist auch deshalb kein Problem für sie, weil es ja nur eine relative Wahrheit und eine relative Moral gibt, nämlich genau die, die sie vertreten. Insoweit handeln sie getreu ihrer Weltanschauung. Das erklärt auch, warum Zweiflern an der Evolutionslehre vorgeworfen wird, den Fortschritt aufzuhalten. Darin liegt aber ein weiterer Widerspruch, denn wenn der Naturalismus wahr ist und alles in Evolution begriffen ist, ist es völlig gleichgültig, wohin die Entwicklung geht und ob sie stillsteht, oder warum sie stillsteht.

Der „wissenschaftliche" Naturalismus kann, weil er die gleichen Grundannahmen hat wie der Marxismus, Stalinismus oder Nazismus, jederzeit von totalitär ausgerichteten Gesellschaften als Berechtigung verstanden werden, unliebsame Konkurrenzen oder „Grundsatzstörer" auszuschalten, obwohl doch auch die Anti-Naturalisten nur ihren submolekularen Schaltungen folgen und sich völlig naturalistisch verhalten. Aber die soziale Evolution erlaubt, sie auszumerzen. Und daher können auch Taten von großer Güte und Leistungen, die einen großen gesellschaftlichen Wert haben, mit den größten Gräueltaten im Naturalismus auf einer Stufe stehen. Sie sind ja aus materiellen Zwängen entstanden.

Aus Sicht des Darwinismus ist aber ein Albert Schweitzer ein Hemmschuh für die natürliche Auslese, weil er an Alten und Kranken, die sonst gestorben wären, Energie verschwendet hat, während der Gefreite aus Braunau dafür zu loben ist, dass er „unwertes Leben" wie z.B. psychisch Kranke und Schwachsinnige beseitigen ließ. Man könnte Albert Schweitzer als Anti-Naturalist und den größenwahnsinnigen Gefreiten als Erz-Naturalist bezeichnen. Letzterer war für den Fortschritt der Menschheit unterwegs, dem Schweitzer entgegentrat. Man merkt, wie größenwahnsinnig diese Theorie sein muss!

Da schließt sich der Kreis zu Darwin, der ja ausdrücklich anmerkte, dass zivilisierte Gesellschaften im Sinne der natürlichen Evolution kontraproduktiv handeln. Es wird immer wieder behauptet, Darwin ging es nur um die wissenschaftliche Seite seiner

Thesen und für den Missbrauch der Evolutionslehre durch Marxismus und Nazismus sei er nicht verantwortlich zu machen. Doch das ist er! Aber abgesehen davon, dass Marxisten und Nazis die Evolutionslehre nicht missbraucht, sondern konsequent angewandt haben, hat Darwin geistige Brandstiftung geleistet. So sagte er, dass die Naturvölker ihre an Geist und Körper schwachen Mitmenschen ausmerzen würden, die zivilisierten Völker nicht. Bei ihnen könnten sich auch die schwachen Individuen fortpflanzen *„Niemand der etwas von der Zucht von Haustieren kennt, wird daran zweifeln, dass dies äußerst nachteilig für die Rasse ist."* **8** Ich zweifle und zwar deshalb, weil es noch eine geistige Wirklichkeit und einen Gott gibt, der das letzte Wort, notfalls auch das Gerichtswort hat. Es war also nicht der Gefreite aus Braunau, der als erstes so gesprochen hat. Er hat das, was Darwin gesagt hat, übernommen und konsequent angewendet. Darwin ist der böse Junge, der mit unausgegorenen Gedankenspielen, die so viele zur Gottlosigkeit verführt hat, das Zeitalter der Verblendung einläutete.

Wer schützt uns davor, dass sich der „wissenschaftliche" Naturalismus nicht auch in unseren künftigen Gesellschaften in der Gesellschaftsstruktur einnistet? Abtreibungen und Euthanasie lassen sich ja problemlos damit begründen und rechtfertigen. Der Naturalismus hat bereits mehr als nur einen Fuß in der Tür unserer Gesellschaft.

Und seine Stimme erhebt sich auch schon längst aggressiv gegen diejenigen, die den Naturalismus für unwahr halten. In weltweiter Verbreitung erreichen Bücher hohe Auflagen, die gegen Evolutionskritiker spotten und sie als asoziale Gestrige verunglimpfen. Dass Vertreter einer Lehre, die moralische Verpflichtungen leugnet, dabei so sehr moralisieren, fällt kaum jemand auf. Diese Doppelmoral lässt sich reduzieren auf den Satz des Naturalismus: „Was Moral ist und wann sie wie angewendet werden soll, bestimme ich!" Der Mensch hat sich zum Absoluten gesetzt. Der Naturalismus ist seine Religion, weil darin der Mensch als höchst entwickeltes Lebewesen die Maßstäbe setzt. Gott kann man dabei nicht brauchen!

Der Preis dafür ist hoch. Die Entgöttlichung des Menschen (d.h. Loslösung von der Vorstellung, dass der Mensch von Gott geschaffen wurde und seinen Geist von Gott bekommen hat) stellt ihn auf die Stufe der tierischen Belanglosigkeit herunter. Friedrich Nietzsche sagte: *„Wir leiten den Menschen nicht mehr vom „Geist", von der „Gottheit" ab, wir haben ihn unter die Tiere zurückgestellt!"* ***9** Es gibt nichts mehr, was einen höheren Sinn hat; das Leben jedes einzelnen hat keinen besonderen Wert, weshalb man auch beliebig darüber verfügen kann (wie man an den naturalistisch-totalitären Regimen sehen kann). Typische von Gott dem Menschen verliehen Eigenschaften wären ebenfalls hinfällig: Menschenwürde, Sinn für Moral und Gewissen, Freiheitsbereiche des Wollens und Denkens. Es gäbe kein absolutes, wahres Erkennen der Dinge an sich. Das alles, was der menschliche Geist hat und kann, können Tiere nicht.

Der Mensch wird also durch die Herabstufung zum Tier keinesfalls autonom oder befreit, nur, weil er sich von Gott befreit wähnt, sondern er wird ein unfreies, unmoralisches, nicht wahrheitsfähiges, nicht einmal erkenntnisfähiges Wesen. Das Auffällige ist, dass er, wenn er das glaubt und danach lebt, tatsächlich auch beginnt, sich als Tier zu charakterisieren. Fressen und Gefressenwerden wird zum vorherrschenden Prinzip erhoben. Es zählt nur das Ich. Die Liebe zu einem Mitmenschen wird degradiert zu einer bloßen Vorteilsnahme, die dem Überleben der eigenen DNA nützen soll. Wer meint, er hätte die große Liebe seines Lebens gefunden, ignoriert nach Ansicht der Darwinisten in Wirklichkeit, dass es nur darum geht, das eigene Erbgut an die nächste Generation weiterzugeben.

Es ist klar, dass der Naturalismus eine verkürzte Weltsicht hat. Die Linse, durch die der Naturalist schaut, ist stark verkürzt und trübe, der Sehnerv zeigt beängstigende Schädigungen und das Hirn bringt nur noch verzerrte Spiegelungen der Außenwelt oder mischt illusionäre Reflexionen. Augenoperationen wären dringend anzuraten.

Der Naturalismus sieht die Welt in engen Grenzen und die Akteure sind unfrei, sie funktionieren nach rein physikalischen Zwängen. Also muss der Naturalismus auch die Freiheit, in der sich ein Mensch wähnen kann, verneinen. Der Mensch ist durch chemische und physikalische Vorgänge festgelegt. Daher ist Freiheit, dem Naturalismus zufolge, eine Illusion. Freiheit kann nur dann keine Illusion sein, wenn es eine geistliche Ebene gibt, die unabhängig von Chemie und Physik noch Freiheit ist, also vom Ursprung herstammt und grundsätzlich nicht auf der materiellen Ebene abläuft. Wenn der Mensch sich auf rein materielle Vorgänge reduzieren lässt, entfällt natürlich auch seine Verantwortlichkeit für das, was er tut oder unterlässt. Das erinnert stark an das Kind, das sich verstecken will und mangels eines geeigneten Verstecks die Hand vors Gesicht hält, in der Hoffnung, dass es so nicht gesehen wird. Das Versteck der Atheisten, das sie vor Gott unsichtbar machen soll, ist der Naturalismus.

Der Naturalismus versucht, bewusst oder unbewusst, alles was auf eine Verantwortlichkeit und Gott, dem gegenüber man verantwortlich sein könnte, weg zu erklären. Es gibt angeblich nicht wirklich von der Materie unabhängige und ihr letzten Endes unterzuordnende Phänomene wie Geist, Bewusstsein, Moral, freier Wille usw. Man sieht, der Naturalismus ist der große Nihilist und Verarmer; indem er verneint, reduziert er die Welt. Er versucht alle Erscheinungen und Existenzen auf materielle Elementarteilchen und ihr Wechselspiel zu verknappen. Damit wird alles bedeutungslos. Wer Gott abschafft, schafft damit alles ab. Das erkannte schon John Locke: *„Gott auch nur in Gedanken wegnehmen, heißt alles aufzulösen."* Er sah sogar die Toleranz für Andersdenkende gefährdet. * 10

Dieserart Bedenken sind berechtigt. Wie gehen Menschen mit anderen Menschen um, wenn sie schon als Naturalisten so über ihre Mutter reden wie einer der bekanntesten Gegner des Christentums und des Kreationismus, ein Biologieprofessor von Cambridge: *„Ich betrachte eine Mutter als eine Maschine, die so programmiert ist, dass sie alles in der Macht Stehende tut, um Kopien der in ihr ent-*

haltenen Gene zu erhalten.“ Wer möchte in einer Welt leben, in der so mehrheitsfähig gedacht wird? Sie wird kalt, lieblos, mörderisch sein und auf jeden Fall kurzlebig, wenn der Mensch tatsächlich das höchste Wesen wäre. *** 11**

Der Naturalismus ist eine vernunftwidrige Sichtweise. Das wusste schon Immanuel Kant. Er hatte in seiner „Kritik der reinen Vernunft“ in kantigen Worten dargelegt, dass es zum Denken ein Subjekt geben muss, dass den Denkvorgang begleitet und innehat. Ein Hin und Her von physikalischen Vorgängen besitzt keine kognitive Zentrale, die sich als Ich bewusst ist und Entscheidungen treffen kann, was gedacht werden soll. Solche Entscheidungen liegen in jeder Sekunde vor, das entspricht unserer Erfahrung.

Die Naturalisten führen alles auf materielle Vorgänge zurück. Sie behaupten ständig etwas, was unseren menschlichen Erfahrungen widerspricht. Dass sie damit Recht behalten, ist schon deshalb eher unwahrscheinlich. Ihre Behauptungen werden noch dazu ohne stichhaltige Argumente vertreten. Sie sind bloße Mutmaßungen und nicht wissenschaftlich bestätigt. Das Subjekt, das denkt und sich dessen bewusst ist, ist außerdem unteilbar und unsichtbar, im Unterschied zur Materie.

Denken, Ichbewusstsein und Vorstellungsvermögen gibt es nicht außerhalb eines geistigen Subjekts. Das können wir daher wissen, weil wir Menschen unzweifelhaft geistige Subjekte sind. Von der Materie als solcher wissen wir das nicht. Dass wir denken, wissen wir. Zu unseren Erfahrungen gehört nicht, dass eine Kaffeemaschine denkt oder sich ihrer bewusst ist. D.h. wir erleben, dass es in der Welt, die wir kennen, uns als geistige Wesen gibt und dass wir mehr als nur Materie sind. Wir erleben aber auch, dass es außerhalb von uns Materie gibt, bei der wir keine Denkvorgänge bemerken. So wie physikalische Merkmale physikalische Gegenstände brauchen, um real erfahrbar gemacht zu sein, kommen geistige Merkmale auch nur bei geistigen Subjekten zum Vorschein.

Da es für Naturalisten nur Physikalisches gibt, blenden sie die Realität der höheren Seinsordnung des Geistigen aus. Von höherer Ordnung ist das Geistige deshalb, weil das Geistige nachweislich auf das Materielle beherrschend einwirken kann.

Umgekehrt gilt das nicht. Der menschliche Geist erfindet Kaffeemaschinen und baut sie dann. Kaffeemaschinen bleiben dabei, Kaffeemaschinen zu bleiben. Der Geist ist unabhängig von der Materie. Er denkt an eine Kaffeemaschine völlig unabhängig davon, ob es draußen regnet oder nicht. Es ist noch nicht beobachtet worden, dass Kaffeemaschinen Menschen oder andere Maschinen bauen.

Auch nur ein geistiges Subjekt kann Wollen, ist doch Wollen auch ein fortgesetztes, planmäßiges Denken. Materie kann das nicht. Willentlich und absichtlich nehmen Subjekte auf die physikalische Welt Einfluss und handeln wie sie wollen. Wollen ist immer zielgerichtet. Teleologie ist aber etwas, was im Naturalismus nicht vorkommt, da ja alles zufällig entstanden sein soll und Abläufe, die den Anschein einer Zielrichtung oder eines Zweckes erwecken, in Wirklichkeit nur infolge der nicht zielgerichteten Auslese und zufällig entstanden sind. Zielgerichtetheit kommt aber eindeutig in unserem Denken vor. Das gleiche gilt für das Sollen. Materie will und soll nichts. Damit unterscheidet sich der Geist auch hier grundlegend von der Materie.

Materie hat immer einen Istzustand, aber feststellen, dass es so ist, kann nur der Geist und nur er kann einen Sollzustand vorgeben, der erreicht werden soll. Der Geist vermag offenbar über die physikalische Welt und das in ihr Machbare hinausgehen zu können, was anzeigt, dass er nicht zur materiellen Welt gehört. Ein physikalischer Zustand ist sich seiner nicht bewusst. Geist gibt den Dingen eine Bedeutung und denkt in geistigen Begriffen und Inhalten. Auch Sprache repräsentiert geistige Inhalte, weil auch jede physikalische Sache in der beschreibbaren Vorstellung nur bildhaft, nicht als physikalische Sache selbst erscheint.

Mentale Zustände verweisen immer auf etwas, was außerhalb ihrer selbst ist. Wenn man an eine Kaffeemaschine denkt, kann sie weit entfernt sein oder noch gar nicht materiell existieren. Physikalische Zustände sind nur sie selbst und ohne eine nicht-physikalische Beziehung zu anderen physikalischen Zuständen.

Der Fehler, den die Naturalisten oft machen, ist das, was sie selber geistig erfasst haben, auf die physikalische Ebene herabzuziehen. Weil für sie etwas geistig erkannt worden ist, z.B., dass grüne Äpfel unreif sind, kommen sie zu der Schlussfolgerung, dass die Farbe Grün ein Zeichen ergibt für die Unreife und dieses Zeichen dann eine physikalische Folge der tatsächlichen Unreife sei. Der Denkfehler liegt darin, dass ein Zeichen immer einen Zeichendeuter benötigt, also ein Subjekt, das durch eine Denkleistung den Sachverhalten eine Bedeutung gibt und diese dann abspeichert. Zeichendeutung ist immer ein geistiger Prozess.

Der Geist vermag sich etwas vorzustellen, real oder nicht real. Die Materie ist immer nur Materie. Durch das geistige Repräsentieren entstehen geistige Realitäten, die völlig unabhängig von materiellen Umgebungsbedingungen und Einflussnahmen sind. Ein Mensch kann auf einer Bergspitze ebenso über die Tiefsee nachdenken wie in seinem Wohnzimmer. Die Materie bleibt nur dort, wo sie ist und dabei bleibt sie immer die gleiche. Der Mensch kann in Gedanken Irrtümer und Phantasien erzeugen oder einfach Abstraktes ersinnen. Materie bleibt immer nur, was sie ist.

Unverdrossen bleiben die Naturalisten Materialisten. Entweder vertreten sie die Identitätstheorie, bei der Materie und Geist gleichgesetzt werden, oder die Emergenztheorie, wonach der Geist aus der Materie hervorgegangen sein soll.

Folgende Punkte belegen, dass die Identitätstheorie nicht wahr sein kann:

- Ein geistiges Subjekt kann man nicht zerlegen, es ist eine Einheit. Materie lässt sich immer zerlegen in Einzelteile.

- Materie ist an Raum und Zeit gebunden, Bewusstseinsinhalte sind nicht ortsgebunden und nicht räumlich.

- Bewusstseinsinhalte sind unmittelbar einem Subjekt zugeordnet, physikalische Dinge sind nur über Rezeptoren vermittelbar.

- Geistige Subjekte können sich über Bewusstseinsinhalte nicht irren, über physikalische Gegebenheiten sehr wohl.

- Bewusstseinsinhalte gibt es nur in Verbindung mit einem geistigen Subjekt, für Materie gilt das nicht.

- Bewusstseinsinhalte können repräsentieren, z.B. gedanklich eine Sache oder einen Sachverhalt beinhalten, Materie kann das nicht.

Was ist eigentlich Emergenz? Naturalisten versuchen das Phänomen Geist und andere Phänomene mit geistiger Qualität, die nicht materiell festgemacht werden können, so zu erklären, dass sie sich spontan eingestellt haben, nachdem bestimmte materielle Bedingungen hergestellt waren. Beweise, dass das stimmt, gibt es nicht und kann es auch nicht geben. Und zwar aus dem Grund, weil Geist eine völlig andere Daseinsqualität hat, als Materie.

Der Übergang von irgendwas Stofflichem oder Strukturellem auf Geist wird Emergenz genannt und meint, dass etwas plötzlich da ist, was vorher nicht da ist. Das Universum emergierte aus dem Nichts, ebenso Leben aus dem Unbelebten. So sagt man. Sagen kann man vieles. Aber ob es stimmt, sagt eine alte Bauernregel, ist was Anderes. Man sollte also festhalten, dass die Naturwissenschaftler gerne von Emergenzen reden, wenn sie sich etwas nicht erklären können oder wenn der Nachweis für einen Vorgang fehlt, den sie sich ausgedacht haben, aber dass darüber hinaus nicht bekannt ist, wie so eine solche Emergenz von Materie zu Nichtmaterie überhaupt von statten gehen könnte. Viele Philosophen sind sich einig, dass das per se gar nicht möglich ist. Dieses grundsätzliche Problem des Naturalismus wird von diesem jedoch meist einfach weg- oder schöngeredet. Man drückt sich vage und ungenau aus oder geht einfach darüber weg.

Es ist einleuchtend, dass diese Theorie nur deshalb zustande gekommen ist, weil man unbedingt an dem Götzen Materie und dem Glauben „Am Anfang war die Materie" festhalten will. Die Theorie ist also rein weltanschaulich begründet und nicht naturwissenschaftlich abgesichert. Im Grunde ist sie unfrommes Blabla.

Der Naturalismus ist weit davon entfernt, die Natur zu erklären, da viele seiner Erklärungen nachweislich falsch sind und nicht die Wirklichkeit wiedergeben.

Wäre der Naturalismus zutreffend, dürfte es diese Phänomene nicht geben:

- Die hochgradige Ordnung des physikalischen Kosmos.

- Geist, Bewusstsein und Erkenntnisfähigkeit.

- Die Moral und andere geistige Qualitäten der Sinnhaftigkeit (Gerechtigkeit, Würde, Schuld, Verantwortung, Schönheit, Zweckmäßigkeit, Witz, Raffinesse, Gnade, Liebe, Freiheit, Sprache, Vernunft, Wahrheit usw.)

Der Mensch hat Geist und Bewusstsein und kann die Ordnung des Kosmos und die Gesetzmäßigkeiten darin erkennen. Er ist freiheitsfähig, sprachfähig, vernunftfähig und wahrheitsfähig und hat Sinn für Moral und alle anderen Qualitäten der Sinnhaftigkeit. Dies alles hat Materie nicht. Das bedeutet, dass dem Naturalismus der wichtigste Teil der menschlichen Realität fehlt. Damit ist er erkenntnistheoretisch haltlos.

Nur mit Hilfe unseres Geistes lassen sich die Realitäten, in denen der Mensch lebt, erkennen und erklären. Der menschliche Geist denkt über sich selber nach, über die Ordnung der Welt, über die Moral und andere geistige Qualitäten der Sinnhaftigkeit und nur der menschliche Geist nutzt Freiheit, Sprache, Vernunft und nur er erkennt die Wahrheit. Nur der menschliche Geist kann über Gott nachdenken.

In der Naturwissenschaft ist aber das Denken über Gott tabu. Man sieht leicht ein, dass das nicht zielführend sein kann, wenn Gott tatsächlich der Schöpfer aller Dinge ist. Warum also diese Selbstbeschränkung? Vielleicht, damit man ungestört forschen kann und nicht bei jeder Frage nach dem Lückenbüßer Gott verlangt.

Der Gott der Bibel ist aber nicht nur der Schöpfergott. Was am Gott der Bibel stört, ist vielleicht nicht so sehr Sein Anspruch, Schöpfer von Himmel und Erde zu sein. Und vielleicht auch nicht Seine Allmacht. Am meisten fordert uns Menschen wohl Seine All-Moral heraus. Während wir gerne mehr Macht über unser Geschick hätten, im Glauben, dass wir daraus unser Glück machen würden, ist uns störend bewusst, dass unser Mangel an Moral uns stark von der Vollkommenheit Gottes unterscheidet. Und wir wissen auch, Gott hat unsere Macht eingeschränkt, weil wir wegen unseres Mangels an Vollkommenheit in moralischen Angelegenheiten viel Unsinn damit anstellen würden. Den Beweis dazu liefert ja die Menschheitsgeschichte hinreichend. Es genügt bereits eine dubiose Evolutionslehre und ganze Völker geben sich einem Ausrottungskrieg hin, weil sie meinen, sie hätten das Recht des Stärkeren gepachtet und nun dürften sie ihre Interessen über die anderen heben und minderwertige Rassen unterdrücken.

Gott vertraut uns zu Recht nicht mehr Macht an als wir haben. Er hat uns limitiert und sterblich gemacht. Das kränkt uns. Und wir zahlen es Ihm heim, indem wir Ihm umgekehrt auch nicht unser Vertrauen schenken. In dem Moment wenden wir uns dem Naturalismus zu, der versucht, Gott ganz aus seinen Überlegungen auszuklammern. Das ist eigentlich durchschaubar.

Von der Materie wissen wir, dass sie nicht allmächtig ist. Indem wir so tun, als sei sie es, als hätte sie alle Dinge hervorgebracht und nicht Gott, rächen wir uns an dem heiligen, makellosen Gott. Aber das erklärt natürlich nicht die Wirklichkeit, sondern nur unseren verständlichen, wenn auch kindischen Frust und Unwillen.

Die einfachste aller Erklärungen ist der Gott der Bibel. Warum Gott, der spricht und es geschieht, alles kann, was Er will, braucht nicht weiter hinterfragt zu werden, denn wenn Er es nicht könnte, wäre Er nicht Gott. Wenn wir an Seine Stelle die Materie setzen, mühen wir uns hoffnungslos ab, etwas Sinngebendes hinzubekommen. Wir verwickeln uns immer mehr in immer absurdere Widersprüche. Der Naturalismus ist der beste Beweis dafür.

Naturalismus ohne Grenzen

Naturalismus kann man als Weltanschauung bezeichnen, die versucht alles, was ist, als rein physikalisch-materiell zu verstehen. Die Welt ist materiell oder zumindest auf materielle Ursachen zurückzuführen. Naturalisten sind optimistisch, dass alles eine natürliche Erklärung hat und dass die Wissenschaften die noch offenen Fragen klären können werden. Diese Wissenschaftsgläubigkeit nennt man Szientismus. Dabei gibt es aber einen Widerspruch. Die Welt soll durch zufällige, ungerichtete und blinde Prozesse zustande gekommen sein. Das bedeutet, dass auch das Denken und Forschen der Wissenschaftler diesen unzuverlässigen und ziellosen Prozessen ausgesetzt sein müsste. Wie können dann aber tatsächliche und wahre Erkenntnisse gewonnen werden?

Es gibt ein weiteres Problem. Die Aussagen der Wissenschaften müssen im Naturalismus in der physikalisch-materiellen Welt verankert sein, weil es eine andere Welt, die unabhängig von ihr existiert, nicht gibt. Diese Sichtweite birgt aber die Gefahr, dass sie den Horizont der Erkenntnisfähigkeit eingrenzt, denn man forscht nur noch in die vorher festgesetzte und weltanschaulich eingegrenzte Richtung. Wer davon abweicht, setzt sich der Gefahr aus, mit ausgegrenzt zu werden. Freiheit in der Forschung ist dann nur noch eine hohle Phrase, weil nur noch das als „wissenschaftlich" qualifiziert klassifiziert wird, was die Weltanschauung zulässt.

Gerade im Darwinismus, der eine der Hauptstützen der naturalistischen Weltanschauung ist, wird deutlich, zu welchen Widersprüchen diese Eingrenzung führt. Er versucht zu erklären, dass alles materiell sei, aber um es zu erklären, verwendet er durchweg teleologische und normative Begriffe, die geistige Vorgänge anzeigen. Schon das Wort „Evolution" setzt voraus, dass etwas da ist, was sich entwickeln wird oder soll. Materie hat keinerlei „Interesse" oder „Willen" sich zu irgendetwas zu entwickeln. Ebenso normativ ist der Begriff „Auslese". Etwas von etwas herausnehmen, impliziert einen bewussten Vorgang, der ja bei der geistlosen Evolution nicht gemeint sein kann. „Anpassung" ist auch so ein Begriff, der nicht passt, obwohl er doch bedeutet, dass etwas passend gemacht wird. Er passt aber nicht auf die Eigenschaft der Materie. Zu deren Eigenschaft gehört nicht, in eine Beziehung zu einem Anpassungsvorgang treten zu müssen.

All diese Begriffe zeigen etwas Geistiges an und sollen aber etwas bloß Physikalisches bedeuten. Das heißt, der Darwinismus bringt es nicht einmal fertig, sich ohne geistige Begrifflichkeiten auszudrücken. Im Rahmen der Darwinismusmetaphysik gehört es aber zum Glaubensparadigma, dass die Dinge nicht so sein sollen, wie sie zu sein scheinen. Zwar haben Darwinisten schon selber bemängelt, dass sie sich der über Jahrtausende entwickelten Sprachgewohnheiten bedienen müssen, weil es keine anderen Begrifflichkeiten, die auf einer naturalistischen Welterfahrung fußen würden, gibt (Was bedeutet, dass die Menschheit sich seit Jahrtausenden kognitiv und sprachlich gegen die Evolution „wehrt"). Aber jeder Versuch sich „wissenschaftlich" korrekt und „Darwinismus-kompatibel" auszudrücken, endet in der Sackgasse der Unverständlichkeit. Das spricht Bände. Darwinismus ist mit der Wirklichkeit, in der wir leben, nicht übereinstimmend, müsste die logische Schlussfolgerung lauten, mit der die Darwinisten aber grundsätzlich nicht einverstanden sein können.

In den Disziplinen der Naturwissenschaften sollte es doch eigentlich, wenn der Naturalismus Recht hat, möglich sein, Vorgänge zu beschreiben, die ohne die Beteiligung eines Subjektes, also a-personal, auskommen. Der Satz „Die Auslese merzte die nichtangepasste Art aus." weist der „Auslese" eine handelnde Rolle zu. Personalität soll aber gerade nicht zum Ausdruck kommen. Disziplinen wie Psychologie, Soziologie oder Kulturgeschichte erlauben deshalb Begriffe der Geistigkeit, weil sie von geistigen Subjekten handeln Anscheinend steckt in der Natur, wenn auch versteckt, ein geistiges Subjekt und nicht einmal der Naturalismus scheint es vermeiden zu können, zu dessen Aufdeckung beizutragen.

Das alles soll eigentlich durch die Redeweise der Naturalisten verborgen werden, die ihre Sicht der Dinge auf alle Lebensbereiche der menschlichen Gesellschaft angewendet sehen wollen. Dazu werden alte sophistische Methoden angewendet:

- Wer keine guten Argumente hat, soll zumindest so tun als hätte er welche.

- Man muss das eigene Geringe so darstellen, dass es für alle als gültig Großes betrachtet wird.

- Wenn eine Unwahrheit nur lange genug als Wahrheit dargestellt wird, wird sie zur gültigen Meinung.

Insofern entspricht die propagandistische Durchsetzung des Naturalismus seiner inneren Armut, denn der Mangel muss durch Lärm übertüncht werden. Eine Weltanschauung, die aus soziologischen Gründen absolut gesetzt werden soll, lässt erwarten, dass sie darauf aus ist, sich mit den zur Verfügung stehenden Mitteln als die politische korrekte durchzusetzen. Das erklärt, warum Ernst Häckel seine Darstellung von Tierembryonen fälschte, um die Richtigkeit des Darwinismus vorzugeben. *12 Der Zweck heiligt nicht die Mittel. Aber noch viel weniger verifizieren unheilige Mittel den Zweck.

Naturalisten verwenden gerne für sich den Begriff „wissenschaftlich" und „fortschrittlich" und für die, die ihre Weltanschauung ablehnen „unwissenschaftlich" und „fortschrittsfeindlich".

Die Medien und die Öffentlichkeit übernehmen diese Sprachregelung. Dabei überschreiten die Naturwissenschaftler ständig die Grenzen ihrer Zuständigkeit, abgesehen davon, dass sie oft die Fakten verdrehen, wenn sie so tun, als ob die Phänomene des Geistigen materiell erklärbar wären, obwohl es noch niemand gelungen ist, eine „wissenschaftlich" überzeugende materialistische Erklärung für alle die Dinge zu geben, die stark gegen die Richtigkeit des Naturalismus sprechen. Dennoch wird die Richtigkeit des Naturalismus auch für diese durch ihn nicht erklärbaren Bereiche als gegeben vorausgesetzt. Wer diese Meinung nicht teilt, wird nicht selten denunziert oder gar im Falle, dass man eine ernsthafte Konkurrenz oder Störung befürchten muss, als Gefahr für die Zivilisation diffamiert. Das geht bis zu der Forderung, solche Leute aus dem Verkehr zu ziehen, ihnen Rechte zu nehmen, ihre Wirkungen zu unterdrücken und die Kinder vor ihren Lehren zu schützen.

Im Jahr 2007 wurde durch eine parlamentarische Versammlung des Europarats eine Resolution an die EU-Staaten verfasst, wonach „Kreationismus" und „intelligent Design" als eine „Bedrohung der Menschenrechte" aufgefasst werden sollen. Beweise, dass dieser Vorwurf berechtigt ist, gibt es nicht. Die Gefahr bestünde darin, dass Glaube als Wissenschaft ausgegeben und nicht strikt zwischen Glauben und Wissen getrennt werde. Das ist ein Witz, denn genau das tut der Naturalismus. Und wie man sieht, ist er eine Gefahr für die freie Meinungsäußerung und damit verletzt er die Grundrechte und gefährdet die Demokratie. So mächtig ist also die Lobby der Naturalisten schon. Natürlich sind nicht alle Naturalisten so. Aber diejenigen, die so sind, sind einflussreich. Ob die gemäßigten unter ihnen die Oberhand haben, wird sich noch offenbaren. Und ob den Naturwissenschaftsdisziplinen noch nachgewiesen werden kann, dass sie Interesse daran haben, die Wahrheit herauszufinden, wo ihre Weltanschauung in Frage gestellt wird, ist zweifelhaft. Vielleicht gilt ihr Hauptinteresse dem Aufrechterhalten ihrer Sichtweise.

Bei der Frage, ob der Naturalismus wahr ist, sollte man bedenken, dass der Naturalismus die Wahrheit für eine relative hält. Dann ist aber auch die Vorstellung von Wahrheit illusionär. Ohne eine Wahrheit gebende geistige Instanz gibt es keine absolute Wahrheit. Man sagt beim Naturalismus, dass es bei der Evolution nicht auf Wahrheit ankommt, sondern auf den Fortpflanzungserfolg. Aber das muss dann auch eine Illusion sein, denn „Erfolg" ist auch wieder nur eine geistige Größe. Materie und Naturgesetze wollen keinen Erfolg, sie wollen gar nichts, weil sie als nichtgeistige Größen nichts wollen können, also auch nicht auf einen Erfolg abzielen wollen können. Der Naturalismus bedient sich unablässig mit Begriffen, deren Sache es seiner Anschauung nach gar nicht geben kann. Für den Naturalisten verbietet sich, allen Ernstes glauben zu können, dass Jesus, wie Er selber über sich sagte, der Weg und die Wahrheit sein könnte. Der Naturalismus ist also eine antichristliche Geisteshaltung, die keine Geisteshaltung sein will, aber wissen will, dass es keine absolute Wahrheit gibt, diese Behauptung aber als absolute Wahrheit setzt. Diese Absurdität ist durchschaubar. Wenn der Naturalismus wahr wäre, könnte seine Sicht, dass es Wahrheit nicht gibt, nicht wahr sein. Dann wäre aber auch der Naturalismus nicht wahr.

Ebenso verhält es sich mit der Erkenntnis als solcher. Die Aneinanderreihung oder Kombination von Elementarteilchen kann keine Erkenntnis hervorbringen, weil sie keine semantische Substanz haben.

Christen, die an die darwinistische Evolution glauben, vertreten einen unlösbaren Widerspruch, denn das erste Kapitel der Bibel lässt keinen Raum für eine Evolution und nennt unmissverständlich Gott als Schöpfer aller Dinge. Sie beschreibt sogar den Schöpfungsvorgang. Gott sprach und es entstand. Noch am gleichen Tag. Den Körper Adams formte Er aus Erde, den Lebensgeist blies Er ihm ein. Evolution aus Affenartigen? Fehlanzeige! Angenommen, Gott hätte durch Evolution den Menschen erschaffen. Dann entspräche der Bericht in der Genesis, wonach Gott Lehm nahm und daraus Adam formte und anschließend aus der Seite Adams einen Teil entnahm und daraus Eva machte einer bewussten Irreführung. Noch dazu einer sinnlosen und alle seine Anbeter schädigenden. Er würde sie und sich selber gerechtfertigten Vorwürfen der Fälschung und Lüge aussetzen. Wozu also ein solcher Schöpfungsbericht, der nicht der Wahrheit entspräche?

An Schöpfung durch Evolution im Sinne Darwins zu glauben, wonach sich zufällige Erbänderungen ereignen, die die Lebewesen nachhaltig verändern, ist für Bibelgläubige, die die Bibel als Wort der Wahrheit und Wort Gottes bezeichnen daher ausgeschlossen. Man braucht keine zufällige Erbänderung, wenn man weiß, was werden soll, Pflanzen, Tiere und Menschen. Eine gerichtete Evolution ist keine zufällige Evolution und eine gerichtete Evolution ist keine Evolution im Sinne Darwins. Eine Evolution im Sinne Darwins wird in der Bibel widerlegt, denn dort heißt es, ***13** dass Gott jede Art für sich erschaffen hat und nach Gen 1,5 ist der Mensch nach dem Ebenbild Gottes erschaffen worden: *„Als Gott den Menschen schuf, machte er ihn nach dem Bilde Gottes."* Gott wollte also von Anfang an Sein Ebenbild erschaffen und nicht affenähnliche Vorfahren des Menschen. Dass der biblische Bericht ausdrücklich sagt, dass Gott jede Art erschaffen hat, ist schon sehr erstaunlich. Als hätte Gott vor über dreitausend Jahren gewusst, dass die Evolutionstheorie einmal eine Erklärung für Atheisten sein würde, Gott leugnen zu können.

Der biblische Text sagt nicht, dass Arten sich nicht ändern könnten. Sie müssen sich ja auch an ihre Umwelt anpassen können. Jedoch geschehen diese Änderungen nicht zufällig, sondern planmäßig. Und das ist der entscheidende Unterschied.

Wie das Gehirn des Menschen ein Instrument des Geistes ist, dessen er sich bedient, so ist auch die DNS in den Lebewesen und andere molekulare Umschlagplätze ein Instrument des Geistes, wodurch das Leben sich zum Ausdruck bringt.

Die Evolutionstheorie ist nicht deshalb so beliebt und wird nicht deshalb mit einem religiösen Eifer und einer metaphysischen Verklärung verteidigt, weil sie wissenschaftlich wertvoll wäre, sondern, weil sie glauben lässt, dass man sich der Verantwortung vor Gott entledigt hat. Evolutionisten, die Christen sind, vertreten dann aber eine nicht vertretbare Sache, der sie für die Katz´ viel Zeit und Mühe widmen. Für sie gilt das Gleiche wie für Atheisten, es ist eine tragische Verirrung, wenn die Wahrheit stattdessen im Buch Genesis zu finden ist.

Christen, die es nicht nur dem Namen nach sind, kann man aber definieren als Menschen, die ihre Verantwortung nicht nur erkannt haben, sondern auch auf die einzig richtige Art damit umgehen. Es ist genau die Art, die Gott gesetzt hat, an der man sich orientiert und nach der man sich ausrichtet und ausrichten lässt. Und dieser Gott ist identisch mit dem Schöpfergott. Insofern kann man nicht zugleich Christ sein und der darwinistischen Evolutionslehre anhängen. *14 Das ist ungefähr so, als wolle man sagen, Gott gibt es nur ein bisschen, Christus ist nur ein bisschen auferstanden, Gott hat nur ein bisschen bei der Evolution mitgewirkt.

Der Mensch hat seit Urzeit, mit der ersten Rebellion von Adam, die Neigung, über sich selbst bestimmen zu wollen. Ihm ist die Diskrepanz zwischen der Absolutheit und Vollkommenheit Gottes und seiner eigenen Beschränktheit mehr oder weniger bewusst. Diese Diskrepanz kann entweder versucht werden, verringert zu werden, was man als Höherentwicklung bezeichnen könnte. Dies geht nur mit Gott, nicht gegen Ihn, denn Gott lässt sich nur von denen finden, die Ihn nach Seinen Bedingungen suchen.

Oder es kann versucht werden, die Diskrepanz zu vergrößern, weil man sich von der Entfernung von Gott eine Autonomie erhofft. Man möchte dem Schmerz entfliehen, ähnlich wie der Patient vor dem Zahnarzt. In der Paradieserzählung scheint ja das Verlockende für die ersten Menschen gewesen zu sein, der Idee *Ihr werdet sein wie Gott, wenn ihr gegen seine Vorgaben eure eigenen Entscheidungen stellt"* Glauben zu schenken (Vgl. Gen 3,5). Als ob der Mensch aus sich heraus für sich etwas Besseres erreichen könnte, als Gott es für den Menschen vorgesehen hat! Die Nachfahren Adams haben also gewissermaßen eine Erbsünde oder einen Erbfehler erworben, weil sie zunächst immer so wollen wie Gott nicht will.

Der Naturalismus ist die Komplettabsage an Gott und verstärkt diese Veranlagung zum eigenen Schaden. Gottes Willen wird faktisch als nicht relevant erklärt. Wichtig ist in Konsequenz naturalistischer Denkweise nur, wie der Mensch sein Leben selber gestalten kann. Da man einmal vom Baum der Erkenntnis des Guten und des Bösen gekostet hat, will man sich immer wieder die Freiheit herausnehmen noch mehr davon zu nehmen. Es ist wie so eine schwer heilbare Sucht.

Der Naturalismus verhilft zu einer Theorie des Selbstverabsolutierungsanspruchs des Menschen. Im Grunde schlägt sich jeder Mensch auf die Seite des Naturalismus, sobald er seine eigenen Wege geht. Stiftet er dann noch andere Menschen an, die Eigenwege zu gehen, vergrößert er seine Verantwortlichkeit. Deshalb sollten sich gerade Christen gut überlegen, ob sie naturalistische Konzepte vertreten oder gutheißen.

Der Baum der Erkenntnis des Guten und des Bösen, hat aber auch wertneutrale Erkenntnisse, und die richtigen Rückschlüsse sind immer gute Früchte. Es ist hilfreich, wenn sich Wissenschaftler immer wieder über die Grundsätze ihres Forschens im Klaren sind. Was ist nur Spekulation? Was kann man gewiss wissen? Raumzeitlich in Erscheinung tretenden Strukturen an sich fehlt es an feststellbarer Existenz, wenn sie nicht auf einem materiellen Träger gebunden sind, so dass sie innerhalb des Raum-Zeitgefüges wahrgenommen werden können. Sie sind also unvollständig, wenn sie nichts an sich haben, was gemessen werden kann. Die Naturwissenschaft kann beispielsweise nur messen, welche physikalischen Vorgänge im Hirn vorgehen, während derer das Bewusstsein den Eindruck der Farbe

Rot hat. Sie kann nicht erklären was „rot" ist. Das ist deshalb so, weil die physikalische Welt nur eine „Spielwiese" – eigentlich eine Verwirklichungsebene - anderer Realitäten ist, die sich auf der unsichtbaren, nichtmateriellen Ebene abbilden.

Die Seinsweise auf der Spielwiese ist nur eine vorübergehende, eingebunden in die strukturiert-physikalische Welt. Daher müssen jede Suche und jedes Erforschen in ihr an die Grenze stoßen, wo die andere Ebene des Geistigen anfängt. Und daher ist die physikalische Welt auch nicht die wesentliche, sondern die geistige Welt. Die physikalische Welt ist nur ein Erscheinungsbild geistiger Realitäten, sie ist unvollständig und insofern unwesenhaft. Der Naturalismus muss im Irrtum sein, da er alles auf die physikalische Welt eingrenzt und noch nicht einmal das Wesenhafte wahrnimmt. Er beschäftigt sich mit Bildern und vorläufiger Strukturierung von etwas, dessen Kern und Bedeutung er gar nicht wahrnimmt.

Dass die Naturwissenschaftenihre Grenzen erkennen und die gebotenen Schlüsse zieht, ist möglich. Solche Grenzen sind auch vom Naturalismus nicht weg zu erklären:

- Unerklärbarkeit der naturgesetzlichen Ordnung einschließlich ihrer Entstehung und ihrer Zuverlässigkeit

- Unerforschbarkeit des Wesens einer physikalischen Sache (materiell/nichtmateriell)

- Unerklärbarkeit der Existenz des Alls

- Unerklärbarkeit von Geist und Bewusstsein

- Unerklärbarkeit des Lebens

Grundsätzlich erklärt die jeweilige Naturwissenschaft nichts bis zum Grunde, sondern beschreibt oder erklärt nur Unterordnungen, zu denen es jeweils immer eine höhere Ordnung gibt. Aus den obigen Gründen kann die Naturwissenschaft die Natur nicht hinreichend erklären. Es zu behaupten, wie es der Naturalismus tut, ist wissenschaftlich nicht korrekt, weil er Absolutheit beansprucht. Er will die Welt erklären, obwohl er nur die Farbe auf dem Bild erklären kann, das Bild selber aber weder sieht, noch zugibt, dass es ein Bild überhaupt gibt. Der Naturalist ist wie jemand, der sich vor einen Lautsprecher setzt und die Töne analysiert und einer Tonleiter zuordnet, aber gar nicht bemerken will, dass gerade ein Kunstwerk von Bach gespielt wird. Er hört die Worte der Sänger, er hört ihr Evangelium, aber versteht den Sin nicht, weil er beschlossen hat, dass es dazu keinen Sinn gibt.

Anzumerken ist, dass die Grenzen der Naturwissenschaft mit Leichtigkeit überschritten werden können. Nur eben nicht von der Naturwissenschaft. Die Bibel enthält zu allen fünf obigen Punkten eine hinreichende Erklärung. Sie erklärt, warum es eine naturgesetzliche Ordnung gibt und nennt konkret ihre Entstehung und den Grund für ihre Zuverlässigkeit. Die Bibel erklärt, was das Wesen der physikalischen Welt ist. Die Bibel erklärt, warum das All existiert und wie es entstanden ist. Die Bibel erklärt, woher Geist und Bewusstsein sind. Die Bibel erklärt, warum es Leben gibt und woher es kommt und wohin es gehen soll und wird.

Der Naturalismus erklärt diese Dinge nicht auf, sondern weg. Er versucht, die Phänomene aus etwas zu erklären, was eingestandenermaßen an sich nicht die Qualität hat, das Weitere hervorzubringen und erklärt, dass die Methode dazu ebenfalls an sich keine ausreichende Qualität dazu hat. So sagt der Naturalismus, dass aus Nichts das Universum geworden ist. Er sagt, dass aus unbelebter Materie belebte Materie geworden ist. Er sagt, dass das Nichts an sich natürlich nicht die Qualität hat, ein Universum zu werden, ebenso wie die unbelebte Materie an sich nichts hat, was sie zur belebten Materie macht. Dann aber sagt er, dass die Methode es liefert. Es ist die Methode, dass das Unbelebte doch belebt wird, die Materie (die eben noch an sich unfähig war), der Zufall (der an sich auch qualitativ nichts schaffen kann), die Zeit und andere natürliche Umstände wie z.B. die Auslese, die alle an sich nichts schaffen können, sondern viel eher zunichtemachen und bei Konstrukten, die eine bestimmte Funktion haben sollen, ausgeschaltet werden müssen. Das ist schlicht blühender Unsinn und aberwitziger Selbstwiderspruch.

Gerade die natürliche Auslese ist ein gutes Beispiel für die Erklärungs-Anomalie des Naturalismus. Die natürliche Auslese nimmt nur von bereits Vorhandenem weg und hat dadurch noch nichts Neues entwickelt. Der Naturalismus ist also eine Weltanschauung bei der aus nichts zuerst wenig und dann immer mehr wird durch Methoden, die an sich untauglich dafür sind. Das spottet jedem gesunden Menschenverstand.

Die Bibel lehrt dem entgegengesetzt, dass Gott zuerst alles erschaffen hat. Und alles war in einem guten Zustand und geordnet. Der Mensch wurde zum Verantwortlichen über diese gesamte Schöpfung bestellt. Der Mensch stellte sich aber dagegen und seither ist die Schöpfung dem Verfall ausgesetzt. Und das sind die Verhältnisse, die wir heute antreffen. Wenn ein Hausherr ein Haus gebaut und neu eingerichtet hat, es einem Mieter überlässt, der das Haus verwahrlosen lässt und ein Besucher nach Jahren feststellt, dass vieles im Haus in einem verbesserungswürdigen Zustand ist, würde er wissen, dass dafür nicht der ursprüngliche Hausherr, sondern der Mieter verantwortlich ist und es keinen Zweifel an der ursprünglichen Makellosigkeit des Hauses geben muss. Umso mehr, als er noch Spuren und Hinweise für den ursprünglichen Zustand finden wird. Scheiben sind zerbrochen, Staub hat sich festgesetzt, die Tapeten haben sich stellenweise gelöst. Niemand würde meinen, dass das schon immer so war, sondern die Scheiben sind einmal intakt in die Fenster eingesetzt worden und komplett montiert worden. Der Staub hat sich abgelagert, weil seit Jahren nicht mehr geputzt worden ist und die Tapeten waren ursprünglich so in den Z8immern angebracht worden, dass sie die Wände schmückten und abdeckten. Man hat sie nicht nur zum Teil angeklebt. Jeder Mensch weiß, dass es so war, weil er seinen gesunden Menschverstand einsetzt.

Nur wenn es um die Herkunft der Himmel und der Erde geht, soll es prinzipiell genau anders herumgelaufen sein. Am Anfang war die zerbrochene Scheibe und der Staub und die zerfetzte Tapete und nach langer Zeit und viel Winde, der durch das marode Haus hindurchfegte, hat sich nach und nach die Scheibe mit den Scherben vereint, der Staub verflüchtigt und die Tapete zusammengesetzt und freiwillig wieder an die Wand geleimt, nachdem endlich der richtige Tapetenleim herbeigeweht war. Jede Bruchbude weiß, sie muss nur lange genug ausharren, dann wird sie sich zu einem prachtvollen Palast entwickeln. Es ist schon sonderbar, zu welchen phantasievollen Märchen sich Menschen bekennen können. Relativ neu ist jedoch, dass man sie auch als wissenschaftliche Wahrheit anpreist. Niemand sage, dass die Menschen früherer Zeiten unvernünftiger oder ungebildeter waren als der Mensch der Neuzeit. Die Neuzeit hat viele tolldreisten und aberwitzige Weltanschauungen und Glaubenssätze gebracht mitsamt ihren Institutionen, die dafür geschaffen wurden, um sie zu verfestigen.

Naturalisten weisen ja immer wieder auf Unschönheiten und Zerfallserscheinungen und die Bosheit des Menschen, auf Leiden, Tod und Verderben hin, die angeblich gegen eine Erschaffung des Universums durch einen Schöpfergott sprechen. Doch eigentlich ist das der Gipfel der Unverschämtheit, dass diejenigen, die den Abwärtsprozess in Gang gesetzt haben, Gott noch dafür verantwortlich machen. Gott hat entweder die Schuld an allen Übeln zu tragen oder er hat gefälligst erst gar nicht zu existieren, jedenfalls soll er sich künftig raushalten. Um im Vergleich zu bleiben, der Mieter des Hauses erzählt dem Besucher, dass nicht er das Haus verwahrlosen ließ, sondern der ursprüngliche Hausherr. Das ist nichts weiter als eine faule Ausrede und eine infame Lüge.

Der Naturalismus kann auch für solche faulen Ausreden benutzt werden, denn er liefert die Argumente dafür, dass man mit einem Schöpfergott nicht rechnen müsse, dabei sollten auch gerade die, die nicht an einen solchen Gott glauben, mit einem solchen Gott rechnen. Wenn man im Winter im Gebirge unterwegs ist und nicht weiß, ob es eine Lawinengefahr gibt, wäre es sträflicher Leichtsinn, nicht mit einer zu rechnen!

Der Naturalismus ist von Haus aus atheistisch, auch wenn das immer wieder abgestritten wird und behauptet wird, dass er neutral sei. Er ist es deshalb nicht, weil er nicht mit einem Gott rechnet. Es ist eine Sache, zu versuchen alles in der Schöpfung zu untersuchen und dafür natürliche Ursachen zu suchen. Eine ganz andere Sache ist, wenn man kategorisch einen intelligenten Urheber ausklammert. Entlarvend sind alle Bestrebungen der Naturalisten, solche Wissenschaftler aus dem

Wissenschaftsbetrieb herauszuhalten, die mit einem intelligenten Urheber rechnen. Man übersieht dabei, dass solche Wissenschaftler in der Vergangenheit unverzichtbare Beiträge zur Wissenschaft geleistet haben und dass man so Leute wie Einstein, Max Planck, Nils Bohr, Werner Heisenberg, Kopernikus, Kepler, Newton und viele mehr ebenfalls aus den Universitäten verbannt hätte. Heutzutage würden sie anathema erklärt werden.

Da der Naturalismus die Geistlosigkeit der Schöpfung behauptet, ist er auch geistlos. Für den Naturalismus werden die Naturphänomene immer unerklärlich bleiben, solange er ihren Verursacher ignoriert und in den wissenschaftlichen Überlegungen ausklammert. Und so wird er weiter versuchen müssen, Geist, Bewusstsein, Erkenntnisfähigkeit, Schöpfungsordnung, Sinnhaftigkeit, Freiheit, Sprache, Vernunft und Wahrheit um zu erklären. Auf das Wesen der Dinge wird er dabei nicht stoßen.

Ein konsequenter Naturalist bzw. Atheist ist jemand, der wegen seinem Paradigma, dass alles was ist, natürlich ist, eines Tages, wenn er vor Gott steht, zu sagen gezwungen, dass es Ihn nicht gibt. Es stimmt, der Mensch braucht die Hypothese Gott nicht. Er braucht Gott ganz real.

Anmerkungen zu Kapitel 2 - Der widernatürliche Naturalismus

1

Man kann diese acht Punkte auch mit folgenden Namen kennzeichnen:
Verursachungsthese, Entwicklungsthese, Zufälligkeitsthese, Unordnungsthese, Emergenzthese, Unfreiwilligkeitsthese, Unmoralitätsthese, Gottlosigkeitsthese, Unverantwortlichkeitsthese.

2

Zur Vereinfachung wird hier Naturalismus und Darwinismus gleichgesetzt. Es ist richtig, dass es Theisten gibt, die eine spezielle Variante des Darwinismus vertreten und zugleich an einen Schöpfergott glauben. Ebenso gibt es Atheisten, die nicht alle diese acht Punkte für richtig halten.

3

„Heroic triumph of ideological theory over common sense", Thomas Nagel, in „Mind and Cosmos", 2012. Deutsche Ausgabe: „Geist und Kosmos", 2016. Die britische Tageszeitung „The Guardian" nannte das Buch das meist verachtete Wissenschaftsbuch des Jahres 2012. Das lässt allerdings in Abgründe schauen, denn was Nagel an Zweifel am Darwinismus äußert, ist lange bekanntes Wissensgut, so lange schon, dass die Verachtung für die Fakten dieses Wissensgutes längst abgeebbt sein müsste. Außerdem ist „Verachtung" auf der wissenschaftlichen Ebene indiskutabel. Der Wissenschaft kann es nur darum gehen Wissen zu schaffen und bereit zu stellen. Es geht dabei immer um eine Sache, niemals um eine Person. Es ist unwissenschaftlich, Personen zu kritisieren. Man muss sich darauf beschränken Sachverhalte zu kritisieren. Z.B. irrige Theorien.

4

In: Metaphysik, Buch 1, Kap 3.

5

Immanuel Kants Schrift „Beantwortung der Frage: Was ist Aufklärung?", 1784, in „Berlinische Monatsschrift".

6

Ludwig Wittgenstein, „Vortrag über Ethik", 1989.

7

Markus Widenmeyer schreibt: *Die ideengeschichtlich enge Wechselwirkung zwischen Darwinismus und Naturalismus war auf diese Weise die entscheidende systematische Grundlage für die Entstehung und Etablierung der totalitären Ideologien des 20. Jahrhunderts.* („Welt ohne Gott?", S. 69, 2015)

8

Charles Darwin in „Descent of Man", 1873; Deutsch: „Die Abstammung des Menschen".

9

Friedrich Nietzsche in „Antichrist", 1895.

10

John Locke, „A Letter Concerning Toleration", 1689, Deutsch: „Ein Brief über Toleranz".

11

Die Kinder gehen dann zwangsläufig hart gegen ihre Eltern vor. Jedoch scheint es nach der „Hornochsentheorie" von Ernst Häckel, nicht sicher zu sein, dass es eine stetige Höherentwicklung gibt, denn der Unterschied zwischen den höchsten und niedersten Menschen sei größer, als zwischen den niedersten Menschen und den höchsten Tieren. Man muss schon sehr verwirrt sein, wenn man so etwas vertritt. Es ist jedenfalls ein typisches Beispiel für die mangelnde Sachlichkeit mancher Evolutionseiferer, die meinen, ihre Religion verteidigen zu müssen. Häckel war einer der bekanntesten Evolutionspromotoren des 19. Jahrhunderts.

12

Häckel behauptete, dass die Stammesgeschichte sich in der Embryonalentwicklung ersehen lassen würde. Dazu hatte er verschiedene Tierembyronen so präpariert und präsentiert, dass sie den entsprechenden Anschein erweckten. Viele haben diese künstliche Herstellung einer Regelhaftigkeit, die es in der Natur gar nicht gibt, übernommen, weil es sich damit etwas, was sie für zutreffend hielten: darwinistische Evolution, anschaulich demonstrieren ließ. Die Fälschung des Sachverhalts nahm man dabei in Kauf. Man kann das als wissenschaftliche Notlüge bezeichnen. Am Ende erweist es sich nur als weiterer deutlicher Hinweis, dass die darwinistische Theorie ein Gedankengebilde ist, das die Wirklichkeit nicht widergibt.

13

Gen 1,11. 12. 21. 24. 25; 6,20; Gen 7,14.

14

Es gibt verschiedene Varianten der „Evolutionstheorie". In diesem Buch wird jene Evolutionslehre kritisch gesehen, die als ein Evolutionsfaktor die zufällige Erbänderung betrachtet. Die Evolution sei demzufolge, weil sie zufällig sei, richtungslos.

Diese Theorie Darwins unterliegt dem Denkfehler, dass etwas Sinn- und Zweckvolles bis zu einer Qualität von komplexen Strukturen durch Zufall entstehen und sich durch weitere zufällige Änderungen noch weiter hochentwickeln könne. Warum dieser Denkfehler vielen verborgen ist, ist ebenso schwer zu verstehen wie wenn Menschen 1 und 1 nicht zusammenzählen können. Doch auch das kommt vor. Andere Evolutionstheorien, die Gott als Richtungsgeber mit einbeziehen wollen, sind keine darwinistischen Evolutionstheorien, solange sie den richtungslosen Zufall nicht gelten lassen. Gegen diese wird in diesem Buch nicht argumentiert. Wer den Zufall zum Schöpfergott macht, verstößt nicht nur gegen das erste der Zehn Gebote, er erklärt damit in der Konsequenz auch, dass ein geistiges Wesen gar nicht für die Evolutionsprozesse benötigt wird. Das widerspricht zumindest zum Teil der Lebenserfahrung, weil ja jeder Mensch immer wieder ein personaler Verursacher von Veränderungen in seiner Lebensumwelt ist.

3.
Die Urgeschichte

Gab es Adam und Eva?

Gab es Adam und Eva? Gab es den Sündenfall? Gab es die Sintflut? Stimmt das, was im ersten Buch in der Bibel, im ersten Buch Mose, bzw. dem Buch Genesis steht? VomStein schreibt: „Wer gehofft hat, die Sintflut wissenschaftlich beweisen zu können, wird bis heute enttäuscht. Sie lässt sich genauso wenig beweisen wie das Schöpfungshandeln Gottes." [1] Man könnte das ein Dilemma für die Bibelgläubigen und Kreationisten nennen.

Fehlen Beweise, weil es nichts zu beweisen gibt? Oder fehlen Beweise, weil sie nicht möglich sind? Hat ein Diebstahl deshalb nicht stattgefunden, nur, weil man den Täter nicht gefunden hat? Aber, wenn das Diebesgut weg ist, muss es einen Dieb geben! So gilt auch hier, für das Fehlen von Beweisen kann es gute Gründe geben. Zum Beispiel, wenn der Dieb keine Spuren hinterlassen hat. Soll man also an den Sündenfall oder die Sintflut nicht glauben, nur, weil man keine Beweise dafür hat? Es gibt hier zwei Möglichkeiten, man glaubt oder glaubt nicht. Und wenn man sich für eins von beiden entscheidet, sollte man gute Gründe haben.

Überhaupt nicht zu glauben, ist nicht unbedingt die sich aufdrängende Wahl, denn es gibt keine Möglichkeiten, nachzuweisen, dass der erste Vorfahre, den ich nach den ältesten noch existierenden Kirchenbüchern im 17. Jahrhundert gehabt habe, selber noch einen Vorfahren hatte. Ich finde das unbekannte Grab nicht und nur, weil ich sonst auch keine Spuren dieses Vorfahren finden werde, muss es ihn dennoch gegeben haben. Aber beweisen lässt es sich nicht.

Glaubensfragen sind oft auch zugleich Grundsatzfragen. In den ersten Kapiteln der Bibel häufen sich die Grundsatzfragen, denn hier hat die Geschichte der Menschheit auf diesem Planeten begonnen und hier sind Weichen gestellt worden, wie die Menschheitsgeschichte weiter verlaufen würde. Und jeder Mensch ist zumindest mittelbar davon betroffen. Die Bibel sagt ja, dass jeder Mensch einen gemeinsamen Vorfahren namens Adam hat. Und sie bringt diesen Adam in einen nicht bloß mittelbaren, sondern direkten heilsgeschichtlichen Zusammenhang mit Jesus Christus.

So wie in Adam wegen dessen Sünde der Tod auf alle Menschen gekommen ist, hat Jesus Christus für alle Menschen die Erlösung der Sündenschuld und die Befreiung vom Tod gebracht (Röm 5,12-19). So lautet im Römerbrief von Paulus die neutestamentliche Bestätigung dafür, dass Adam tatsächlich existiert hat. Er war eine historische Person. Wenn es diesen ersten Adam nicht gab, dann bricht die

Theologie des Paulus zusammen und die Erlösung ist damit fragwürdig. Was fragwürdig ist, hat nur beschränkte Glaubwürdigkeit. Die Glaubwürdigkeit der Bibel zu schwächen, ist ein typisches Zeichen eines antichristlichen Geistes.

Sollte sich Paulus geirrt haben und Adam gab es gar nicht, dann stimmt einfach nicht, was Paulus gesagt hat. Das ist Fakt und daran gibt es nichts herumzudeuteln. Aber nicht nur Paulus, sondern auch Jesus hätte sich geirrt, denn auch Er geht von der Richtigkeit des Buches Genesis aus. Er redet von Ereignissen aus der Anfangszeit der Menschheit so wie man es erwarten kann, wenn einer die Bibel gut kennt und das als Fakten übernimmt, was sie behauptet.

Festzuhalten ist, dass dem Tod der Lebewesen der Sündenfall des ersten Menschenpaares vorausging. Die frühesten abgelagerten Gesteinsschichten, die versteinerte Überreste von Tieren enthalten gehören zum Unter-Kambrium. Es ist damit klar, dass aus biblischer Sicht Adam nicht nach dem Unter-Kambrium gelebt haben kann. Das Kambrium soll vor 541-485 Millionen Jahren gewesen sein. *2

Man muss klar erkennen, dass die Evolutionstheorie die durch den biblischen Bericht indizierte Wirklichkeit auf den Kopf stellt, denn

1. Wo Gott mit der Erschaffung der komplexen Lebensvielfalt beginnt als Anfang der Naturgeschichte der Erde, setzt das Evolutionsmodell die beliebige zufällige, richtungslose und blinde Entfaltung des Nichtkomplexen

2. Gottes Schöpfung ist sehr gut, denn sie erfüllt bereits den Zweck und befindet sich in Harmonie, in der Evolution gibt es einen Kampf ums Überleben, einen Zweck oder eine semantische Bedeutung hat das Ganze nicht

3. Gott macht einen Schnitt, wonach die Schöpfung allmählich zerfällt und „stirbt", in der Evolution ist der Tod ein Entwicklungsfaktor, nur, weil es den Tod gibt, gibt es auch die Chance auf Höherentwicklung *3

4. Gott verhing die Strafe des Gerichts zum Tode und zum Artenniedergang, nachdem er das Leben und den Geist geschenkt hatte. Bei der darwinistischen Evolution schenkte sie das Leben und den Geist und ist das ewige Gesetz. *4

Jesus bestätigt nicht etwa die Evolutionslehre oder klassische Geologie, sondern die biblische Schöpfungslehre und die Sintflut! Ist das überraschend? Wenn Jesus ein Mensch war, dann kann das nicht überraschen, denn er war Jude und er war erzogen worden wie ein Jude, was auch die grundlegende Kenntnis des Alten Testaments, einschließlich der Torah, das sind die fünf Bücher Moses mit dem Schöpfungsbericht und dem Sintflutbericht umfasst. Wenn aber Jesus das war, was Christen glauben, nämlich der Sohn Gottes, der die fünf Bücher Mose nicht verändert hat, dann kann erst Recht nicht überraschen, dass Er bei gewissermaßen „Seiner" eigenen Überlieferung geblieben ist. Er musste ja selber am besten wissen, wie das damals war bei der Schöpfung. Man kann es drehen und wenden, wie man will, Jesus bestätigt die Richtigkeit der Bibel. So z.B. in Mt 19,4-6: *„Habt ihr nicht gelesen, dass der, welcher sie schuf, sie von Anfang an als Mann und Frau schuf und sprach: "Darum wird ein Mensch Vater und Mutter verlassen und seiner Frau anhängen, und es werden die zwei ein Fleisch sein" - so dass sie nicht mehr zwei sind, sondern ein Fleisch?"*

Nicht nur, dass Jesus den Schöpfungsbericht bestätigt, Er sagt hier außerdem noch indirekt, dass die Evolutionslehre falsch ist, denn Gott hat die Menschen *„von Anfang an als Mann und Frau"* erschaffen. Also nicht über menschen- und affenähnliche Vorstufen, sondern *„von Anfang an"* als Menschen. Entweder irrt sich hier Jesus, dann verdient die Bibel Glaubwürdigkeit nicht als Wort Gottes und Jesus kann schwerlich der Sohn Gottes sein. Damit fällt aber der christliche Glauben in sich zusammen. Oder aber Jesus sagt die Wahrheit und die Evolutionslehre ist ein Irrtum.

In Mt 24,37-39 kommt Jesus auf die Sintflut zu sprechen: *„Aber wie die Tage Noahs waren, so wird auch die Ankunft des Sohnes des Menschen sein. Denn wie sie in jenen Tagen vor der Flut waren: - sie aßen und tranken, sie heirateten und verheirateten bis zu dem Tag, da Noah in die Arche ging und sie es nicht erkannten,* *bis die Flut kam und alle wegraffte -, so wird auch die Ankunft des Sohnes des Menschen sein."*

Auch hieraus ist die gleiche Lehre zu ziehen, dass das Buch unbequeme Lehren zieht, die anzunehmen dringend zu raten ist. Jesus sagt, dass die Flut weltweit war, denn Er sagt, dass die Flut alle wegraffte, bis auf die Menschen in der Arche. Zugleich spricht Er eine deutliche Warnung aus, denn so wie damals wird es wieder sein, man nimmt die Ankündigung des weltweiten Gerichts, für das die Arche Noahs zunächst nur ein Symbol war, nicht ernst und kommt um. Es ist völlig klar, dass ein Bedeutungszusammenhang besteht, wenn man an die Evolution und die Geologie, wie sie gelehrt werden, glaubt, lehnt man den Schöpfungsbericht mit dem Sündenfall und den Bericht über die Sintflut mitsamt des Strafgericht ab und kommt dann auch nicht dazu, sich in der Endzeit vor Jesu Rückkehr und dem damit verbundenen Gottesgericht in Acht zu nehmen und die entsprechenden heilsrelevanten Konsequenzen zu ziehen. Dann ist es aber riskant, an die Evolutionstheorie zu glauben, auch wenn man sich als Christ versteht. Denn offenbar glaubt man nicht allem, was Jesus sagte und was die Bibel sagt und hat damit auch nicht die Sicherheit, vor einem kommenden Gericht bewahrt zu werden, denn es ist klar, dass die neue Arche Noah, die Glaubensgemeinschaft mit Christus, die auch als Gemeinde Jesu zu bezeichnen ist, für die gebaut ist, die Jesus vertrauen.

Damit soll nicht gesagt sein, dass für Menschen, die an eine Art theistische Evolution glauben, die Arche der Endzeit verschlossen ist, sie sollten sich aber ihrer Sache gewiss sein und prüfen, ob es sich so verhält, wie sie annehmen und ob ihre Thesen haltbar sind. Mit der Bibel befindet man sich, heilsgeschichtlich gesehen, auf der sicheren Seite. Wenn man nur unter Vorbehalt Christus vertraut, könnte es darauf hinauslaufen, dass man zu denen gehört, zu denen Jesus sagt: *„Ich kenne euch nicht!"* ***5** Jesus glaubte an die Bibel, denn die Bibel ist ja von Ihm selbst inspiriert und hervorgerufen worden, wie auch die Schöpfung und das Sintflutgericht von Ihm hervorgerufen worden war. Es ist ratsam, Ihm zu glauben.

Zwar glauben viele Kirchenchristen, es sei zweitrangig, ob das alles so historisch ist, was in der Bibel steht, aber sie übersehen dabei, dass Gott klar sagt, dass Sein Wort die Wahrheit ist. Und wenn Jesus von sich selber sagte, dass Er die Wahrheit ist, muss auch das, was Er über die Urgeschichte bezeugt, wahr sein, sonst hat Er schlicht die Unwahrheit gesagt und Sein Anspruch, Gottes Sohn zu sein ist nur ein Lippenbekenntnis. Ob die Urgeschichte sich so zugetragen hat, wie sie in den ersten Kapiteln der Bibel steht, ist also von fundamentaler Wichtigkeit. Wenn Christen das leugnen, klammern sie einen wichtigen Teil der biblischen Glaubensgrundlagen aus und machen sich möglicherweise etwas über ihren eigenen Glauben vor. Ob sie dann noch in der Wahrheit sind, von der Jesus sagte, dass Er sie darstelle, ist fraglich. Nach der Bibel gilt: Wer nicht in der Wahrheit ist, ist nicht in Christus. Jesus redet seinen Jüngern gegenüber von einem *„Geist der Wahrheit, den die Welt nicht empfangen kann, denn sie sieht ihn nicht und kennt ihn nicht."* (Joh 14,17a). Aber dieser Geist bleibt nicht unbekannt, denn: *„Ihr kennt ihn, denn er bleibt bei euch und wird in euch sein."* (Joh 14,17b) Wer diese Bibelworte ernst nimmt, muss unweigerlich daraus folgern, dass den Geist der Wahrheit nur Jesusjünger haben. Jesusjünger sind aber solche Menschen, die Jesus glauben und damit das Zeugnis der Bibel für wahr halten, über die Jesus sagt, dass sie von Ihm und damit von der Wahrheit zeugt (Joh 5,39). Das bedeutet, dass nur sie wissen, wie die Schöpfung geschehen ist, denn sie glauben Jesus und sie haben Jesu Geist. Nur sie können es beurteilen und sie werden es so beurteilen, wie es Jesus schon tat, denn sie haben ja auch Seinen Geist, den Geist der Wahrheit, den die Welt nicht empfangen kann, weil sie sich der biblischen Wahrheit verschließt.

Wer nicht glaubt, dass die Berichte der Bibel über die Anfänge stimmen, kann seine Gründe aus der Tatsache beziehen, dass es keinen „wissenschaftlichen" Beweis der Existenz Gottes und des Handelns, insbesondere des Gerichtshandelns Gottes gibt. Er übersieht dabei aber meist, dass „Wissenschaften" begrenzt sind und gerade so zuverlässig ist wie die Menschen, die sie betreiben. Daher spricht man ja immer auch von einem „Stand der Wissenschaft". Als ein Missionar Ende des 19. Jahrhunderts davon berichtete, dass es einen Berg am Äquator gab, auf dem Schnee lag, lachte die Wissenschaftswelt diesen dummen Christen aus. Es war ja wissenschaftlich klar, dass es am Äquator viel zu warm war. Und man lieferte eine wissenschaftliche Erklärung dafür, was der Missionar wirklich gesehen hatte. Es muss eine Wolke gewesen sein. Erst später verstand man, dass Schnee keine Rücksicht auf den gültigen wissenschaftlichen Stand nimmt und einfach fällt, wenn die meteorologischen Verhältnisse dementsprechend sind. Und man lernte dazu noch, dass es auch am Äquator mit zunehmender Höhe über Normalnull sehr kalt wird.

Es ist ja so, dass Gottes Beziehung zu Seiner Schöpfung in zwei Grundbereiche eingeteilt werden kann. Das zeigt sich auch in der Bibel. Der eine Grundbereich betrifft die Erschaffung der Himmel und der Erde und ihre Zuführung zur Vollendung mit der Verherrlichung Gottes. Dazu gehört das Heilsgeschehen, das durch Jesus Christus vollendet worden ist und seinen Abschluss finden wird, wenn es eine neue Erde und einen neuen Himmel gibt (Of 21,1). Der andere Grundbereich, der genau besehen im Grunde ein Unterbereich des ersten ist, betrifft das Gerichtshandeln Gottes. Das sind Berichtigungen der Fehlentwicklungen, zu der sich die Geschöpfe ihre Freiheiten in Unkenntnis der wahren Verhältnisse nehmen. Dazu gehört auch der Wissenschaftsbetrieb. Das sind die beiden biblischen Grundbereiche der Beziehung Gottes zu Seiner Schöpfung, die sich im ersten Buch der Bibel, in der Genesis deutlich abzeichnen: Heilsplan und Gerichtsvorhaben, Gerichtsvollzug und Heil. Der Kreis, der in Gen 1,1 beginnt, schließt sich in Röm 11,36, wo über Jesus Christus, dem Anfang, der Mitte und der Vollendung des Heilswirkens Gottes gesagt ist: *„Denn von ihm und durch ihn und zu ihm sind alle Dinge."*

Wer nicht an diese biblischen Grundbereiche glaubt, kann auch nicht wahrhaben, dass Gott der Schöpfer ist und dass Er an den Menschen heilswirkend oder gerichtswirkend handelt. D.h. es wird dann immer auch daran herumgemäkelt, dass der Schöpfergott die alleinige Quelle des Heils ist und zugleich ein Gott, vor dem man sich rechtfertigen muss, vor dem man also nicht bestehen kann, wie man ist. Dem Stand des Wissens steht ja immer auch ein Stand des Menschseins gegenüber. Und beide stimmen nicht unbedingt mit dem überein, was Gott weiß und wie Er den Menschen haben will, damit er seine Bestimmung erfüllen kann. Der antichristliche Geist, den man auch antibiblisch nennen kann, hat stets diese doppelte Stoßrichtung: es gibt keinen Heilsweg oder viele gleichwertige und es gibt keine „Abrechnung" mit Gott. So wie man mit Gott nicht rechnen mag, soll Er erst recht nicht mit einem abrechnen. Die Menschen haben meist ein zweifaches Rechenproblem. Sie wollen nicht mit Gott rechnen. Und sie wollen nicht, dass Gott mit ihnen abrechnet. Dabei ist das Zweite die unausweichliche Folge des Ersten.

Der Glaube, dass es kein Heil gibt, ist gleichbedeutend, dass es viele Wege zu „Gott" oder zur „Seligkeit" gibt. Dieser Glaube führt aus biblischer Sicht in die Irre und nicht zum Heil. Daher ist auch der Weg ökumenischer oder synkretistischer Vereinheitlichung ein Irrweg, weil er Wahrheit und Unwahrheit zu einer sauren Menge vermischt, die eine kritische Wirkung verursacht.

Ebenso verhält es sich mit der Auffassung, dass es keine Gerichtswege Gottes mit den Menschen gebe. Alles sei physikalisch oder einem Karmaprinzip zufolge unausweichlich und determiniert, so dass Gott nicht vorkommt. Sogar die Naturwissenschaften unterliegen dem Joch dieses Irrglaubens und dienen so einer Gottes Willen entgegengesetzten Welt- und Lebensanschauung. Bei den meisten Kirchen ist diese Denkrichtung voll integriert:

1. man glaubt nicht mehr, dass Gott die Welt erschaffen hat wie es in der Bibel beschrieben wird (sondern die Evolution)
2. man glaubt nicht mehr, dass nur in Jesus Christus das Heil ist (sondern Jesus plus x oder Jesus oder x, wobei x auch „verwirkliche dich selbst" sein kann)
3. man glaubt nicht mehr, dass Gott die Menschen gerichtlich verantwortlich macht (sondern nach dem Tod ist alles aus, oder man kommt in eine höhere Entwicklungsstufe).

Man sieht daran, moderner kirchliche Glauben und der Atheismus haben vieles gemeinsam. Das gilt insbesondere in Bezug auf das, was im Buch Genesis geschrieben steht. Darüber sollten sich alle, die nicht an die Historizität der dort beschriebenen Ereignisse glauben, bewusst sein. Um die Klärung dieser Sicht und der Darstellung der entgegengesetzten Sicht, dass Gottes Wort auch da wahr und zuverlässig ist, wo es von den Anfängen der Schöpfung und den Anfängen der Menschheitsgeschichte redet, soll es hier gehen.

Der Unglaube der Bibelkritiker und Bibelleugner wird aus ihrer Sicht dadurch gestützt, weil es für die Existenz Gottes, Seine Schöpfung, Sein Heils- und Gerichtshandeln keine „Beweise" gibt. Die gibt es aber vielleicht schon deshalb nicht, weil nicht naturwissenschaftlich nachprüfbar oder messbar ist, was nicht zur physikalischen Welt, also der Welt, die wir messen und überprüfen können, dazugehört. Dabei ist außerdem zu berücksichtigen, dass es vieles gibt, was existiert, ohne dass es naturwissenschaftlich nachprüfbar oder messbar ist, dazu gehören alle geistigen Phänomene, wie z.B. Liebe, Zorn, Sprache, Semantik usw.

Gottes Pläne, Vorhaben und Handeln sind - biblisch gesehen - dem unsichtbaren Bereich zuzuordnen, wie Gott selbst. Gott greift auf die physikalische Welt zu, die Er ja auch in Existenz und Leben berufen hat, aber die physikalische Welt kann umgekehrt nicht auf Ihn zugreifen. Das ist diese Kluft, die man grob gleichsetzen kann mit der Kluft zwischen Leben und Nichtleben oder zwischen Materie und Geist. Naturalistische Ideen der Gleichsetzung oder Emergenz dieser Begriffspaare haben sich als unhaltbar erwiesen. Daher muss man beachten, dass die physikalische Welt von der geistigen Welt zu unterscheiden ist. Es wäre für diese Sichtweise des „naturalistischen" Atheismus also förderlich, wenn es „tatsächlich" keine Beweise gäbe, dass Gott die Welt erschaffen hat. Und tatsächlich: man hätte es den Wahrheitsforschern von Anfang an sagen können: Kein Lebewesen, kein Molekül trägt die Aufschrift „made by God".

Und so ist es auch mit dem Sündenfall, mit dem laut Bibel der Tod erst in die Schöpfung gekommen ist. Der Tod kommt einfach, ob man will oder nicht, und er stellt sich nicht vor: „originated from Adam". Und die Sintflut? Zwar gibt es untrügliche Beweise großer erdgeschichtlicher Katastrophen von Ausmaßen, wie sie schon lange nicht mehr seit Menschengedenken beobachtet werden, was man als Beweis betrachten muss, dass die Zeiten früher andere waren. Aber es gibt keine sintflutartigen Hinterlassenschaften, die die Aufschrift haben, dass sie zur Originalsintflut „survived with Noah" gehören.

Man müsste also aus biblischer Sicht argumentieren: da zwar die sichtbare Welt aus der unsichtbaren Welt erschaffen worden ist, aber nicht auf diese physisch-deterministisch zurückzuführen ist, ist auch zu erwarten, dass das Handeln Gottes nach der Erschaffung von Himmel und Erde nach dem gleichen Modus abläuft, d.h. es bleibt nicht direkt im physikalischen Sinn ablesbar. Gott ist ein verborgener Gott, weil Seine Verborgenheit zu Seinem Heilskonzept dazugehört. Gottes Verborgenheit verhält sich zu Seiner Schöpfung etwa so wie der Abstand der Sonne zur Erde. Ein Näherkommen bringt zu schnell zu viel Hitze. Was verhindert einen Himmelskörper daran zu verglühen? Wenn er selber eine Sonne ist. Und so kann auch ein Mensch unvorbereitet die Nähe Gottes nicht ertragen. Gott steht so unendlich hoch über Seiner Schöpfung, dass Er Vorsichtsmaßnahmen ergreifen muss, damit das, was Er erschaffen hat, nicht gleich wieder verschwindet.

Gott ist unsichtbar und Seine Werke sind oft nur an ihren Wirkungen sichtbar. Welches der „Wunder", die in der Bibel beschrieben sind, sind heute noch sichtbar? Der Durchmarsch Israels durchs Schilfmeer beim Auszug aus Ägypten? Man weiß nicht einmal, wo genau er stattgefunden hat! Die Totenerweckung des Lazarus? Der ist dann doch noch irgendwann gestorben und alle Augenzeugen sind längst tot. Wenn die Ereignisse um die Sintflut irgendwie wunderbar waren, wäre es also auch nicht wunderlich, wenn man heute nichts mehr davon sehen könnte. Das könnte zutreffend sein. Aber es muss auch nicht unbedingt so sein!

Zwar korreliert das physisch Hinterlassene im Zeitstrahl auf irgendeine Weise mit der geistigen Verursachung, aber in welcher Weise das geschieht, muss unablesbar bleiben für jeden, der sich innerhalb des Verursachten befindet. Um im Vergleich zu bleiben: Lebewesen setzen sich jedenfalls aus Molekülen zusammen. Aber wenn man die Moleküle getrennt hat und zusammensetzt, bekommt man nur ein totes Lebewesen. So jedenfalls der momentane Befund. Diese Aussage ist naturwissenschaftlich korrekt. Ebenso unphysikalisch verhält es sich mit dem Geist. Gedanken sind nicht identisch mit den Hirnströmen. Würde man alle Gehirnstrukturen korrekt zusammenbauen, hätte man als Ergebnis keinen Geist und kein Bewusstsein und auch nicht die Farbe Rot, die das menschliche Hirn im lebenden Menschen seinem Besitzer noch gemeldet hat. Und übrigens hätte man auch kein Leben. Das Einfrieren von toten Menschen ist nutzlos. Insoweit ist das Deckengemälde in der Sixtinischen Kapelle im Vatikan, wo Gott Adam lebendig macht, so zu deuten, dass der Moment wiedergegeben ist, nachdem Gott Adam bereits berührt hat, denn Adam hat geöffnete Augen.

Der Glauben, dass Leben oder Geist aus Materie entstehen, ist epistemologisch und naturwissenschaftlich nicht haltbar. Er widerspricht der Vernunft und der Lebenserfahrung. Theorien, die gegen Vernunft, Lebenserfahrung und die Ergebnisse des Messbaren sprechen, sollten skeptisch betrachtet werden.

Der christliche Glauben ist „naturwissenschaftlich" nicht als wahr zu beweisen, da sogar selbst das „Wahrsein" sich der wissenschaftlichen Überprüfung entzieht. Man kann beispielsweise noch so oft nachprüfen, ob ein Apfel zu Boden fällt, wenn man ihn aus der Hand fallen lässt. Man kann sich nie sicher sein, dass das immer so ist (und tatsächlich ist es dann nicht mehr so, wenn man sich in einem Vakuum befindet oder in einer fernen Umlaufbahn um die Erde). Wahr sein oder jede Art von Wertung gehört immer in den Bereich des Geistigen. Und daher steht experimentelle Nachprüfbarkeit ohne Ausnahme immer unter dem Vorbehalt keine ewig gültigen Gesetzmäßigkeiten aufdecken zu können. Das Geistige ist aber real, ebenso real wie es einen Unterschied gibt zwischen wahr und unwahr. Der christliche

Glaube ist etwas sehr Reales. Auch wenn jemand meint, dass er sich auf nichts Reelles stützt, so ist die Vorstellung des Glaubens eine Realität, denn auch ein Irrtum ist ein reelles Bewusstseinsobjekt, das man im Gegensatz zum physikalischen Objekt nicht messen oder gegenständlich nachprüfen kann.

Gott lässt sich nicht in die Karten schauen! Sondern er legt sie offen hin, wenn es an der Zeit ist. Der Mensch hingegen kann keine endgültigen Wahrheiten offenlegen, wenn er sich dabei nicht auf Gott berufen kann, denn er ist in seiner Erkenntnisfähigkeit beschränkt auf seinen naturbedingt verengten Erfahrungshorizont. An diesem Faktum lässt sich auch durch Infragestellung oder Verspottung des Glaubens an einen Schöpfergottes nichts ändern.

Geologische Fakten

Eine der Stützen der Evolutionslehre ist die Tatsache, dass die Erdschichten einen Anschein aufeinanderfolgender Zeiträume geben. In ihnen findet man oft für die jeweilige Erdschicht typischen Tier und Pflanzengruppen. Dieser Sachverhalt ist im Rahmen der Evolutionslehre, wonach sich die jeweils vorkommenden Arten aus den Vorfahren entwickelt haben, deutbar. Es widerlegen jedoch zwei Tatsachen, jede für sich, die Annahme, dass dieser Befund durch die Evolutionslehre richtig gedeutet ist.

1.

Es gibt Arten, die als Fossilien in zwei Schichten unterschiedlichen Alters vorkommen, die getrennt sind von einer Erdaltersschicht dazwischen, in denen diese Arten nicht vorkommen (sog. „Lazarusfossilien"), ***6**

Das bedeutet, dass keine Evolution stattgefunden hat und zugleich, dass das Verschwinden von fossilen Arten in einer Erdaltersschicht nicht bedeutet, dass die Art ausgestorben ist. Außerdem hat man die unweigerliche Schlussfolgerung, dass die Schichten, die ganze Erdalter umspannen sollen, keine großen Zeiträume wiedergeben können. Damit ist die Annahme, dass Erdaltersschichten Evolution belegen, bereits widerlegt.

2.

Es gibt Arten, die noch leben, obwohl sie in Schichten fossil vorkommen, die angeblich hunderte von Millionen Jahre alt sind (sog. „lebende Fossilien"). *7 Das beweist, dass Evolution hier nicht stattgefunden haben kann. Eine Gleichartigkeit der Umwelt, die gegen die Notwendigkeit einer Evolution steht, weil es keinen „Auslesedruck" gibt, kann zwar angenommen werden, dann erklärt sich aber nicht, warum in den Schichten andere Arten vorkommen, die es in späteren Schichten oder sogar heute nicht mehr gibt, oder andere Arten von denen Evolutionisten annehmen, dass sie sich evolutionär entwickelt haben.

Außer diesen beiden Tatsachen zeigt der geologische Befund zugleich:

A:

Auch die größten Katastrophen müssen nicht weltweit gewesen sein, Arten überlebten deshalb dort, wo die Katastrophen keine Auswirkungen hatten.
B:
Die Schichten müssen sich in viel kürzeren Zeiträumen als Jahrmillionen gebildet haben.

Beides (A und B) wird durch heutige Erfahrungen bestätigt. Es gibt seit historischer Zeit Naturkatastrophen, denen nicht alle Arten zum Opfer gefallen sind und es gibt mächtige Schichtbildungen, die in wenigen Stunden, Tagen und Wochen zustande kommen. Das konnte man zum Beispiel sehr gut nach dem Ausbruch des Mount St. Helena Ende des zwanzigsten Jahrhunderts in Oregon beobachten.

In diesem Zusammenhang stößt man auf eine weitere sich aufdrängende Erkenntnis.

C:

Da es in beiden Fällen Schichten gibt, die in einem bestimmten Zeitraum entstanden sind und keine Fossilien enthalten, die in Schichten vorher und danach vorkommen, ist erwiesen, dass es ein Leben von Arten gibt, die nicht fossil überliefert werden. Das kann nur zwei Ursachen haben. Entweder die Art wurde an *keinem Ort* der Schichtbildung fossiliert oder die Art wurde zu *keiner Zeit* der Schichtbildung fossiliert, obwohl sie existierte. Die Schlussfolgerung daraus lautet:

D:

Das Nichtvorkommen von menschlichen Fossilien in einer Schicht bedeutet nicht, dass Menschen nicht zur Zeit der Schichtbildung existierten. Und

E:

Dass Menschen tatsächlich in einer Zeit existiert haben können, die fossil nicht überliefert ist, kann man aus den Unmengen von Steinwerkzeugen schließen, die man bis zurück ins Alttertiär (bis 65 Millionen Jahre) beschrieben hat. Sie unterscheiden sich durch nichts von den typischen Werkzeugen moderner Steinkulturen als auch paläolithischen (altsteinzeitlichen) Werkzeugen. Doch da im Evolutionsmodell Menschen im Alttertiär nicht gelebt haben dürfen, was verdächtig nahe an die Zeit der Saurier heranreicht, schiebt man ihre Existenz mechanischen Naturkräften zu. *8 Möglicherweise sind deshalb keine fossilen Menschen aus der Zeit vor der Sintflut vorhanden, weil die Menschen allezeit ihre Toten beerdigt oder verbrannt haben.

Es gibt weitere die Evolution ausschließenden geologischen Befunde. Was man allgemein als Anschein der Evolution annimmt, stellt sich anders dar, wenn man der Sache etwas gründlicher nachgeht.

F:

Nach der Evolutionslehre müssten eigentlich viel mehr Zwischenformen gefunden werden als fertig ausgestattete, voll funktionsfähige Arten. Doch solche Fossilien, die als Zwischenformen gedeutet werden könnten, gibt es keine. Der Unterschied zwischen den Arten ist hochkomplex. Daher müssen, wenn die Evolution stimmt, viele zufällige Änderungen über Generationen zu phänotypischen Ausprägungen geführt haben, die auch fossiliär erhalten geblieben sein müssen. Dies ist aber nicht der Fall.

Schon deshalb ist es eher unwahrscheinlich, dass eine darwinistische, also ungerichtete Evolution stattgefunden haben kann. Da man weiß, dass es in der Erdgeschichte viele katastrophische Ereignisse gab, die die Oberfläche der Erde grundlegend verändert haben, kann man nicht davon ausgehen, dass sich die Umwelt nicht verändert hat, denn Lebensräume werden immer wieder neu besiedelt. Aber warum gab es dann trotz dem „survival oft he fittest"- Wettbewerb Arten, die unverändert fortbestanden und denen weder die Umweltkatastrophen, noch die angebliche Evolution etwas anhaben konnten?

Wenn es auch immer eine natürliche Auslese und verändernde Mutationen oder sonstige Faktoren gegeben hat, denen man unterstellt, dass sie zur Entwicklung der Arten führen könnten, so haben sie doch nicht ausgereicht, in Jahrmillionen eine Evolution von den behaupteten Auswirkungen zu begründen. Auch der natürlichen Auslese und der Mutation wird lediglich unterstellt, dass sie solche Wirkungen gehabt haben. Beweise dafür gibt es nicht. Bei näherer Betrachtung zeigt sich, dass Auslese nur von bereits Vorhandenem etwas wegnimmt und dass Mutationen, die meist schädlich oder neutral wirken, weil sie vom Reparaturmechanismus der

Zellen erfasst werden, allenfalls zu kleinen Veränderungen führen können, deren Auswirkungen im Rahmen der jeweiligen Art bleiben. Durch Mutationen entstehen keine Baupläne, ebenso wenig wie durch Schreibfehler andere literarische Werke entstehen. Was Anderes wurde bisher noch nicht beobachtet. Der experimentelle Befund ist eindeutig. Alle Veränderungen bei Lebewesen, die man bisher kennt, sind in einem engen Rahmen der Variabilität geblieben, der sich vollständig ohne Zutun darwinistischer Evolutionsfaktoren erklären lässt. Neue Baupläne oder neue Information sind nicht entstanden. Die Evolutionslehre Darwins stößt also nicht nur an enge Grenzen der Logik, sondern auch der Erfahrung. *9

G:

Ein anderes mit der Evolutionslehre überhaupt nicht in Übereinstimmung zu bringendes Phänomen ist, dass in den untersten fossilführenden Schichten sofort *10, quasi aus dem Nichts, eine riesige Vielfalt und Menge an fertigen, komplexen Arten vorkommen. In den darunterliegenden Schichten kommen keine Fossilien vor. Auch hier kann, nach dem Befund der geologischen Schichten, keine Evolution stattgefunden haben. Mehr noch, es scheint zu einer spontanen Entstehung von Arten gekommen zu sein. Das kann es nach der Evolutionslehre nicht geben.

An diesen wenigen Beispielen sieht man, dass es schwerwiegende naturwissenschaftliche Gründe gegen die Annahme großer Zeiträume und einer einhergehenden Evolution und Höherentwicklung der Lebensformen gibt. Man muss allerdings eingestehen, dass der geologische Befund auch die Anhänger des Kreationismus und des „Intelligent Design" vor Rätsel stellt. Die geologischen Schichtfolgen sind nämlich nahezu weltweit die gleichen und enthalten stets die gleichen Fossilienarten. Sollte beim Untergang der alten Welt, die man aus biblischer Sicht zwischen dem Sündenfall und der Sintflut mit den unmittelbaren Folgeereignissen sehen muss, eine gewisse „Gerichtsordnung" eine Rolle gespielt haben? Die Bibel schweigt sich jedenfalls darüber aus. Die Frage ist also, ob der geologische Befund tatsächlich mit dem biblischen in Übereinstimmung gebracht werden kann, bzw. umgekehrt.

Man kann anhand des geologischen Befundes sagen, dass eine Evolution über Jahrmillionen durch die Geologie nicht bestätigt wird. Spricht der Befund für die Aussagen des Buches Genesis? Kann die im Buch Genesis beispielsweise beschriebene Sintflut mit dem geologischen Befund in Deckung gebracht werden? Immerhin war sie weltweit und hat fast alles Leben vernichtet. Sie war auch geeignet, fossilführende Schichten zu bilden.

Dass sie für viele geologischen Veränderungen gesorgt haben muss, ist klar. Das wird noch unterstrichen, wenn man andere Schriftstellen der Bibel dazu nimmt, die sich auf die Sintflut und die Ereignisse, die durch die Sintflut mit ausgelöst wurden, zu beziehen scheinen. *11 Da heißt es sogar, dass sich die Berge erst bildeten und nicht von Anfang an da waren.

Viele geologische Einzelbefunde sprechen für die Sintflut als Ursache für die Bildung der Gesteinsschichten und die Fossilbildung. Die Gesteinsschichten, die fossilführend sind, sind durch Verfestigung von in Wasser angeschwemmtem Material zustande gekommen. Da es große Fossilfriedhöfe, zum Beispiel auch von Sauriern gibt, die zeigen, dass es gewaltige Anschwemmungen gegeben haben muss, haben viele geglaubt, dass dies ein Beweis der Sintflut ist. Auch die riesigen Kohleflöße, die nichts anders sind als untergegangene Wälder, lassen auf großflächige Überflutungen schließen. Und sogar Erdöl entsteht, indem man organisches Material von Pflanzen und Tieren, noch bevor es verwest ist, unter hohem Druck abschließt. Auch Edelsteine und Diamanten entstehen so. Und unter der Erdoberfläche gibt es gewaltige Mengen dieser verschütteten Urwelt. Es ist eine Tatsache, dass unsere heutige moderne Welt zum Teil ihre Energie aus vergangenen Naturkatastrophen bezieht, die es in dem Ausmaß schon lange nicht mehr gibt. Wir leben auf einer Erdoberfläche, die durch Naturkatastrophen riesigen Ausmaßes gewaltsam verändert worden ist. Das ist eine Tatsache.

Wer darin aber die Sintflut und ihre Auswirkungen auf die Erdoberfläche sehen will, steht vor einem Problem. Man kann aus den Schichten erkennen, dass die Schichtenabfolge nicht in einem ultrakurzen Zeitrahmen erfolgt sein kann, wie man z.B. an Eiergelegen zwischen den einzelnen Schichten ersehen kann. Es gab also zwischen den einzelnen geologischen Ereignissen Ruhezeiten dazwischen, auch wenn diese vielleicht nur wenige Tage dauerten. Außerdem hat man das Problem mit den die einzelnen Schichten charakterisierenden Fossilien. Bei einem weltumspannenden, ungesteuerten Chaos hätte es kaum zu einer gewissen Ordnung der Ablage kommen können. Dennoch zeigen auch die vielen übereinanderliegenden Schichten oft eine Schichtung, die offenbar von Erosion nicht gestört worden ist, was im Lauf von Jahrmillionen doch geschehen sein müsste. D.h., die Schichtenfolgen zeigen beides: Anzeichen, dass sie sich nicht in wenigen Tagen, aber auch nicht in vielen tausend Jahren oder noch größeren Zeiträumen abgelagert haben können.

Es gibt weitere Merkmale der Gesteinsschichten, die zeigen, dass es über einen bestimmten Zeitraum katastrophische Ereignisse en masse gab, die meist keinen unmittelbaren Zusammenhang erkennen lassen und daher zeitlich nicht in wenigen Monaten zusammenliegen können, wie man es bei bloßer Annahme einer weltweiten Sintflut unterstellen könnte. Die Erdoberfläche zeigt ähnlich wie andere Planeten und Monde eine große Zahl von kleinen und größeren Einschlägen von Meteoriten und Kometen. Laut Earth Impact Database gibt es 172 große Einschlagskrater auf der Erdoberfläche. In den Weltmeeren gibt es noch einige hundert mehr. *12 Diese Ereignisse haben nach den Geologen zu mehr oder weniger gründlichen Massenaussterben der Lebewesen geführt, wobei sie einräumen, dass es fossil nicht überlieferte Lebensräume gegeben haben muss, wo die Arten zumindest zum Teil überlebt haben. Falls diese Ereignisse vor der Sintflut stattgefunden haben sollten, wären sie geeignet gewesen, die Zahl der Kandidaten, die Noah für die Mitnahme auf der Arche zur Verfügung gestanden haben, zu reduzieren. So nimmt man an, dass das Verschwinden der Saurier auf einen Kometeneinschlag am Golf von Mexiko zurückzuführen ist. Das kann man natürlich nicht beweisen, sondern nur vermuten.

Es gibt eine Vielzahl von weiteren Anomalien, die es bei Annahme langer geologischer Zeiträume nicht geben dürfte und Anzeichen für eine kurze Erdgeschichte sind. Hier eine Auswahl:

- Mikroben überlebten bis heute in Schichten und Salzlagerstätten, die man dem Erdurzeitalter zuordnet.
- Umweltstress kann zu sehr schnellen Variationen innerhalb der Arten führen, weshalb aus einem Urpferd in wenigen Generationen ein heutiges Pferd entstehen könnte. Dabei ist jedoch immer nur das vorhandene Genmaterial zur Ausprägung gekommen und eine Evolution im darwinistischen Sinne hat nicht stattgefunden. *13
- Sogar wenn sich die Menschheit früher viel langsamer vermehrte als heute, müsste sie schon vor Jahrmillionen die Erde übervölkert haben und zumindest in den Schichten Massen an Spuren, Hinterlassenschaften und Begräbnisstätten hinterlassen haben. Das ist aber nicht der Fall.
- Es gibt einerseits viel zu wenig ausgegrabene Steinzeit-Werkzeuge, wenn die Menschheit so alt wäre. Andererseits findet man Steinzeit-Werkzeuge in noch älteren Schichten, als sie nach dem Evolutionsmodell gefunden werden dürften.
- Erdöl, Kohle, Edelsteine, Mineralien bilden sich unter natürlichen Bedingungen (Hydro-Pyrolyse) sehr schnell. Es braucht keine Jahrmillionen. Das gleiche gilt für Fossilien, die, ähnlich wie Bernstein, Edelsteinen und Erdöl künstlich hergestellt werden können.
- Die Radiohalo-Altersbestimmung erbringt bei Kohle ein mehrhundertfach geringeres Alter als man der Schichtfolge zuschreibt (Jura und Trias).

- In der Erde befindet sich ein Vielfaches mehr an Helium als messbar sein dürfte, wenn die Erde so alt wäre wie angenommen. Es hätte schon längst als Gas in die Atmosphäre entweichen müssen. Das deutet auf einen beschleunigten radioaktiven Zerfall hin. Nach der Bibel gibt es eine konkrete Ursache für den beschleunigten Zerfall (s.u., die Schöpfung degeneriert seit dem Sündenfall im Makrokosmos ebenso wie im Mikrokosmos).

- Es gibt nachweislich rasche, großvolumige Aufstiege von Tiefengesteinen, die eine langsame Schichtbildung ausschließen; ebenso großvolumige Absenkvorgänge, Schichtenverlagerungen und Verfrachtungen an andere Orte, die nicht über längere Zeiträume stattgefunden haben können.

- Es gibt rasche, katastrophische Erosions- bzw. Eintiefungsprozesse von Tälern und Schluchten. Solche Vorgänge sind auch heutzutage bei Vulkanausbrüchen und infolge von Tsunamis zu beobachten.

- Es gibt Sedimente, denen Geologen im evolutionären Weltbild ein hohes Alter zuschreiben müssen, obwohl aufrechtstehende Bäume durch diese Schichten hindurch reichen, die also in Wirklichkeit schnell geschüttet worden sein müssen.

- Es gibt viele, großräumige Schichten schnell abgelagerter Kalkabfolgen, auch mit Fossilien aus unterschiedlichen Lebensräumen.

- Die Existenz von Bärlappbaum-Schwimmwälder im Karbon widerspricht einer langwierigen Schichtbildung.

Diese Aufzählung lässt sich noch weiter fortsetzen.

Wenn es aber keine langen und auch keine kurzen Zeiträume gegeben hat, wie lange hat die Urgeschichte dann gedauert?

Urgeschichte ist Zerfallsgeschichte

Aus streng biblischer Sicht, d.h. nach dem, was die Bibel wörtlich sagt, kann es keine Jahrmillionen alte Schichten geben, denn am sechsten Schöpfungstag wurde bereits Adam geschaffen und die Generationen nach ihm sind sogar mit der Zahl der Jahre überliefert. Das sind nur wenige tausend Jahre. Die Sintflut hat nach einer in der Bibel beschriebenen Zahl von Generationen nach Adam stattgefunden, so dass man zu der Tatsache kommt, dass laut Bibel zwischen dem Sündenfall im Paradies und der Sintflut maximal wenige tausend Jahre liegen. Wer in den biblischen Text Jahrmillionen hineintragen will, vergewaltigt den Text und damit die biblischen Aussagen.

Da mit dem Sündenfall laut Bibel der Tod in die Schöpfung gekommen ist, können Lebewesen also nur innerhalb dieser wenigen tausend Jahre oder nach der Sintflut als fossile Formen in Schichten zurückgeblieben sein. *14 In dieser Zeit muss es zu großen erdgeschichtlichen Katastrophen gekommen sein. Eine davon ist in der Bibel klar bezeugt. Das war die weltweite Sintflut.

Eine weitere Katastrophe, die noch dazu das Potential hat, über einen längeren Zeitraum als die Sintflut ihre Spuren auf der Erdoberfläche hinterlassen zu haben, bezeugt die Bibel ebenfalls. Interessanterweise übergehen das die meisten Bibelausleger. Dafür gibt es einen naheliegenden Grund. Vielleicht gibt es aber außerdem auch noch einen tieferliegenden Grund. Der naheliegende Grund ist, dass kaum noch jemand daran glaubt, dass das, was im Buch Genesis in der Bibel geschrieben steht, überhaupt wörtlich zu nehmen ist. Wer so denkt, hat die Sache abgehakt und denkt nicht weiter darüber nach. Und dann sieht er sich erst recht nicht veranlasst, darüber nachzudenken, ob die Vertreibung aus dem Garten Eden nach dem Sündenfall Adams und Evas, mit dem Einbruch des Todes und Zerfalls infolge der fluchwürdigen Sünde der ersten Menschen nicht mehr zur Folge hatte, als dass Adam im Schweiße seines Angesichts den bald oder sollte man sagen „ur-plötzlich" mit Unkraut sprießenden Acker bebauen musste. Vorher hat sich die Natur selber gepflegt und erhalten, ab sofort wucherte der Wildwuchs.

„Ur-plötzlich" hatte Gott innerhalb der sechs Tage die Schöpfung in die Existenz gerufen. Und „ur-plötzlich" beginnt mit dem Abfall von Gott der Zerfall. Dieses Wort von Gott, dass Adam im Falle der Sünde sterben würde, bedeutet genau dieses: ab jetzt ist alles im Zerfall begriffen. Nichts Anderes ist der Sterbensprozess. Mit der Geburt läuft die Lebensuhr des Menschen ab. Man weiß noch nicht, wie das sein kann. Die menschlichen Zellen können sich nicht beliebig oft erneuern. Aber warum denn nicht? Warum hat sich die blinde Natur auf das äußerst aufwendige und riskante Fortpflanzungskonzept eingelassen, wenn es doch einfacher gewesen wäre, die Zellen einfach nicht absterben zu lassen und ganz auf die Fortpflanzung zu verzichten? Die Frage ist nicht ernst gemeint. Die Schöpfung hängt ja völlig am Schicksal des Menschen. Die Entropie ist am Werk, würde ein Physiker sagen. Es ist naturwissenschaftlich längst erwiesen: der Zerfall ist das Normale, nicht die Ordnung oder gar die Höherentwicklung von einer geringen zu einer höheren Ordnung. Die Bibel widerspricht nicht nur nicht diesen naturgesetzlichen Fakten, sie liefert auch noch die Begründung für sie! *15

Hatte das wirklich keine dramatischen Auswirkungen auf die Schöpfung, was Adam tat? Man bedenke, Gott hatte alles erschaffen und gesagt, dass es „sehr gut" sei (Gen 1,31). Er selber hat die Schöpfung aus Seiner eigenen vollkommenen Güte initiiert. Auch der Mensch war „gut" gewesen, solange er nicht sündigte. Mit dem „ungut", dass er durch seine Sünde in die Welt setzte, brachte er zugleich in die gesamte Schöpfung das „ungut". Ein Tropfen Salz verändert das ganze Meer! Das, was gut war, wurde ungut! Das, was heil und ganz war, wurde unheil und unvollständig. Fehler schlichen sich ein, Todeswesen, Naturzerstörung, Naturkatastrophen, die Welt geriet aus dem Ruder.

Tatsächlich, die Welt hat sich nicht von einem ungeordneten Materiehaufen zu Ordnung entwickelt. Die Naturgesetze sprechen dagegen. Sie besagen, dass alles zerfällt, wenn es nicht durch Ordnung, die bereits da ist, aufgebaut und zusammengehalten wird. Das entspricht ganz unserer Alltagserfahrung. Das ist deshalb so, weil unsere Welt so angelegt ist. Sie ist so konzipiert, sie funktioniert so. Damals nach dem Sündenfall vollzog sich das erste Gericht über die Schöpfung, in die auch die unsichtbare Welt hineingezogen wurde. Von ihr ging ja das Ganze aus, denn es war Satan (wörtlich „Widersacher"), der die Sünde des Adam hervorrief. So wie Gott das *„Es werde Licht!"* hervorrief und alles andere in der Schöpfungswoche durch Sein Befehlswort, hat auch Satan das „Es werde dunkel!" gerufen! Der Mensch hat den Ruf gehört. Und er ist ihm gefolgt. Die Folgen davon mussten die gesamte Schöpfung betreffen.

Biblisch kann man zu dem Schluss kommen, dass mit dem Sündenfall der Zerfall der Schöpfung begonnen hat. Es bleibt aber die Frage, warum es in den letzten viertausend Jahren seit der Sintflut nicht ähnliche Naturkatastrophen gegeben hat wie in den Jahrtausenden zuvor, die die Erdoberfläche so dramatisch verändert haben. Eine Erklärung dafür könnte sein, dass Gott, wie Er selber sagt, nach jedem Zorngericht auch wieder Gnade gewährt (Jes 54,8). Aber das wäre dann auch wieder ein Glaubensaspekt, der der Naturwissenschaft nicht zugänglich ist. Nach der Sintflut vermehrte sich die Erdbevölkerung wieder schnell. Und es war wieder ein Akt der Gnade, dass Gott die Menschheit erneut „richtete", indem Er sie in Gruppen einteilte, die sich sprachlich voneinander unterschieden. Doch dann vermehrten sich diese Sprachgruppen, breiteten sich über die ganze Erde aus und nur wenige Tausend Jahre später erleben wir eine dramatische Überbevölkerung. Der Planet scheint auch klimatisch vor dem Kollaps zu sehen. Viele Millionen Menschen, bald sind es Milliarden haben kaum zu essen oder selten einmal sauberes Wasser. Naturkatastrophen größeren Ausmaßes braucht es nicht als Gerichtsmaßnahme wie in früheren Zeiten, denn die menschengemachten Katastrophen reichen aus. Jede große Naturkatastrophe heutzutage erzielt verheerende Folgen. Wie sich seit einigen Jahrzehnten immer deutlicher abzeichnet hat aber auch die Zahl schwerer Erdbeben und Stürme dramatisch zugenommen. Bibelleser wissen, dass das bereits Jesus für die letzten Tage dieser Welt vorausgesagt hat (Mt 24,6f).

So wie Adam nach seiner Sünde zu sterben angefangen hat, - seitdem beginnt bereits mit der Zeugung des Menschen, seine Lebensuhr abzulaufen -, so hat er die restliche Schöpfung, die ihm untertan sein sollte, auch mit herabgerissen. Aber dann hat Gott sich wieder den Menschen zugewandt, um zuerst ihn und mit ihm auch die ganze Schöpfung wieder zu heilen. Er hat sich zuerst einzelne als Segensträger ausgewählt: Abraham, dann ein ganzes Volk: Israel. Und dann hat Er Seinen eigenen Sohn geschickt und auf Golgatha ein Zeichen nicht nur Seines unbedingten Heilswillens in Bezug auf die Menschen gesetzt, sondern auch für die ganze Schöpfung (Röm 8,22-25). Das Kreuz ist der Pfahl in der gefallenen Welt, der in den Himmel weist. Und dann geschieht unweigerlich das, was Paulus den Römern in seinem Brief in der Mitte des ersten Jahrhunderts nach Christi Geburt mitgeteilt hat: *„Verstockung ist einem Teil Israels widerfahren, bis die volle Zahl der Nationen hinzugekommen ist. Und so wird ganz Israel gerettet werden, wie geschrieben steht"* (Röm 11,25-26) und einige Verse vorher schon kündigt er an, dass der vorläufige Mangel Israels sogar mit der Versöhnung der Welt korrespondiere (Röm 11,15). Die Annahme des Erlösers Christus bedeutet *„Leben aus den Toten!"* (Röm 11,15)

Auch wenn man es nicht wahrhaben will, aber die naturwissenschaftlichen Fakten entsprechen dem Bericht der Bibel über die ersten paar tausend Jahre der Menschheitsgeschichte eher als dass sie ihm widersprechen. Es stimmt auch, die Bibel ist nicht dazu in die Welt gesetzt worden, um naturwissenschaftliche Erklärungen abzugeben. Aber nur deshalb muss sie naturgemäßen Fakten nicht widersprechen. Geistliche Wahrheiten benötigen keine Anleihen an Märchen und Mythen.

Die Bibel berichtet, dass die Zeit zwischen Sündenfall und Sintflut in vielerlei Hinsicht eine katastrophale Zeit war. Da kam es zum Einfall von Geistwesen in die Menschenwelt, die man aus anderen Überlieferungen auch zu kennen meint (Gen 6,1-4 mit der direkten Folge der Lebensbegrenzung der Menschen). Da kam es aber vor allem zu einer Zunahme an Gottlosigkeit und Gräueltaten, was ja dann auch Gott den Anlass für die Sintflut gab. Wenn also Adams Sünde den Verfall der Schöpfung ausgelöst hat, dann hat das Übermaß an Sünden durch Adams Nachfahren diesen Verfall nicht gestoppt, sondern eher noch beschleunigt. Die Umwelt reagiert ja heute auch auf die Umweltzerstörungen und den Naturmissbrauch durch die Menschen. Eine erneute Zunahme an Naturkatastrophen im 20. und 21. Jahrhundert, von dem auch die Naturwissenschaftlicher sprechen, könnte aus biblischer Sicht auch mit dem zunehmenden Zerfall der Gottesfurcht unter den Menschen zusammenhängen, der ja in der Bibel für die letzten Tage vorausgesagt wurde (2 Tim 3,1ff). Wie damals vor der Sintflut, so auch heute. Auf eine Parallelität der Ereignisse im Zusammenhang mit den damaligen katastrophalen Verhältnissen, sowohl was der innere Zustand der Menschen, als auch was die katastrophalen Folgen für die Umwelt anbelangt, wiesen sowohl Petrus als auch Jesus hin (2 Pet 3,3ff; Mt 24,38ff).

Erstaunlicherweise belegt die Bibel, dass es zu jener Zeit, als die Menschen sich, ausgehend vom Garten Eden, der vermutlich irgendwo dort war, wo heute der sogenannte Nahe Osten ist, über die Erde ausbreiteten, auch noch Tierarten gab, die wir heute nur noch aus Fossilien kennen. So ist die Beschreibung zweier unzweifelhaft saurierähnlichen Tiere im Buch Hiob nicht anders zu erklären. Hiob war ein Zeitgenosse von Sauriern. Der Leviathan ist deutlich als drachenähnliches Tier von ungeheuren Eigenschaften und Ausmaßen auszumachen und der Behemot steht als riesiges Landtier dem nicht nach (Hi 40,15-41,26; vgl. Hiob 26,12f, Ps 74,13ff, 89,9f, Jes 51,9f). ***16**

Dass man nicht Saurier- und Menschenfossilien in der gleichen Schicht gefunden hat, könnte daran liegen, dass die Menschen (verständlicherweise) einen anderen

Lebensraum bewohnten und zudem zahlenmäßig lange Zeit kaum in Erscheinung getreten sind. Zwar vermehrten sich die Menschen zunächst sehr schnell, solange sie noch eine viel höhere Lebenserwartung hatten, wie die Bibel berichtet (1 Mos 5), aber wenn in den ältesten Erdschichten keine Fossilien von Menschen gefunden wurden, könnte dies bedeuten, dass es zu wenige Menschen gab und diese wenigen Menschen aufgrund ihrer kognitiven Fähigkeiten viel eher den Folgen der Naturkatastrophen ausweichen konnten als die Tiere.

In Gen 6,12 heißt es über die Zwischenzeit zwischen Sündenfall und Sintflut: *„Da sah Gott auf die Erde, und siehe, sie war verderbt; denn alles Fleisch hatte seinen Weg verderbt auf Erden."* Der biblische Befund ist unmissverständlich, sobald man weiß, was unter *„alles Fleisch hatte seinen Weg verderbt auf Erden."* zu verstehen ist! Ein Hinweis gibt das, was geschehen ist. Mit Kains Mord verrohte die Menschheit zunehmend. Dazu dürfte auch der Einfall von dämonischen Mächten beigetragen haben (Gen 6,1-4). Mit allem Fleisch ist sicherlich nicht nur der Mensch, aber hauptsächlich er gemeint. Man weiß aus der Zoologie, dass einige Tiere, die in der freien Natur sich hauptsächlich von Fleisch ernähren, in der Gefangenschaft ausschließlich von pflanzlicher Nahrung verköstigen können. Bei manchen ist das nicht oder nicht mehr möglich, weil ihr Verdauungstrakt des nicht ermöglicht. Raubtiere, die Gras fressen können, sind aber ein Hinweis darauf, dass die Verhältnisse, die zwischenzeitlich herrschten, wieder umkehrbar sind. Sie sind damit grundsätzlich möglich und lassen darauf schließen, dass die Verhältnisse in der Vergangenheit einmal andere waren. Wenn es heißt, dass alles Fleisch „seinen Weg verderbt" hatte, bedeutet das einfach, dass alles aus dem Ruder gelaufen ist, was in der Spur der Menschen hätte laufen sollen, die sich von Gott führen ließ. Wie der menschliche Herr, so lief das tierische „Geschärr" verkehrt dem irreleitenden Herr hinterher. Und das hatte die entsprechenden Auswirkungen. Bei den Tieren fällt auf, dass in Gegenden, wo sie nicht mehr gejagt werden und der Mensch mit ihnen ausschließlich heglich und pfleglich umgeht, die Scheu verloren geht. Bestimmte Verhaltensweisen, die sich über Generationen fortgepflanzt haben, sind anscheinend umkehrbar. Das behauptet auch die Bibel, wenn sie sagt, dass Wolf, Lamm, Panther, Kalb und Löwe friedlich beieinanderliegen und sich von Gras ernähren. Ja, sogar die Schlange wird sich nur noch vegetarisch ernähren (Jes 11,6; 65,25).

Die paradiesischen Verhältnisse werden wiederhergestellt und es ist klar, dass das aller Voraussicht nach nur sein kann, wenn der Mensch dafür bereitgemacht sein wird, wieder ein Bewohner des Paradieses zu sein. Dies wird nach Aussage des Kontextes im Zusammenhang mit der Etablierung der „Gerechtigkeit" Gottes sein. Diese steht auch für die Herstellung intakter, gottgewollter Verhältnisse. Und die Bibel ergänzt: *„Man wird weder Bosheit noch Schaden tun auf meinem ganzen heiligen Berge; denn das Land ist voll Erkenntnis des HERRN, wie Wasser das Meer bedeckt."* ***17** Zwischen den Völkern wird Frieden und Wohlfahrt bestehen (Jes 11,10ff). Man mag das als Allegorie, Überhöhung einer Hoffnung über bessere Zeiten oder als Wunschdenken bezeichnen, doch es bleibt dabei, die Bibel ist in sich stimmig.

Es könnte sein, dass unter der von Gott ausgesprochenen Verfluchung über die Erde und ihre Bewohner ***18** das Gericht zu verstehen ist, das nach der Vertreibung aus dem Garten Eden und den Gräueltaten, die sich anschlossen, folgen musste. Der von Adam und Eva eingehandelte Fluchweg entfaltete seine Wirkung auf die Menschheit. In den Worten Gottes gehörte dazu die Ankündigung, dass nun alles in der Schöpfung mühselig werden würde: „verflucht sei der Acker um deinetwillen! Mit Mühsal sollst du dich von ihm nähren dein Leben lang. Dornen und Disteln soll er dir tragen, und du sollst das Kraut auf dem Felde essen. Im Schweiße deines Angesichts sollst du dein Brot essen, bis du wieder zu Erde wirst, davon du genommen bist. Denn Staub bist du und zum Staub kehrst du zurück." (Gen 3,17-19) Was immer die Dornen und Disteln vorher waren, aber eine Behinderung stellten sie im Garten Eden nicht dar. Ab sofort auf dem Acker des Lebens schon. Folgenreich war die Verfluchung auch der Schlange: *„Und ich will Feindschaft setzen zwischen dir und der Frau und zwischen deinem Samen und ihrem Samen; er wird dir den*

Kopf zertreten, und du wirst ihn in die Ferse stechen." (Gen 3,15) Der Samen Evas läuft über Abraham, Issak, Jakob, Israel bis Jesus. Das ist die Heilslinie Evas und aller Menschen. Jesus wird die Werke Satans zerstören und ihn machtlos machen. Über Jesus sagt der Hebräerbrief, *„dass Er durch den Tod die Macht nähme dem, der Gewalt über den Tod hatte, nämlich dem Teufel."* (Heb 2,14) Damit wird wahr, was schon Jesaja und Hosea angekündigt haben: *„Der Tod ist verschlungen in den Sieg. Tod, wo ist dein Sieg? Tod, wo ist dein Stachel?"* ***19**

Auch das ist eine Zurückstellung der Verhältnisse, wie sie noch im Garten Eden gewesen waren, denn dort gab es kein Leid und keinen Tod. Jesus ist das Lamm Gottes. Er ist der gute Hirte, der auf der Segenslinie die Menschen zum Heil führt: *„denn das Lamm, das in der Mitte des Thrones ist, wird sie hüten und sie leiten zu Wasserquellen des Lebens, und Gott wird jede Träne von ihren Augen abwischen."* (Of 7,17) Und mehr noch als paradiesische Umstände, denn: *„Sie werden nicht mehr hungern, auch werden sie nicht mehr dürsten, noch wird die Sonne auf sie fallen noch irgendeine Glut"* (Of 7,16) und: *„Und er wird jede Träne von ihren Augen abwischen, und der Tod wird nicht mehr sein, noch Trauer noch Geschrei noch Schmerz wird mehr sein; denn das Erste ist vergangen."* Und warum kann Jesus, der hier selber über sich so spricht, das sagen? Weil Er das Alpha und das Omega, der Anfang und die Vollendung ist (Of 21,6) Das ist die Segenslinie. Es gibt aber auch eine Fluchlinie, die aber offenbar ihr Ende finden wird, denn zu ihr gehören Sterben, Leiden, Tod und Teufel und die fehlgeleitete Schöpfung. Die Schlange hat auch einen Samen. Nach der Bibel gibt es Feinde dieser Segenslinie. Dazu gehören auch Anti-Israel-Bewegungen, denn Israel ist Gottes Volk, das ganz der Erlösung zugeführt wird (Röm 11,26). In früheren Zeiten waren das Assyrer, Babylonier und Ägypter. Später wurde das Kirchenchristentum zum nachhaltigsten Feind des Judentums mit dem unrühmlichen vorläufigen Höhepunkt durch das überwiegend kirchenchristlich geprägte Nazi-Deutschland. Nach Gründung des Staates richten sich andere gegen Israel. Weltweit sind es die sogenannten Antisemiten, die sich meist als Antizionisten bezeichnen, soweit sie in der westlichen Hemisphäre beheimatet sind oder als gebildet und intellektuell gelten wollen oder offen und unverhohlen als Judenhasser verstanden werden möchten, soweit es Angehörige der muslimischen Religion sind.

Der Fluch besteht darin, dass die Menschheit dadurch keinen Segen erhält und schädliche Folgen in Kauf nimmt. Besonders deutlich scheint das bei den Ländern des Islam sichtbar zu sein, die in beinahe jeder Hinsicht rückständig sind und sich gegenseitig zerfleischen. Auch die Vereinten Nationen reihen sich ein in die Feinde Israels, weil sie zu einem großen Teil aus Staaten bestehen, die entweder als Islamstaaten den Judenhass bereits in ihr Stammbuch geschrieben bekommen haben. *20 Oder aus Ländern, mit gewalttätigen und korrupten Regierungen, die sich meist für das Unrechte gewinnen lassen. Und auch die Länder des Westens haben ein reiches Erbe der Fluchlinie, weil es Staaten mit kirchenchristlicher Historie sind, wo der Wurm des Antisemitismus nie ganz gestorben ist. Der Fluch auf dieser Linie wird sich so auswirken, dass es nie mit den Kriegen aufhört, dass in den meisten Ländern Ungerechtigkeit und Gewalt herrschen. Die Menschen werden unterdrückt, missbraucht, belogen und bestohlen, sie hungern nach Brot und Wahrheit, nach Liebe und Treue und sie leben unter menschenunwürdigen Verhältnissen. Die geistliche Verwahrlosung nimmt immer weiter zu. Paulus hat diesen Generationen der Fluchlinie eine Warnung ausgesprochen, die zugleich eine Zustandsbeschreibung der Weltgesellschaft des 21. Jahrhunderts ist, die immer deutlicher abgebildet wird: *„Darum hat Gott sie dahingegeben in den Begierden ihrer Herzen in die Unreinheit, ihre Leiber untereinander zu schänden, sie, welche die Wahrheit Gottes in die Lüge verwandelt und dem Geschöpf Verehrung und Dienst dargebracht haben statt dem Schöpfer, der gepriesen ist in Ewigkeit. Amen. Deswegen hat Gott sie dahingegeben in schändliche Leidenschaften. Denn ihre Frauen haben den natürlichen Verkehr in den unnatürlichen verwandelt, und ebenso haben auch die Männer den natürlichen Verkehr mit der Frau verlassen, sind in ihrer Begierde zueinander entbrannt, indem die Männer mit Männern Schande trieben, und empfingen den* *gebührenden Lohn ihrer Verirrung an sich selbst. Und wie sie es nicht für gut fanden, Gott in der Erkenntnis festzuhalten, hat Gott sie dahingegeben in einen verworfenen Sinn, zu tun, was sich nicht ziemt: erfüllt mit aller Ungerechtigkeit, Bosheit, Habsucht, Schlechtigkeit, voll von Neid, Mord, Streit, List, Tücke; Verbreiter übler Nachrede, Verleumder, Gotteshasser, Gewalttäter, Hochmütige, Prahler, Erfinder böser Dinge, den Eltern Ungehorsame, Unverständige, Treulose, ohne natürliche Liebe, Unbarmherzige. Obwohl sie Gottes Rechtsforderung erkennen, dass die, die so etwas tun, des Todes würdig sind, üben sie es nicht allein aus, sondern haben auch Wohlgefallen an denen, die es tun."* (Röm 1,24-32)

Das ist das, was der Mensch auf der Fluchlinie erntet. Da Gott den Lebewesen den Lebenshauch eingehaucht hat und Er das Licht des Lebens ist, kann der Entzug Seines Hauches und Seines Lichtes genau solche Finsternisereignisse und Lebenszusammenbrüche bewirken wie sie dann über die Welt gekommen sind. ***21**

Zu dieser Vorstellung passt, was Gott nach der Sintflut ausdrücklich gesagt hat: *„Ich will hinfort nicht mehr die Erde verfluchen um der Menschen willen; ... Und ich will hinfort nicht mehr schlagen alles, was da lebt, wie ich getan habe. Solange die Erde steht, soll nicht aufhören Saat und Ernte, Frost und Hitze, Sommer und Winter, Tag und Nacht."* (Gen 8,21)

Geologen sagen, dass es auch sehr starke klimatische Veränderungen gab, Eiszeiten, Stürme, Trockenzeiten, Fluten, Verlandungen. Seit der Sintflut haben die Naturkatastrophen meist nur noch ein Mini-Format. Der Umkehrschluss lautet, wenn die Naturkatastrophen wieder zunehmen, könnte das bedeuten, dass Gottes Gericht, das für die letzten Tage des Kosmos angekündigt ist, bereits vollstreckt wird.

Wenn man die großen Katastrophen der urgeschichtlichen Zeit als Gerichtshandeln wertet, dann kann man anhand des geologischen Befunds tatsächlich einzelne Phasen und Orte ausmachen, die jeweils davon als betroffen erklärt werden können. Die Forscher haben fünf große Krisen, die mit Massenaussterben verbunden gewesen sein können, ausgemacht, in den Erdschichten des Ordoviziums (vor 480-

440 Millionen Jahren), Oberdevon (vor 420 Millionen Jahre), Perm/Trias (vor 250 Millionen Jahren), Trias/Jura (vor 200 Millionen Jahren) und Kreide/Tertiär (vor 65 Millionen Jahren). Die kleine Biene Cretotrigona prisca hat sich erdreistet, den angenommenen Kometeneinschlag an der Kreide/Tertiär-Grenze zu überleben, weil man sie in Bernstein in älteren und jüngeren Schichten gefunden hat. Das bedeutet, dass auch ihre Umwelt überlebt hat. * 22

Man könnte nun einwenden, dass die Altersbestimmung anhand der radiometrischen Zerfallsdaten im Gestein die Jahrmillionen nachweisen würden. Das stimmt jedoch nicht. Diese Messungen belegen nur, dass der Zerfall von bestimmten Isotopen stattgefunden hat. Die Altersberechnungen haben zwei Unbekannte. Die eine ist x, der Wert, den man misst. Die andere ist y, der Wert, den man voraussetzt und in die Gleichung einsetzt. Bei diesem Wert handelt es sich um die Annahme, dass der Zerfall der Isotope immer gleichmäßig war. Dem zugrunde liegt das philosophische Konzept des Aktualismus. * 23 Die Bibel widerspricht deutlich dem Allgemeingültigkeitsanspruch des Aktualismus.

Das Verschwinden oder Ausbleiben von großen Katastrophen, die es nur früher in diesem Ausmaß gegeben hat, kann man als Hinweis dafür nehmen, dass dem Aktualismus schon aus diesem Grund keine Allgemeingültigkeit zugesprochen werden kann. Das bedeutet zwar nicht, dass der Zerfall der Isotope deshalb irgendwann beschleunigt stattgefunden haben muss. Aber wenn es einen beschleunigten Niedergang der Schöpfung nach dem Sündenfall gegeben hat, der mit Katastrophen verbunden war, die Himmel und Erde betroffen haben, derer Art und Ausmaße seit historischer Aufzeichnung nicht mehr vorgekommen sind, warum sollte sich dieser Zerfall nicht auch im molekularen und atomaren Bereich zugetragen haben!

Himmel und Erde scheinen sich inzwischen weitgehend beruhigt zu haben und erst im 20. Jahrhundert wieder verstärkt in Unruhe geraten zu sein, was auch wieder biblisch gut zu begründen ist, denn die Bibel berichtet von einer Zeit des Endes, bei der sogar „Sterne" vom Himmel stürzen (Mt 24,29). So wie einst schon einmal?

Diese Sterne wären demnach Kometen und Asteroiden gewesen. Die Bibel ist nicht verpflichtet den Definitionen und Festlegungen der Astrophysiker zu folgen. Wenn auf der Erde das Böse erwacht, gerät auch der Himmel in Aufruhr. Auch hier zeigt sich, die gesamte Schöpfung folgt dem Lauf, den der Mensch nimmt.

Ein Ungut bleibt selten allein. Das ist anscheinend ebenso ein Naturgesetz wie das Gesetz der Entropie, dass Zerfallsprozesse (eigentlich nur eine Zunahme von Unordnung) immer weiter fortschreiten, bis der Zustand des vollständigen Zerfalls hergestellt ist.

Hier schließt der Gedanke an, wenn schon das „Es werde!" bei der Schöpfung vom Menschen nicht beobachtbar war und das Schöpfungshandeln Gottes im Unsichtbaren geblieben ist, warum sollte das dann nicht auch für das Gerichtshandeln Gottes seit dem Sündenfall und über die Sintflut hinaus richtig bleiben. Man sieht die Folgen des Handelns Gottes, aber man sieht nie Seine Hand dabei. Für die Naturwissenschaft bleibt Gott also immer ein verborgener Gott. Ebenso sicher ist, dass Er für alle, die Ihn auf der metaphysischen Ebene suchen, immer noch ein zu findender sein kann.

Zerfallsgeschichte ist Gerichtsgeschichte

Trotz aller Bereitschaft, die bibelimmanente Stimmigkeit der biblischen Aussagen und Geschichten anzuerkennen, gerade weil sie verblüffend genau und geradlinig sind, bleibt doch noch das Rätsel der fossiltypischen Schichten.

Schöpfungsgläubige Wissenschaftler haben Anzeichen gefunden, dass es sich bei den verschütteten fossilführenden Schichten zum Teil um Lebensgemeinschaften handelte. So zum Beispiel die ausgedehnten Schwimmwälder der Karbonschicht. Als diese Lebensräume untergingen, waren anschließend die Umweltverhältnisse ganz anders, so dass auch die Besiedlung durch ganz andere Tierarten zustande kam, die vorher nicht fossil abgebildet worden waren, weil sie von den räumlich oder zeitlich begrenzten Katastrophen nicht betroffen gewesen waren. Aber auch

Schöpfungswissenschaftler räumen ein, dass das nicht die Antwort auf alle offenen Fragen sein kann.

Möglicherweise gibt es auch hier eine Antwort in Verbindung mit dem biblischen Bericht.

Wie war das bei der Erschaffung der Himmel und der Erde?

Am ersten Tag wurde es Licht.

Am zweiten Tag wurden die Wassermassen getrennt.

Am dritten Tag wurde feste Materie und Wasser getrennt und dazu die Pflanzen geschaffen, die in diesen unterschiedlichen Räumen siedeln konnten. In den restlichen drei Tagen wurde dieser vorbereitete Raum mit Inhalten und vor allem Leben gefüllt:

Am vierten Tag die Himmelskörper.

Am fünften Tag die Wasser- und Lufttiere.

Am sechsten Tag die Landtiere.

Hier herrscht eine Planungsordnung, die sich Menschen kaum ausdenken würden. In der Antike wurde die Sonne als oberster Gott verehrt und personifiziert. Der Genesisbericht tut das nicht. Er zeigt sogar in Übereinstimmung mit dem Neuen Testament, dass das Licht nicht von der Sonne seinen Ursprung genommen hat, sondern vom Schöpfergott selbst, der am Anfang gesagt hat: „Es werde Licht!", um dann erst am vierten Tag die Sonne und den Mond als Lichtträger zu erschaffen. Das scheint wie ein bewusster Gegensatz zu sein zu der Sichtweise der götzendienerischen Religionen der Zeit der Abfassung des Buches Genesis. Es gibt aus jener Anfangszeit der menschlichen Geschichtsschreibung zwei Literaturgattungen. Das eine sind die Mythologien der Völker, das andere ist die Bibel!

Andere bezeichnen die ersten drei Tage als Tage der Scheidung. Am ersten Tag wurden Licht und Dunkelheit geschieden. Am zweiten Tag wurden Luft bzw. Himmel und Wasser geteilt. Und am dritten Tag ließ Gott die Pflanzen aus dem Land hervorsprießen. Damit begann die Füllung der bohu-Leere ab dem dritten Tag, die dann über die restlichen drei Tage anhielt, mit den Himmelslichtern am 4. Tag, den

Fischen und Vögeln, die das Meere und den Luftraum füllten am 5. Tag und schließlich den Landlebewesen am sechsten Tag, die sich von den am dritten Tag erschaffenen Pflanzen ernähren sollten. Die Schöpfungstage mit ihrer Beseitigung der Tohu-Formlosigkeit und der Bohu-Leere sind also keine Wiederherstellung, sondern eine Neuschöpfung. Das Gleiche gilt für die Beteiligung des Geistes. Er ist beim Menschen und soll eine Beziehung zu Gottes Geist eingehen, von dem er zunächst getrennt ist, aber wieder eins sein soll. Der menschliche Geist ist limitiert unterliegt einer Entwicklung, die aber ebenso wenig zufällig ist, wie die Entwicklung der Formen und Strukturen des Leiblich-Physischen. Deshalb kann der Apostel sagen: *„Denn wir sehen jetzt mittels eines Spiegels undeutlich, dann aber von Angesicht zu Angesicht. Jetzt erkenne ich stückweise, dann aber werde ich erkennen, wie auch ich erkannt worden bin.“* (1 Kor 13,12) Das gilt auch für die Naturwissenschaften. Die Wirklichkeit ist nur begrenzt wahrnehmbar über Sinne, die limitiert in ihrem Vermögen gemäß ihrer Aufgaben sind. Das Wahrnehmbare ist wissenschaftlich erforschbar, das nicht Wahrnehmbare ist nicht erforschbar. Es kann aber von Gott offenbart werden.

Kann es sein, dass es nach dem Sündenfall, seitdem nach Paulus die ganze Schöpfung seufzt und einem degenerierenden, schmerzhaften Warten auf die Zielerreichung des Menschen in einer neuen Schöpfung ausgesetzt ist (Röm 8,22), zuerst schnell und dann langsamer ein Gericht an allen Generationen und allem Erschaffenen gab? Und so wie Gott alles in einer von Ihm bestimmten Ordnung aufgebaut hat, ließ Er es in einer von Ihm bestimmten „Un-Ordnung“ wieder zerfallen?

Als Erstes wurde das, was licht geworden war, finster. Der Geist Gottes hatte das Licht gebracht. Der Geist des Menschen wandte sich dem geistlichen Dunkel zu und löste damit alles weitere aus. Als Zweites stürzten die Wasserräume und als Drittes die Landmassen durcheinander, die Gott ursprünglich getrennt hatte. Als Viertes stürzten Kometen und Asteroiden auf die Himmelskörper und die Erde und verfinsterten das Licht der Sonne. In alten Überlieferungen der Menschen aus verschiedenen Kulturen ist von solchen großen Himmelskatastrophen, die zu Menschengedenkzeiten stattgefunden haben sollen, die Rede. ***24** Dann kam es zu weiteren großen Veränderungen in den Gewässern und auf dem Land. Das mögen im Zusammenhang mit Kometeneinschlägen riesige Flutwellen gewesen sein, die die Erde verwüsteten, aber nicht alles Leben auslöschten.

Durch diese Verfinsterungen und Verwüstungen kamen nachhaltig als Fünftes die Wasser- und die Pflanzenwelt in Mitleidenschaft, dann folgten als Sechstes im weiteren Verlauf von Wochen, Monaten und Jahren, Jahrzehnten und Jahrhunderten die übrigen Lebewesen, wobei die Rate der Zerstörung immer kleiner wurde, weil ja auch das meiste bereits dahin war. Dementsprechend stellen die Fossilien nur eine kleine Auswahl der Zeugnisse dieser Ereignisse dar. Dem entspricht die Schichtenfolge mehr oder weniger. Und da der Mensch zuletzt erschaffen wurde, sollte er auch von den ersten Gerichtsszenarien nur Augenzeuge sein, während er selber noch verschont blieb. Das könnte ein Grund sein, warum man keine Menschen in den Fossilschichten findet. Der Verursachungs-Geschichte des Menschen folgen die Gerichts-Schichten der Erde, denen wiederum die Geschichte der Menschen folgt. Dass es bei den Kataklysmen der Urzeit nicht streng geordnet zugehen konnte, weil die Naturkatastrophen auf gewachsene Lebensräume trafen, ist verständlich. Das einbrechende Chaos sollte keine Ordnung schaffen, sondern die Ordnung untergehen lassen.

Das Fehlen eindeutiger Hinweise in der Bibel auf große Katastrophen aus der Zeit zwischen Adam und Noah, bedeutet nicht, dass diese Katastrophen nicht stattgefunden haben. Aber auch die Bibel gibt Anhaltspunkte für weitreichende geologische Veränderungen nach Adam und vor Noah. Nach Gen 2,10-14 teilte sich in Eden ein Strom in vier Arme, zwei davon waren Euphrat und Tigris. Heutige Verhältnisse sind anders.

Aus dem alten Babylonien und Alt-Griechenland kennt man mythologisch anmutenden kataklystischen Erzählungen über Weltbrände- und Weltüberflutungsszenarien. Den antiken Völkern war bekannt, dass die Welt der Urzeit eine sehr bewegte war, auch wenn die Überlieferung die Fakten entstellte. Nicht so im Buch Genesis. Der Autor der Genesis hätte das sensationserheischend übernehmen können. Aber bei der Genesis handelt es sich nicht um etwas, was einem Mythos auch nur ähnlich ist, denn berichtet wird nur, was berichtet werden soll, und das nüchtern und zutreffend. * 25

Ausgerechnet die babylonischen Geschichtsschreiber, die sich doch in einem Umfeld mit großer astronomischer Bildung befanden, rechneten mit viel größeren Zeiträumen als die hebräischen. Der Gott Israels spricht und es steht da. So ist es nicht nur im Buch Genesis, so geschieht es auch, wenn Jesus ein Wunder tut. Die Götterwelt Babyloniens ist dagegen ein Teil einer in großen Zeiträumen entstehenden und sich evolutionär verändernden Schöpfung. Das hebräische und biblische Schöpfungs- und Weltbild ist wie ein bewusster Gegensatz zu dem sich gegen Gottes Realität verweigernden babylonischen Mythos, der über den Umweg der Kirchen, mithilfe des atheistischen Evolutionsdenkens wieder Eingang gefunden hat in die Denkweise der Menschen, seien sie weltlich gebildet, oder theologisch verbildet. Das ist durchschaubar. Das ist auch mit Hilfe der Genesis, Gottes Wort, durchschaubar, wenn man nicht schon vorher von Gott weggeblickt hat. Gottes Wort schafft Klarheit, wenn man Gott vertraut. Wenn man den Götzen vertraut, überlässt man sich der Unklarheit. Man kann sie irgendwohin weiter entwickeln, aber nicht näher zu Gott.

Nicht der Schöpfergott und das, was Er sagt, ist ein Mythos, sondern die evolutionären Ersatzgötzen und das, was sie von sich geben, ganz gleich wie geschickt sie sich tarnen, einmal als religiöse Erleuchtung oder Bewusstseinserweiterung, ein anderes Mal als wissenschaftliche Erkenntnis.

Was damals in Babylonien als Stand des Wissens und Glaubens galt, taucht heute wieder auf als wissenschaftliche oder theologische Wahrheit. Es gab aber schon damals „Weise aus dem Morgenland", die wussten, vor wem sie sich glaubend verbeugen mussten, dem wahren König. Sie kamen aus Babylonien. Ob sie dahin zurückgekehrt sind, ist unbekannt. Räumlich vielleicht ja, sinnverbunden eher nicht. Die Theologen der Neuzeit, die sich gerne als „Weise" sehen möchten, haben damit aufgehört, sich vor dem Schöpfergott Jesus Christus zu verbeugen. Sie huldigen der babylonischen Weltschau. Sie sind in Babylon zu Hause. Aber Babylon wird fallen. Nicht zur Verwunderung aller, denn nicht alle werden sich dem babylonischen Geist beugen (Of18, 2ff).

Sogar Platon (427-347 vZ) und Aristoteles (384-322 vZ) wussten von solchen Weltkatastrophen durch Brand und Flut, die als zyklisch wiederkehrend verstanden wurden. Vermutlich, weil Derartiges bereits wiederholt geschehen war. Sogar von Schneefällen ist die Rede, was im Orient eher weniger ein Thema ist, was aber gut zu der Vorstellung von Eiszeiten passt.

Auch in Altägypten kannte man diese Überlieferungen. Mose wuchs in Ägypten als Prinz auf. Selbstverständlich hatte er von seinen Lehrern über diese Katastrophen erfahren. *** 26** Warum hat er sie aber nicht in seinen Bericht über die Urzeit übernommen? Er war kein Sensationsreporter, sondern ein Diener Gottes. Nach dem Glauben der alten Völker waren ja Götter in die Ereignisse verwickelt. Das scheint Mose sogar indirekt zu bestätigen, wenn er die Vermischung mit unmenschlichen Engelwesen als weiterer Verfall der ursprünglichen Schöpfungsordnung nennt. Mose wollte auf keinen Fall diesen Göttern so sehr Aufmerksamkeit schenken. Das zeigt sich auch am Schöpfungsbericht selbst. Sonne und Mond werden lediglich als physikalische Objekte, die Licht spenden, bezeichnet. Von Wegen als Sonnengott oder Mondgott wie es in allen altorientalen Völkern üblich war! Dieser Sonnengottglauben hat ja auch über Konstantin den Großen in die Kirche Eingang gefunden. Er hatte Jesus neben den Sonnengott Helios gesetzt. In der katholischen Kirche kam es zu einer Überlagerung christlicher und babylonischer Inhalte, Motive und Symbole. Aus dem griechischen Helios und dem lateinischen Sol, wurde dann der „Sol invictus", die unbezwingbare Sonne Jesus.

Die Sonne wird bei Mose in der Genesis noch nicht einmal als Ursache für die Unterscheidung von Tag und Nacht genommen, was eigentlich „wissenschaftlich" nach der babylonischen oder ägyptischen Wissenschaft seiner Tage gewesen wäre und heute noch von rückständigen Bibelkritikern so gesehen wird, obwohl die Menschheit längst weiß, dass das Licht eben nicht nur von der Sonne kommt. Die Sonne ist lediglich ein Ort von vielen, in der Licht „erzeugt" wird.

Die Sonne wurde nach der Bibel erst am vierten Schöpfungstag geschaffen und das Licht war vorher schon da, seit Gott gesprochen hatte: *„Es werde Licht!"* Und das ist die exaktere Wissenschaft, die die Wahrheit kennt. Nicht die Sonne ist die Quelle des Lichts, sie ist allenfalls eine von vielen Lichtquellen, die nach Gen 1,16 „große" und „kleine" Lichtkörper sind. Gott, der Schöpfer, ist die Quelle des Lichts!

Es gibt tatsächlich Theologen und Christen, die behaupten, die Schöpfungsgeschichte in der Genesis sei primitive Mythologie. Dabei haben sie nicht bemerkt, dass sie es sind, die einer scheinbaren Wahrheit folgen, die sich zwar „wissenschaftlich" nennt, aber nichts weiter ist als die alte babylonische Sichtweise, die physikalische, erschaffene Dinge an den Anfang stellen, und nicht Gott. Astrophysiker müssen zugeben, das Licht war schon da, noch bevor es unsere Sonne gab. Die Bibel hat auch hier Recht, nicht ihre Kritiker.

Von jemand, der nicht glaubt, dass Gott die Himmel und die Erde in sechs Tagen erschaffen hat, kann man auch nicht erwarten, dass er glaubt, dass Gott in sechs Gerichtszyklen vieles wieder zerstört hat und nur einen gnädigen Rest übriggelassen hat, bis Er das Verbliebene wegen fortgesetzter Gottlosigkeit und Eigengesetzlichkeit doch noch in der weltweiten Sintflut vernichtet hat, wenn diese Sintflut nicht sogar der große Abschluss dieser damaligen Welt war.
Wichtig ist in diesem Zusammenhang aber, dass sowohl die Erschaffung in den sechs Tagen eine Schöpfung aus dem Nichts, also ein „Wunder" war, und dass ein Gerichtshandeln, das mit der Verfluchung der Schöpfung mit dem Sündenfall ein-

setzte, ebenso auf einer metaphysischen Ebene initiiert wurde. Dass Geist und personifiziertes Subjekt am Anfang einer neuen physischen Wirklichkeit stehen, beweisen die Menschen ja tagtäglich. Sie wollen etwas und tun es dann. Sie verändern die physische Beschaffenheit der Umgebung mit jedem Atemzug und jeder Entscheidung, selbst wenn sie es nur gedanklich tun, denn die Hirnströme sind physischer Natur, im Gegensatz zu den Gedankeninhalten.

Interessanterweise sagt die Bibel für das Ende der Menschheitsgeschichte ohne Gott ein ähnliches Szenario voraus wie vor und bei der Sintflut. Es fängt mit begrenzten Katastrophen an und am Ende gehen Himmel und Erde unter. Das sollte sich der Mensch eine Warnung sein lassen. Tatsächlich sagt Jesus das selber: wie in den Tagen Noahs wird es sein (Mt 24,38). Die Menschen werden in jenen Tagen diese „Spinner", die allem glauben, was in der Bibel steht - dem Nachfolgedokument der Ereignisse um Noah -, ebenso verlachen wie sie Noah verlacht haben (2 Pet 3,3). Und dann werden sie untergehen, so zumindest stellt es die Bibel in Aussicht!

Wer an Jesus Christus glaubt, kann konsequenterweise nicht so argumentieren wie Evolutionstheoretiker das tun. Für Jesus war die biblische Urgeschichte real. Er hat mehrmals mit der Urgeschichte argumentiert, um seine theologische Aussage zu stützen. Er lässt keinen Raum für Zweifel an der Richtigkeit der Genesis. Er bezeugt, dass es am Anfang Gott war, der die Menschen als Mann und Frau schuf (Mt 19,1-12). Damit ist klar, der Zufall und die Auslese können es nicht gewesen sein. Jesus benennt den ersten Sohn Adams und bestätigt dessen Mord an seinem Bruder. * 27 Und schließlich bestätigt Er auch die Geschichte um Noah (Mt 24,38). Wer sagt, dass Jesus sich geirrt habe oder nicht die Wahrheit gesagt habe, kann nicht zugleich behaupten, dass Er der Weg und die Wahrheit ist. Er verkündet dann einen anderen Christus. Ein anderer Christus als der biblisch-historische kann aber nur ein Anti-Christus sein, eine Anstatt-Figur, die nicht real und daher nicht relevant ist. Dieser Anti-Christus kann den Menschen nicht retten. Er kann ihn allenfalls der Fluchlinie näherbringen.

Gott macht keine Experimente

Es gibt viele Christen, die meinen, sich den Argumenten der Mehrheitswissenschaft und ihrer Kirchenoberen beugen zu müssen, obwohl sie ihnen selber gar nicht auf den Grund gegangen sind. Sie lassen sich sogar von Atheisten überzeugen, dass man die Evolution für wahr halten und zugleich das stehen lassen könne, was die Bibel aussagt. Haben sie einen faulen „Kompromiss" geschlossen? Dazu hier eine nicht erschöpfende Zahl von Argumenten gegen die theistische Evolution, wenn man darunter eine Evolution im Sinne der darwinistischen Evolution durch richtungslose Zufälligkeiten gegeben haben soll und Gott nur wie ein Oberaufseher war, der immer wieder die Richtung korrigierte. Er überlässt dem zufälligen Spiel der Elemente das Experimentierfeld und greift ein, wenn es Ihm nicht gefällt.

1. Es widerspricht Gottes Wesen durch Leiden und Tod neues Leben zu erschaffen. Nach der Evolutionslehre ist ja der Tod einer Generation die Voraussetzung zur Weiter- und Höherentwicklung.

2. Würde Gott durch Evolution erschaffen, wäre Seine Forderung, Ihm Ehre zu erweisen widersprüchlich und hinfällig. Die Evolutionslehre nimmt Gott die Ehre der Schöpfer zu sein und weist sie dem Nichts zu. Damit ist die Evolutionslehre eine ehrlose Lehre.

3. Der Tod ist nach der Bibel (Gen 2,17) die Folge auf den Ungehorsam des Menschen. Dass nur ein „geistlicher" Tod gemeint wäre, ergibt sich nicht aus dem Kontext und auch sonst nicht in der Bibel. Außerdem sterben ja auch die Tiere „echt" und nicht bloß „geistlich". Aus Röm 5,12 ergibt sich klar, dass der Tod auf die Sünde Adams folgte und auf alle Menschen kam. Es kann ihn vorher also nicht gegeben haben.

4. Eine zukünftige Schöpfung wird weder Tod noch Leiden enthalten (Of 21,4). D.h. dem Tod nach dem Sündenfall entspricht der Tod des Todes nach der Tilgung des Sündenfalls. So wie es vor dem Sündenfall keinen

Tod gegeben hat, wird es auch nach der Wiederherstellung der Sündlosigkeit wiederum keinen Tod geben. Der Tod ist biblisch keine Naturnotwendigkeit, denn er ist von Gott nur zur Beendigung von weltlichen Daseinszuständen eingesetzt worden. Diese Welt ist zu einer vergänglichen Welt geworden. Sie wird aber durch eine unvergängliche abgelöst. Man darf nicht die vergängliche Welt zum Maß der Dinge machen. Dass Atheisten nichts Anderes übrigbleibt, ist klar. Aber Christen sollten es besser wissen.

5. Die Entstehung der Ehe und ihre Institutionalisierung durch Gott werden aus der Genesis erklärbar, nicht durch Evolution. Wäre die Ehe durch Evolution entstanden (was bei der Entstehung des Menschen durch Evolution der Fall gewesen sein müsste), könnte sie nicht zugleich ein heiliger, von Gott eingesetzter Bund sein.

6. Wenn die Texte der Genesis keine historische Wahrheit haben, verlieren sie ihren theologischen Aussagekern. Sie sind dann bedeutungslos und Gott hätte Bedeutungsloses und Unrichtiges behauptet.

7. Wenn der Mensch durch Evolution entstanden ist, muss sich auch seine Sündhaftigkeit entwickelt haben. Dann kann er aber allenfalls eingeschränkt dafür verantwortlich gemacht werden. Dann brauchte es aber auch keinen Retter für die Menschen, sondern Gott müsste sich selber entsühnen. Das zeigt besonders gut wie abwegig die theistische Evolution vom biblischen Standpunkt her ist. Wenn Gott den Menschen durch Evolution geschaffen hätte, dann wäre das Kreuz von Golgatha ein Zeichen dafür, dass Er seine eigene Fehlerhaftigkeit eingesteht.

8. Nach Gen 1,28 bekam der Mensch den Herrschaftsauftrag für die gesamte Schöpfung. Gäbe es Jahrmillionen vor ihm, hätte er die Herrschaft nicht rückwirkend ausüben können. Röm 8,19ff und Jes 65ff zeigen, dass das Schicksal der Tierwelt von den Entscheidungen des Menschen abhängig ist. Das gilt für die Zukunft ebenso wie von Anbeginn an.

9. Die Gegenüberstellung des ersten Adam mit Christus in Röm 5,12ff zur Erklärung, warum das Heil für alle Menschen rechtsgültig werden kann, ist inhaltsleer, wenn es den ersten Adam gar nicht gegeben hat.

10. Hätte Gott durch Evolution erschaffen, hätte er genau das benutzt, um Leben hervorzurufen, was er besiegen will: Tod und Leiden, Tränen und Schmerzen

11. Hätte Gott durch Evolution erschaffen, hätte er einen Mechanismus in Gang gesetzt, der blind, zufällig, herzlos, ungerichtet, zwecklos, sinnfrei und geistlos gewesen wäre. Das fällt auf jeden Fall auf Ihn zurück und widerspricht seinen Wesenszügen und auch dem Zweck der Schöpfung, wie er in der Bibel angegeben ist.

12. Der biblische Text ist so abgefasst, dass er keine Andeutungen einer Evolution enthält. Gott sprach und es wurde. Nach jedem Schöpfungstag, Morgen, Abend, folgt der nächste Tag. Sprachlich und begrifflich gibt er keinen Raum für Evolution. Auch im Neuen Testament spricht Jesus bei Seinen Wunderheilungen ein Wort und es geschieht spontan, nicht erst über viele Zwischenstufen und Jahrmillionen. * 28

13. Der Mensch wurde nach dem Bilde Gottes geschaffen. Das schließt eine Evolution von affenähnlichen Vorfahren aus. Auch Eva hat sich nicht entwickelt. Sie wurde durch einen Schöpfungsakt durch Gott unmittelbar erschaffen.

14. Jesus bestätigt die Berichte der Genesis, auf eine Weise, die nur eine wörtliche Auslegung der Genesis zulassen. *29

15. Tod und Gewalt durch Naturmächte sind in der Bibel immer Gerichtsfolgen, nach der Evolutionstheorie sind sie gestaltende, schöpferische Kräfte. Einen krasseren Widerspruch gibt es kaum.

16. Den Tieren und Menschen war anfangs nur pflanzliche Nahrung erlaubt (1 Mos 1,29f). Das bedeutet, dass es keine Evolution zu fleischfressenden Tieren vor dem Sündenfall und der Erschaffung des Menschen gegeben

haben kann. Dann können sich aber auch keine Menschen aus nicht menschlichen Vorfahren (die sich fleischfressend ernährt haben und um ihr Überleben zu kämpfen hatten) entwickelt haben. Das bedeutet außerdem, dass alle Fossilien nach dem Sündenfall entstanden sind.

17. Evolution an sich gibt es nur als Variabilität von bereits vorhandenen Lebewesen. Das bedeutet, dass der Artenbildung enge Grenzen gesetzt sind, die deshalb nicht übersprungen werden können, weil es einer informatorischen Programmierung bedurfte, um neue Baupläne zu erstellen. Informatorische Programmierungen haben immer eine geistige Verursachung. Eine Höherentwicklung von Arten zu völlig anderen Arten aufgrund von zufälligen materiellen Reaktionszuständen und natürlicher Auslese ist daher unmöglich. Deshalb kann es eine theistische Evolution gar nicht geben. Es gibt den Theos, aber nicht die Evolution. * **30** Wenn der Mensch durch Evolution entstanden ist, ist er Gott nicht verantwortlich und Gott kann dann nicht sein Vater sein. Er kann sich dann mit vollem Recht eine eigene Welt schaffen, in der seine Ordnungen und nicht die Gebote Gottes gelten. Sollte Gott etwas dagegen unternehmen, behielte der Mensch das moralische Recht und Gott hätte Unrecht. Er wäre der Böse!

18. Hätte es vor den ersten Menschen bereits unter den Tieren Fressen und Gefressenwerden gegeben, hätte Gott nicht sagen können, es sei sehr gut (Gen 1,31). Er hätte sich sonst selber widersprochen.

Anmerkungen zu Kapitel 3 - Die Urgeschichte

1

Alexander vomStein, „Creatio", 2005.

2

Noch in den 1990er Jahren ging man von 590 bis 570 Millionen Jahren aus. Ganz plötzlich haben sich 30 Millionen Jahre im Gestein verflüchtigt. Ursache für die großen Schwankungen bei den Altersangaben sind auch die unterschiedlichen Messergebnisse. Die „Atomuhren" liefern sehr unterschiedliche Ergebnisse. Je nachdem, welches Ergebnis man bevorzugt, damit es in den Dankrahmen des Erwarteten passt, dementsprechend werden die Zahlen ausgewählt. Sie sind niemals absolut und streuen meist.

In jedem Fall ergibt sich das „Alter" durch eine Berechnung, die voraussetzt, dass der Zerfall der Atome immer mit der gleichen Rate vor sich ging. Das ist nicht beweisbar und stellt lediglich eine Annahme dar. Ein Blick in das Buch Genesis genügt und man erkennt, dass es große Veränderungen in der Vergangenheit gab. Es sind jene Veränderungen, an die die Geologen und Atomuhrmacher nicht glauben. Das verheißt für ihre Berechnungen nichts Gutes. Wer nicht mit Gott rechnet, neigt dazu, sich zu verrechnen.

3

Inzwischen gibt es immer öfter die Überlegung, durch Euthanasie unnütze Mitglieder der Gesellschaft auszumerzen. Dabei greift man wieder einen alten Gedanken Darwins auf, der bemängelt hatte, dass nur der Mensch seine Kranken und Sterbenden pflegt. Dieser Gedanken wurde von den Nazis erstmals umgesetzt. Darwin schrieb 1871: *„Bei den Wilden werden die an Geist und Körper Schwachen bald beseitigt. [...] Auf der anderen Seite tun wir zivilisierten Menschen alles nur Mögliche, um den Prozess der Beseitigung aufzuhalten. Wir bauen Zufluchtsstätten für die Schwachsinnigen, für die Krüppel und die Kranken; wir erlassen Armengesetze und unsere Ärzte strengen sich an, das Leben eines jeden bis zum letzten Moment zu erhalten. Es ist Grund vorhanden anzunehmen, dass die Impfung Tausende erhalten hat, welche in Folge ihrer schwachen Konstitution früher den Pocken erlegen wären. [...] Niemand [...] wird daran zweifeln, dass dies für die Rasse des Menschen* *in höchstem Maße schädlich sein muss"* (zitiert nach https://literaturkritik.de/id/12711, Vgl. Darwin 2005 [1871]: Die Abstammung des Menschen. Voltmedia, S. 148).

In der Wissenschaftswelt wird immer wieder versucht, Darwin nicht im Zusammenhang zu bringen mit dem Sozialdarwinismus. Aber Darwin war der erste „Sozialdarwinist"! Alle Beschönigungsversuche dienen dazu, die darwinistische Lehre nicht unnötigerweise in ein ungünstiges Licht zu stellen, obwohl klar zu sehen ist, dass der darwinistische Evolutionismus unweigerlich zum Sozialdarwinismus führen muss. Dieser ist unbiblisch, menschen- und gottfeindlich. Deshalb muss man darüber nachdenken, was zuerst war, die „wissenschaftliche" Lehre oder die Gott- und Menschenfeindlichkeit. Es ist nur zu verständlich, dass Evolutionisten radikal und dogmatisch gegen Bibelgläubige und Vertreter der Schöpfungslehre vorgehen. Vom Darwinismus ausgehend eine „neue Moral" zu propagieren, als könne man die jüdisch-christliche, auf Gottes Gebote zurückzuführende Moral abschaffen, ist ebenfalls reine Augenwischerei. Moral ohne Verantwortung vor Gott ist kraftlos und unverbindlich, kann aber von einer Herrscherclique jederzeit benutzt werden. Sie dient dann nur zur Machtausübung.

4

In der darwinistischen Evolutionstheorie wird nicht nach dem Sinn des Lebens gefragt. Aber tatsächlich kann es keinen Sinn geben, wenn der Darwinismus stimmt. Materie und Zufall und Zeit sind sinnfrei. Sie können daher auch keinen Sinn generieren!

5

Mt 25,12; Lk 13,27.

6

So zum Beispiel beim Übergang der Schichten des Perm und Trias. Die Arten müssen in Lebensräumen überlebt haben, die fossil nicht überliefert worden sind, was in Jahrmillionen aber nicht denkbar ist. Die gesicherten Ergebnisse der Paläontologie widersprechen also der Evolutionstheorie.

Solche paläontologischen Befunde sind keine Seltenheit. Ungefähr 50 Prozent der Gattungen, die bis zur Perm-Trias-Grenze reichen, lassen sich bisher erst wieder im Trias auffinden. In einigen Tiergruppen betrug der Anteil sogar 90-100 Prozent. Sie erfuhren eine wundersame Auferstehung, was ein deutliches Zeichen dafür ist, dass die Schichten infolge einer Naturkatastrophe nur einen Teil der Natur abbilden. Seeigel sollen sich angeblich 25 Millionen Jahre nicht mehr einer solchen fossilierenden Katastrophe ausgesetzt haben, obwohl doch die Meeressedimente des Trias, wo sie fehlen, gut geeignet sind, fossile Lagerstätten zu sein. Wie glaubwürdig ist dann diese Altersangabe?

7

Bekannt ist die Brückenechse Tuatara, die zur Reptiliengruppe Sphenodonta zählt. Sie war schon in Trias und Jura vorhanden. Heute kann man sie in Neuseeland besuchen. Mit den Schleichenlurche oder Blindwühlen ist gar eine ganze Wirbeltierordnung 250 Millionen Jahre inkognito geblieben, ehe man sie lebend fand. Wie sollten sie in einem so langen Zeitraum nicht fossiliert worden sein, obwohl es währenddessen viele Katastrophen und viele Fossilbildungen gegeben hat? Wenn es aber nur ein kleiner Zeitraum war, dann ist es leicht denkbar, dass ihre Lebensräume weitgehend intakt geblieben sind und ihre geringe Population nicht fossiliert wurde.

8

„Wie Obermaier, einer der damaligen Gegner des Werkzeugcharakters dieser tertiären Funde, 1924 äußerte, bedeute ihre Anerkennung als wirkliche Werkzeuge „notgedrungen das Eingeständnis, dass der Mensch bereits im Oligozän und vielleicht sogar schon im Eozän existierte". zitiert aus: „Entgegnung auf einige Aspekte der Kritik an der biblisch-urgeschichtlichen Geologie", Manfred Stephan; S. 22, 2008. Eine sehr ausführliche Forschungsarbeit dazu findet sich bei Michael Brandt, „Vergessene Archäologie", 2011. Da die Funde der Artefakte nicht ins gängige Weltbild der Geologen passen, werden sie einfach ignoriert. Ähnlich verhält man

sich gegenüber radiometrischen Altersbestimmungen, die unerwünschte Ergebnisse liefern. Es ist wie bei dem Kaiser, der nackt herumlief, doch niemand traute sich, es ihm zu sagen, aus Angst dann für diesen Affront bestraft zu werden. So geht es vielen Wissenschaftlern. Wer gegen die gängige, orwellsche Lehrmeinung aufsteht, wird aus dem Dienst entfernt oder erleidet zumindest Tadel.

9

Ihr großer Erfolg dürfte für die Zeiten, in denen die Gottlosigkeit deshalb zunimmt, weil die Menschen immer mehr die Frage nach dem „Sollte Gott gesagt haben" verneinen wollen, daran liegen, weil sie versucht, die Welt ohne Gott zu erklären und damit den Menschen die Chance gibt, daran glauben zu können, dass sie sich nicht vor Gott verantworten müssen. Das ist das ganze Geheimnis der Beliebtheit der Evolutionstheorie bei denen, die ihre Lebensmitte bei sich und nicht bei Jesus Christus haben.

10

Die Schicht wird als Kambrium bezeichnet. Das ziemlich abrupte Erscheinen einer vielgestaltigen Tierwelt wird als „kambrische Explosion" bezeichnet und soll sich vor 480 Millionen bis 540 Millionen Jahren zugetragen haben. Genau weiß man es nicht, man war ja nicht dabei!

11

Ps 104,6-9, Hi 38,8-11.

12

Die drei größten sind in Vredefort, Südafrika und Sudbury, Kanada, die dem Alt-Proterozoikum zugeordnet werden, sowie in Chicxulub, Mexiko aus der Kreide-Tertiär Zeit.

13

Das wäre dann ein untrüglicher Beweis dafür, dass Lebewesen auf extrinsische Faktoren zu reagieren in der Lage sind (s. 1. Kapitel: Die Formel des Lebens und Anmerkung zu Kap. 4 Nr. 5). Das wiederum würde die gängige Evolutionstheorie widerlegen.

14

Theologen versuchen die Aussage, dass der Tod mit Adam in die Schöpfung kam, umzudeuten. Unter „Tod" sei nur der „geistliche" Tod gemeint. Doch dies steht nicht im Text und schwächt auch die theologische Aussage von Paulus.

15

Die Genesis berichtet von drei fluchartigen Gerichtshandlungen Gottes, die die Generationen nach Adam vor der Sintflut betroffen haben. Die Verfluchung des Erdbodens, der vorher alles für die Menschen konsumfreundlich wachsen ließ (Gen 3,17). Die Verfluchung des Ackerbodens nach dem Mord Kains und zu einem unsteten und fluchtartigen Wandel (Gen 4,10-12). Die radikale Einschränkung des Lebensalters (Gen 6,10). Das geschah zu einer Zeit, die durch Verdorbenheit und Gewalt der Erde gekennzeichnet war, wie Gott ausdrücklich feststellen lässt (Gen 6,11-12).

16

Wenn Bibelausleger den Leviathan mit einem Krokodil gleichsetzen, versuchen sie sich dem Spott der Evolutionsgläubigen zu entziehen, nach denen Saurier 60 Millionen Jahre vor der Entstehung des Menschen ausgestorben sein sollen. Sie verdienen sich aber den Spott, dass sie an einen Gott glauben, der sich damit lächerlich macht, einen Hiob durch die übertriebene Beschreibung eines Krokodils, mithin eines Tieres, mit dem Kinder spielen, beeindrucken zu wollen. So erreichen sie, dass man über sie und über ihren Gott lacht. Es wäre besser, wenn man nur über sie lacht. Wenn man nur über sie lacht, wird man vielleicht derjenige sein, der zuletzt lacht.

17

Jes 11,9; vgl. Jes 65,25.

18

Gen 3,17; 5,29; 8,21.

19

1 Kor 15,54-5; Jes 25,8; Hos 13,14.

20

Der Koran und die Hadithe enthalten etliche judenfeindliche Aussagen (5:12–13; 4:153; 5:51. 57-59; 5:60; 5:64; 9:29). Interessant dazu schreibt Ednan Aslan in der „Zeitschrift für Religionspädagogik" 15.5.2019 in *Die Juden des Korans": „Von muslimischer Seite wird der Antisemitismusvorwurf vehement zurückgewiesen und beteuert, dass die kritische Haltung gegenüber den Juden allein auf das Problem Palästina zurückzuführen sei. Nun finden sich jedoch nicht nur in politischen Debatten, sondern auch in wissenschaftlichen Kreisen – so etwa in vielen aktuellen Aufsätzen – zahlreiche Hinweise darauf, dass es in den islamischen Ländern sehr wohl einen theologisch begründeten Antijudaismus, Judendiskriminierung und Judenhass gibt (Agirakca, 2018)."*

Vgl. Agirakca, A. (2018). Müslümanlarin Yahudilerle savaşı. Fikriyat. URL: www.fikriyat.com/yazarlar/akademi/ahmet-agirakca/2018/05/25/muslumanlarin-yahudilerle-savasi [Zugriff: 13.04.2019].

21

Aus biblisch-theologischer Sicht ist es daher unnötig, die sog. Lückentheorie einzuführen. Während man bei der sogenannten Lückentheorie zwischen Vers 1 und Vers 2 in der Bibel Jahrmillionen einschiebt, damit man darin den Fall Satans und geologische Zeitalter unterbringen kann, lässt die Bibel viel Zeit zwischen Sündenfall und Sintflut, wo man den Verfall der Schöpfung biblisch bezeugt findet (Menschen werden gewalttätig). Man ist als bibelgläubiger Bibelausleger nicht gut beraten, wenn man die Bibel nur vom weltlichen Standpunkt aus auslegt. Wenn man Menschen mehr Wissen und Wahrheit zutraut als Gott, muss man sich nicht wundern, wenn man die Bibel bald nicht mehr versteht, selbst wenn sie sich klar ausdrückt. Und schon bald will man sie vielleicht gar nicht mehr verstehen, weil man meint, dass sie einem nichts Wahres vermitteln kann. Dann bleibt auch die Theologie auf der Strecke. Vor dem weltlichen Wissen sollte immer das biblische Wort kommen. Gottes Wort schlägt menschliches – vermeintliches – Wissen!

22

Weder an der Perm/Trias-Grenze, noch an der Kreide/Tertiär-Grenze kam es zum Aussterben aller Tiere, die zuvor fossil belegt sind, auch wenn man mit Aussterberaten bis zu 90% rechnet.

23

Der Aktualismus (engl. „uniformitarianism") ist die Weltanschauung, die in der Geologie als Grundlage für die Forschung angewendet wird. Sie besagt, dass alles, was sich heute in den Naturvorgängen feststellen lässt, ebenso in der Vergangenheit abgelaufen ist. Ein Apfel ist vor tausend Jahren genauso der Schwerkraft zufolge zu Boden gefallen wie er es heute tut. Allerdings erbrachte gerade die geologische Forschung Beweise dafür, dass es zu früheren Zeiten zumindest größere „Äpfel" gab, die zur Erde fielen, wie auch der Laie an den Meteorkratern ersehen kann.

24

Da sollen sogar Planeten involviert gewesen sein, die die Namen der Götter, die sich angeblich im Himmel bekämpften, bekamen: Merkur, Saturn, Jupiter, Mars.

25

Der Neutestamentler Hengel bemerkte, *„welch tiefe Kluft das Geschichtsbild des Judentums von der astronomisch begründeten, ungeschichtlichen, ganz kosmologisch orientierten Weltzyklenlehre Babyloniens und Griechenlands trennte",* * Martin Hengel, „Judentum und Hellenismus", 1988).

26

Ap 7,22; 2 Mos 2,1-11.

27

Mt 23,35; vgl. Gen 4,8.

28

Vgl. Jes 48,13; Ps 33,6.9; 148,5.

29

Mt 19,3-8; 23,35; 24,37-39.

30

Es ist höchst erstaunlich, dass Theologen, die die Richtigkeit oder Wissenschaft-lichkeit der Evolutionslehre nur vom Hörensagen her kennen, weil sie auf das Zeug-nis von Menschen bauen, auch wenn sie sie als „Fachleute" anerkennen, nicht von der Richtigkeit von Gottes Wort ausgehen. Man glaubt also den Menschen mehr als Gott. Dann trägt man aber den Titel „Theologe" mit dem Makel des Etiketten-schwindels. Dann sollte man sich Humanologe oder Anthropologe nennen lassen!

4.
Die seltsamen Methoden der Regenwäldler

Der Regenwald und seine Rettung

Was für eine Tragödie! Da heißt es, dass die Regenwälder der Tropen einige Jahrmillionen alt sind und dass sie sich in der Zeit, seit es Menschen gibt, bis ins 19.Jahrhundert kaum verändert haben. Ja selbst vor 50 Jahren gab es noch mehr als 50 Prozent dieses Lebensraumes, doch heute ist nur noch ein Bruchteil davon übriggeblieben und die Abholzung der Tropenwälder wird weiter betrieben, weil der Mensch, der dafür verantwortlich ist, nur für seinen materiellen Profit lebt. Ihn küm-mern die nachfolgenden Generationen nicht. Es ist bezeichnend für die Ratlosigkeit des modernen Menschen, dass der naturalistische Materialismus, den die Evoluti-onsbiologen vertreten, auch wenn sie ihn im Zusammenhang mit dem Naturschutz gerne leugnen würden, auf den erbarmungslosen Materialismus der Mammonan-beter und Regenwaldkonsumenten trifft. Mit dem Fortschritt der Menschheit scheint einiges schief zu laufen. Da scheinen sich sogar zum Teil unmerklich für ihre Pro-tagonisten Allianzen zu bilden, die sich eigentlich gegenseitig ausschließen, aber nicht die Macht des Faktischen, wie sie meinen, lässt sie an einem Strang ziehen, sondern eher die Macht des gemeinsamen geistigen Vorfahrs. Die einen, das sind die raubbauenden Umweltausbeuter, nennen es das „Recht des Stärkeren". Die anderen, das sind die Evolutionsforscher, nennen es „Survival of the fittest" und beklagen, dass der Mensch auf eine so für die Restwelt unerträgliche Weise ernst damit macht, der Fitteste zu sein.

Dass da etwas nicht stimmen kann, das wird auch dem Beobachter der Entwicklung des Lebensraums Urwald auf dieser Erde deutlich. Überhaupt zeigt sich deutlich, eine vermeintliche Höherentwicklung der Arten war noch nicht zu beobachten und zeichnet sich auch nirgendwo ab. In historischer Zeit kann man aber sehr wohl beobachten, dass die Artenfülle abnimmt und die Lebensräume immer kleiner werden oder sich dramatisch verändern. Man kann auch die Ursache dafür ausmachen: der Mensch zerstört die Lebensräume Wald und damit letzten Endes auch seinen eigenen und mit ihnen auch seine Lebensträume. Zuerst wurde der Mensch aus dem Garten Eden ausgetrieben, dann treibt er den Rest an Eden ähnlichen Verhältnissen aus dieser Erde hinaus.

Die einen reden von einer bedauerlichen, aber nicht zu verhindernden Sackgasse der Evolution. Die ganz anderen reden vom Sündenfall, mit dem sich die ganze Schöpfung nach und nach, zum Ende hin vielleicht immer schneller in einer unaufhaltsamen Abwärtsspirale ins Nichts zurück stürzt, ganz dem Prinzip der Entropie entsprechend, dass alles einem Zustand der Stille und Bewegungslosigkeit, der Energiearmut und Aufwandslosigkeit zufällt. Aus hochkomplexer Ordnung und Vielfalt wird zunehmend Unordnung und Einfalt. Aus Transformationspotential wird Uniformationsmaterial. Wenn es nichts mehr gibt, was genetische Variabilität beherbergt, reduziert sich das Lebendige auf das Absterbende. Die Uniform ist das Leichenhemd, das totes Material bedeckt. Und da es bald nicht mehr viel zurück zu entwickeln gibt, scheint man bereits kurz vor dem Artentod zu stehen oder sich zumindest mit Goliathschritten darauf zuzubewegen. Nehmt es endlich war: es gibt keine Höherentwicklung der Arten, es gibt nur die Abwärtsspirale zum Todeswesen hin! Werdet wach!

Das entspricht dem, was Paulus schon vor zweitausend Jahren, also lange bevor die Naturwissenschaftler irgendein Naturgesetz formuliert haben, in Röm 8,20 sagt: *„Denn die Schöpfung ist der Nichtigkeit unterworfen worden."* Und was folgt daraus? Dass sie sich höher entwickelt? Zu noch mehr Nichtigkeit? Paulus nennt es auch *„Knechtschaft der Vergänglichkeit",* was man als Evolutionsbiologe gleich wieder als Motor der Evolution betrachten möchte. Evolutionsdenker finden es nicht unanstößiger, lieber daran zu glauben, dass der Mensch eine Fehlentwicklung der Evolution ist, als dass er nach seinem „Tod", der doch nur nützlich ist, weil er den Platz frei macht für die nächste Generation, auch noch verantwortlich gemacht wird, dass er ein Verfechter der Todeswürdigkeit ist.

Der Gott der Bibel macht klar, der sündige Mensch ist in der Tat todeswürdig. Das liegt schlicht daran, dass die Zielverfehlung des Lebens nicht mit Leben kompatibel sein kann. Das in der Bibel für die Sünde verwendete Wort, bedeutet ja eigentlich Zielverfehlung. *1 Der Mensch und mit ihm die ganze Schöpfung haben nach der Bibel ein Ziel. Und das Ziel ist nicht der Tod, sondern Leben höherer, nämlich lebenswürdigster und liebenswürdigster Art. Todeswürdigkeit ist nicht gotteswürdig. Das heißt, sie ist eines Gottes nicht würdig, der alles geschaffen hat, damit es Gott verherrlicht. Zerfall, Destruktion, Raubbau, Zerstörung von Leben und Lebensraum verherrlichen Gott nicht. Wenn in Brasilien Wälder abgeholzt werden, damit in Europa tropisches Viehfutter oder Rindfleisch abgesetzt werden kann, dann wird damit Gott nicht geehrt und nicht verherrlicht und der Mensch stellt sich selber ein Zeugnis aus: er beharrt auf seiner Todeswürdigkeit. Und ihr steht die Zerstörungswut nahe, die alle die befällt, die zuerst geistig dekadent sind und dann folgerichtig auch ihre Umwelt abbauen.

Ein Umweltschützer kann nie ein völlig dekadenter Mensch sein, ein Umweltzerstörer schon viel eher. Wer seine Umwelt zerstört, schadet auch seinem Nächsten, anstatt ihn zu lieben. Wer Freude daran findet, Menschen zu quälen, wird auch rücksichtslos mit der Natur umgehen. Eine Bildung des Geistes, die das verhindern soll, muss auch immer menschliche Werte berücksichtigen und umfassen. Im Islam gibt es keinen Umwelt- oder Naturschutz. Wenn es Muslime gibt, die Umwelt- und Naturschutz betreiben, dann haben sie ihre Bildung von woanders. Das biblische Schöpfungsbild weiß um die Gefallenheit der Schöpfung durch den Menschen und weiß, dass der Mensch Pfleger und Heger der Natur sein muss und nicht ihr Zerstörer sein darf. Insofern kann man die Naturzerstörung als unchristlich und unjüdisch bezeichnen.

Ist der blau-grüne Planet noch zu retten? Die menschlichen Mittel und Ressourcen dazu werden immer knapper. Aber es gibt Hoffnung. Auf die Wissenschaft zu hoffen, ist eine utopische Hoffnung, denn trotz aller Anstrengungen ist es immer noch nicht gelungen „Leben" herzustellen. Leben kommt nach der Bibel nur aus Gott. Der Mensch ist nicht Gott. In seinen Laboren kann er nur Leben weiterleben lassen oder beenden. Und solange das so bleibt, ist der Mensch, wenn er überleben will, immer darauf angewiesen, das Leben zu hegen und zu pflegen, denn er kann nicht unabhängig von der lebendigen Schöpfung existieren. Er hängt mit ihr zusammen und kann sich nicht abnabeln. Beide gehen zusammen unter oder überleben gemeinsam.

Auf was kann der Mensch also noch hoffen? Für die Naturschützer wird es immer trostloser. Wozu bedauern? Wenn der Mensch ein Gestrandeter des Zufalls im Universum ist, dann wird er das auch bleiben müssen. Man kann es beinahe verstehen, warum es sogar militante Naturschützer gibt. Wenn eine Art verschwindet, muss sie das doch für immer und unwiderruflich sein. Und der coole Spruch, dass es dann halt doch nur die Schaben verdient hätten, zu überleben, wenn die Erde wieder zur Wüste wird, kann niemand weiterhelfen und nichts gewinnen. Er erinnert an diesen Nazi-Diktator, der, kurz bevor er Selbstmord unter sein Lebenswerk schrieb, behauptete, das deutsche Volk habe das Recht auf Weiterexistenz verwirkt, weil es sich als das schwächere erwiesen habe. Diese Gedanken kommen beide aus dem gleichen materialistischen Weltbild. Sie verraten einen Geist der hemmungslosen Ausbeuterei. Sie verraten: der Naturalismus formuliert nur seine eigene Bankrotterklärung immer wieder neu. Was kann man also hoffen?

Man kann nur noch hoffen, dass die Bibel Recht hat, denn die Bibel zeigt kein trostloses Bild für die Zukunft. Man könnte ja mühelos Anzeichen dafür erkennen, dass die Welt mit ihren Bewohnern bald vor der Auflösung steht. Aber nicht Auflösung, sondern Erlösung verheißt Gottes Wort. In einem bemerkenswerten Widerspruch zu seiner Rede, dass die Schöpfung der Nichtigkeit und Vergänglichkeit unterworfen und des Todes ist, interpretiert Paulus in seinem Brief an die Römer das „Seufzen" der Schöpfung als „Geburtswehen" (Röm 8,22). Er lässt den Leser nicht im Ungewissen, wie er das meint. Paulus rundet die wegen des Sündenfalles und der Vertreibung aus dem Paradies unvollendete Eröffnung der Schöpfung im Buch Genesis ab, durch die Voraussage, dass „in Christus" alles zu einer neuen Schöpfung wird (2 Kor 5,17), angefangen mit der Erlösung des Menschen, so dass infolgedessen *„auch selbst die Schöpfung von der Knechtschaft der Vergänglichkeit frei gemacht werden wird zur Freiheit der Herrlichkeit der Kinder Gottes."* Mit anderen Worten, es gibt keine singuläre Himmelfahrt einer selektiven Schar Geretteter, sondern die Schöpfung wird frei gemacht zur *„Freiheit der Herrlichkeit der Kinder Gottes".*

Deshalb nennt Paulus Christus auch den *„Erstgeborene aller Schöpfung".* Der Christus ist nicht bloß der erste unter vielen Brüdern, die noch kommen sollen. Dieses „paulinische Konzept", das mehrfach in den Paulusbriefen Ausdruck findet, *2 stammt allerdings nicht von Paulus, sonst hätte nicht der Apostel Johannes ebenso davon schreiben können. Er nennt nämlich Jesus Christus das Alpha und Omega, was auf Hebräisch dem Aleph und Taw entspricht, *3 der Logos, das Wort Gottes, das alles ins Dasein ruft, auch das, was noch werden soll.
Daher der erste und der letzte aller Buchstaben des Alphabets und dessen, was geredet werden kann. Johannes sagt dem Leser seines Evangeliums, dass Jesus Christus der ist, durch den die Welt erschaffen wurde (Joh 1,1-5.10) und bringt im Buch der Offenbarung das Alpha und das Omega mit dem Anfang und dem Ende,

146

bzw. der Vollendung, dem Ziel der Schöpfung von Anfang an, in Verbindung (Of 22,13): *„Ich bin das A und das O, der Erste und der Letzte, der Anfang und das Ende!"* Es gibt also das klare biblische Zeugnis, dass nicht Artentod und der Niedergang der Schöpfung am Ende steht, sondern vielmehr die Vollendung der Schöpfung mit einer erneuerten Erde.

Wenn es also im ersten Buch der Bibel, der Genesis, im ersten Vers beginnt mit *„Im Anfang schuf Gott die Himmel und die Erde"*, steckt in diesem „Im Anfang" (hebräisch BeReschit) bereits der „Anfänger", den Johannes und Paulus als den Christus identifizieren. Das bestätigt auch Of 3,14, denn *„der Anfang der Schöpfung Gottes"* meint den Christus. Er ist nicht die Schöpfung, sondern Er begann die Schöpfung. Christus ist aber nicht der Anfänger geblieben, er ist auch der Vollender der Schöpfung. Seine letzten Worte am Kreuz *„Es ist vollbracht"* beziehen sich auf Sein vollbrachtes Rettungswerk und gelten zuallererst den Menschen. Aber es sagt auch voraus, dass derjenige, der das Alpha ist, auch das Omega ist. Das Alpha ist der Anfang, das Omega ist die Vollendung. Und nur das ist die Hoffnung, die bleibt. Sie bleibt solange, bis sie sich erfüllt. Die Bibel spricht von einer neuen Welt, die die alte ablöst. Daher kann man das, was nach einem Absterben der alten Welt aussieht auch völlig zu Recht als Geburtswehen bezeichnen.

Vielleicht werden die letzten Naturparadiese zerstört, weil der Mensch sich von Gott nichts sagen lässt, der ihm den Auftrag gegeben hat, sich die Erde nutzbar zu machen, aber nicht zu zerstören. Vielleicht werden die Urwälder bis auf letzte Reste abgeholzt, oder auch ganz. Aber Gott hat den Menschen eine Zusage gemacht. Wenn sie sich der Erlösung durch den anvertrauen, der der Schöpfer aller Dinge ist, dann ist alle Hoffnung auf eine Erneuerung der Schöpfung berechtigt. Bei Gott gibt es kein „unwiederbringlich verloren"!

Folgende Thesen wurden von Biologen für den Lebensraum tropischer Regenwald aufgestellt.

1. Es gibt eine geringe Artendichte. Von einer Art gibt es wenige Individuen. Sie sind also sehr selten.
2. Es gibt eine große Artenfülle.
3. Es gibt eine ausgeprägte Mimikry, d.h. Nachbildung von giftigen Arten, ohne selbst giftig zu sein
4. Es gibt eine Knappheit an Nahrungsressourcen
5. Es gibt einen ausgeprägten Langsamwuchs bzw. lange Entwicklungszeiten vom unfertigen zum fertigen Tier.
6. Der tropische Regenwald ist ein geschlossener Regelkreislauf der Ressourcen. Er verträgt daher nur minimale Eingriffe von außerhalb.
7. *Der tropische Regenwald eignet sich für Menschen nicht als Lebensraum und nicht zur Ausbeutung. Menschen, die in ihm von ihm leben wollen, müssen sich in die Mängelwirtschaft einfügen. Eine progressive Produktivität ist ausgeschlossen.*

Ich habe viele Regenwaldgebiete dieser Erde besucht und kann bestätigen, dass diese Thesen nicht der eigenen Wahrnehmung widersprechen. Man kann viele Stunden durch den Regenwald streifen, ohne viele Tiere gesehen zu haben, wenn man einmal von den kleineren Insekten absieht. Es wimmelt ganz gewiss nicht von Schlangen, es gibt keine Vogelschwärme und kein Gesangskonzert wie in unseren Wäldern im Frühjahr, Großtiere sind extrem selten. Was auffällt, ist der große Artenreichtum an Pflanzen und der Kleinstlebewesen und deren verblüffende Formenvielfalt.

Evolutionsbiologen versuchen diese Thesen aus der Evolutionstheorie zu erklären. Sie stoßen dabei auf Erklärungslücken und Rätsel, die unlösbar scheinen.

Wenn wenige Individuen einer Art existieren, ist Evolution, die ja durch eine Akkumulation zufällig „richtiger", zufälliger Erbänderungen zustande kommen soll, weil die Evolution keine ausreichend große „Spielweise" hat, weniger wahrscheinlich als bei einer großen Individuenzahl. Dann kann aber auch die Artenvielfalt nicht bei dieser Seltenheit der einzelnen Arten zustande kommen.

Evolutionsbiologen denken hier gegen die Logik, denn sie sagen, die geringe Häufigkeit würde die Evolutionsraten beschleunigen. *4 Sie sind zu solchen Aussagen gezwungen, weil sie sich die Entstehung der Arten nur durch Evolution vorstellen wollen. *Es ist verständlich, wer eine falsche Denkvoraussetzung hat, wird sich irgendwann zwangsläufig widersprechen müssen und einen an sich vielleicht einfachen Sachverhalt durch gedankliche Verdrehungen entstellen. Das Eigentliche kann dann nicht mehr wahrgenommen werden. Bei den evolutionsbiologischen Aussagen stellt man häufig fest, dass sie wider die Vernunft und wider die Erfahrung ihre Behauptungen aufstellen, die von den Daten nicht zu erwarten sind, sondern eher konträr sind. Und immer wieder scheint man der Natur eine zielgerichtete Geistigkeit sprachlich unterstellen zu wollen, die ihr aber der Lehre nach streng untersagt wird.*

Wenn Evolutionsbiologen folgern, dass die perfekte Tarnung in der Mimikry die ungiftigen Nachahmer der giftigen Art dazu „zwingt", selten zu bleiben, weil ihr Überhandnehmen den „Vorteil" des Nichtgefressenwerdens verlieren würde, dann ist das ein Beispiel dafür, wie leicht man Ursache und Wirkung verwechseln kann und wie man dabei noch auf geistige Begriffsinhalte angewiesen ist. Woher soll eine Art wissen, was sie tut, wenn sie keinen Geist hat? *5 Es wäre nämlich viel einfacher, auf die Mimikry gleich ganz zu verzichten, wie es unzählige andere Arten auch tun, denn seltene Arten werden immer auch selten gefressen. Genauso wie es viel einfacher wäre, als giftige Art auf die auffällige Warnfärbung zu verzichten, denn auch für sie gilt das Gleiche: da sie selten sind, werden sie auch selten gefressen. Mit anderen Worten, der Selektionsdruck ist hier gar nicht das Entscheidende. Seltenheit, Arten- und Formenreichtum müssen andere Gründe haben.

Es scheint so, dass der tropische Regenwald ein lebendiger Organismus ist, der sein genetisches Potenzial, um sich als Ganzes am Leben zu halten, dem jeweils aktuellen Zustand entsprechend, ausgereizt hat. Die Variabilität als solche wird nur dadurch verringert, wenn Gene verschwinden. Das geschieht in der Natur durch den Untergang großer Populationen. Das ist auch der Grund, warum stark rückläufige Populationen wie bei Gepard, Tiger, Pandabär, Blauwal, Hyazinth-Ara und anderen stark in ihrer Existenz als Art gefährdet sind. Sie haben nur noch eine stark eingeschränkte Anpassungsfähigkeit. Die darwinistische Evolution hat nichts bei sich, was das ändern könnte, denn selbst wenn Mutationen das Potential hätten, strukturell bedeutsame Veränderungen zu verursachen, was bisher noch nie nachgewiesen werden konnte, *6 bliebe in wenigen Generationen keine Zeit so viele Änderungen im Genmaterial, die alle aufeinander aufbauen müssten, zustande zu bringen. Änderungen, ob sie geplant oder ungerichtet sind, müssen immer schnell wirken. Einem Soldaten, der jetzt im Kampf steht, nützt es nichts, wenn in irgendeiner seiner Körperzellen eine Mutation in Richtung auf eine zu produzierende Schussweste vorkommt.

Während Lebensräume außerhalb des tropischen Regenwalds mehr im Fluss sind und sich deshalb dort auch eine Überflussproduktivität einstellen kann, bewahrt der tropische Regenwald mit seiner charakteristischen Identität als (nahezu) geschlossener lebender Organismus seine Lebenssphäre. Er haushaltet streng mit seinen Ressourcen, die Nährstoffe sind in einem Kreislauf, aus dem von außerhalb nichts oder nur wenig abgezweigt werden kann, weil keine Überschüsse produziert werden. Und doch gibt es so optisch auffällige und formenreiche Arten wie Orchideen oder Rieseninsekten, Paradiesvögel und Kolibris, die noch dazu viel länger zu ihrer Entwicklung und ihrem Wachstum brauchen oder eine komplizierte Fortpflanzungsweise haben. Dies ist die Art „Überschuss", die der Regenwald vorzuweisen hat, als ob aus dem Mangel der Mittel ein genialer Künstler, der zugleich Erfinder sein muss, einen Beweis seiner Größe geben musste. Der perfekte Ökonom ist der, der aus möglichst wenig, möglichst viel macht. Bei menschlichen Gesellschaften ist das freilich unmöglich.

Vielleicht war der Garten Eden einmal so ein Ort, der keine Eingriffe oder Zugaben von außen benötigte, um ein idealer Lebensraum für Mensch, Tier und Pflanze zu sein. Ein in sich geschlossenes, harmonisch sich selbst regulierendes Biotop. Nur wenn etwas von außen eindrang, um Raubbau zu betreiben, konnte der Ort aus dem Gleichgewicht geraten. Geradeso wie die Regenwälder dieser Erde, die auf die Eingriffe durch profitgierige Menschen mit Artensterben antworten. *„Sollte Gott nicht gesagt haben, macht euch die Erde nutzbringend untertan?"* Die Regenwälder werden abgeholzt. Hat man sich so die unausschöpfliche Apotheke an medizinisch wertvollen Gewächsen des Urwaldes erschlossen? Abgesehen davon, dass man Bäume nur dann wieder erfolgreich anpflanzen kann, wenn die Rahmenbedingungen stimmen, sind die verschwundenen Arten in dieser Weltzeit verloren. Damit ist aber auch das ursprüngliche Gefüge, dessen Reichtum nicht genutzt, sondern verheizt wurde, nicht wiederherstellbar. Das Ganze ist schon deshalb mehr als der Teil, weil der Teil ohne das Ganze nicht bleiben kann.

Der tropische Regenwald wird einmal als „grüne Hölle", dann wieder als "Paradies" bezeichnet. Vielleicht war er einmal ein dem „Garten Eden" ähnlicher Ort, in dem die „höllischen" Ausprägungen noch nicht vorhanden waren. Dann wäre er ein ursprünglicheres Refugium der Arten gewesen als die anderen Lebensräume dieser Erde, die erst nach Verschwinden der Wälder und „Gärten" aufgekommen wären.

Dass die Menschen ausgerechnet den artenreichsten und am wenigsten erforschten Lebensraum der Erde vernichten, zeigt wie respektlos sie mit der Schöpfung umgehen. Mangel an Achtung und Verantwortungslosigkeit ergänzen sich zu einer Potenz des Übels, die zur Selbstzerstörung führen können. Dabei zeigt die Schöpfung bereits im Mikrokosmos, dass nicht Zerstörung, sondern die Entfaltung des Lebens planmäßig angelegt ist.

Zoologen wissen zu berichten: Passionsblumen bemerken, wenn Schmetterlingseier auf ihren Blättern abgelegt wurden. Sie produzieren dann Alkaloide, die für die kleinen Raupen der Heliconius-Falter nicht verträglich sind. Deswegen legen manche Heliconius-Falter **7** ihre Eier nur an abgestorbene Ranken. Dann bemerken die Passionsblumen die Eier nicht und die jungen Raupen können doch mit dem Fressen beginnen.

Nach der Evolutionslehre geschieht alles zufällig und ungerichtet, also ziellos und unter dem Druck der Selektion. Doch wie kann dann der Falter überlebt haben, wenn er noch nicht auf die Idee gekommen war, dass er seine Eier in den abgestorbenen Ranken ablegen muss? Das bedeutet, dass die Auslese nicht zu der Entwicklung der neuen Verhaltensweise geführt hat. Auch hätte nach der Evolutionslehre die Passionsblume die Alkaloide zwingend entwickeln müssen, um zu überleben. Dass das nicht stimmen kann, sieht man schon daran, dass ja der Falter das Alkaloid-Problem gelöst hat. Die Passionsblume hätte sich das quasi ersparen können. Hier hat offensichtlich kein Selektionsdruck gewirkt, denn die Pflanze überlebt ja weiter. Das kommt auch dem Falter zugute, denn der braucht sie als Fresspflanze für seine Raupen. Also auch hier gilt: Anpassung ja, Veränderung ja, aber nicht zufällig, sondern sehr zielgerichtet, raffiniert, beinahe verspielt und überaus kompetent. Es geht eben nicht nur ums Fressen und Gefressenwerden, sondern auch ums Leben und leben lassen.

Es soll auch Passiflora-Arten geben, die die Eiablage der Schmetterlinge dadurch zu verhindern versuchen, indem sie an der Stelle, wo Schmetterlinge gewöhnlich ihre Eier ablegen, Wucherungen bilden, die wie Eier der Heliconia-Falter aussehen. Das hat zur Folge, dass keine weiteren Eier von Schmetterlingen abgelegt werden. **8*** Hier noch von Zufall und Notwendigkeit zu reden, sprengt jeden noch so weit gesetzten Rahmen der Glaubwürdigkeit.

Man muss sich aber fragen, woher „weiß" die Pflanze, dass aus Schmetterlingseiern ein Problem auf sie zukommt? Woher nimmt sie den Entschluss und das Know-How, etwas dagegen zu unternehmen? Sie muss ja wissen, wie man diese Eier täuschend nachmacht und muss es auch noch umsetzen! Die Evolutionstheorie sagt: das geschieht rein zufällig. Die Auslese ist der Tester und „entscheidet", was passt und was verworfen ist. Ja, aber dennoch muss das neue Testmodell erst

entworfen und hergestellt werden. Daran scheitert es! Doch das Reaktionsreper-
toire mit dem „Einfallsreichtum" der Passiflora-Arten ist noch lange nicht erschöpft.
Sie können auch eigens für die Eiablage der Heliconius-Falter reduzierte Blatteile
wachsen lassen, die sie dann abwerfen, sobald die Schmetterlinge ihre Eier darauf
abgelegt haben. * 9

Der tropische Regenwald enthält unzählige Millionen von unlösbaren Problemen
für Evolutionstheoretiker. Man schätzt, dass er bis zu einhundert Millionen verschiedene Insektenarten beherbergt - so lange es ihn noch gibt. Und jede einzelne dieser
Arten ist ein Phänomen, das selbst wieder Hort unzähliger Einzelphänomene ist.
Und für kein einziges kann die Evolutionstheorie eine sinnvolle Erklärung haben,
denn die Auslese schafft nicht Neues, sondern beseitigt Vorhandenes. Sie baut
nicht auf, sondern ab. Sie ist gewissermaßen die biologische Umsetzung des Ent-
ropiegesetzes, wonach in der Natur aufwändige Zustände vermieden werden und
überhaupt nur aufrechterhalten werden können, wenn Regelkreisläufe unter intelligenter Steuerung von Energieflüssen in Kraft sind. Das bedeutet auch, dass Leben
nur aus Leben entsteht und jedes Lebenskonstrukt aus einem elterlichen Lebenskonstrukt nur dann erwächst, wenn der Übergang in das Lebenskonstrukt bereits
integriert ist. Und deshalb legen Schmetterlinge Eier, aus denen Larven schlüpfen,
die sich verpuppen, bis die Imago, das zur erneuten Fortpflanzung reife Insekt, geworden ist. Es ist eine Sache der Steuerung, Planung, Intelligenz.

Da man nicht annehmen kann, dass dies originär in den Pflanzen und Tieren
vorhanden ist, denn es wurde dort kein Organ entdeckt, das zu dieser Leistung
fähig wäre, hat man vernünftige Gründe dafür, Gen 1,1ff und Joh 1,1ff für zutreffend
zu halten. Und schon hat man die „unzähligen Millionen von unlösbaren Problemen
für Evolutionstheoretiker" mit einem Schlag gelöst. Es gibt sie dann nämlich gar
nicht! Albert Einstein war nicht dafür bekannt, dass er ein Rechengenie war. Seine
Ideen waren darauf ausgelegt, dass der Kosmos durch Sinn und Verstand zusammengebaut ist. Und daher müsse es einfache und schöne Grundregeln geben. Sei

Sinn für Ästhetik brachte ihn auf die Spur seiner naturwissenschaftlichen Entdeckungen. Die Spur des Schöpfers ist überall in der Natur angelegt. Man muss aber die geistigen Größen und Werte beherrschen, wenn man sehend werden will.

Die zielgerichteten Tropenfische

Im Amazonas gibt es viele merkwürdige Fischarten. Eine davon könnte man als ganz besonderes Ärgernis für die Evolutionsbiologen betrachten. Diese spezielle Art gibt sich einer Fortpflanzungsweise hin, die allen anderen Fischen zu spotten scheint, die es einfacher hinbekommen und sich nicht so einer aberwitzigen Selbstdarstellung hingeben. Fast könnte man glauben, der Spritzsalmler (Ordnung Characiformes) macht das nur, wenn ihm ungläubige Zoologen zuschauen, zu ausgefallen und phantasievoll ist das, was er zelebriert, um seine Art zu erhalten. Evolutionsbiologen stehen vor dem für sie unlösbaren Dilemma, dass sie nicht erklären können, wie diese Fortpflanzungsweise entstanden sein könnte. Sie beginnt mit einem ausgiebigen Tanzritual der Fischlein in und über dem Wasser, denn die Spritzsalmler springen dabei auch aus dem Wasser. Und irgendwie müssen es die gar nicht wirklich stummen Fische geschafft haben, sich so zu verständigen, dass der eine dem anderen Tanzpartner ins Ohr flüsterte „Jetzt" und in diesem Moment geschieht die Besamung und zugleich Eierlegung. Dies allerdings auf eine ob der Zielsicherheit geradezu unverschämt arrogante Art. Das Weibchen klebt während es aus dem Wasser springt die Eier an ein über das Wasser hängendes Blatt und das synchron springende Männchen besamt die Eier im gleichen Augenblick. Das muss wohl so sein, weil der Samen im Wasser Schaden erleiden würde. Der anstrengende Vorgang muss oft wiederholt werden, weil bis zu 200 Eier gesetzt werden sollen. Nach der Eiablage kommt das Männchen noch öfters daher geschwommen und bespritzt die Eier mit Wasser, damit sie nicht austrocknen. Wenn die Eier aufbrechen, fällt der Fischnachwuchs ins Wasser. Ganz wie geplant!

Aber wäre es nicht einfacher gewesen, wie alle anderen anständigen Fische auch, sich mit dem Wasserbett als Fortpflanzungshort zu begnügen und wasserverträgliche Eier bzw. Samen zu entwickeln? Tolle Leistung der Evolution, sagen die Zoologen, zuerst verursacht die ungerichtete Erbänderung den Verlust der Fähigkeit sich im Wasser fortzupflanzen und dann, keine Generation später, wirft sie alles wieder über den Haufen und entwickelt eine hochkomplizierte Fortpflanzungsweise quasi als Kompensation für erlittene Daseinsängste. Und das muss innerhalb einer Art geschehen sein. Angenommen man wollte aus einem Ottomotor einen unter Wasser laufenden Motor gebaut haben und man würde dem Ottomotor sagen, dass man ihm zehn Tage Zeit gibt, die notwendigen Umbauleistungen zu erbringen. Wie groß wäre die Wahrscheinlichkeit, dass er sich das zu Herzen nimmt? Es muss bei dem Spritzsalmler schon noch die gleiche Generation gewesen sein, die alles fix und fertig parat hatte, denn sonst gäbe es die Spritzsalmler gar nicht mehr!

Man kann nicht wissen, welche Erbänderungen notwendig sind, um aus einem Fisch, der nicht einmal daran denkt, auch nur seinen Kopf aus dem Wasser zu stecken, einen Fisch zu machen, der aus dem Wasser springt und dann auch noch seine Springerei dazu nutzt, die Art zu erhalten. Menschen sind beispielsweise noch nicht einmal auf die Idee gekommen, ob sie es einmal auf die Weise der Spritzsalmler probieren sollten. Man weiß ja nie, ob die Evolution die herkömmliche Art noch lange so weiter duldet. Als Mensch braucht man Planungssicherheit.

Doch wer hat für die Fische geplant? Die Zoologen, denen an den Akademien des Wissens der Darwinismus eingebläut worden ist, ohne den man keine akademischen Grade in den angrenzenden Wissenschaften bekommen kann, stellen stattdessen die wenig erleuchtete Frage: *„Waren es die hohen Verluste an ihre Feinde, weshalb diese Fische eine solche außerordentliche Fortpflanzungsweise wählen mussten...?"* Aha, die Fische wählten! Verräterische Sprache! Die Forscher wissen natürlich, dass die Fische keine „Wahl" hatten. Es fällt ihnen schwer, sich sprachlich evolutionsgerecht zu verhalten. ***10** Das menschliche Denken steht ja mit der menschlichen Sprache in einem engen Sinnzusammenhang. Es ist deshalb kein

Wunder, wenn sich schon das Denken sträubt, wider die Vernunft zu denken, so dass es diese Nötigung mit der Verwendung der Sprache der Vernunft kontert. Der Mensch hat seine jeweilige Sprache über Jahrhunderte entwickelt. Der Mensch hat ja Geist, er kann ja entwickeln und was er da entwickelt hat, passte immer zu dem, was von der Sprache verlangt war. Offenbar gehörte evolutionistisches Denken nie zu dem, was Menschen brauchten. Alles was sie zum Ausdruck bringen, passt zu ihren Erfahrungen. Lebewesen werden geboren, sie leben, sie sterben und vorher haben sie sich vielleicht noch fortgepflanzt. Und immer wenn der Mensch etwas herstellen will, macht er sich vorher sinnvolle Gedanken und Pläne, die er dann versucht, umzusetzen. So geht Entwicklung, so geht Fortschritt, anders nicht! Dem Zufall darf man nichts überlassen, denn sonst gibt es Stillstand und Zerstörung. Das ist der Grund, warum unsere Sprache so ist wie sie ist und warum sich die Evolutionisten nicht einer ihrer Theorie angemessenen Sprache bedienen können. So eine Sprache gibt es mit gutem Grund nicht. Aber schlimmer noch. Sie kann es gar nicht geben, weil Sprache nur Wörter für Mögliches und Reales nutzbar ist und alles was Irreal oder Unmöglich ist mit dem Sprachschatz auskommen muss, was die Wirklichkeit und das Mögliche beschreibt.

Es ist der beredte Protest der ins Unterbewusstsein zurückgedrängten Vernunft, so scheint es, der sich gegen die Bevormundung durch Glaubensprämissen stellt. Die Vernunft sagt, zufällige Erbänderungen konnten niemals rechtzeitig eine so komplexe Veränderung des Fortpflanzungsverhaltens herbeiführen; der Wille des auf die Evolutionslehre getrimmten, nichtselbständigen, sondern von seinem Arbeitgeber bezahlten Naturforschers sagt aber: anders kann es nach der reinen Lehre nicht gewesen sein. Also sagt er dann, wie als Kompromiss: der Fisch „wählte" eine neue Fortpflanzungsart, nachdem er „bemerkt" hat: „Leute so geht es nicht mehr weiter, im Wasser klappt es nicht mehr. Plan B muss her". Dann beschlossen die Noch-nicht-Spritzsalmler, dass erstens die Fortpflanzung künftig außerhalb des Wassers stattfinden würde, zweitens eine sofortige Springschule einzurichten sei, drittens das Projekt in Angriff genommen werden musste, das die Frage beantwortete, ob es machbar war, Ei und Besamung außerhalb des Wassers zu befruchten, wenn ja wie; und viertens ein weiteres Projekt, das sich mit dem Problem beschäftigen sollte, was war in der Zwischenzeit zu tun? Wie sollte man sich fortpflanzen, wenn es im Wasser nicht mehr und außerhalb des Wassers noch nicht ging? Man sieht die Workshops der Natur ja auf Schritt und Tritt! Man kann sich ja kaum fortbewegen auf den Wegen und Pfaden, weil alles übersät ist mit Workshops!

Anscheinend hat sich bei den Spritzsalmlern die Variante der „Tanzsprungluftakrobatikspritzbegattung" durchgesetzt, was sicherlich dazu geführt haben mag, dass sich die älteren Vertreter der Art nicht mehr dem Stress der Umschulung aussetzten. Die „Evolution" ist manchmal hart und unerbittlich! Und sie schlägt mit Vorliebe Kapriolen und aus Pläsier Purzelbäume.

So wie bei einer anderen Fischart, dem Schützenfisch (Toxotes). Er gibt sich nicht damit zufrieden im Wasser sein Futter zu suchen. Er hat sich den Luftraum erschlossen. Flügel sind ihm dennoch noch nicht erwachsen. Man kann es kaum glauben, aber es ist die Wahrheit. Er liegt also im Wasser, beobachtet durch die Wasseroberfläche hindurch, was draußen los ist und wenn er eine Fliege sieht, die sich auf ein Blatt oder einen Grashalm setzt, spritzt er mit einem Wasserstrahl aus seinem Maul nach der Fliege. Oft genug trifft er. Man kann diesen Vorgang durch Evolution nicht erklären, denn es ist völlig undenkbar, dass diese Verhaltensweise und Fertigkeit des Fisches durch Zufall und Auslese entstehen kann. Es wären im Vergleich zu einem Vorfahren, der dies noch nicht konnte und seine Nahrung noch im Wasser suchte, komplizierte Umbaumaßnahmen im Genom notwendig, die sich nicht über Nacht einstellen können. Der Fisch muss es ja auch wollen! Man kann es ja einmal ausprobieren. Man gehe an einen Teich und versuche mal einem Fisch klar zu machen, dass er einmal dringend darüber nachdenken sollte, ob er nicht damit anfängt die Insekten außerhalb des Wassers anzuspritzen. Das wird eine mühselige Arbeit! Nun wäre man jedenfalls wenigstens selber jemand, der eine Idee für diese Lebensweise entwickelt hätte. In der Natur gibt es leider gar niemand. Da muss dann der Zufall die Rolle der geistigen Verursachung übernehmen. Und der schafft es dann irgendwie, das Unmögliche an den „Mann" bzw. Fisch zu bringen.

Da das Ziel, das angeblich durch Evolution erreicht worden ist, der Schützenfisch, durch eine Abfolge von Erbänderungen zustande gekommen sein soll, muss jede folgerichtige Erbänderung in den vorherigen Generationen bewahrt worden sein. Doch das hätte nur geschehen können, wenn irgendwas diese Erbänderungen bewahrt und gewusst hätte, dass sie für das spätere Endprodukt benötigt werden. Wenn der Lehrer eine Vokabelarbeit ankündigt, weiß der Schüler, wie lange er Zeit hat, die Vokabeln zu lernen. Er trifft den Entschluss zu lernen und hat das Ziel, sich bei der Arbeit nicht zu blamieren. ER sammelt also das erforderliche Wissen dafür und weiß, dass es wichtig ist, dieses Wissen abzuspeichern und dann hervorzuholen, wenn es benötigt wird. Alle Schüler gehen so vor. Wenn einer dabei ist, der sich nicht vorbereitet hat, wird er sich nicht wundern, wenn er nicht „abliefern" kann, wenn es gefordert wird. Er wird die Ursache des Scheiterns kennen. Er hat die Vokabeln sogar durchgelesen, aber er hat sie nicht im Gedächtnis gespeichert. Ganz bestimmt wird er auf den Tadel des Lehrers nicht entgegnen: *„Ich saß lange auf meinem Sofa und habe gewartet, dass ich die Vokabeln zufällig behalten würde."*

Dass es immer so funktioniert mit dem Vokabellernen, wollen uns die Evolutionisten weismachen. Sie dringen zufällig in die Gedächtnisspeicher des Hirnes ein und speichern sich auch ganz zufällig ab, um dann genutzt zu werden, wenn sie gebraucht werden.

Jede zustande gekommene Zwischenstufe wäre den Endzweck zu erfüllen nicht in der Lage, es bestand auch über die Auslese keine Notwendigkeit sie zu bewahren. Das aber hätte bedeuten müssen, dass jeder „richtige" Schritt eine Entwicklung für sich, die nützlich und bewahrenswert war, darstellen musste. Das ist auch wissenschaftlich nachweisbar, denn die Forschung kennt keine „Vorratshaltung" der Organismen wie in einem Klempnerladen. „Dieses Teil, von dem ich noch nicht weiß, wofür es gut sein könnte, behalte ich mal für später!" In den tierischen Zellen befindet sich kein Müll, denn die Abfallprodukte des Stoffwechsels werden abgebaut. Das korrespondiert mit der Tatsache, dass man auch fossiliär keine echten Zwischenformen hat, die es ja massenhaft geben müsste, wenn die Evolutionslehre richtig wäre. Es gibt aber weder nutzlose Halbkonstrukte innerhalb der Individuen, noch Zwischenformen innerhalb der Arten.

Doch wie viele Zwischenschritte man dem Fisch auch zugestehen wollte, die aufeinander aufbauen, bis das brauchbare Endprodukt entstanden ist, man hätte in der Zwischenzeit auch die natürliche Auslese in Urlaub schicken müssen. Wenn man sagt, die Evolution wird von der Auslese angetrieben, dann kann man nicht zugleich auf die Karte Zwischenschritte setzen. Sie fällt einem sofort wieder aus der Hand. Bei dem Schützenfisch müsste man es sich so vorstellen, die Auslese zwingt ihn, sein Futter außerhalb des Wassers zu erwerben, weil die Konkurrenz im Wasser bereits zu groß ist. Die Auslese kommt und stellt dem Fisch ein Ultimatum: „Ich gebe dir bis morgen Zeit, wenn du dir nicht bis zu deiner nächsten Eiablage einen anderen Broterwerb gesucht hast, muss ich dich ausmerzen!" Da der Fisch weder sehr innovativ denken kann, noch sich außerhalb des Wassers gut auskennt und von Fliegen, die sich als Nahrung eignen, noch nie etwas gehört hat, legt er sich bereitwillig in sein nasses Grab. Ihm fällt einfach keine Überlebensstrategie ein!

Doch, was der Fisch nicht weiß, zufällig hat noch vor der nächsten Eiablage sein Genom einen dramatischen Umbau vorgenommen, fast wie bestellt, könnte man sagen, und plötzlich rafft er sich auf und verspürt irgendwie das Bedürfnis nach den dunklen Punkten, die sich über der Wasseroberflächen bewegen, Ausschau zu halten, sich in eine Position zu bringen und etwas zu tun, was er bisher noch nie getan hat: mit Wasser aus dem Maul durch die Wasseroberfläche hindurch zu spritzen und auch noch (jedenfalls vor dem Verhungern) zu treffen. Und Wunder über Wunder, das getroffene Etwas, ist auch noch fressbar! Ganz nebenbei hat der Fisch berechnet, dass das Wasser eine andere Lichtbrechung hat als die Luft. Wie lange er wohl dazu gebraucht hat, um das in seinen Fischkopf zu bekommen! Die Evolution hat ihm auch noch schnell ganz gratis einen Neigungswinkelberechner eingebaut.

Man kann es drehen und wenden wie man will, die herkömmliche Evolutionslehre verspricht mehr als sie halten kann und gleicht, wenn man sie analysiert, eher einem phantastischen Märchen als ernstzunehmenden wissenschaftlichen Erklärungsversuchen, wobei echte Märchen manchmal wenigstens einen Erklärungswert mit einer Lehre haben. Das kann man von der Evolutionslehre nicht sagen.

Interessanterweise schreibt der Evolutionsbiologe Reichholf zur Leistungsschau des Schützenfisches: *„Die Verhaltensweisen und Sinnesleistungen, die hierbei zusammenwirken, sind so komplex, dass sich die Zwänge, die dahinterstecken, nur durch nicht minder komplexe Untersuchungen erkennen lassen".* ***11** Er ist also zuversichtlich, dass es überhaupt solche Zwänge gibt. Es fragt sich, ob die Zwänge von Evolutionisten, die hinter ihrer Weltanschauung stehen, dass alles was ist, Materie ist, sich nur durch nicht minder komplexe Denkschritte beheben lassen.

Möglicherweise befindet sich der Schützenfisch gar nicht in einer Zwangslage, weil er über eine Software verfügt, die ihm das, was er leisten muss, regelt. Schließlich, was für einem Zwang ist ein Smartphone ausgesetzt, wenn es genau zu dem benutzt wird, zu was ihn sein Hersteller beauftragt hat?

Evolutionsbiologen befinden sich unter dem Zwang, glauben zu müssen, dass alles, was in der Natur ist, zwangsläufig wegen der natürlichen Auslese so geworden sein muss. Doch das kann schon deshalb nicht stimmen, weil Auslese nichts erschafft, was schon da ist, sondern allenfalls von dem, was da ist, etwas wegnimmt. Genmaterial ist nicht endlos rekombinierbar und Mutationen ereignen sich in engen artspezifischen Grenzen, ohne jemals über sie hinweg zu reichen. Das sind Fakten.

Die meisten Lebensformen und Lebensäußerungen in der Natur lassen sich auch ohne einen Auslesedruck erklären. Solange man das nicht einsieht, wird die Forschung aus der Sackgasse, in die sie sich hineinmanövriert hat, nicht herauskommen. Fische müssen genauso wenig aus dem Wasser spucken, um zu überleben, wie sie fliegen müssen. Vögel müssen nicht stundenlang mit ihren Gesängen munter bleiben, ja sie müssen noch nicht einmal fliegen können, wie die flugunfähigen Arten zeigen. Ein Menschenkind muss genauso wenig seine Mutter anlachen, damit sie noch Futter bekommt wie ein Gorillababy. Man muss endlich begreifen, dass die Natur mehr ist als nur Zufall und Notwendigkeit.

Die wunderbare Verwandlungsfähigkeit der Frösche

Wenn man einmal eine Nacht im tropischen Regenwald verbringt, könnte man leicht zu der Überzeugung gelangen, dass er von Fröschen regiert wird. Es gibt im Wald kein Vogelkonzert, so wie in den mitteleuropäischen Wäldern im Frühling, sondern ein Froschkonzert. Da der Regenwald eine hohe Luftfeuchtigkeit hat, kann man den Artenreichtum der Froschartigen dort vielleicht sogar erwarten. Was in der Dunkelheit des Waldes verborgen bleibt, sind die absonderlichen Fortpflanzungsgebaren. Da gibt es „Schaumnestbauer". Sie legen ihre Eier in Schaumnester, in der Erwartung, dass sie beim nächsten Regenguss in einen Bach geschwemmt werden, wo die Frösche sich dann aus Kaulquappen zu „kussfertigen" erwachsenen Fröschen entwickeln, oder sogar das Kaulquappenstadium gleich ganz überspringen (Leptodactylidae). Der Schaum soll dem Nachwuchs anfänglichen Schutz geben, denn er schmeckt natürlich nicht wie Schlagsahne. Man fragt sich nur, wie hat der Frosch überlebt, als er noch nicht dieses Schaumnest erfunden hatte? Manche Arten bauen ihr Schaumnest sogar auf Zweigen von Bäumen. Und klar, wie zu erwarten war, es gibt auch Frösche, die die Aufforderung: „Sei kein Schaumnestfrosch!" befolgt haben.

Baumsteigerfrösche haben zwar auf den aufwändigen Bau der Schaumnester, aber nicht auf das Baumsteigen verzichtet und dennoch überlebt. Sie laden sich ihre Kaulquappenjunge auf den Rücken und bringen sie so an einen Ort, wo die Entwicklung zum fertigen Frosch günstiger zu verlaufen scheint. Oben in den Bäumen gibt es ja zwischen Astgabeln und Pflanzenblättern Regenwasserpfützen.

Das ist natürlich eine vererbte Verhaltensweise. Es ist jedoch nicht vorstellbar, dass sie durch zufällige Erbänderungen zustande gekommen ist. Nur weil sich ein Molekül oder gleich ein ganzes Gen durch Mutation oder Rekombination ändert, steigen Frösche nicht gleich auf Bäume und denken dabei daran, ihre Jungen mitzunehmen. Man kann sich denken, dass es weit ist von einem Frosch, der sich für seine Jungen, wenn sie einmal im Bach oder in einer Regenpfütze gelandet sind, nicht mehr kümmert, zu einem Frosch, der plötzlich einen Sinn für Brutpflege entdeckt und ihn dann so berechnend „zum Tragen" bringt. Da müssen einige nicht unwesentliche Veränderungen im Erbmaterial notwendig geworden sein, damit es zu dieser wundersamen Froschwandlung kommen konnte! Hatten denn der Baumsteigerfrosch und seine Nachfahren genug Zeit, auf die zufällige Entstehung dieser wunderlichen Verhaltensweise zu warten? Warum wurden die Zwischenschritte der Entwicklung bewahrt, wenn sie doch nichts nutzten? Wenn ein Mensch ein Puzzleteil findet, hebt er es vielleicht auf, weil er denkt, da muss es noch andere geben, die zu finden sind (und dann muss er auch noch sehen, wo genau im Gesamtbild es hingehört!). Aber bei ihm geht es dabei nicht ums Überleben. Für den Frosch etwa auch nicht?

Wenn aber doch, wie kann er dann ohne die komplette, fertig entwickelte Verhaltensweise überleben und Nachfahren erzeugen? Angenommen der Frosch fängt zwar zwanghaft an auf Bäume zu steigen, vergisst aber dabei seine Jungen im Nest mitzunehmen, da wäre ja auch nichts gewonnen. Oder er hätte seinem neuen Instinkt zufolge verstanden, dass er sich die Kleinen auf den Rücken laden muss, aber er wüsste nicht wohin damit!

Vielleicht sollte man aber Frösche einfach nicht für so dumm halten? Andererseits, setzt man sie in warmes Wasser, das man leicht, aber beständig erhitzt, merken sie nicht, dass man sie „reingelegt" hat. Nein, Frösche können nichts zu ihrer Raffinesse. Ihre Zweckmäßigkeit hat eine andere Ursache.

Wenn der Mutterfrosch mit dem Jungen im Gepäck sieht, dass die Astgabel schon von einer anderen Kaulquappe belegt ist, zieht er weiter. Er scheint zu wissen, dass es hier für zwei nicht zum Leben ausreicht. Doch damit nicht genug, so ein Baumsteigerfrosch „weiß" sehr vieles mehr! Er kontrolliert das Wachstum seines Jungen und legt von Zeit zu Zeit eine Eiweißbombe in Form eines weiteren Eies dazu, denn Eiweiß ist im tropischen Regenwald sehr rar. Das Junge soll sich davon ernähren. Das Überleben in den tropischen Wäldern hängt immer über des Messers Schneide, so scheint es. Dann kann sich die Natur aber keine Zufälligkeiten, kein endloses Ausprobieren, um es dann von der natürlichen Auslese, dem TÜV der Natur, abnehmen zu lassen, leisten. Jede Überflüssigkeit wäre Energie- und Zeitverschwendung, dafür ist wegen der Ressourcenknappheit im tropischen Regenwald kein Raum. Evolution nach dem Zufallsprinzip mit langer Wartezeit für einen brauchbaren Treffer ist hier noch unmöglicher als anderswo. Eigentlich eine sprachliche Unmöglichkeit! Der Lebensraum Regenwald generiert aus sich Strategien, die in seinem Softwarereservoir, dem Gesamtgenpool, vorhanden sind. Dazu gehört auch das Erbmaterial der Frösche.

Den Fröschen der Gattung Phyllomedusa sagt es, dass sie ihre Eier auf Blätter über dem Wasserspiegel befestigen soll. Irgendwer scheint zu wissen, dass das Wasser dort eine osmotische Beschaffenheit hat, die den Eiern schaden würde, weshalb sie nicht in Berührung damit kommen dürfen. Frösche brauchen Feuchtigkeit, aber von der genau richtigen Art. Ihre Haut muss wegen des salzarmen Wassers im Regenwald verhindern, die Salze des Körpers an die Umgebung abzugeben. Sie braucht umgekehrt auch einen Schutz gegen die gerade im feuchtwarmen Klima gedeihenden Pilze und Bakterien. Wie tut sie das? Die Frösche müssen sich in der Urwaldapotheke schlau gemacht haben, denn sie haben irgendwie in Erfahrung gebracht, dass gegen Pilzbefall und Bakterienwuchs biochemisches Gift das geeignete Gegenmittel ist. Und so kommt es, dass viele Urwaldfrösche giftig sind. Man lässt am besten die Finger von ihnen! Wie geschickt doch die Frösche sind! Sie bauen einfach ihre Entschlackungsrückstände und Verdauungsenzyme in

Hautgifte um. Nebenbei haben sie auch noch Ruhe vor potentiellen Fressfeinden! Kein Wunder, dass sie nachts lautstark, um nicht zu sagen, etwas großmäulig ihre Anwesenheit kundtun! Hätten die Frösche auf zufällige, langwierige genetische Veränderungen warten müssen, um diese Fähigkeiten zu erwerben, dann wären sie noch heute in der Warteschleife. Es ist nicht vorstellbar, dass die Evolution die Wandlungsfähigkeit der Frösche hervorgerufen hat. Es ist noch nicht einmal denkbar.

Es gibt auch Frösche, die ganz ohne Feuchtgebiet auskommen. Doch dafür haben sie auch eine alternative Lebensweise. Sie häuten sich. Sobald die Haut abgenutzt ist, wird sie abgeworfen. Auch hier stellt sich die Frage, wie lange soll diese Froschart auf diese Erfindung gewartet haben, bis sie einsatzbereit war und wie hat sie sich bis dahin die Zeit in der Trockenheit vertrieben? Evolutionsbiologen suggerieren, wenn sie sagen: *„Wie die Fröschchen dies zustande bringen, ist noch kaum bekannt."*, dass es ein bisschen bekannt ist. Tatsächlich hat man nicht die geringste Vorstellung. Aber es ist schwer, Ahnungslosigkeit zuzugeben.

Evolutionsbiologen erklären sich die Tatsache, dass manche Frösche nachts ihre Partnerschaftsrufe auf einer Frequenz unter der Empfangsfähigkeit der Fledermäuse ausstoßen, damit, dass die Selektion diese Tonlage bevorzugt habe. Die Frösche wären sonst von den Fledermäusen geortet und erbeutet worden. Aber das kann nicht stimmen, denn es gibt sehr viel mehr Froscharten, die bei einer für Fledertiere hörbaren Tonlage geblieben sind. Sie haben auch überlebt.

Man schreibt es ebenso der Evolution zu, dass die Arten des tropischen Regenwaldes langlebiger geworden seien als die Frösche unserer Breiten. Aber wie soll das geschehen sein? Wenn die Vorfahren der langlebigen Arten kurzlebig waren und es zum Überleben notwendig geworden war, länger zu leben, weil es beispielsweise mehr Fressfeinde gab, dann konnten die kurzlebigen Vorfahren ja dennoch nicht einfach und sofort auf Langlebigkeit umdisponieren, so wie man einen Schalter umlegt. Sie wären selber vorher aufgefressen worden. Und selbst die wenigen, die aus irgendwelchen Gründen nicht gleich ihrem Überlebensdefizit der Kurzlebigkeit zum Opfer gefallen wären, hätten nun vor der schwierigen und komplexen Aufgabe gestanden, längerlebige Nachfahren zu erzeugen, die dann aber auch wieder noch nicht gleich die Langlebigkeit erworben hätten.

Diese erfordert viele Entwicklungsschritte, wenn sie überhaupt „entwicklungsfähig" sind, denn sie haben ja sehr viel mit „Leben" zu tun und was das ist, bzw. was Leben von Nichtleben unterscheidet, weiß man nicht wirklich. Man tappt darüber völlig im Dunkeln, was nicht überraschend ist, wenn das Leben tatsächlich vom „Odem" Gottes kommt. Das heißt, die Kurzlebigkeit der Frösche verhindert wegen ihrer reduzierten Lebenserwartung die Fähigkeit irgendetwas zu erzeugen, was man als ersten oder jeden weiteren Entwicklungsschritt verwenden könnte, um die Kurzlebigkeit in Langlebigkeit umzuwandeln. Oder anders gesagt, die Quadratur des Kreises: das große Runde soll in das kleine Eckige. Die Bibel hat dieses nicht lösbare Problem auf einen Punkt gebracht und so ausgedrückt: *„Bei Menschen ist es unmöglich"* (Mt 19,26). Der Vers geht weiter mit der Lösung des Problems: *„bei Gott sind alle Dinge möglich"*, auch die Konstruktion von langlebigen oder kurzlebigen Fröschen, die genug zahlreiche Nachfahren produzieren können oder - wahlweise - auch einfach nur Frösche, die sich aufgrund ihres Genpotentials auf veränderliche Umweltverhältnisse sofort und „artgerecht" einstellen können (oder auch nicht und dann sterben sie aus).

Vereinfacht ausgedrückt wie bei einem Kaffeeautomaten. Will man einen Espresso, drückt man auf die Espresso-Taste; will man Milch, drückt man auf die Milch-Taste. Nimmt man den Automaten auseinander, trifft man nicht auf zufällige Mutationen in der Software, sondern auf ein geschriebenes Programm und die ihm dienlichen funktionellen technischen Vorrichtungen. Wenn man Frösche seziert, sollte man auch nicht nach zufälligen Erbänderungen suchen, die einem erklären sollen, warum ein Frosch anders funktioniert als eine Unke. Bei zwei verschiedenen Modellen von Kaffeeautomaten würde man auch nicht auf die absurde Idee kommen, dass sich die Software des neueren Modells selbständig aus der Software des anderen entwickelt hat. Maschinen entstehen nur infolge Planung. Frösche sind lebendige Maschinen. Dass sie leben und sich fortpflanzen, verkompliziert das Ganze noch, denn Maschinen haben weder das Wollen noch das Know-How sich selbst am Leben zu halten oder gar sich zu reproduzieren. Fragen sie einen Frosch! Die Wahrscheinlichkeit, dass sich ein Frosch ungeplant durch Evolution in ein komplexeres Tier verwandelt entspricht der Wahrscheinlichkeit, dass er sich in eine Art „Prinz" verwandelt. Und das hält man für ein Märchen.

Warum mir jetzt das Bild eines Flugkapitäns einfällt? Wenn ein Problem auftaucht, blättert er in seinem Betriebshandbuch, bis er die Passage gefunden hat, wo das Problem beschrieben und die Handlungsanweisung gegeben ist. Allerdings ist dies ein geistiger Vorgang. Der Pilot denkt ja nicht zufällig, dass ein Problem auftritt und welches Problem es ist und dass er die Lösung in einem Buch finden könnte. Er liest auch nicht zufällig, versteht nicht zufällig die Sprache und das, was sie konkret mitteilt. Er trifft dann auch nicht zufällig die Entscheidung und setzt sie in Handlungen um. Der Regenwald ist wie der Pilot, er greift auf Handlungsanweisungen zurück, die nicht er, sondern der geschrieben hat, der das Flugzeug Regenwald gebaut hat. Das Bild stimmt natürlich nicht ganz, denn es ist nicht anzunehmen, dass der Regenwald als Biotop ein denkendes Wesen ist. Aber ganz offenbar sind die Lebewesen, die in ihm leben, mit Handlungsanweisungen ausgestattet, die sie reagieren lassen, wenn es Probleme mit dem Überleben gibt. Und sobald sie reagieren, reagiert die Umwelt mit. Und wie beim Fliegen auch, gibt es manchmal keine Lösung, dann folgt vielleicht der Absturz. Nebenbei bemerkt, gibt es auch auf einem Flugzeug Probleme, für die kein Betriebshandbuch zuständig ist. Das sind dann sogenannte Luxusprobleme, z.B. wenn der Tomatensaft ausgegangen ist. Das kann man überleben.

Auch in der Natur ist nicht alles geregelt. Und es gibt sehr viele Luxusphänomene. Schmetterlinge müssen nicht groß und farbenprächtig sein, sonst gäbe es nicht auch so viele unscheinbare, kleine Arten. Eine Nachtigall muss nicht die ganze Nacht durchsingen, andere Vögel tun es auch nicht. Auch das Froschkonzert in der Nacht wäre - bestimmt nach einhelliger Meinung der übrigen Waldbewohner - in diesem Ausmaß nicht notwendig. Aber ich kenne das von unserer Blaskapelle. Sie spielen auch gerne mal ungefragt und hören dafür ungern wieder auf.

Man tut gerne das, was man gut kann (oder meint, gut zu können). Und so ist es in der Natur auch. Sie tut sehr oft das, was sie gerne tut und zwar auch, wenn andere dazu eine andere Meinung hätten, wenn sie eine Meinung dazu haben könnten. Spaß beim Fliegen oder Spaß beim Trompetenblasen kann man nicht in einem Betriebshandbuch niederlegen. Es hat den Anschein, dass es auch in der Natur viele Erscheinungen und Verhaltensweisen gibt, die sich durch bloße stoffliche Festlegung in Form von genetischen Handlungscodes nicht erklären lassen. Naturwissenschaft hat hier freilich ihre Grenzen. Das akrobatische Flugkunstwerk der Schwalben, die sich einen Spaß daraus zu machen scheinen, uns Bodenbewohner zu umflitzen, ist nichts rein Stoffliches; das spielerisch übermütige Wasserturnen der Delphine, denen man einerseits eine große Intelligenz bescheinigt, denen man aber unterstellt, dass sie, wenn sie Menschen vor dem Ertrinken retten, sie mit Delphinkindern verwechseln und nur einem natürlichen Reflex folgen, der sich in der Evolution als vorteilhaft erwiesen hat: Das sind nur Beispiele, die beliebig ergänzt werden könnten. Vielleicht um den Fall des Belugawales, der eine Ente immer wieder sanft auf ein Fischgeschenk hin bugsierte. Er wollte mit der Ente spielen, vielleicht wollte er sie auch heiraten. Fest steht lediglich, dass die Ente das Werbegeschenk nicht annahm und dabei ziemlich arrogant wirkte. Ihr war nämlich klar, dass sie sich nicht statusmäßig unter ihrer Würde ehelichen würde. Was bringt Tiere zu solchen unterhaltsamen Späßen? Wohlgemerkt, nicht nur spaßig für Menschen!

Letzten Endes wird der Mensch auf sich selbst verwiesen. Hat er Lebensfreude, weil sich das im Lauf der Evolution als Vorteil gezeigt hat? *12 Oder ist er doch im Ebenbild dessen gemacht, der Seine Lebensfreude mit anderen Lebewesen teilen will und deshalb alles Lebendige erschaffen und mit bestimmten Fähigkeiten ausgestattet hat?

Auch wenn die Regenwälder von der Hand derer zerstört werden, die nicht daran glauben, dass sie die Natur zu ihrer Bewahrung und Pflege von Gott bekommen haben, so ist es doch tröstlich zu wissen, dass die Freude des Schöpfers am kunstvollen Erschaffen nicht verloren geht. Sie bleibt immer erhalten.

Faultier, Orchideen und der Logos

Was der Mensch mit den Urwäldern macht, ist weniger als Hege und Pflege zu bezeichnen als als Raubbau. Es handelt sich um eine Vernichtungsorgie. Reichholf bezeichnet die Ausradierung der Regenwälder als *„schlimmer als Ozonloch und Luftverschmutzung oder andere Umweltkatastrophen, denen sich unsere Zeit gegenübersieht."* Und *„die größte Herausforderung der Menschheit..., die nur von dem Inferno eines weltweiten Atomkrieges noch zu überbieten wäre."* ***13** Fakt ist für Reichholf, die Evolution *„kann nie mehr die gleiche Vielfalt erzeugen wie sie heute existiert."* Düstere Aussichten für alle Naturfreunde, wenn es keine berechtigte Hoffnung mehr gibt, dass die schöne, brave Welt noch zu retten ist. Man kann die Bitterkeit und Verzweiflung verstehen, die manche Umweltschützer an den Tag legen, wenn sie mit den hässlichen Fakten des unaufhaltsamen Niedergangs der Schöpfung konfrontiert werden.
Dabei sind die Regenwälder Schatzhäuser der Natur. Sie sind eine unerschöpfliche Kunstgalerie, eine riesige brachliegende Apotheke, eine noch ungehobene Goldgrube an medizinisch wertvollen Heilsgütern, eine Lehrstätte für Maschinenbau, Architektur und sogar Betriebswirtschaft.

Verschwenderische Pracht und peinlichste Genauigkeit, das Minimal-und Maximalprinzip kommen hier zusammen, als um dem Mensch zu zeigen, dass doch in der Natur geht, was der Mensch für unmöglich hält. Ein Beispiel dafür liefert die hochentwickelte, reich ausgestattete Orchideenblüte, die sich künstlerisch wertvoll derart darstellt, dass sie ganz bestimmten Bestäubern signalisiert, dass es für sie etwas zu holen gibt. Die Bestäuber müssen zum Blütenkelch passen wie ein Schlüssel ins Schloss, weil sie sonst den Auftrag nicht erledigen können. Im Austausch steht Nektar gegen die Mitnahme und Ablieferung von Blütenpollen bei der nächsten Tankstelle ihrer Art. Ein zuverlässiger Lieferdienst noch lange vor Wells Fargo und Deutsche Post, die weit weniger effektiv sind.

Es ist natürlich undenkbar, dass sich Blume und Tier zufällig so entwickelt haben, dass sie sich gegenseitig sofort als Geschäftspartner verstanden haben, denn wenn nicht alles gleich gepasst hätte, hätte es keine nächste Orchideengeneration gegeben. Interessanterweise weiß auch die nächste Generation der Bestäuber, darunter Hummeln und Schmetterlinge, wo sie hinfliegen müssen. Die Regulierungsfähigkeit des Zufalls ist einer der großen Wissenschaftsmythen. Die Fortpflanzung der Orchideenartigen ist eine Akkumulation von fragilen superoptimierten Konstrukten, die andere Lebensformen miteinbeziehen. So kann der Samen der Orchideen nur auskeimen, wenn sie sich symbiotisch von Pilzen füttern lassen.

Was für eine aberwitzige Welt der Orchideen! Die Familie der Orchideen wird in 1.000 Gattungen und 30.000 Arten unterteilt. Orchideen sind Blütenpflanzen, die weltweit, sogar unter Naturvölkern, gerne in Haus oder Garten gehalten werden. Was fasziniert an ihnen so sehr, außer ihrem bunten Formenreichtum? Ist es etwa die raffinierte Art der Fortpflanzung?

Schon der Grundvorgang der Fortpflanzung ist ein überaus komplexer Vorgang. Die Pollen mit den Spermienzellen hängen zu Bündeln verklebt auf einem Schaft mit einer Klebscheibe. Der Klebstoff dazu wurde in einer eigenen Herstellungsfabrik, der Klebdrüse, bereitgestellt. Wenn ein Insekt an den Nektar der Blüte will, kommt sie mit den Pollen in Berührung, die an dem Insekt haften bleiben und so entweder auf die nächste Blüte transportiert werden können oder auf der gleichen Pflanze an die Narbe der Fruchtblätter gelangt, wo dann eine Verschmelzung mit der Eizelle zur Befruchtung stattfindet!

Soweit das Grundprinzip. Es gibt jedoch Orchideenarten, die sich nur von einer ganz bestimmten Tierart befruchten lassen, z. B. Drakea glyptodon und Zapilothynus trilobatus oder die Orchis papilionacea und Eucera tuberculata. Das stellt natürlich keinen Auslesevorteil dar, denn wenn die Tierart ausstirbt, wäre es auch mit der Orchidee aus. Es gibt aber auch Orchideen, die sich selbst bestäuben, was beweist, dass die Bestäubung über Tiere nicht überlebensnotwendig sein konnte (z.B. Gattungen Apostasia, Wullschlaegelia, Epipogium und Aphyllorchis). Die Art Microtis parviflora lässt sich von Ameisen bestäuben, aber nur, wenn Ameisen in ihrem Biotop vorkommen. Wenn nicht, bestäubt sie sich eben selbst.

Die Samen der Orchideen haben kein Nährgewebe. Sie brauchen aber Nahrung, damit sie sich entfalten und die Entwicklung der Pflanze in Gang kommen kann. Glücklicherweise waren geeignete Pilze dazu zu überreden, eine Symbiose mit den Orchideen einzugehen. Natürlich reden Orchideen nicht die Sprache von Pilzen (oder doch?), aber irgendwie muss die Beschreibung dessen, was da vor sich ging, verständlich gemacht werden! Die Pilze dringen also, nachdem sie die Bitte der Orchideen nicht abschlagen wollten, mit ihren Fäden in den Keim ein und legen so eine Transfusionsleitung, über welche Nährstoffe eingeleitet werden. Der Pilz gibt also kostenlose Care-Pakete ab, bis die Orchidee mit der Selbstversorgung über die Photosynthese beginnt. Manche Orchideenarten beglückt diese Pilztransfusion so sehr, dass sie zeitlebens dabeibleiben. Was haben die Pilze von ihrem karitativen Engagement? Selbstreinigung! Sie schleppen vieles an, darunter sind auch Abbauprodukte, die sie nicht benötigen. Der „Aderlass" erleichtert sie. Wenn du Gutes tun kannst, dann tu es (und rede nicht darüber!)!

Damit die Insekten überhaupt zu den Blüten kommen, locken diese durch eine „Belohnung". So wird das auch von Evolutionisten genannt. Das setzt natürlich voraus, dass sich jemand Gedanken darübergemacht hat: „Wie bekomme ich ein Insekt zu meiner Blüte? Ich muss es ihr schmackhaft machen! Sie muss was davon haben!" Also wird Nektar produziert. Und seltsamerweise ist es Nektar genau von der Art, die überhaupt als „schmackhaft" bewertet wird. Woher weiß die Orchidee, was dem Insekt schmeckt? Orchideen locken mit Geschmacksstoffen von begehrten Früchten anderer Pflanzen wie Ananas, Vanille, Zimt, Kümmel oder Menthol, die sie sich nicht etwa von diesen Pflanzen über den Paketdienst zuliefern ließen, sondern, die sie selber nacherfunden haben. D.h. Orchideen „wissen" von einer Sache: Tiere ernähren sich von bestimmten Früchten und diese Früchte haben Geschmacks- und Duftstoffe mit der bekannten chemischen Zusammensetzung. Und sie kombinieren diese Sache logisch mit dem Plan: „Wenn ich diese Stoffe herstelle und verströme, müssten folgerichtig diese Tiere zu mir kommen" und mit der Zielvorstellung: „Und so kann ich dann die Bestäubung erzielen!"

Es gibt noch zwei Erklärungsversuche: 1. Das ist alles nur Zufall (Evolutionstheorie) und 2. Nicht die Orchideen oder der Zufall haben sich das alles ausgedacht, sondern der Konstrukteur der Orchidee, ein schöpferischer Geist. Er ist auch der einzige, der die jeweiligen Stoffe nicht zwei Mal erfinden musste und Er ist der einzige, der über Denkvermögen und Zielsetzung verfügt. Die Orchideen und der Zufall können das nicht.

Orchideen „wissen" was schmackhaft und begehrt ist im Nahrungsangebot dieser Welt! Sie „wissen" sogar, mit genau welchem Sexualduftstoff, ein Insekt „anspringt". Solche Duft- oder Geschmacksstoffe setzen sich aus komplexen Molekülgebilden zusammen. Die Wahrscheinlichkeit, dass sich über wenige oder sehr viele Millionen von Generationen zufällig genau solche Moleküle bilden und diese Bildung dann auch beibehalten und in der rechten Weise benutzt wird, nämlich um in die Luft abgegeben zu werden, ist nahe bei null. Es gibt aber nicht nur eine Orchideenart, der das gelungen ist, sondern, unabhängig von ihr, tausende andere, die alle die gleiche Strategie „ausgeklügelt" haben, jedoch mit jeweils anderen zufällig schon existierenden Duftstoffen. Und alle diese Orchideenarten besitzen kein Gehirn!

Die Bestäubungsmechanismen sind ebenfalls raffiniert und nicht zufällig. Die Bestäubung erfolgt entweder in einer engen Röhre, in der das Insekt zwangsläufig mit den Pollen in Berührung kommt. Oder das Insekt muss durch ein Schlüsselloch, wozu das Insekt der passende Schlüssel ist. Das bedeutet nach der Evolutionstheorie, dass über Generationen hinweg die Pflanze so lange herumprobiert hat - ohne zu wissen, dass sie herumprobiert -, bis sie die richtige Form gefunden hat, inzwischen müsste sie sich dann aber auf eine andere Weise fortgepflanzt haben, was wiederum bedeuten würde, dass es gar keine Auslese gegeben haben kann.

Es gibt Orchideen mit Klapp - Kipp - oder Kesselfallen. Sie haben einen dementsprechenden Mechanismus konstruiert, der auch nur den Zweck hat, das Insekt mit den Pollen in Berührung zu bringen. Manche Orchideenblüten ähneln einem weiblichen Insekt und strömen zusätzlich den Duftstoff eben genau dieses Insekts aus. Das Insekt versucht sich mit dieser Blüte zu paaren und bestäubt dabei, ohne es zu wissen - und ohne dass es die Orchidee weiß - die Blüte. Evolutionstheoretiker müssen glauben, dass die Orchidee nicht nur ganz zufällig das weibliche Insekt nachgebildet hat, was umfangreiche Bauplanänderungen voraussetzt, sondern auch noch unabhängig davon das richtige Pheromon. Das ist hochgradig abwegig. Man stelle sich einen Obdachlosen vor, der unter einer Zeltplane haust. Wie lange muss er warten, bis sich zufällig aus der Zeltplane ein Einfamilienhaus entwickelt? Bei diesem Einfamilienhaus passt dann alles zusammen. Die elektrischen Leitungen liegen tatsächlich genau da, wo sie liegen müssen, Wasserzu - und ableitungen sind getrennt, die Wände sind nicht schief, Fenster und Türen lassen sich öffnen und schließen und befinden sich in den Maueröffnungen usw. Oder mit anderen Worten, da wurde nichts dem Zufall überlassen, denn es wurde ja nach Plan und kontrolliert gebaut.

Bei den Orchideen geht es freilich noch viel komplexer und geregelter zu als bei einem vergleichsweise primitiven Hausbau: Es gibt Orchideen, die einen Duftstoff eines Insekts aussenden, auf die andere Insekten reagieren. Insekten verströmen Gerüche, die für andere Insekten, die ihre Beutegreifer sind, z.B. Hornissen und Wespen, wie Signalstoffe sind. Diese Beutegreifer haben auf wundersame Weise

„gelernt", Empfangsorgane und das Know-How zu haben, diese Stoffe nicht nur zu rezipieren, sondern auch informativ zu nutzen. Die Orchideen nutzen nun ihrerseits die Information dieser Insekten und verwenden sie zu einem raffinierten Schachzug, mit dem die Insekten nicht rechnen. Woher haben sie diese Informationen? Evolutionisten glauben, dass sie zufällig in ihren Besitz gekommen sind, aber nicht als fertige Info-Datei, sondern sie haben sie selber zufällig durch Vorstufen des Informellen aufgebaut! Das ist ungefähr so, wie wenn man eine Vorrichtung baut, die die Tastatur eines Computers nach dem Zufallsprinzip bedient und dann wartet, bis der Computer ein fertiges Softwareprogramm geschrieben hat für ein Bauprojekt, einschließlich des Ablaufplanes.

Die Orchideen stellen eben jenen speziellen Geruchsstoff her, damit sie die Hornissen oder Wespen anlocken, die deshalb mit der Orchidee in Kontakt kommen, weil sie ja „glauben", dass dort die Beute ist.

Geht es noch komplizierter? möchte man der Orchidee vorwerfen! Sie stellte sich die Frage: „Wie kann ich mich fortpflanzen? Wie soll die Bestäubung stattfinden?" Dann sagte sie zu sich: „Ich produziere einen Duftstoff, der, sagen wir mal, Hornissen und Wespen anlockt! Gut, wie muss der Stoff beschaffen sein? Hm, ich weiß ja, dass sich Hornissen und Wespen von Signalstoffen ihrer Beutetiere anlocken lassen, also stelle ich die einfach her! Stopp, wo bekomme ich das Rezept dafür her? Ach richtig, ich muss nur auf einige zufällige Mutation warten, dann läuft die Sache." Viele Generationen später, bei einer Urenkelin der Orchidee: „So, ich merke gerade, dass ich zufällig einen Duftstoff herstellen kann. Und ich weiß auch zufällig, wie ich den einsetzen werde! Das übernehme ich jetzt ab sofort." Und ja, es ist genau der, den der Urgroßvater sich gewünscht hat, damit sich die Nachfahren über Hornissen und Wespen fortpflanzen können. Jeder bemerkt, dass dies ein Märchen ist, denn Orchideen können nicht denken und planen (und vermutlich auch nicht reden). Aber ist die Evolutionstheorie nicht noch märchenhafter? Sie will uns weismachen, dass die Orchideen ihre komplizierten Fortpflanzungsmethoden durch Zufall erworben haben. Aus den Beispielen wird deutlich, die Strukturen und Methoden der Orchideen sind von der Art, dass sie auf einer geistigen Grundlage bestehen. Es werden Informationen verarbeitet und umgesetzt. Das gelingt nur mit Planung und Zweckbestimmung. Eine Aneinanderreihung von Zufällen stellt keine Planung dar und bleibt zwecklos. So können die Systeme des Lebendigen nicht erklärt werden.

Überhaupt Pilze! Es gäbe keine Urwaldriesen, ja, nicht einen Baum, ohne die Fleißarbeit der Pilze, den Boden so aufzuarbeiten, dass die Baumwurzeln ihre Lebensgrundlage daraus ziehen können. Umgekehrt könnten auch die Pilze ohne die Nährstoffe der Baumwurzeln nicht existieren. Solche auffälligen Symbiosen und gegenseitigen Abhängigkeiten sind nur das, was wir sehen. Wir sehen noch nicht, was anzunehmen ist, nämlich, dass der Wald ein Gesamtkunstlebenswerk ist, wo alles mit allem in einem biologischen Zusammenhang steht. Im Garten Eden standen alle Lebewesen in einer symbiotischen Beziehung zueinander. Auch die Tierarten, die heute Fressfeinde sind. Der biologische Zusammenhang ist vielleicht sogar so eng, dass er ein Informations- und Kommunikationssystem ausgebildet hat, das unsere Labormethoden nicht ermessen können. Die Kommunikation zwischen einem Pilz und einer Wurzel könnte so aussehen:

„Ich brauche jetzt mehr Vitamine!"

„Kannst du gleich haben, im Austausch gegen Mineralien!"

„Geht nicht, du musst deine Leitungsbahnen dazu noch feinjustieren!"

„Melde Vollzug! Leitungsbahnen sind frei"

„Nicht ganz, ich muss gerade noch einen Schalter umlegen! So, jetzt!"

Und vielleicht kommt ja noch ein Danke! Natürlich führen die Pflanzen keine Gespräche wie Menschen, aber auch die Ameisen oder Bienen führen keine Gespräche dieser Art, und doch müssen sie irgendwie eine strukturierte, intelligente Form der Kommunikation haben, sonst würde es im Staat chaotisch zugehen, bzw. er wäre gar nicht erst entstanden. Bei den Bienen reicht schon ein Tänzeltanz, um den Bienen im Stock mitzuteilen, in welche Himmelsrichtung und wie weit sie zur

Nektarquelle fliegen müssen. Und auf eine geheimnisvolle Weise scheinen alle Volksangehörige miteinander und jeder mit der Königin in Verbindung zu stehen. Stirbt die Königin, bricht das Volk augenblicklich wie durch einen geheimen Funkspruch auseinander.

Bei alledem wird überdeutlich, semantische Inhalte können nicht durch Zufall entstehen, erst recht nicht kann ihre Entschlüsselung bis zum kognitiven Verstehen durch Zufall entstehen. Angenommen man entwirft einen Geheimcode, mit dem man Botschaften verschlüsselt. Zwar könnte durch Zufall die Botschaft irgendwo und irgendwann und irgendwie dastehen (etwa durch Würfeln), aber die Botschaft kann dennoch nur von jemand verstanden werden, der semantische Inhalte verarbeiten kann. Dazu sind geistige Prozesse notwendig, die zwar nicht notwendigerweise beim Empfänger der Botschaft gegeben sein müssen, wenn die Verarbeitung der Daten an einen Regelmechanismus geknüpft ist, der dann die weitere Handlung in Gang setzt. Das geistige Prozessieren muss dann aber vorher stattgefunden haben und stellt die semantische Ursache der Datenverarbeitung im Ganzen dar. Im Falle der Bienen wäre die Idee für den Tänzeltanzverschlüsselung und seine Entschlüsselung außerhalb der Bienen entstanden. Und ob die Nervenleitungen der Papageien so schnell sind, dass sie in einer Nanosekunde gemeinsam die Flugrichtung wechseln können wie bei uns die Tauben, ist fraglich. Ihre Kommunikation muss anders verlaufen als zwischen Pilz und Wurzel, ungleich schneller.
Als ich eine Exkursion zu den Dani im Regenwaldgebiet Neuguineas machte, ist mir dabei eine zündende Idee gekommen. Neuguinea ist nach dem Amazonas das Gebiet mit der reichsten Biodiversität. Zugleich ist es die zweitgrößte Insel der Erde aber auch das Land mit der größten Vielzahl und Vielfalt an Sprachen. Nämlich 1089, die man kennt, 800 gehören Völkern an, die noch weitgehend isoliert lebten, als ich zu Beginn des neuen Jahrtausends diese Weltgegend besuchte. Was hat das eine, Biodiversität mit dem anderen, der Sprachenvielfalt, zu tun? Auch Sprachen sind etwas Biologisches, weil sie zum Bios derjenigen dazugehören, die

sprechen. Und das Sprechen und Hören ist nur mit biologischen Strukturen eines Organismus möglich. Aber dazu ist Sprache etwas Geistiges, denn es werden semantische Inhalte von einem Sprachsender einem Sprachempfänger mitgeteilt, der den Inhalt der Kommunikation wie eine Information verarbeitet. Dazu bedarf es des Geistes. Das Gesprochene ist Information und die Sprache ist intelligent strukturiert und planmäßig variabel.

Es gibt dieses Phänomen einer Vielfalt von Sprachen auch in anderen Urwaldgebieten bei primitiven Völkern. Wenn man bedenkt, dass die Menschen von Babylon aus über die Welt verstreut wurden und einige Zeit brauchten, bis sie diese entlegenen Weltgegenden erreichten, ist es sehr eigenartig zu beobachten, wie sich auch in verhältnismäßig kleinen Urwalpopulationen, die in Neuguinea oft noch durch einen Höhenzug oder einen tiefen Taleinschnitt voneinander getrennt leben, innerhalb kurzer Zeit eine eigene Sprache herausgebildet hat, die auch noch meist sehr komplex ist, so dass es zu einer Aufspaltung und Separation der Menschengruppen kam, als ob eine Vermischung unerwünscht wäre. Dass die Menschen dabei eine gewisse Schwarmintelligenz angewandt zu haben scheinen, ist offensichtlich.

Dabei handelt es sich um ein emergentes, also aus dem Unsichtbaren auftauchendes Phänomen einer Art kollektiven Intelligenz, das man vor allem bei Tieren beobachten kann. Bei der Schwarmintelligenz können Gruppen von Individuen, unabhängig von der Intelligenz der einzelnen Mitglieder, Dinge tun, die infolge intelligenter Entscheidungen getroffen werden können, aber bei denen intelligente Entscheidungen nicht nachweisbar und in Bezug auf die Individuen auch nicht wahrscheinlich sind. Ameisen und Bienen bilden einen hochkomplexen Staat mit Aufgabenteilung, obwohl keines dieser Tiere über die erforderliche Intelligenz verfügt. Wer hat also die intelligente Entscheidung getroffen? Man denke zum Beispiel an einen Ameisenscharm, der eine lebendige Brücke bildet, um von einem Punkt A zu einem Punkt B zu gelangen. Das gibt es auch von

Bienen.Ameisen und Bienen leben in einem Staat, die Gemeinschaft ist alles, das Individuum zählt nur als Bestandteil des großen Ganzen.

Es halten sich manche Blattschneiderameisenarten *14 Pilze in ihrem unterirdischen Bau, um sich von ihnen zu ernähren. Damit die Pilze nicht verhungern, sammeln die Ameisen Blätter, zerkauen diese und füttern damit die Pilzkolonien. Damit es den Pilzen immer gut geht, wird um die Pilzkolonien aufgeräumt, und die Ameisen sekretieren bestimmte Chemikalien auf die Pilze, damit diese sich keine Krankheit einfangen. Das ist Schwarmintelligenz. Oder: Fische bilden zusammen eine Kugel, damit sie bessere Überlebenschancen haben gegenüber Fressfeinden. Das ist eine ernste Sache nicht nur für Biologen, sondern auch für Philosophen und Theologen

Oder: Schwarmvöge wechseln alle zusammen blitzschnell ihre Flugrichtung, viel schneller als es die Addition der einzelnen Reaktionsgeschwindigkeiten erlaubt. Da ist etwas Metaphysisches, etwas Geistiges präsent, scheint es! Der Hirnforscher und Nobelpreisträger Eccles hat herausgefunden, dass das Hirn Reaktionen erscheinen lässt, die sich erst danach molekular vergegenständlichen und ist zu dem Schluss gekommen, dass das Hirn ein Instrument ist, mit dem ein Geist wirkt. Wenn also schon bei uns ein Geist präsent ist, warum sollte das Geistige nicht auch die übrige Schöpfung durchwalten?

Und das kann man auch auf die Herausbildung und Entwicklung der Sprache übertragen. Zwar können Menschen ihre Kultur durch ihre Tradition weitergeben, aber auch da geschieht vieles unbewusst und unbeabsichtigt. Auch die historisch beobachtbaren Sprachen, also z.B. unser Deutsch, haben sich über die Jahrhunderte verändert, ohne dass das irgend jemand beabsichtigt hat. Es gab keinen Griechen, der irgendwann einmal vor 3,5 tausend Jahren auf die Idee gekommen ist, das Wort für Gott, sollte nicht mehr „diu" ausgesprochen werden, um dann Millionen von Griechen davon zu überzeugen, dass das nun ab sofort umgesetzt werden müsste und man nur noch Ze-us sagen sollte.

Schwarmintelligenz scheint aus biblischer Sicht etwas mit Heb 1,3 zu tun zu haben. Da heißt es über Christus, dass Er die Ausstrahlung der Herrlichkeit Gottes hat und Abdruck Seines Wesens ist und *„alle Dinge durch das Wort seiner Macht trägt".* Das gleiche Wort, das auch nach Joh 1,1ff alle Dinge einstmals ins Leben gerufen hat. Oder Kol 1,16, wo es heißt, dass *„in ihm"* , in Christus, *„sind alle Dinge geschaffen"* und Vers 17 *„alles besteht durch ihn".* Und ähnliche Aussagen gibt es im Alten Testament über JHWH, der nach 1 Kor 10,4 als Christus identifiziert wird. Und das sagte Paulus auch den Athenern: *„Denn in ihm leben wir und bewegen uns und sind wir",* (Ap 17,28) - man ist nie wirklich außerhalb von Gott. Den strengen Dualismus, den manche lehren, gibt es nach der Bibel nicht. Gott ist allgegenwärtig. Kein einziges Elementarteilchen bewegt sich außerhalb Gottes Hand. Und keines entgleitet Ihm! Auch kein Haar auf unserem Kopf! (Lk 12,7)

Und vielleicht haben wir hier das missing link, die Lücke im Verständnis, die die Evolutionisten sowieso haben, weil sie bei ihrer Forschung in der Schöpfung Gott nicht mit einbeziehen in ihre Lösungsfindung, nach dem aber auch die Kreationisten suchen, denn auch sie fragen sich, wie ist es möglich, dass sich Dinge entwickeln, die auf intellligenten Input schließen lassen, der so in früheren Zeiten nicht gebraucht war, denken wir an die Spinne, die eine Duftkugel baut, um einen Falter geradezu „heimtückisch" einzufangen. Das entwickelt zu haben, würde sich ein chaotischer Geist eher nicht zu rühmen haben und der Zufall tut es sowieso nicht! Entweder hat Gott alles von Anfang an in die Schöpfung hineingelegt, auch die Entwicklung von Leidens- und Tötungsmaschinerien, oder der geistige Input ist ein fortwährender, weil sich Gott nie aus der Schöpfung zurückgezogen hat und sie gnädig begleitet. Diesegnädige begleitung sorgt dafür, dass die Abwärtsentwicklung auf „sanften Bahnen" verläuft, gewissermaßen unter Schonung der Schöpfung. Das dürfte jeder bezweifeln, der Opfer der Umstände wird, so wie der Falter, der an der Duftkugel der Spinne hängen bleibt und sich gar nicht darüber freuen kann, dass er damit seine ganzen Pläne über die Zukunft über Bord werfen muss.

Die Bibel sagt über Gottes Wort, dass Gottes Geist die Schöpfung trägt, dieser Geist gibt ihr Halt, er hält sie am Leben und gibt ihr den Input, den sie benötigt, damit sie nicht zu schnell zerfällt, nach dem Sündenfall Adam und Evas, der am Amfang der Abwärtsspirale steht. Der Sündenfall musste sich auf allen Ebenen des Lebens auswirken, weil die ganze Schöpfung am Bios des Adam festhängt.

Die Bibel lässt also darauf schließen, dass Gott im Falle des Verwaltens des in Gang gesetzten Zerfalls etwas beim Trumbau zu Babel Vergleichbares machte. Dort stattete Er die Menschengruppen mit Sprachen aus, die sich seither alle weiterentwickelt haben. Nicht der Mensch wollte die Sprachvielfalt, sondern Gott, denn Gott wollte die Menschen vor Schlimmerem bewahren. Sie hätten sich sehr schnell in den Ruin gebracht, wenn sie ihren „bösen" Kräfte vereinigt hätten. Deshalb hat Gott die Menschen in Volksgruppen eingeteilt mit eigenen Sprachen und hat sie in jeweils eigene Weltgegenden zugeführt. Und Gott will auch die übrige Schöpfung davor bewahren, dass sie vorschnell zusammenbricht. Die Flut des Untergangs, dieses Mal keine Wasserflut, muss kommen, denn sie ist ein Gericht an der Schöpfung, aber sie soll nur gebremst über ihr hereinbrechen. Und während des Abbremsvorgangs werden viele Daten gesammelt, die sonst verloren gingen, bzw. gar nicht erst entstehen könnten.

Die Menschen in Babylon bemerkten nicht, was da geschah. Und wenn man heute die Papuas in Neuguinea fragt, warum sie so eine komplizierte Sprache sprechen und warum sie die Stämme im Nachbartal nicht verstehen, dann sagen sie, sie hätten schon immer so gesprochen. Aber das stimmt nicht! Es haben sich zu keiner Zeit Papuas hingesetzt, um sich über eine Reform oder auch nur eine Konvention ihrer Sprache zu beraten. Die Sprache „geschah", aber dahinter hat ein Geist gewebt, ein anderer als die Geister, die die Papuas anriefen, wenn sie wieder einmal in den Krieg zogen.

Für Evolutionsbiologen gibt es eine unüberschaubare Zahl von Rätseln im Biotop Regenwald. Es ist gleichgültig, ob man auf dem Waldboden forscht, in der Strauchschicht, in den Baumkronen. Selbst die unglaubliche Artenfülle ist schon an sich unverstanden. Nach der Evolutionslehre müssten sich einige wenige Arten durchsetzen und die anderen verdrängen. Begreift man jedoch den Wald als Gesamtorganismus, dann versteht man, warum er so empfindlich auf jeden Eingriff von außen reagiert und zugleich auf jede Veränderung durch Anpassung reagiert. Dazu gehört auch, jede Lebensnische zu besetzen.

Die Inhaltsstoffe in den Pflanzensäften sind im Urwald von Baum zu Baum so verschieden, dass die tierischen Nutzer hochgradige Spezialisten sein müssen und ihrerseits in dieser unermesslichen Vielfalt der Arten auftreten. Die Pflanzenverwerter müssen nicht nur zu einer Genießbarkeit der Nahrung gelangen, sondern auch noch die chemischen und biologischen Schutzmechanismen überwinden, denn anscheinend haben auch die Pflanzen ein „Interesse", den einen zuzulassen, den andern nicht.

Der Kreislauf der Nährstoffe ist geschlossen. Sie sind fast komplett über dem Waldboden in den lebenden Organismen enthalten, weshalb der Boden der Regenwälder sich nicht für Ackerbau eignet. Nur ein geringer Bruchteil der Biomasse, unter 1 Prozent, ist in Tieren vorhanden und davon ist auch wieder nur ein geringer Bruchteil über dem Erdboden beheimatet. Und deshalb erscheint ein tropischer Regenwald auch so menschen- und tierleer, anders als es in Hollywoodfilmen immer gezeigt wird.

Im Regenwald ist tatsächlich alles fein aufeinander abgestimmt, jede Nische wird ausgenutzt, jede Lücke, die entsteht, wird sofort geschlossen, jeder Raum wird ausgefüllt, nicht mit gestaltloser Masse, sondern mit komplexen Bio-Apparaturen und Regelsystemen. Und gerade da, wo die Ressourcen knapp sind, bildet sich die Diversität aus, als sollte dadurch gezeigt werden, dass man aus wenig viel machen kann, als würden sich Ressourcenminimierung und Gewinnmaximierung in der Schöpfung nicht widersprechen.

Daneben gibt es aber das Phänomen der Luxurierung, an dem sich die Evolutionstheoretiker die Zähne ausbeißen. Am Beispiel eines typischen Regenwaldtieres, dem Faultiere der Gattung Bradypus, sei dies verdeutlicht. In ihrem Fell lebt ein Kleinschmetterling, Bradypodicola hahnel. Die Raupen dieses Lepidopters ernähren sich von den Algen, die im Fell wachsen. Es gibt tausende von Kleinschmetterlingen, die sich im Tropenwald von der überwältigenden Fülle der Pflanzen ernähren. Es kann daher kaum Nahrungsmangel gewesen sein, der diesen einen Kleinschmetterling dazu getrieben hat, sich auf diese Blaualgen zu spezialisieren. Aber das Rätsel des merkwürdigen Zusammenlebens zwischen Faultier und Falter wird noch größer, wenn man sich ansieht, wie sich die Faultierfalter fortpflanzen. Die Faultiere verdauen sehr langsam. Erst nach zwei Wochen kommt es zur Ausscheidung und dazu verlässt das Faultier den Baum. Anstatt es so zu machen wie die Affen, den Kot einfach fallen zu lassen, klettern diese Tiere zeitaufwändig den Baum herunter und laufen schwerfällig, weil ihre Beine zum Klettern und nicht zum Laufen gemacht sind, an spezielle stille Örtchen, zu denen sie immer wieder zurückkehren. Der einzige Sinn, den man dabei erkennen kann, ist, dass die Fortpflanzung einer genau derjenigen Schmetterlingsart sichergestellt ist, die aus dem Fell des Faultiers fliegt, um in den Kothaufen ihre Eier abzulegen, damit die dort ungestört reifen können. Zugleich fliegt umgekehrt ein bereits dort ausgeschlüpfter Falter ins Fell, so dass dort eine Paarung stattfinden kann. Der Lebenskreislauf des Falters ist damit geschlossen.

Das Faultier hat von diesem Aufwand, den es betreibt, nichts als Beschwernis. Was hat es dazu veranlasst, die sicheren Baumkronen zu verlassen und sich der Gefahr unten von einem Jaguar erwischt zu werden, auszusetzen? Wer oder was hat ihm ins Ohr gesetzt, dass er etwas für die Schmetterlinge in seiner Frisur tun könnte? Evolutionisten wollen glauben machen, dass diese Verhaltensweisen durch Zufall zustande gekommen seien. Und die Auslese sollen alle Faultiere ausgelöscht haben, die zu bequem waren, für die Falter vom Baum zu steigen. Und die Falter, die nicht auf die Rückkehr der Faultiere zu ihren Toiletten gewartet haben, müssen auch für ihre Ungeduld gescholten werden. Und der Weihnachtsmann kommt mit den Rentieren durch die Lüfte gesaust!

Sogar Evolutionisten geben zu: das Problem der Evolution ist, dass sie wenig Zeit hat. Sie hat genau eine Generation Zeit, um alles zu regeln, was es zu regeln gibt. Denn bei der nächsten Fortpflanzung muss schon alles klar sein. Ohne fix und fertig, keine funktionierende Form! Im tropischen Regenwald funktioniert alles hervorragend, alles ist passend für den Lebensraum, wo es sich befindet, alles ist fertig. Formen zwischen fertigen Arten gibt es nicht. Im Regenwald gibt es keine halben Sachen. Das liegt nicht am Zufall, sondern an einem genialen Regelungswerk, das wir nur an seinen Berührungspunkten mit dem Stofflichen erforschen können. Wir sind wie eine Ameise, die sich gerade einmal in ihrem Bau und in der näheren Umgebung umgesehen hat und das meiste gar nicht versteht, was sie sieht.

Weil alles informatorisch zusammenhängt und nicht durch Zufall bestimmt ist, kann es auch zu Konvergenzen kommen. So benutzen Zeitungsverlage nicht zufällig die gleichen Drucktechniken für ihre Machwerke. Warum sollte man für ein neues Buch eine neue Druckmaschine kaufen? Die Evolutionstheorie behauptet, dass der Evolutionsdruck dazu führen würde, dass sich ganz ähnliche Formen und Verhaltensweisen bilden würden. Und am Ende sei es dann doch wieder zufällig. Als Beispiel für konvergente Systeme findet man im Urwald der Tropen diejenigen Tiere, die mehr ins Gewicht fallen, wörtlich und auch in Bezug auf ihre Wirkung, als alle anderen zusammen: Ameisen und Termiten. Ameisen, die den Hautflüglern zugezählt werden, und Termiten, die den Schaben nahestehen, sind so stark voneinander verschieden wie Frösche und Eichhörnchen. Sie praktizieren jedoch beide den Anbau von Pilzen. Sie betreiben ihre eigenen Gärtnereien. Sie sind also gewissermaßen „vorausschauender" und „planvoller", was die Versorgung ihrer Nachkommen anbelangt, als die hochentwickelten Säugetiere. Ameise und Termite sind unabhängig voneinander, so die Theorie, auf diese Methode der Pilznutzung gekommen. Zufälle gibt es, die glaubt man nicht! Es ist nur ein schlechter Vergleich. Aber, man stelle sich ein Land wie Deutschland vor, in dem seit 50 Jahren jeden Samstag die Ziehung der Lottozahlen stattfindet und jedes Mal die gleiche Familie gewinnt. Das Interview könnte so gehen: „Haben Sie eine Erklärung dafür, warum Sie immer gewinnen?" „Ich denke, es ist Zufall!" Dann wird ein Fachmann, ein Evolutionsforscher gefragt: „Ja, das ist klarer Zufall. Im Vergleich zur Wahrscheinlichkeit, dass Ameisen zufällig auf den Nutzen der Pilzzüchtung kommen, kann man hier sogar beim Lottogewinn beinahe erwarten, dass es jede Woche den gleichen Gewinner gibt, denn die Wahrscheinlichkeit p liegt hier bei 1 zu 9 hoch 28, während sie bei der Ameise bei 1 zu 9 hoch 45 steht."

Warum sind die Urwaldfrüchte so wohlschmeckend? Damit sie gern gegessen werden. Aber woher wusste die Pflanze, was potentiellen Samenverbreitern mundet? Durch Zufall? Evolutionstheoretiker wollen ernsthaft glauben machen, dass die Pflanze so lange an der hochgradig komplexen chemischen Zusammensetzung ihres Fruchtfleisches tüftelte, bis die Tiere es schmackhaft fanden. Aber wie konnte die Pflanzenart von Generation zu Generation überleben, wenn nicht sofort der wohlschmeckende Chemo-Cocktail zusammengemixt war? Wenn sie überlebt hat, war die Mühe ja offenbar nicht notwendig und die Auslese hat eben nicht zu ihrer Entwicklung geführt. Als die Pflanze noch nicht so weit war und einmal wieder ein Insekt gemurrt hatte, dass es bald nicht mehr zum „tanken" vorbeikommen würde, weil die Qualität an der Bar deutlich über die Generationen abgenommen habe, entdeckte es unter der Theke eine biochemische Anlage. „Was machst du da?" fragte das Insekt die Pflanze. „Ich bastele an einem Geschmacksstoff! Würdest du mir den Gefallen erweisen, ab und zu bei mir vorbeizuschauen und mir als Proband zur Verfügung zu stehen?" „Und was habe ich davon?" „Du bekommst die first edition zu einem günstigen Abnahmepreis!" Komische Leute, die Evolutionisten!

Diese Schlussfolgerung, dass auch die Zeit nicht ausreicht, um etwas Komplexes zu entwickeln, kann man analog für jede Tier- und Pflanzenart, die sich angeblich

entwickelt haben soll, machen und zeigt, dass zufällige Erbänderungen und natürliche Auslese bei weitem nicht ausreichen, um eine Art zu entwickeln. Formen und
Funktionen haben immer eine Zweckbestimmung. Ein „um zu" und „damit" hat aber
immer einen semantischen Gehalt. In den Systemen des Lebendigen ist also Information und Bedeutung vorhanden. Deshalb können Strukturen das „um zu" oder
„damit" beinhalten. Information und Bedeutung sind aber geistliche Erscheinungen.
Dies wird beständig von den materialistischen Evolutionisten geleugnet. Solange
nicht erkannt wird, dass Information und Bedeutung nicht zur Kategorie des Materiellen und Unbelebten gehören, sondern zur völlig anderen Seinskategorie des
Geistigen und Belebten, kommen die Bio-Forscher und Naturwissenschaftler nicht
weiter und drehen sich im Kreis. Sie haben aus ihren Denkprämissen die Idee aus-
gesperrt, dass am Anfang der Schöpfung der Logos, d.h. die Logik, Überlegung,
Berechnung, das gesprochene, instruierende und ins Dasein rufende Wort steht.

Ein gesunder Regenwald ist ein geschlossenes Regelsystem. Alle darin vorkommenden Arten haben ihren Platz, keine Art verdrängt eine andere, wenn einmal
alles im Gleichgewicht ist. Keine Art hat Überfluss und daher gibt es auch keine
Massenvermehrungen. Ein intakter Regenwald wimmelt nicht vor Spinnen, Schlangen oder Blutsaugern, denn von was könnten sie sich ernähren? Der Mangel wird
so optimal verwaltet, dass es beim Mangel bleibt. Die angebliche Plage der Stech-
mücke gibt es nur dort, wo es auch etwas zu stechen gibt. Die Verbreitung von
Malaria und anderen Tropenkrankheiten liegt an der Umweltzerstörung und der
Massenvermehrung der Menschen. Deshalb war es unbedenklich für die Waldbewohner unbekleidet herumzulaufen. Auffallend ist ihre peinliche Sauberkeit und ihr
besonderes Bemühen um Körperpflege (was sich schnell mit dem Einfall der sogenannten „Zivilisation" ändern kann!).
Unberührte Tropenwälder sind klinisch unbedenklich. Schändet man aber den „vir-
gin forests" durch kommerzielle Abholzung und Brandrodung für Plantagen, muss

man sich nicht wundern, wenn das Beziehungsgefüge zerbricht und der Mensch schließlich selber der Leidtragende wird.

Es besteht kein Zweifel, der Niedergang der tropischen Regenwälder wird nicht zu verhindern sein, wenn sich der Störfaktor Mensch nicht wandelt. Der Mensch benötigt Umdenken und Umsinnen, aber nicht nur, was den praktischen Umgang mit der Schöpfung betrifft, sondern auch hinsichtlich seiner Lebensethik. Ihm fehlt es an moralischer Kompetenz. Und es gibt immer mehr Menschen, die vollauf damit beschäftigt sind, ihren Bauch auch noch am nächsten Tag füllen zu wollen, bevor sie bereit sind, an etwas Anderes zu denken.

Am Anfang der Schöpfung stand der Logos. Er muss auch ein Machtwort sprechen, bevor es ganz mit ihr zu Ende geht. Und auf Ihn muss auch der Mensch hören, sonst geht es auch mit ihm zu Ende.

Anmerkungen zu Kapitel 4 - Die seltsamen Methoden der Regenwäldler

1

Gr. „Hamartia", Hebr. „Chata`a".

2

Röm 11,36; Kol 1,20; Eph 1,9-10.

3

Of 1,8; 21,6; 22,13.

4

Josef Reichholf, „Der Tropische Regenwald", S. 100, 2010.

5

schematisch vereinfacht könnte man das so darstellen: Es soll damit zum Ausdruck gebracht werden, dass in der Kreationstheorie genetisch im Biom, d.h. in der belebten Welt, wenn auch nicht zwangsläufig erschöpfend, die Fähigkeit angelegt ist, auf sich verändernde Umweltverhältnisse und - einflüsse, also auch Auslesefaktoren, zu reagieren. Dies muss nicht zwangsläufig zu „Verarmung" führen, aber faktisch ist gerade dies feststellbar. Nicht Weiter- und Höherentwicklung sind in der Natur zu beobachten, sondern Entfaltung des genetischen Potentials, zum Teil auf Kosten des Verlustes. Regenerierbarkeit von Arten ist nur bedingt feststellbar, hingegen zahlreiche Beispiele des Artentods, nicht zuletzt auch durch den Menschen hervorgerufen, bei dem das Prinzip des Bösen, zu nehmen, ohne zu geben, in der Ausbeutung der Natur zum Tragen zu kommen scheint. Diese Darstellung der sich verändernden belebten Welt kann mit folgender Formel angegeben werden:

E1/x/u=E2

E1 = Erbfaktor Agens (nichtmaterielle Größe, die sich materiell auswirkt, erstmals, wenn auch nicht zwangsläufig nur in DNA, Herkunft DNA und unbekannt)

X= x Faktor Agens (nichtmaterielle Größe, die sich materiell auswirkt, erstmals, wenn auch nicht zwangsläufig nur in DNA, Herkunft Sinn- u. Zweck-Potenz)

U= Umweltfaktor Agens

E2= Erbfaktor Agens der Folgegeneration

/ = Es kommt zu einem Wechselspiel von Wirkungen

S. auch Kapitel 1 mit der Darstellung als Lebenskomplex: äLK / iAM / iAU = jLK

6

Auch wenn Experimente mit sich schnell vermehrenden Organismen wie z.B. Bakterien nachweisen konnten, dass Mutationen zu erheblichen Änderungen führen können, so wurde aus den Bakterien niemals eine andere Art, sondern lediglich eine noch überlebensfähige Variante der bereits existierenden Art. Zu beachten ist, dass die biblische Art natürlich nicht mit der Art der Evolutionsbiologen identisch ist. Die biblische Art ist die Art, die Gott meint und die Er erschaffen hat. Sie ist wirklichkeitsgetreu. Die Art der Evolutionsbiologen ist Definitionssache der Evolutionsbiologen und stellt ein abstraktes Konstrukt dar.

7

Z.B. Dryas julia

8

Josef Reichholf, „Der Tropische Regenwald“, S. 103, 2010.

9

Adrian Hoskins in „The complete guide to the world of butterflies and moths“,
vgl. /www.learnaboutbutterflies.com

10

Suchantke schreibt z.B.: *„Die Spannung und der Gegensatz zwischen Vogel und
Säugetier liegt in der unterschiedlichen Weise, wie beide auf ein und dieselbe An-
forderung antworten: auf die Einwirkung der Schwerkraft. Die Antwort, genauer:
das Finden und Erlernen der Antwort, ist mit Sicherheit das zentrale Motiv der Evolution seit dem Übergang des Lebens vom Wasser auf das feste Land.“* (Andreas
Suchantke, „Metamorphose. Kunstgriff der Evolution“, S. 151, 2002) Er spricht also
von einem Motiv! Als ob ein Nichts ein Motiv zu etwas haben!

11

Josef Reichholf, „Der Tropische Regenwald“, S. 126, 2010.

12

Wenn jemand beschließt: „Ich freue mich, dann lebe ich länger!“, kann er daraus
keine Freude erzeugen.

13

Josef Reichholf, „Der unersetzbare Dschungel“, 1991.

14

Z.B. Acromyrmex octospinosus.

Teil 2

Die Sechs-Tage-Schöpfung

1.

Analysen der biblischen Genesis

Die Lückentheorie

Es gibt Bibelleser, die glauben, dass nach dem ersten Vers der Bibel: *„Im Anfang schuf Gott die Himmel und die Erde"* und dem zweiten Vers *„Und die Erde ward wüst und leer"* * oder nach Tur-Sinai *„bloß und bar"* eine Lücke liegen würde, die man anfüllen müsse. Das machen sie dann wahlweise mit angeblichen Jahrmillionen, dem angeblichen Fall Satans und der angeblichen Zerstörung der ersten Welt usw. also einer nicht unerheblichen Füllstoffmenge. Woher nehmen sie sich diese Freiheit? Ist es biblisch zu begründen? Es gibt jedenfalls Versuche der Begründung. Ob sie biblisch haltbar oder sinnvoll sind, soll hier genauer untersucht werden. *1

Dieser Glaube an eine Lücke zwischen Gen 1,1 und Gen 1,2 soll hier als Lückentheorie bezeichnet werden. In der Literatur ist sie auch als Restitutionstheorie oder Restaurationstheorie bekannt. Der Glauben an eine Lücke beinhaltet den Glauben an eine in dieser Lücke untergegangenen Welt. Sie ist nicht gründlich genug untergegangen, sonst wüsste man von dieser Lücke nichts. Somit müsste die ab Gen 1,2 stattfindende Sechs-Tage-Schöpfung eine Restaurierung oder Restitution der Schöpfung und eigentlich keine Neuschöpfung gewesen sein. Nur dass dieses Mal auch noch der Mensch geschaffen wird, den es vorher anscheinend nicht gegeben hat.

Aus Sicht der Bibel ist die Schöpfung, wie sie im Buch Genesis beschrieben wird, für den Menschen gemacht worden. Die Bibel handelt von der Erschaffung der Welt und des Menschen durch Gott, vom Gang des Menschen in der Welt mit oder ohne Gott und von seinen zukünftigen Wegen, die ihn dann doch noch zu Gott führen, denn am Ende steht das Ziel, das Gott sich mit der Schöpfung gesetzt hat, unverbrüchlich da. Gott kommt mit der Schöpfung und mit den Menschen ans Ziel. Die Bibel ist also das Buch Gottes mit dem Menschen und der ganzen Schöpfung.

Hier liegt also schon die erste Schwäche der Lückentheorie vor. Sie bringt etwas vor, was nicht im Horizont des Menschen erscheint und ihn aber dennoch belasten muss. Sie bringt eine Lücke hervor, die mit einer Vorschöpfung und einer untergegangenen Welt, einschließlich eines Falls Satans nicht ohne Bedeutung für den Menschen sein kann. Aus biblischer Sicht beginnt der Zerfall der Schöpfung durch den Sündenfall von Adam und Eva. Er ist schuldig und sündig geworden und diese Schuld- und Sündhaftigkeit zeigt sich in allen nachfolgenden Generationen. Dies wirkt sich destruktiv auf die gesamte Schöpfung aus. Hinzu kommt eine Macht, die ihn genau auf diesen zerstörerischen Wegen halten will. Das ist der Satan, man kann auch sagen: die Satane, die Widersacher. Diese Macht beginnt, nach Aussage der Bibel, im Garten Eden mit ihren Wirkungen. Was Gott also in der Lücke, ohne das Zutun des Menschen und ohne Bezug auf den Menschen, weil es den noch nicht gegeben hat, zugelassen haben soll, eine Rebellion Satans und ein Untergehen der alten Welt, müsste dem Menschen als ein Erbe mit aufgelastet worden sein soll. Dennoch schweigt sich die Bibel darüber aus. Es wäre dann so wie bei einem Kind, dem man vorenthält, dass es nur ein Adoptivkind ist.

Die Idee von der Lücke ist nicht ohne Vorbilder. Sie hat eine erstaunliche Übereinstimmung mit der Überlieferung der alten Griechen, wo man die Entstehung des unsrigen Kosmosses in einem ungeordneten Zustand vermutete und ihn mit dem griechischen Wort Chaos belegte. Dieser Gedanke wurde von Kirchenvater Augustinus übernommen, der sie nebst anderem griechischen Gedankengut in das christliche Denken einführte. Nur, dass für Augustinus das Chaos nicht ganz am

Anfang gestehen haben musste. Da Gott am Anfang ist, musste es also bereits vor dem Sündenfall von Adam und Eva eine Art Rebellion im Himmel gegeben haben, damit erst das Chaos entstehen konnte. An diesem Beispiel kann man sehen, wie die alten Kirchenväter und später die entstehende Amtskirche immer wieder die Gedankenlücken, die bei ihrem unverständigen Lesen der Bibel entstanden sind, mit außerbiblischem Gedankengut aufgefüllt worden sind. So gesehen ist die Lückentheorie eine Lücke des Verstehens, die mit unbiblischen Gedanken aufgefüllt worden ist. Bei solchen Auffüllarbeiten kommt allerdings meist nichts Wahres heraus und nicht selten entstehen Lehren, die Gott nicht ehren. *** 2**

Die Textanalyse ergibt, dass Gen 1,1 *„Am Anfang schuf Gott Himmel und Erde"*, eine Kurzform von dem sein kann, was dann in Gen 1,2 bis Gen 2,3 als Erschaffung der Himmel und der Erde in sechs Tagen beschrieben wird. Dass das so ist, ergibt sich bereits aus dem Abschlusssatz der Beschreibung der Erschaffung der Himmel und der Erde, nämlich nach Gen 2,4: *„So sind Himmel und Erde geworden, als sie geschaffen wurden."* Das bedeutet, dass sich der Bogen des Schöpfungsvorgangs vom ersten Vers der Bibel in Gen 1,1 bis Gen 2,4 spannt. Wer hier eine weitere Erschaffung einer weiteren Welt einschiebt, bringt das Ganze, in sich stimmige Gefüge der Aussage durcheinander. Textlich und logisch bestehen kein Raum und keine Notwendigkeit für eine Lückentheorie.

Die Worte Gottes sind hier so selbsterklärend, dass es jedes kleine Kind versteht:

Gen 1,1, lautet: „Am Anfang schuf Gott Himmel und Erde." und
Gen 2,4 „So sind Himmel und Erde geworden, als sie geschaffen wurden."

Gäbe es eine Lücke zwischen Gen 1,1 und Gen 1,2, dann wäre Gen 2,4 eine Falschaussage jedenfalls in Bezug auf Gen 1,1. Das „so" wäre dann irreführend. Führt Gott den Leser in die Irre, oder sind es eher die Ausleger, die damals nicht dabei waren, als Gott die Himmel und die Erde in sechs Tagen erschuf? Die textliche Untersuchung ergibt ein klares Bild. Es ist immer von den gleichen *„Himmel und Erde"* die Rede.

Das gilt auch für Gen 2,4-5ff. Auch hier gibt es einen Fortsetzungszusammenhang. Gen 2,4 lautet noch: *„Dies ist die Entstehungsgeschichte des Himmels und der Erde, als sie geschaffen wurden. An dem Tag, als Gott, der HERR, Erde und Himmel machte..."* (ElbÜ) Was geschah an diesem Tag? Gen 2,5 fährt fort: *„noch war all das Gesträuch des Feldes nicht auf der Erde, und noch war all das Kraut des Feldes nicht gesprosst, denn Gott, der HERR, hatte es noch nicht auf die Erde regnen lassen, und noch gab es keinen Menschen, den Erdboden zu bebauen..."* Gen 2,5 ist also die Fortsetzung von Gen 2,4 und das bedeutet, dass diese Verse in die Sechs-Tage-Schöpfung eingebettet sind, einschließlich die die ausdrückliche Feststellung, dass es um die Erschaffung des Himmels und der Erde geht. Dass im Alten Testament der Himmel in der Einzahlform und in der Mehrzahlform vorkommt, liegt daran, dass es aus Sicht des erdbehafteten Menschen nur einen Himmel über ihm gibt. Im Zeitalter der Astronauten könnte man bereits von zwei Himmeln reden. Den atmosphärischen blauen Himmel und das überwiegende Vakuum des schwarzen Alls. Dass es noch mehr Himmel gibt, weiß man zurzeit nur durch Offenbarung. Zwischen dem ersten Teil des Verses 4 *„Dies ist die Entstehungsgeschichte des Himmels und der Erde, als sie geschaffen wurden."* Der sich noch auf die in den Versen zuvor beschriebene Sechs-Tage-Schöpfung bezieht und dem zweiten Teil beginnt ein Einschub, der das, was am sechsten Tag geschah, die Erschaffung des Menschen, noch einmal genauer unter die Lupe nimmt!

Von ähnlicher Qualität ist die Aussage Gottes in 2 Mos 20,11. Auch diese Aussage lässt keinen Raum für die Lückentheorie: *„Denn in sechs Tagen hat der Herr den Himmel und die Erde gemacht, das Meer und alles, was in ihnen ist".* In diesem Satz wird Gen 1,1 *„Im Anfang schuf Gott den Himmel und die Erde."* mit der Sechs-Tage Schöpfung gleichgesetzt. Auch hier ist es textlich eindeutig.

Damit sollte das Thema der Lücke mit der Vorschöpfung und der ersten Welt erledigt sein. Es gab sie nie, es gab nur die erste Welt, die mit der Sintflut zu Noahs Zeiten ihr erstes Weltgericht erfuhr, wenn man den Sündenfall von Adam und Eva nicht schon als Weltgericht bezeichnen möchte.

Ausdrücklich heißt es in 2 Mos 20,11, wo Gott spricht und Mose es aufschreibt, dass Himmel und Erde in sechs Tagen gemacht wurden. Diese Aussage ist ein Bestandteil der Zehn Gebote, genauer gesagt des vierten Gebotes. Es heißt nicht, dass Himmel und Erde in sechs Tagen restauriert wurden. Das würde sofort die Frage aufwerfen: und was war vorher? Diese Frage ist nicht notwendig, weil der Sachverhalt klar ist, Gott hat die Himmel und die Erde in sechs Tagen erschaffen. Wäre es nicht so, hätte die Bibel eine Falschaussage gemacht. Sie verschweigt diesen wichtigen Umstand einer Vorschöpfung. Und dennoch wollen jene, die an sie glauben, davon wissen und schieben sie gedanklich in das Schöpfungsszenario mit ein. Doch diese Einschiebung ist eine Unterschiebung, die teuer zu stehen kommt.

Auch im Neuen Testament findet man nichts, was zur Lückentheorie passt. Nicht in den Evangelien, nicht bei Paulus, und auch Petrus wusste nichts von zwei Schöpfungen vor seiner Zeit. In seinem zweiten Brief (2 Pet 3,13) spricht er von einer neuen Erde, auf die wir warten: *„Wir erwarten aber nach seiner Verheißung neue Himmel und eine neue Erde, in denen Gerechtigkeit wohnt.“* Und Johannes lässt in Of 21,1 eine neue Erde und einen neuen Himmel erst noch kommen, nachdem *„der erste Himmel und die erste Erde“* vergangen sind. ***3** Beide, Petrus und Johannes kennen also nur die eine Schöpfung zu Zeiten von Adam und Eva. Diese ersten Himmel und erste Erde sind die in 2 Mos 20,11 angesprochenen, die jeder Israelit kannte, denn wären eine vorher schon existierende Welt gemeint, dann könnte sich darauf die neue Welt von Of 21,1 nicht beziehen, denn diese würde ja dann nicht die erste Welt ablösen, sondern die zweite und wäre selbst die dritte Welt.

Es gibt wegen all dieser Schwächen der Lückentheorie Bibelausleger, die sie hart verurteilen. *4

Wie bereits angesprochen, krankt die Lückentheorie an der Dürftigkeit ihrer biblischen Argumente. Man hat keine biblischen Beweise und ist dazu gezwungen, Bibelverse völlig umzudeuten, damit sie irgendwie zu passen scheinen. Das sind dann exegetische Klimmzüge und Verwindungen, die grotesk anmuten können. Folgende Punkte sind dabei auffällig:

1.

Für die Restitutionstheologie gibt es keinen expliziten Bibelvers, auch keinen Vers, den man, wenn man ihn in seine Restitutionslehre einbaut, nicht auch anders verstehen könnte. Das ist an sich kein Mangel, der die Theorie widerlegt, aber dieses Faktum muss erwähnt werden. Die Lückentheorie hat keine echte, d.h. klar erkennbare, exegetische Wurzel. In der Bibel finden sich nirgendwo klare Hinweise für die Richtigkeit der Lückentheorie. Die Argumente reduzieren sich auf die Behauptung, Gott könne die Schöpfung nicht mit einem tohu wa bohu angefangen haben. Das kann man glauben. Aber auch wenn man es glaubt, hat man nicht viel, mit dem man diese Annahme untermauern könnte.

2.

Daraus ergibt sich bereits, dass es notwendig ist, um die Lehre insgesamt als Lehre präsentieren zu können, dass man viele Hilfsannahmen dazu konstruieren muss, deren Glaubwürdigkeitsgehalt einer eigenen Bewertung unterzogen werden muss. Auch das findet man bei der Lückentheorie. Auch das ist an sich noch kein Beweis, dass die Lehre falsch ist. Doch auch hier muss zur Kenntnis genommen werden, dass es wichtig ist, herauszustellen, was geschrieben steht und was nicht. Vertreter einer Theorie neigen immer dazu, ihren Standpunkt als klar oder sogar als bewiesen darzustellen, obwohl beides nicht zutrifft. *5

3.

Weiterhin muss zur Kenntnis genommen werden, dass es einen Grat gibt zwischen Interpretation eines Bibeltextes und verfälschendem Hineinlesen. Wenn der Wunsch Vater einer eigenwilligen Interpretation ist, liegt man nicht mehr auf der Linie der Wahrheit. As Beispiel nenne ich die Behauptung einiger weniger, dass in Gen 1,2 in dem Satz *und die Erde war tohu wa bohu"* das „war" als falsche Übersetzung behauptet wird. Da nach der Lückentheorie die Erde tohu wa bohu geworden sein soll, setzt man hier ein „ward" oder „wurde". Wenn das das Hebräische nicht hergibt, hat man bereits das Wort Gottes verfälscht, um seine Theorie zu bekräftigen. Auf diesem Weg kommt man nicht zur Wahrheit. Dieses Problem hängt aber auch zusammen mit einem bedauerlichen Umstand, an dem man wenig ändern kann. Hebräisch können die wenigsten. Man ist daher angewiesen auf die Angaben und die Zuverlässigkeit anderer.

4.

Auffällig ist, dass die Restitutionslehre erst richtig zur Verbreitung gelangt ist, nachdem man im 19. Jahrhundert zu neuen Erkenntnissen in den Naturwissenschaften gekommen ist. Diese Erkenntnisse sind zum Teil jedoch recht fragwürdiger, manche Kritiker sagen pseudowissenschaftlicher Natur. Gemeint sind hier der Aktualismus und die Evolutionstheorie. Christen begannen zu glauben, dass es schon vor Jahrmillionen Lebewesen und Menschen gegeben habe und dass sie sich durch Evolution entwickelt hätten. Um diese Jahrmillionen in der Bibel unterzubringen, hat man in Gen 1,1 und Gen 1,2 eine Lücke eingeschoben. Nach Untergang der vorherigen Welt, habe also Gott in Gen 1,2 f nicht in sechs Tagen alles geschaffen, sondern nur wiederhergestellt.

Hier lässt sich erkennen, dass man irrtumsanfällige Erkenntnisprozesse von Menschen über die Aussagen der Bibel gestellt hat. Menschliches Wissen wird mehr Glaubwürdigkeit gegeben als dem Wort Gottes. Das war schon immer eines der größten Probleme der Menschheit, wie ja schon der Sündenfall angekündigt hat, als der Widersacher Gottes den ersten Menschen fragte: *„Sollte Gott gesagt haben?"* Die Frage zielte darauf ab, Zweifel zu säen, besagt aber an sich, dass Gottes Wort Unwahrheit ist.

5.

Das wiederum führt zu dem Hinweis, dass bei unbiblischen Theorien und Thesen nicht selten das Gotteswort ins genaue Gegenteil gedreht wird. Hier hat man bereits den Übergang vollzogen von einer Interpretation zu einem Hineinlesen wider die eigentliche Satzaussage. Als Beispiel sei die Sichtweise genannt, nachdem Petrus in 2 Petr 3, 1- 7 von einer Flut reden würde, die vor der Sintflut in einer vorherigen Welt war, also vor Gen 1,2, obwohl er bereits in seinem ersten Brief in 1 Pet 3,3-4 ausdrücklich von der noahitischen Sintflut redete und auch im zweiten Brief in 2 Petr 2,5 bereits eine Bezugnahme auf die Sintflut vorliegt. Nichts im Text deutet darauf hin, dass das im Sinne einer „ersten Schöpfung" zu verstehen wäre, sondern alles deutet darauf hin, dass das Gegenteil der Fall ist.

Fazit und Schlussergebnis:

Für die Lückentheorie gibt es keine theologische Notwendigkeit und auch keinen biblischen Nachweis. Nach dem biblischen Befund ist sie mit großer Wahrschein-lichkeit abzuweisen. Die Bibel „funktioniert" ohne sie besser! Es gibt keine guten biblischen Argumente für die Lückentheorie, sonst wären sie bekannt. Die mir be-kannten üblichen Argumente habe ich oben abgehandelt.

Hiermit könnte das Kapitel nach der Frage einer Vorschöpfung oder Vorwelt auf-grund der klaren, unzweideutigen Stimmigkeit der biblischen Aussage geschlossen werden. Eine eingehendere Beschäftigung mit der Thematik bringt jedoch noch weitere interessante Details der Schöpfungswoche zum Vorschein.

Es folgen hierzu:

   1.   Analyse des Textes von Gen 1

2. Synthesen des Textes von Gen 1 und der biblischen Einwände, dazu gehört auch als Anhang
3. Eine kurze Darstellung der Geschichte der Drachen

Der Schöpfungsbericht enthält ab Gen 1,1 nichts, was zu einer Lückentheorie oder der Annahme darwinistischer Zeiträume Anlass gibt, er enthält nichts, was einem Verständnis, dass die Schöpfung insgesamt in sechs Tagen vollzogen worden ist, im Wege steht.

Die Versuche, dem zu widersprechen, sind bemühte Zwangsmaßnahmen, die man an den Text anlegt. Da gibt es hauptsächlich drei Versuche:

1.
Das *„tohu wa bohu"* von Gen 1,2 würde auf eine verwüstete Vorschöpfung hindeuten.

2.
„Und die Erde war wüst und leer", müsste mit *„Und die Erde wurde wüst und leer",* übersetzt werden (Gen 1,2).

3.
Es könne keine Finsternis von Gott gemacht worden sein, weil Er ja Licht sei, *„und Finsternis war über der Tiefe"* (Gen 1,2).

An diesen Punkten wird erkennbar, dass die Befürworter einer Lückentheorie, wonach zwischen Vers 1 und Vers 2 von 1 Mos 1 Jahrmillionen und/oder eine erste Schöpfung stecken, die durch die Rebellion Satans in Unordnung gekommen sei, wenig in der Hand haben, um ihre Sichtweise zu stützen. In den folgenden Kapiteln wird auf diese Punkte eingegangen.

Leere zu Fülle, Finsternis zu Licht

Es ist ein Prinzip Gottes, Leere in Fülle und Finsternis in Licht zu verwandeln. Das Argument, dass Gott nichts *„tohu wa bohu"* erschaffe, ist fragwürdig. Und zwar aus folgendem Grund. Es ist geradezu ein Grundprinzip Gottes, dass er aus dem, was nichts ist oder nicht perfekt ist oder nicht fertig ist, etwas macht, was Ihn verherrlicht. Er wandelt also Uranfängliches zu Vollkommenem. Und das macht Er unter Partizipation des Menschen. Darum geht es Ihm, Teilhabe und Teilnahme des Menschen. Gott zielt auf Seine Verherrlichung ab, Er stellt hohe Ansprüche an die Schöpfung, wie sie einmal sein soll und sein wird, aus etwas noch Unfertigem, so gut es auch anfänglich beschaffen sei, wird etwas Vollkommeneres. Hier geschieht tatsächlich ein Werden, das am ehesten noch eine Analogie in der Keimesentwicklung der Lebewesen hat. Ein Mensch entwickelt sich seit Adam und Eva (und nicht vorher!) aus einer Eizelle, die Gott durch Seinen Geist zum Leben trägt. Erst nach und nach wird sichtbar, was aus der Eizelle wird und schließlich stellt sich beim begeisteten Menschen das Selbstbewusstsein, aber deshalb noch lange nicht die Anerkennung seines Schöpfers ein. Der Werdeprozess geht also im Geistlichen weiter.

Dass das so ist, gibt es aus dem Leben von vielen Menschen zu berichten, die aus einem geistlich verfinsterten, unbekehrten Zustand umgewandelt worden sind zu Christusmenschen. Analog dazu berichtet die biblische Geschichte der Schöpfung, dass in der Dunkelheit des Abends noch nichts geschaffen wird, sondern erst am Tage nach einem immer wieder einsetzenden *„Es werde Licht!"*. Die Schöpfungstage fangen alle mit der Dunkelheit des Abends an und vollenden sich im Licht. Die Finsternis, die über der Tiefe war, wurde, als die Erde noch tohu wa bohu war, abgelöst von den Abend-Morgen-Wechseln der Schöpfungstage. Was Gott dabei gemacht hat, ist nichts anderes als die Bereitstellung von Strahlungsenergie mit verschiedenen Strahlungsbereichen, denn Licht wie es für den Menschen als

Licht sichtbar ist, deckt nur einen kleinen Teil der gesamten Energiestrahlung ab. Gott hat genau den Teil zum Taghell gemacht, für den Er dem Menschen sehende Augen als Empfangsorgan gegeben hat.

Nach dem ersten Abend folgte fortan das Tageslicht, in welchem es zu weiteren Schöpfungsakten Gottes kommt. Und immer greift Gott energiekonstituierend und -bereitstellend ein. Das geschieht nach einer planmäßigen Ordnung, denn die Energieverteilung folgt informationsreichem Input. Das ist der physikalische Vorgang, der dahintersteht. Das ist wichtig, zu wissen, da es sich bei der Schöpfung und bei unserer Lebenswirklichkeit jedenfalls zu einem erheblichen Teil um physikalisch emergente Erscheinungen handelt. Das ist bei jeder Theorie über die Begrifflichkeiten von Gen 1 zu berücksichtigen, weil man sich sonst in den Bereich irrationaler Fabeln verirren kann. Physis und Psychis hängen zusammen und Gott hat die Fäden dazu in der Hand.

Die Finsterniswelt von Gen 1,2 muss also erst noch ausgebaut und bevölkert werden. Das geschieht in den sechs Tagen der Schöpfung. Das geschieht danach aber auch auf einer anderen Ereignisebene. Zuerst aber wird das Licht aufscheinen und bereitgestellt werden, denn es wird jedenfalls zum großen Teil auch eine Lichtwelt sein, die Gott da erschafft. Die meisten Tiere und Pflanzen und die übrigen Lebewesen brauchen das Licht, um Leben zu können. Das sind bei weitem nicht alle, weil es auch Lebewesen gibt, die sich mit der Energie aus dem nichtsichtbaren Bereich der Energiestrahlung zufriedengeben können. Man denke z.B. an den riesigen Lebensraum in der absoluten Dunkelheit der Tiefsee oder jene Nachttiere, die ohne Licht auskommen. Wer schon einmal eine Nacht im Dschungel zugebracht hat, kann davon ein Lied singen, wie belebt die Dunkelheit ist.

Man darf das nicht verwechseln mit der Analogie zur geistlichen Heilsgeschichte, die ab dem Sündenfall von Adam und Eva einsetzt, wo ebenfalls von Finsternis und Licht gesprochen wird. Das Finstere ist in der Analogie das Verborgene, Kenntnislose und Böse, während das Licht mit Jesus Christus einen Namen hat, es macht sichtbar, kenntnisreich und gut, mit einem Wort „heilig".

Es geht also in allen Schöpfungsakten Gottes darum, von der Finsternis das Unfertige ins Licht zu bringen und dort zu vervollkommnen. Das ist im einen Fall ein rein physikalischer Vorgang, im anderen Fall ein geistlicher Vorgang. Und deshalb darf man beide Bereiche nicht vermischen. Bei einer Analogie ist nicht die Gleichsetzung die Realität, sondern die Analogie.

Der Fehler mancher Bibelleser besteht darin, dass sie Finsternis immer mit dem Bösen gleichsetzen, also die physikalische Nacht oder die Abwesenheit von Licht nicht als ein neutrales physikalisches Phänomen betrachten. Dass das falsch ist, ergibt sich schon aus der Betrachtung der Verhältnisse, die wir in der Natur haben und daraus, dass Gott eben auch den Tag so erschaffen hat, dass er einen Teil Nachtzeit enthält und seine Schöpfung als sehr gut bezeichnete. Diese Nacht ergibt sich für den Menschen einfach daraus, dass man sich gerade auf der Seite der Erdkugel befindet, die der Sonne abgewandt ist. Das hat mit Bosheit nichts zu tun, und dennoch ist es „finster“. Menschen, die vor der prallen Sonneneinstrahlung fliehen, um in einen Schatten zu kommen, werden dadurch nicht böser, sondern bleiben gesünder. An Hautkrebs kann man sterben. Man hat dann zu viel Licht abbekommen! Finsternis hätte das verhindern können!

Was bedeuten tohu und bohu? Gott beklagt in Jer 4,23: *„Ich schaue die Erde, und siehe, sie ist wüst und leer, und zum Himmel, und sein Licht ist nicht da.“* Aus dem Kontext ergibt sich die Bedeutung dieser Worte: *„Mein Volk ist närrisch, mich kennen sie nicht. Törichte Kinder sind sie und unverständig. Weise sind sie, Böses zu tun; aber Gutes zu tun, verstehen sie nicht.“* (Jer 4,22) Gott zieht hier also wieder eine Analogie. Es geht Ihm um die Verdeutlichung geistlicher Missverhältnisse, nämlich dem Versagen Seines Volkes Israel. Gott vergleicht das mit Unreife beschriebene Blatt Seines Volkes mit dem Urzustand der Schöpfung. Sein Volk hat nichts dazugelernt, es hat sich nicht befüllen, nicht weise, nicht gut, nicht „heilig“ machen lassen, weil es ein störrisches und uneinsichtiges Volk ist. Es ist ein wüstes, noch wenig geformtes Volk. Über zweieinhalb Tausend Jahren nach Jeremia ist das für heutige Bibelleser sehr tröstlich zu wissen, dass es nicht vor Torheit und Versagen schützt, zu den Auserwählten Gottes zu gehören. Es ist gut zu wissen, dass ein Unterschied zu anderen Menschen, die ohne einen Glauben an den Gott Israels leben, nicht immer sichtbar ist und dass auch die begnadeten Menschen, immer weit hinter dem zurückbleiben müssen, was sie eigentlich auszeichnen sollte. Wo kein unterscheidendes Licht präsent ist, sind auch keine Unterschiede sichtbar. Das ist bitter für die, denen man das sagen muss. Aber bei dieser Rüge handelt es sich um einen geistlichen Input, der den notwendigen Wandel zu mehr „Lichtigkeit" anstoßen soll.

Tohu תֹהוּ wird nach der NAS Exhaustive Concordance als „formlessness, confusion, unreality, emptiness" definiert, zu Deutsch: Formlosigkeit, Konfusion, Unwirklichkeit, Leere. Es hat also keine Ordnung, keine gewollte Form. Es kann aber noch in Form gebracht waren. Dazu braucht es einen geistigen Input, einen Willen, eine Idee und eine gesteuerte Energiezufuhr.

Von diesen vier Begrifflichkeiten lässt nur die Konfusion eine vorherige Ordnung möglich erscheinen, die durch die Konfusion in Unordnung geraten sein könnte. Alle drei anderen Begriffe lassen sich mühelos als Anfangszustand der Schöpfung verstehen. Aber selbst die Konfusion sagt nichts weiter, als dass eine Ordnung nicht vorhanden ist. Zu bedenken ist, dass die Auswahl, die der Autor, bzw. das Autorenteam eines Wörterbuches trifft, sich immer an historischen Gegebenheiten orientiert und stets die Wahl hat, Entwicklungen in der Wortbedeutung mit einzubeziehen oder nicht. Kein Lexikon kann Auskunft geben, was Gott zum Zeitpunkt, als Er ein hebräisches Wort benutzte, gemeint hat. Die Bedeutungsfülle eines Wortes ist offen und wird erweitert oder eingeschränkt durch den menschlichen Gebrauch und die Tradition. Stehen bleibt für „tohu" ebenso wie für „bohu" eine Bedeutungsbreite, die ohne die Bezugnahme auf eine Lückentheorie auskommt.

Im vorliegenden Fall fällt auf, dass „tohu" sowohl „formlos" als auch „leer" heißen kann, was nahelegt, dass die Begriffe „tohu" und „bohu" nahezu bedeutungsgleich sind.

Hiob 26,7, wo das Wort „tohu" ebenfalls vorkommt, spricht eher für eine Urschöpfung als eine Wieder-Schöpfung: *„Er (Gott) spannt den Norden aus über der Leere (tohu), hängt die Erde auf über dem Nichts."* Wenn Gott etwas erschafft, wo vorher nichts war, dann wird eine Leere beseitigt.

Bohu בֹּהוּ wird nach NAS Exhaustive Concordance ebenfalls als „emptiness" definiert, zu Deutsch: „Leere" oder auch „Unausgefülltheit". Es ist klar, dass etwas, was unausgefüllt ist, gefüllt werden kann, wenn etwas Passendes dazu da ist. Das aber ist die entscheidende Frage, denn sonst muss es ja leer bleiben. Aus dem Schöpfungsbericht wird klar, dass Gott die Leere gefüllt hat. Er hat die Kompetenz und die Verfügungshoheit.

Damit ist bereits ausreichend belegt, dass tohu wa bohu lediglich die Formlosigkeit und Leere bezeichnen kann, die Gott durch die Schöpfung beseitigt. Dass es in doppelter Ausführung ausgesprochen ist, betont ähnlich wie das doppelte Amen sprachlich einprägsam, dass Gott aus dem, was nichts ist, etwas Großartiges macht: unsere Welt mit all ihren Naturwundern. Gott bringt das Formlose in Form und füllt damit die Leere. Er tut dabei das gleiche wie mit Adam, als er Erde nahm. Das ist ein Wunder, das nur Gott vollbringen kann.

Wie ist das möglich, dass die Lebewesen ihre besonderen Formen haben, jedes nach seiner Art? Wann weiß ein Körper, wann er zu beginnen oder aufzuhören hat mit dem Wachstum? Wer sagt ihm, dass es genug ist? Wer sagt ihm, dass nach Zelle soundso viel keine weitere Zelle mehr oben, aber noch eine Zelle daneben angebaut werden muss? Warum beginnt eine Wunde, sich wieder zu verschließen und ein Knochen wieder zusammenzuwachsen, so dass die alte Form wiederhergestellt wird?

Und warum ist nicht Leere allüberall? Warum ist das Weltall nicht leer? Warum ist die Erde nicht leer? Warum gibt es Leben auf ihr, das auf mannigfache Art und Weise organisiert ist? Die Bibel beantwortet die Frage. Die Naturwissenschaften haben sie bis heute nicht wirklich beantwortet. Ihre Antworten sind die Antworten von Kindern, die ein Märchen nacherzählen, das keinen belastbaren Bezug zur Wirklichkeit hat. Sie haben ihre eigenen Erzählungen, die voller Fragen und Zweifel stecken und völlig ohne Beweise sind, denn der Verweis auf Zufall und Notwendigkeit ist kein Beweis, denn Zufälle sind ungerichtet und planlos und Notwendigkeiten gibt es nur bei denkenden Wesen. Kein Mensch kann die Frage beantworten, warum überhaupt etwas ist und warum das, was ist, nach ganz bestimmten Formgesetzen geformt worden ist, insoweit man diese Formgesetze entdeckt zu haben glaubt.

Doch der Gott der Bibel klärt diese Frage schon in den ersten beiden Versen der Bibel. *„Im Anfang schuf Gott die Himmel und die Erde. Und die Erde war wüst und leer."* Und dann wird beschrieben, wie Gott in sechs Tagen diesen Zustand änderte und dem Formlosen eine Form gab und die Leere mit Fülle anfüllte. Damit sind alle Fragen der Herkunft unserer Schöpfung beantwortet. Ob man das glaubt, ist eine andere Frage. Auch die Lückentheoretiker lassen die schlichten Feststellungen Gottes so nicht stehen. Sie müssen bezweifeln, dass es wirklich so ist. Nicht, dass sie Gott nicht glauben wollen, aber sie wollen auch nicht darin ein Problem sehen, dass Gott sich im Falle einer Vorschöpfung Seine Welt zerstören ließ, um dann noch einmal neu mit einer ganz anderen Thematik anzufangen. Die Bibel beschreibt zwar verschiedentlich Neuanfänge und stellt Neuanfänge in Aussicht. Aber dabei geht es immer um den Menschen, der nie ganz verloren ist. Eine Welt, die zwischen Gen 1,1 und Gen 1,2 bestand gehabt haben würde, wäre jedoch eine Welt ganz ohne Menschen. Hat sich Gott so spät auf den Menschen besonnen? Ist am Ende der Mensch der Lückenbüßer? Ganz bestimmt nicht!

Wichtig ist allemal ein sorgfältiges Bedenken der biblischen Wirklichkeiten, die vor manchen Fehlschlüssen bewahren kann. Vieles erlaubt Gott dem gesunden Menschenverstand zu erkennen. Gott ist zurückhaltend bei übernatürlichen Zuwendungen. Dem Wunsch, dass der Becher Wasser sich vom Tisch zum Mund des Menschen heben soll, wird Gott nicht entsprechen. Er unterstützt Faulheit und Bequemlichkeit nicht. Das sagte Er bereits den ersten Menschen: *„Im Schweiße deines Angesichts…"* Und so hält Er es auch mit dem Verständnis biblischer Aussagen. Wer sich hier noch nicht einmal die Mühe macht, einen Sachverhalt gründlich zu durchdenken, kann auf eine übernatürliche Geistinspiration nicht hoffen.

Wie wenig durchdacht manchmal die Befürworter der Lückentheorie argumentieren sei an einem Beispiel gezeigt. Ein Ausleger versucht mit Hiob 38,7 zu beweisen, dass die Engel Gottes nicht gejubelt haben würden „Wäre was Wüstes und Leeres damals geschaffen worden, hätten die Engel wohl kaum Grund gehabt, zu jauchzen." Diese Behauptung beweist gar nichts, denn es ist unbestritten, dass man wegen einer Leere nicht jauchzen muss, es sei denn die Leere war vorher von etwas Ungutem belegt. Aber abgesehen davon, dass man auch eine Vorfreude auf das, was kommt, nämlich die Leere zu füllen, haben kann, verlangt niemand, dass die Engel gejauchzt haben, kurz bevor Gott in die Leere etwas hineinschuf. Hiob 38,7 entspricht dem völlig, denn die Engel jauchzten ja tatsächlich, als Gott etwas erschuf: *„wer hat ihren (der Erde) Eckstein gelegt, als die Morgensterne miteinander jubelten und alle Söhne Gottes jauchzten?"* Hier sieht man zugleich, was ein großes Problem von Bibelauslegern ist. Entweder sie lesen den Text nicht genau, oder sie ignorieren seine tatsächlichen Aussagen.

Da ein „Engel" in der Bibel nur ein „Bote" ist, ***6** kann man nicht sagen, ob es zwischen „Morgensterne" und „Söhne Gottes" einen Unterschied gibt. Die Himmelswelt ist den Menschen, die hier unten auf Erden Bücher schreiben und Bücher lesen bekanntlich verschlossen. Die Weltenwirklichkeit, in der Gott und die Engel präsent sind, scheint überhaupt nicht zur Schöpfung der „Himmel und der Erde" von Gen 1,1 dazuzugehören. Wenn man also die Lückentheorie in der Variante vertritt, dass in der Lücke eine Rebellion in der Himmelswelt stattgefunden habe, braucht es dazu gar keine Vorwelt, die man in die Lücke einzuschieben belieben würde.

Die Rebellion hätte in einem wie auch immer gearteten Himmel stattgefunden, als es noch kein physisches Weltall und noch keine physische Erde gab, weil die erst danach geschaffen worden sind, nämlich ab Gen 1,1. Das bedeutet, dass eine Rebellion zwar vor Gen 1,2 stattgefunden hätte, aber eben auch zugleich vor Gen 1,1. Und wieder wäre eine Lückentheorie überflüssig. Dass sich die ersten Kirchenväter und die Kirchenchristen der ersten Jahrhunderte nicht vorstellen konnten, wie der Kosmos aufgebaut war, ist verständlich. Für sie schwebte Gott mit seinen Engeln irgendwo über den Wolken. Selbst der hochsozialisierte, astrophysikalisch spezialisierte Kosmonaut Gagarin meinte, im 20. Jahrhundert noch den Nachweis der Nichtexistenz Gottes dadurch führen zu können, dass er in seiner Erdumlaufkreisbahn in einigen zehntausend Kilometern Höhe über der Erde nirgendwo Gott entdecken konnte. Inzwischen sind wir im Zeitalter der Quantenphysik angekommen und für den Himmel ist viel mehr Platz geworden als irgendwo in den riesigen Weiten des Weltraums, die nur noch als kleiner Klecks in der Quantenwelt zur Kenntnis genommen werden können. Der Himmel, das ist woanders!

Auch hier bleibt wieder nur ein Kopfschütteln für eine Vorwelt, weil es für sie keinen Grund zu geben scheint. Welten gehen aus der Quantenwelt hervor. Innerhalb der Quantenwelt sind nur Rückschlüsse auf die eigene Welt mit den eigenen vier Welten möglich. Für Satan bringt eine Rebellion außerhalb der Gottesebene gar nichts. Der Thronsaal Gottes steht nicht in unserer Welt, auch wenn unsere Erde in gewisser Weise der Schemel Seiner Füße ist. Auch das himmlische Jerusalem, das einmal vom Himmel herabkommt (Of 21,2), muss, um vom irdischen blauen oder bewölkten Himmel herab kommen zu können, aus einer anderen Welt in unsere Welt herübertransferiert worden sein, ähnlich wie ein Engel, der eben mal vorbeischaut und der Jungfrau Maria beinahe nur einen Schrecken einjagt, wenn er zu plötzlich dasteht.

Die Szene von Hiob 1,6 als Satan bei Gott Audienz hat, spielt auch in dieser Welt jenseits unserer Quantenwahrnehmfähigkeit. Wenn Satan von diesem Audienzsaal Gottes verbannt worden ist, um auf die Erde gestürzt zu werden, dann wird er offenbar aus dieser jenseitigen Wirklichkeit entfernt und ist fortan ein Gebundener an unser Raum-Zeit-Kontinuum, oder ein anderes, oder an andere. Hier gelten Naturgesetze und nicht jeder hat die Macht und Kompetenz sich über sie zu erheben.

„tohu wa bohu" zeigt lediglich, dass die Erde zuerst noch in einem ungeordneten, rohen Zustand war, leer und ungefüllt. Das ist vergleichbar mit dem Lehm, den Gott später in Gen 2,7 nahm, um daraus den Lehm-Mann – „Adam" heißt so viel wie „Erdiger" – zu machen. Der Lehmklumpen war der Rohstoff, noch ungeformt, aber von Gott in Form zu bringen, wie die ganze Erde vorher schon. Bereits hier ist erkennbar, dass das Argument: Gott schaffe nichts ungeformt, um es dann in Form zu bringen, durch die Erschaffung Adams widerlegt ist. Die Bibel beschreibt klar, dass Adam genauso gemacht worden ist, aus Ungeformtem wurde Geformtes. Mit Adam wiederholt sich also in Gen 2,7 das, was sich vorher schon ab Gen 1,2 abspielte. Die Methode der Schöpfung ist die gleiche. Gott erschafft etwas und macht daraus etwas Neues. Er tut es, indem Er in das Raum-Zeit-Gefüge über Energie verfügt, die Er selber geschaffen hat und Seine geistigen Ideen umsetzt, nicht unähnlich wie es ein menschlicher Ingenieur tut.

Es war schon immer Gottes Methode, etwas, was noch unvollständig ist, zu vervollständigen. Adam war eine sehr gute Schöpfung, aber er war bei weitem noch nicht vollkommen, sonst wäre er nicht gefallen. Gerade bei Adam hat Gott noch einmal deutlich gemacht, dass Er einen Grundstoff nimmt, der noch ungeordnet ist, und ihn in die erforderliche Füllung bringt. Gott nahm bei Adam Staub der Erde Adama, formte diesen Erdstaub und blies ihm schließlich noch Gottes Lebensodem ein.

Wie der Schöpfungsbericht zeigt, hat Gott zuerst die Räume geschaffen und sie dann befüllt. Zuerst die Erde und die Gewässer, dann die Lebewesen, zuerst die Himmelsräume und dann die Himmelskörper.

Man sagt, Gott schaffe kein „Chaos". Aber hier muss man zuerst klären, was dieser Begriff aussagen soll. Abgesehen davon, dass so mancher „Geistliche" wegen dem Chaotischem, was man an ihm entdecken kann, das Merkmal der unvollendeten Vorläufigkeit mit einer allenfalls „partiellen" Heiligkeit aufweist, wird das Chaos in der griechischen Antike zwar als Zustand der Unordnung verstanden, steht jedoch in Bezug zum Kosmos als dessen Gegenteil, denn die Griechen betrachteten den Kosmos als geordnet.

 Insofern kann man sagen, dass Gott nicht direkt aus sich heraus mit einer geordneten Welt ins Dasein trat. Aus Sicht der Elementarphysik muss man hier jedoch mit Vorsicht interpretieren, was genau als „Unordnung" bezeichnet worden ist. Die Welt ist nämlich bis ins Kleinste eher geordnet als ungeordnet. Das konnten die Griechen nicht wissen. Das biblische „formlos und leer" bezeichnet ja nur die Unvollständigkeit des zu Beginn des ersten Tages vorliegenden Schöpfungsmaterials. Eine hochgradige Ordnung war aber bereits vorhanden, weil ohne sie alles Daseiende sofort wieder umgestürzt wäre. Sowohl der Makrokosmos als auch der Mikrokosmos halten sich minutiös an die Naturgesetze und die Naturkonstanten haben von Anbeginn an ihre unveränderlichen, exakten Parameter, weil sonst nichts in dieser Welt Bestand haben könnte. Auch die unbelebte Welt zeigt eine hochgradige Komplexität und Strukturierung auf, so dass schon deshalb die „Unordnung" ein irreführender Begriff ist.

Was sollte an der Ansammlung von Sauerstoffmolekülen in einem Atemzug beispielsweise in Unordnung sein? Keines der Moleküle unterscheidet sich von dem anderen. Sie haben die gleiche Größe, die gleiche elektrische Ladung, die gleichen Eigenschaften, sie halten sich alle gleich exakt an die Naturgesetzlichkeiten, denen sie untergeordnet sind. Was würde ihre Durchnummerierung ergeben? Es könnte sie ehedem nur ein denkendes Wesen vornehmen und das könnte willkürlich entscheiden, ob links oben anzufangen wäre oder ob überhaupt nicht einer bestimmten Reihenfolge folgend durchnummeriert werden sollte. Das ergäbe aber nur eine theoretische, menschlich erzeugte Unordnung, die Natur bliebe dabei unbeteiligt. Die menschliche Willkür ändert also nichts an der göttlichen Ordnung. Eine Krume Ackererde ist nichts Chaotisches, weil sie genau den Zweck erfüllt, für den ihre Moleküle geschaffen worden sind. Es spielt keine Rolle, wie man ihre Moleküle durchnummeriert. Die Ordnung ergibt sich aus ihrer Funktionalität und wird durch sie bestätigt.

Was Gott tut, wenn Er komplexere Strukturen schaffen will, die dann als Lebewesen funktionieren können, ist, dass er die Moleküle, die bereits geschaffen sind, in eine bestimmte Anordnung bringt und sie Kraft Seines Geistes „zum Laufen" bringt. Das genau ist in Gen 1 beschrieben. Das geschieht ab Gen 1,2 am Ausgangspunkt des „tohu wa bohu". Auch als Er ab dem dritten Tag die ersten Lebewesen schuf, nahm Er bereits vorhandenes Molekülmaterial, das an sich in Bezug auf das, was daraus gemacht werden sollte, noch „tohu wa bohu" war, denn es war noch nicht in die richtige Form gebracht und noch informationsleer. Gott könnte auch weiter damit fortgefahren haben, aus dem Nichts heraus Lebewesen zu schaffen. Das würde jedoch bedeuten, dass Er die Tiere und Pflanzen anders erschaffen hat als den Menschen. Das anzunehmen, gibt es keinen Anlass.

Die von Gott zur Erschaffung von Himmel und Erde benutzten sechs Tage enden genau genommen immer mit: *„Und es wurde Abend, und es wurde Morgen: ein ...ter Tag."* Damit is etwas Physikalisches gemeint. Sichtbares Licht und die Abwesenheit von sichtbarem Licht wechseln sich ab. So wechselt ein Tag in die Nacht und die Nacht in den Tag. Aber auch für die Analogie gilt, immer wieder macht es Gott so, dass Er aus etwas, was noch in der Finsternis liegt, etwas Lichtes ins Leben ruft. Im Schöpfungsbericht geht es aber um physikalische Realitäten. Dazu gehören auch die Lichtspender Sonne und Mond, wie es in Gen 1,14-16 nachzulesen ist. Und die Sterne (Gen 1,14.16) Der Einwand, dass doch der Mond kein eigenes Licht verstrahle, ist nicht stichhaltig. Für den Menschen, der nachts bei Vollmond mehr sieht als in stockdunkler Nacht, kommt das Licht ja dennoch vom Mond. Dieses Licht kam von der Sonne zum Mond.

Die Sonne hat aber nie Besitzansprüche angemeldet, dass das Licht, dass sie auf den Mond wirft, ihr noch rechtlich zustehen würde und ihren Namen zu tragen hätte. Wäre das der Fall, müsste der Mensch im Mondlicht künftig sagen, „schön, dass heute wieder der Mond das Licht von der Sonne zu uns herunter reflektiert!" Aber tatsächlich kommt das Licht ja gar nicht ursprünglich von der Sonne. Es wurde zwar abgegeben von der Sonne, stammt aber aus einem Kernfusionsprozess, bei dem sich im atomaren Bereich Elementarteilchen nach streng naturgesetzlichen Regeln verhalten. Das Licht könnte also als Absenderangabe jeweils einzelner Erzeuger-Atome angeben, die in ihrer Gesamtheit dem menschlichen Auge als „Sonne" erscheinen.

Die Worte „tohu" und „bohu" haben an sich keine negative Bedeutung. Das kann man daran erkennen, dass sie oft etwas Positives anzeigen. Wenn man auf die Frage: „Ist in der Dusche noch die Giftschlange?" antworten kann, „Nein, sie ist weg!" dürfte das „bohu"- Sein der Dusche für die meisten eine positive Nachricht sein. Ein Schlangenforscher oder bezahlter Schlangenjäger wird darüber eher nicht erfreut sein. Auch ein Töpfer wird sich über eine neue Lieferung formlosen Lehms mehr freuen, als wenn er einen geformten Dreck bekommt, der nicht seiner Vorstellung entspricht.

Adam selbst war auch *tohu wa bohu* als er noch ein Stück Lehm war, bevor Gott ans Töpfern ging. Damit ist im Grunde ausreichend bewiesen, dass *tohu wa bohu* sehr wohl am Anfang der Sechs-Tage-Schöpfung stehen konnte, ohne einer weiteren früheren Schöpfung gefolgt zu haben.

Gott erschafft Raum, aber keine Lücke

Gott schafft kein Chaos im Sinne dessen, was Menschen im Allgemeinen unter Chaos verstehen, aber er fängt mit nichts an! Er schafft einen Raum, der noch in der Hinsicht leer ist, wie Gott ihn leer nennen muss, wenn Er vorhat, ihn noch zu befüllen.

Man sollte nicht spotten, wenn in den Köpfen der Menschen manchmal eine gewisse, zumindest zum Teil selbstverschuldete Leere festzustellen ist. Aber der Zustand der Erde war am Ende des sechsten Schöpfungstages von Gen 1 und noch mindestens bis zum neunten Monat danach so, dass es hinsichtlich der Erdbevölkerung eine weitgehende Leere auf der Erde gab, die allein Gott zu verantworten hatte. Und dann gab ja Gott auch gleich Adam das Gebot, die Erde zu füllen: Seid fruchtbar und mehrt euch! Nicht alle Füllung hat also Gott selber oder allein zu verantworten. Auch das Weltall hat eine Menge luftleeren Raum. Wie lange das so bleibt, steht in den Sternen, bzw. da gerade nicht!

Für eine Leere gilt das Gleiche wie für Finsternis oder tohu, sie bedeuten an sich noch nichts Negatives, eher etwas Unfertiges. Die Tatsache, dass Gott sechs Tage verwendete, um eine Welt zu erschaffen, über die er dann sagen konnte, dass sie sehr gut war (Gen 1,31), beweist bereits hinlänglich, dass am ersten und zweiten und dritten und vierten und fünften Tag noch nicht alles fertig war. Es gab an all den Tagen vor dem sechsten Schöpfungstag eine gewisse relative Leere und ein gewisses Maß an nicht Geformtem, sogar, wenn das Geformte nur in den Gedanken Gottes bereits vorlag. Wenn Gott in sechs Tagen die Schöpfung erschafft, war die Schöpfungsfülle des sechsten Tages noch nicht da. Insofern herrschte noch eine Teil-Leere, die in Gen 1,2 jedenfalls noch eine größere Teil-Leere war.

Ein Leerzeichen in einem Text, so wie es zwischen Gen 1,1 und Gen 1,2 der Fall ist, ist auch eine Lücke. Aber es ist eben eine leere Lücke, denn wenn die Lücke nicht leer sein sollte, wäre sie ja mit Buchstaben und Satzzeichen gefüllt.

Die Lückentheoretiker wollen aber die Lücke mit einer weiteren Schöpfung und ihrem Untergang gleich mit befüllen. Das ist ein bisschen viel auf einmal. Aber es lassen sich sicher viele Lücken in der Bibel finden, wo vieles unausgesprochen ist. Textlich gesehen bleibt es jedoch dabei, dass da, wo nichts steht, nichts steht. Vom Textzusammenhang her ist diese Schlussfolgerung für Gen 1,1 und Gen 1,2 zwingend.

Es gibt gegen diese Folgerung meines Wissens nur zwei Einwände.

1. Einwand

Der erste Einwand stammt aus der Bibel selbst, denn in Jes 45,18 heißt es: *„Denn so spricht der HERR, der den Himmel geschaffen hat - er ist Gott; der die Erde bereitet und gemacht hat - er hat sie gegründet; er hat sie nicht geschaffen, dass sie leer sein soll, sondern sie bereitet, dass man auf ihr wohnen solle: Ich bin der HERR, und sonst keiner mehr."*

Hier steht wieder „tohu", aber wie bereits gesagt sind die Begriffe nahezu austauschbar. Die ElbÜ übersetzt folgendermaßen:

„Er hat sie gegründet, nicht als eine Öde hat er sie geschaffen" Aber im hebräischen Text steht nicht das Wort „als". Luther übersetzt: *„Er hat sie nicht geschaffen, dass sie leer sein soll"*. Der Unterschied ist, dass hier nicht ausgeschlossen ist, dass Gott eine Leere hergestellt hat, jedoch nicht mit der Absicht, sie leer zu lassen, sondern um sie umzuwandeln in etwas Gefülltes oder Bewohnbares. Weitere Übersetzungen klauten bei Tur-Sinai: *„nicht leerhin sie geschaffen, zum Wohnen sie gebildet"*, bei Menge: *„nicht zu einer Einöde hat er sie geschaffen, nein, um bewohnt zu werden, hat er sie gebildet."*

Auch das „zu" steht nicht im Text. Aber es ist unmissverständlich, was der Text sagen will. Gott hat die Erde nicht geschaffen, um sie öde oder leer zu lassen, sondern um sie zu füllen. Wer sagt, dass hier gemeint sei, dass Gott die Erde nicht als Leere geschaffen hat oder nicht bei der Erschaffung mit einer Leere begonnen hat, übersieht, dass das nicht zur Satzaussage passt, denn der Satz geht ja mit einem auflösenden Gegensatz weiter: die Erde wurde geschaffen, um bewohnt oder gefüllt zu werden. Dazu passt nur, dass der Halbsatz vorher aussagt, die Erde wurde nicht geschaffen, um leer zu bleiben. Der passende Gegensatz für *„Gott hat die Welt nicht als Leere geschaffen"* würde lauten: *„Gott hat die Welt fertig geschaffen".* Dies widerspricht aber dem Schöpfungsbericht. Eben das hat Gott nicht gemacht, sondern Er hat die Welt geschaffen, so dass Er sie noch anfüllen konnte. Er hätte sie ja auch in drei Tagen oder an einem Tag erschaffen können, aber Er hat sich für sechs Tage entschieden, vermutlich damit der Mensch dann mit einem Ruhetag alle sieben Tage einen Rhythmus zwischen arbeiten und ruhen bekommt, der ihm angepasst ist.

Im vorliegenden Kontext geht es um die Heilung Israels. Das bestätigt das oben gesagte, dass sich das Prinzip der Schöpfungsgeschichte sich in der Heilsgeschichte wiederfindet. Jesaja sagt also hier, Gott hat die Welt erschaffen, nicht um sie leer zu lassen, sondern um sie anzufüllen, ebenso hat Er Israel nicht geschaffen und auserwählt, um sie in diesem unheilvollen, man könnte auch sagen, leeren, geistlosen Zustand zu belassen, sondern wie es in Vers 17 heißt: *„Israel findet Rettung in dem HERRN, ewige Rettung".* (Jes 45,17)

Somit ist klar, dass Jes 45 eher gegen die Lückentheorie spricht als dafür. Jedenfalls eignet sich Jes 45 nicht als Beleg für die Lückentheorie.

Gott hat die leere oder wüste Erde sofort angefüllt, zuerst mit Licht. Sie ist innerhalb von sechs Tagen mit allem angefüllt worden, was wir kennen und mit noch viel mehr, was wir noch nicht kennen.

Gerade diesen Umstand, dass Gott durch Trennung bzw. Scheidung die Dinge, die er haben will, erschafft, erklärt ja einwandfrei, dass es zuerst tatsächlich eine Leere gegeben hat, die Er füllen wollte und auch gefüllt hat. Wenn Gott beispielsweise will, dass sich Mann und Frau zu einer Familie vereinen, dann muss er ja zuerst Mann und Frau als getrennte Einheiten geschaffen haben.

Ein Ausleger schreibt: *„Weiteres Licht fällt aus dem Wort Jes 45, 18 auf diese Sache: »Denn so spricht der Herr, der die Himmel geschaffen hat – er ist Gott –, der die Erde gebildet und sie gemacht hat – er hat sie gegründet, nicht als eine Öde (tohu) hat er sie geschaffen, sondern zum Bewohnen hat er sie gebildet.« Damit ist in aller Deutlichkeit belegt, dass der ursprüngliche Zustand der von Gott geschaffenen und gebildeten Erde nicht der gewesen sein kann, den wir im zweiten Vers von 1. Mos. 1 ausgesagt finden. Somit ist die Lesart »sie wurde wüst und leer« im vollsten Umfang gerechtfertigt."* Das ist dieses fatale und irreführende an dieser Auslegung, dass Aussagen der Bibel ins genaue Gegenteil gekehrt werden und dabei wird noch behauptet es sei *„in aller Deutlichkeit belegt"* und *„im vollsten Umfang gerechtfertigt"*. Aus dem Munde eines Theologieprofessors hat das Gewicht. In *„aller Deutlichkeit"* soll also belegt sein, *„dass der ursprüngliche Zustand der von Gott geschaffenen und gebildeten Erde nicht der gewesen sein kann, den wir im zweiten Vers von 1 Mos 1 ausgesagt finden."* Das ist jedoch eine atemberaubende Auslegung, denn im zweiten Vers von 1 Mos 1 und den Versen danach wird in aller Deutlichkeit gesagt, dass Gott es nicht bei der Leere belassen hat, sondern dass Er sie gefüllt hat. Jesaja zeigt damit, dass Gott den Zustand, den Israel erreicht hat, nämlich noch sehr unvollständig Gott zu folgen, nicht belassen wird (siehe Kontext!!), genauso wie Gott die Erde nicht in ihrem anfangs unfertigen Zustand gelassen hat.

Scheidung und Trennung sind bei Gott nur eine Station auf dem Weg zur Vollendung. Ohne die wichtigste Trennung, die Gott jemals durchgeführt hat, wäre das Heil für die Menschen gar nicht möglich geworden. Das geschah, als der Gottvater den Sohn aus Seiner unmittelbaren Gemeinschaft ausschied, denn als Mensch konnte Jesus Christus noch nicht da sein, wo Seine Bestimmung war. Er war zwar geistlich mit dem Vater eins geblieben, aber doch noch nicht zu dessen Rechte sesshaft geworden. Für die Menschen war es Voraussetzung für ihre Erlösung. Jesus kam, um die Finsterniswerke zu besiegen und den Durchbruch zum Licht, als das er sich selber bezeichnete, zu bringen.

Genauso muss Gott, wenn Er den Unterschied zwischen geistlichem Licht und geistlicher Finsternis deutlich machen will und hernach der Sieg des Lichtes über die Finsternis, auch die Finsternis zumindest in geistlicher Hinsicht, etwa durch Gebote und Unterweisung deutlich gemacht haben, oder noch besser durch den personifizierten Gott selber, der mit Seinem Wesen alles überragt und zum Wahren und Endgültigen hinweist und hinzieht (Joh 12,32).

Ebenso muss Er, wenn Er den Vorgang der Füllung der Erde demonstrieren will, sie erst leer sein lassen. Es kann daher dahingestellt bleiben, ob das „war" in dem Satz *„Die Erde war wüst und leer"* ein „werde" oder „geworden" bedeutet, denn vor jedem Schöpfungsakt gibt es Gott, der den Schöpfungsakt durchführt. Gott ist der Werdenmachende. Um es zu verdeutlichen: Gott schafft immer aus dem, was nichts Fertiges ist, etwas Fertiges! Dem Nichtfertigen ist das Nichts vorausgegangen, oder, wenn man so will die Idee des Unfertigen ebenso wie die Idee des Fertigen. Daher empfiehlt die Bibel von A bis Z, dass man Gott loben und preisen soll. Er ist nämlich der Schöpfer und der Vollender und der Verherrlicher

Das ist die Weltgeschichte und Menschheitsgeschichte in einer Kurzformel. Gott erschafft, vollendet und verherrlicht. Von Alpha bis Omega. Und das Evangelium Jesu Christi besagt nichts Anderes. Es fängt deshalb auch bei Gen 1,1 an und nicht bei Gen 1,2 und auch nicht bei der Evolution im Sinne Darwins. Wer das Alpha von Jesus Christus nach Joh 1,1ff, wo Er als Schöpfergott vorgestellt wird, nicht auch in Gen 1 gelten lässt, hat nur einen deformierten Jesus. Dieser kann auch nicht das ganze Omega sein am Ende. Jeder, der einen anderen Ausgang der Welt- und Menschheitsgeschichte als in dem Omega Christus sieht, hat nicht den ganzen Christus, sondern nur eine unrealistische Variante. Wie sich das heilsgeschichtlich zunächst für den Einzelnen auswirkt, sei dahingestellt.

2. Einwand

Der zweite Einwand, der viele Christen bzw. christliche Ausleger dazu bringt (verführt?) zwischen Gen 1,1 und Gen 1,2 Jahrmillionen zu legen, in denen es vor der dann so zu bezeichneten Neu-Erschaffung ab Vers 2 schon viel Geschaffenes gab, ist die Tatsache, dass die Naturwissenschaftler dementsprechend argumentieren.

Diese Übernahme weltlicher, nichtbiblischer Argumente halte ich aus zwei Gründen für bedenklich.

1. Grund

Man sollte grundsätzlich, wenn Bibel und weltliche „Wissenschaft" sich widersprechen, sich für die Lesart der Bibel entscheiden, weil biblische Aussagen sich noch nie als unstimmig, Aussagen der weltlichen Wissenschaft, aber immer wieder als unstimmig erwiesen haben. Die Wahrscheinlichkeit, dass sich die biblischen Aussagen weiterhin als die richtigen erweisen ist also sehr hoch. Aus biblischer Sicht ist das Verhältnis der biblischen Wahrheit bW zur menschlich-wissenschaftlichen Wahrheit mW wie ∞ zu x, wobei $x < \infty$ und x nahe bei 1 und weit entfernt von ∞ liegt.

Der biblische Text beinhaltet keinerlei Hinweise, dass zwischen Vers 1 und 2 diese Jahrmillionen mit einer weiteren Schöpfung liegen. Und

2. Grund

Es gibt erhebliche theologische Probleme, wenn man annimmt, dass es vor der Schöpfung ab Vers 2 bereits eine weitere Schöpfung gab. Die Bibel sagt an anderer Stelle nämlich eindeutig, dass durch Adam die Sünde und durch die Sünde der Tod in die Schöpfung gekommen ist. Das würde dann nicht stimmen, wenn es vor Adam bereits Leben und Sterben gab.

Bei alledem sind die Argumente, die von den Lückentheoretikern vorgebracht werden, nicht stichhaltig.

„Es ist der merkwürdige Sachverhalt, dass uns der zweite Vers des ersten Kapitels der Genesis die von Gott im Anfang geschaffene Erde als wüst und leer schildert…" schreibt ein Ausleger. Diese Merkwürdigkeit klärt sich aber auf, wenn in den nachfolgenden sechs Schöpfungstagen, das was „leer" und „ohne Form" ist, gefüllt und geformt wird. Was der Ausleger nicht übersehen darf ist, dass die Paarung Leere – Füllung biblische Methode ist. Einer Füllung muss daher die Leere vorangehen. Der Schöpfungsbericht ist „merk-würdig", aber er ist des Merkens nur würdig, wenn er wahr und folgerichtig ist und die Größe und Souveränität Gottes zeigt. Dem Bericht sollte kein Chaos zugedichtet werden, weil er dann an „Merk-würdigkeit" verliert und Gott keine Ehre erweist. Auch den Merkunwürdiges erzeugenden Auslegern nicht!

Hier die Schöpfungstage, bei denen man sieht, dass das, was erst noch leer ist, zurechtgemacht (geschieden) und gefüllt wird:

Finsternis wird vom Licht geschieden in Vers 4 (Tag 1)
Das Wasser wurde geschieden in oben und unten, daraus entstand der Himmel in den Versen 6-8 (Tag 2)
Das Wasser unten schied sich vom Land in den Versen 9-10 (Tag 3)
Bis hierher werden Lebensräume geschaffen, die bis zum dritten Schöpfungstag noch leer sind. Ab jetzt geht es los mit der Füllung.

Noch am dritten Tag: Pflanzen in Vers 12

Sonne, Planeten, Mond und Sterne in den Versen 14-16. Dazu ist anzumerken: diese Planeten und Monde haben heute Einschlagskrater wie es sie auch auf der

Erde gibt. Da sie am 4. Schöpfungstag geschaffen wurden, bedeutet das, dass die Krater danach entstanden sind! (Tag 4)

Wassertiere und Vögel (zur Erinnerung, zuerst waren die Wasser geschieden worden und dadurch entstand auch der Himmelsluftraum!) in den Versen 20-22 (Tag 5)

Und jetzt bleibt nur noch die leere Landmasse zu füllen, nämlich durch:

Landtiere und Menschen in den Versen 24-27 (Tag 6)

Für eine vorherige Schöpfung bleibt hier kein Raum, denn Sonne, Mond und Sterne brennen auf das Licht der Schöpfung! Kein Raum bleibt leer. Kein Raum muss vorher geleert worden sein, damit er in sechs Tagen gefüllt werden kann.

Gen 1 erscheint weniger sonderbar als mit Überlegung strukturiert. Da ist nichts Chaotisches. Mit einem Durcheinander oder einer Wüste hat das offenbar nichts zu tun. Im Genesisbericht heißt es klar und deutlich, dass Sonne, Mond und Sterne am 4. Schöpfungstag erschaffen worden sind. Das ist unabhängig davon zu sehen, ob das Licht der Sterne doch Jahrmillionen zu uns unterwegs sein musste, was keineswegs bewiesen ist.

Der Glauben an die Vorexistenz einer anderen Welt kann zwar als Versuch gewertet werden, die naturwissenschaftlichen Thesen über die Jahrmillionen irgendwie mit der Bibel zu harmonisieren, aber biblisch ist er nicht nachweisbar. *7

Ein Ausleger schreibt: *„Da steigen gleich mehrere berechtigte Fragen auf. Ist es denn wahrscheinlich, dass Gott die Erde im Anfang wüst und leer schuf? Warum dann lediglich die Erde und nicht auch die Himmel?"*

Man muss aber, bevor man Fragen stellt, zusehen, ob man nicht schon Antworten für etwaige Fragen hat. Und wenn man sie nicht akzeptiert, muss man sich als nächstes fragen, warum. Die Erschaffung eines Himmels wird im ersten Schöpfungstag in den Versen 7-8 genannt und ergibt sich, jedenfalls was den von Menschen erfassbaren und messbaren Himmel anbelangt aus Gen 1,14-16. Insofern ist die Frage falsch gestellt. Gott hat zwar Himmel und Erde erschaffen, aber, wie der Schöpfungsbericht zeigt, hat Er den Himmel nicht vor dem vierten Tag fertig gestellt und am ersten Tag bereits mit der Erde angefangen. Es ist klar, warum das auch für uns Menschen Sinn machen kann. Wir leben nur auf der Erde, nicht im Himmel. Und wenn Gott die Himmel und die Erde wegen dem Menschen gemacht hat, dann ist es umso verständlicher, dass im Schöpfungsbericht die Erde im Mittelpunkt steht und nicht der Planet Jupiter!

In Vers 8 heißt es: *„Und Gott nannte die Wölbung Himmel."* Und ab Vers 14 werden dann die Himmelskörper geschaffen. Auch das wird von vielen Auslegern einfach ignoriert. Im ganzen Schöpfungsbericht steht nirgends etwas von einem Restaurieren, obwohl es doch eminent wichtig gewesen wäre, davon etwas zu sagen, aber natürlich nur, wenn es so etwas wie eine Restauration überhaupt gab! Warum kann man das klare biblische Wort nicht stehen lassen? Die Antwort liegt auf der Hand, man versucht seine Theorie zu untermauern.

Wenn also in Vers 8 der Himmel erschaffen worden ist und ein paar Verse und ein paar Tage später dieser noch leere Himmel mit Himmelskörpern gefüllt worden ist, dann kann man doch schon gar nicht mehr fragen, warum nicht auch der Himmel am Anfang leer und ohne Form gewesen sei. Er war es doch! Und die Bibel sagt es klar! Kann man von Auslegern nicht erwarten, dass sie gründlich lesen? Schwieriger wird es, sich von einer liebgewonnenen Idee zu verabschieden, selbst wenn sie so offensichtlich falsch begründet wird!

Im Genesisbericht gibt es aber tatsächlich eine Chaos-Meldung. Ab dem Sündenfall von Adam und Eva begann das Chaos, ja, aber! Aber vorher nicht!

Was „war", ist geworden

„Und die Erde war wüst und leer", muss nicht mit *„Und die Erde wurde wüst und leer"*, übersetzt werden (Gen 1,2). Und wahrscheinlich ist das sprachlich nicht einmal möglich.

Aber wie ist das הָיְתָה hā·yə·ṯāh zu verstehen? Tur-Sinai, Luther, Schlachter, Menge, Zürcher, ElbÜ und King James übersetzen mit „war". (von הָיָה hayah, sein, werden). Auch die Septuaginta, eine Übersetzung von Juden für Griechen, die bereits vor Christi Geburt fertig gestellt war, enthält „en" – „war" (Imperfekt indikativ aktiv), Buber-Rosenzweig übersetzen ebenfalls mit „war", *8 Tur-Sinai ebenso: *„Die Erde aber war bloß und bar".* *9 Hebräische Sprachkundige übersetzen es in der Regel ebenfalls so. Da heißt es u.a. auch, dass eine Übersetzung mit „wurde" in diesem speziellen Fall nicht möglich sei. Die meisten Bibelübersetzer sind keine Hebräer. Dass es unter ihnen eher zu einer abweichenden Übertragung kommen kann, würde nicht überraschen können. Ihrem Urteil darüber, wie etwas in der hebräischen Sprache zu verstehen ist, kann mit Skepsis begegnet werden.

Einige Theologen wollen hier ein „ward" oder „wurde" stehen haben. So wird verständlicherweise gerne dann übersetzt, wenn man die Lückentheorie vertritt. Man will damit zum Ausdruck bringen, dass zuerst Gott die Himmel und die Erde erschaffen hat. Dann brach das Chaos aus. Also „wurde" die Leere erst durch dieses Chaos geschaffen. Tatsache ist, dass hier mit „war" übersetzt werden kann. Und das reicht aus, um sagen zu können, dass auch sprachlich eine Lückentheorie nicht nachgewiesen ist. *10

Nicht unbedingt geht die Entstehung der Lückentheorie auf die vorläufigen Überlegungen der Geologen und Biologen des 19. Jahrhunderts zurück, aber ihr verstärktes Aufkommen in einigen Kirchenkreisen. Das ändert nichts an der Tatsache, dass solche Kirchenmänner ihre Lückentheorie mit den Erkenntnissen der Geologie rechtfertigen wollten und sie darin eine Übereinstimmung sahen, die sie naturgemäß auch vertraten. Die Diskussion über die mögliche Existenz einer gefallenen Welt vor Adams gefallener Welt ist aber älter. Sogar Juden sollen sich schon vor zweitausend Jahren darüber Gedanken gemacht haben, warum die Schlange als Verführer so schnell im Garten Eden aufgetreten ist. So sollen jüdische Gelehrte, die am Targum des Onkelos, einer der ältesten aramäischen Übersetzungen des

Alten Testamentes, mitgewirkt haben Gen 1,2 sinngemäß mit *„und die Erde wurde verwüstet"* wiedergegeben haben.

Auch Origenes (186-254) soll in „De Principiis" von einer Vor-Erde, die „hinabgeworfen" worden sei, geschrieben haben. ***11** Der flämische Gelehrte Hugo St. Viktor (1097-1141) kannte anscheinend auch schon die Chaostheorie: *„Bis auf die Frage, wie lange wohl die Unordnung angehalten hat, ehe Gott mit der Neuordnung der Erde begann, dürfte dieses Thema schon ausreichend behandelt worden sein".* ***12** Es gab auch andere mittelalterliche Gelehrte, die sich darüber Gedanken machten. Auch später gab es darüber immer wieder Überlegungen. ***13**

In einer Fußnote heißt es bei Archer: ***14** *„Genaugenommen hat die Verbform hajah nie die statische Bedeutung, wie sie im Wort ‚sein' enthalten ist. Die Grundbedeutung hat mit Werden und Entstehen zu tun ... Mitunter wird folgende Unterscheidung gemacht: hajah bedeute nur dann ‚wurde', wenn ihm die Präposition le folge. Doch diese Unterscheidung hält einer kritischen Prüfung nicht stand. So in 1. Mose 3,20: ‚Und Adam nannte sein Weib Eva; denn sie wurde die Mutter aller, die da leben.' Dem Verb in diesem Satz folgt kein le. Hajah wird auch in 1. Mose 4,20 ohne le verwendet, wo es heißt: Und Ada gebar Jabal; dieser wurde der Vater derer, die in Zelten und unter Herden wohnen.' "*

Der Haken an diesem Kommentar ist, dass doch Eva tatsächlich die Mutter, bzw. Urmutter aller lebender Menschen und aller ihr nachfolgender Generationen war und geblieben ist. Und wenn einer sagen würde, sie war es nicht nur, sondern sie ist es immer noch, würde das daher auch berechtigt sein. Ebenso verhält es sich mit Jabal. Er war ja tatsächlich der Vater derer, die in Zelten wohnen. Damit ist das so logisch klingende Argument von Archer auch schon wieder dahin. Man muss hier an diesen Stellen eben gar nicht mit „wurde" übersetzen. Was in der Vergangenheit geworden ist, war auch. Und was war, kann immer noch sein und es ist damit auch immer zu einem Jetzigen geworden. Das Sein und Werden hat also immer einen Sinnzusammenhang. Man muss daher vom Kontext her entscheiden, was gemeint ist. Das ist biblisch nicht immer einfach, weil die hebräische ebenso wie die griechische Sprache in ihrer Zeitform nicht immer eindeutig ist. Hinzu kommt das gerade in der Bibel in prophetische Botschaften Dargebotene, an dem man ersehen kann, dass der Sprecher bereits Vergangenes auch in der Zukunft als wiederholbare Vorgänge sieht.

Aber kann man in Gen 1,2 wirklich mit „wurde" übersetzen? Gibt das der Kontext her?

„Im Anfang schuf Gott die Himmel und die Erde (Vers 1)

und

die Erde war formlos und leer. (Vers 2)"

Zwischen dem ersten Vers und „die Erde" (וְהָאָרֶץ) steht ein „und", hebräisch „we" (Konsonant w oder hebräisch ו, der „waw" genannt wird).

Dieses „und" wird von manchen Bibelauslegern nicht wahrgenommen. Es ist aber wichtig. Genauso wird die Mehrzahl Himmel in von manchen Übersetzern in einen Singular verwandeln, eigentlich unvorstellbar, wie man dazu kommen kann.

Schaut man sich die grammatische Struktur an, muss man folgendes feststellen. Bei Vers 1 wird durch das Verb „schuf" die Satzaussage zu einem Verbal-Satzteil. Bei Vers 2 wird wegen der Nennwörter tohu und bohu, wörtlich eigentlich Formlosigkeit und Leere, die Satzaussage zu einem Nominal-Satzteil. Das hat Konsequenzen, die dem bloßen Leser verborgen sind.

Verbalsatzteile, die mit einem „und" mit einem Nominalsatzteil verbunden sind, beschreiben einen Zustand (tohu wa bohu) der mit der Haupttätigkeit zeitgleich ist

***15**

Auffällig ist, dass das „we" (hebr. ו) von Mose im Schöpfungsbericht in seiner konsekutiven Form, die man an der nachfolgenden Verbalkonstruktion erkennt – wo also das eine zeitlich auf das andere folgt und nicht zeitgleich gemeint sein soll – häufig benutzt wird (2x Vers 3, 2x Vers 4, 3x Vers 5, 2x Vers 6). Bei Vers 2 hat

der Verfasser des Schöpfungsberichtes das aber nicht gemacht. Hier liegt das „we"
(hebr. וְ) in der Nominalform vor und bedeutet deshalb ein zeitgleiches „und". Hätte
Moses, bzw. Gott, sagen wollen, dass zwischen Vers 1 und 2 eine Lücke liegt, hätte
der nachfolgende Satz in der Verbalform ausgedrückt werden müssen. Das bedeutet, dass sprachlich zwischen Vers 1 und 2 keine zeitliche Lücke passt. Somit kann
das „war" von Vers 2 auch nicht mit „wurde" oder „war geworden" übersetzt werden,
jedenfalls nicht, um damit eine Lücke anzuzeigen.

Dass das viele Ausleger, die des Hebräischen nicht mächtig sind, nicht wissen
konnten, ist verständlich. Aber Gott drückt sich immer wieder auch sehr klar aus.
Leider übersetzen auch Bibelübersetzer nicht immer mit der gebotenen Ehrfurcht.
Das ist nur allzu menschlich. Dann liegt es aber nicht an einem Mangel an Sprach-
kenntnissen, sondern an dogmatischer Voreinstellung.

Man kann sich aber auch eine andere Frage stellen. Was wäre damit wirklich
gewonnen, wenn die zutreffende Übersetzung „wurde" lauten würde? Nichts, denn
auch die Leere der Erde war ja nicht immer, da ja die Erde auch nicht immer da
war. Wenn die Erde einmal wurde – durch einen Schöpfungsakt, dann ist unmittelbar durch diesen Schöpfungsakt die Leere ebenfalls mit geschaffen worden, weil
die Erde als eine leere Erde geschaffen worden ist, damit sie im nächsten Schöp-
fungsschritt angefüllt werden kann. Gott hat schrittweise bzw. tageweise die Erde
mit weiterem angefüllt, was vorher nicht da war. Heilsgeschichtlich geht er genauso
vor. Angenommen Gott hätte die Vorschöpfung gleich vollkommen hingestellt, warum hat er die zweite Schöpfung nicht auch gleich vollkommen hingestellt, so dass
nichts mehr zu restaurieren oder zu befüllen war: Warum hat Er etwas Zerstörtes
und Gefallenes genommen und es wieder halbwegs aufgebaut, anstatt mit etwas
völlig Neuem anzufangen?

Gen 1, 2 lautet also richtigerweise so: *„Und die Erde war wüst und leer und Fins-*
ternis war über der Tiefe". Die Leere und Finsternis stehen also in einem direkten
Zusammenhang. Die Finsternis „wurde" nicht über der Tiefe, sondern war. Dann

spricht aber Gott, es „werde" Licht. Gott ruft ja die Dinge ins Dasein. Dieses Prinzip, das zuerst ein Schöpfungsakt mit Finsternis anfängt, hat man an allen Schöpfungstagen und zeigt das für Gott gewissermaßen typische Handeln an. Er stellt zuerst eine Finsternis bereit, damit das Licht überhaupt sichtbar und von der Finsternis geschieden werden kann.

Darin besteht auch die Reife eines Menschen, dass er sich von den Werken der Finsternis allmählich zu Werken des Lichts und vom „war" zum „werde" fortbilden lässt. Wie sollte ein Mensch wissen was „gut" ist, wenn er den Gegensatz nicht kennt? Wie sollte man wissen, dass geistliche Finsternis immer Abwesenheit Gottes und Abwesenheit von Gottes Handeln ist, wenn man nicht Gottes Abwesenheit erlebt hat? Und wie sollte man die Anwesenheit Gottes zu einer verinnerlichten Wirklichkeit werden lassen wollen, wenn man nicht erfahren hat, dass man nicht für die Finsternis, sondern für das Licht, mithin zur Gemeinschaft mit Gott erschaffen worden ist!

Die Finsternis wird licht

Manche bringen vor, dass Finsternis nicht Gottes Wesen entspräche. Also könne Gott es auch gar nicht erschaffen haben. Aber nicht alle, denn andere haben bemerkt, dass hier eine Konfusion der Denkkategorie vorliegt. Wie schon beim „tohu wa bohu" erläutert, gibt es Zustandsbeschreibungen verschiedener Art. Ein Mensch mag äußerlich entstellt sein, und doch kann er ein gutes „Herz" haben. Und so muss auch, was finster für das menschliche Auge ist, nicht geistlich finster sein. Das mag jedermann selber ergründen, wenn er bei Nacht ein Zimmer durch die Betätigung eines Lichtschalters mit Licht überschüttet, ist das Zimmer nicht geistlich höherwertiger geworden als es Sekunden vorher noch war.

Doch unermüdlich fragen Lückentheoretiker: Warum sollte es denn schon Finsternis gegeben haben, wenn das Böse auf der Erde noch gar nicht existierte?

Ebenso muss die „Finsternis" nicht als Resultat eines Gerichts verstanden werden wie das „tohu wa bohu". Und Gott nannte das Licht Tag, und die Finsternis nannte er Nacht (Gen 1,5) Merkt man es? Die physikalische Lichterscheinung bekommt von Gott den Namen Tag und die physikalische Abwesenheit des Lichtes nennt Er Nacht. Er nimmt die Namenseinteilung nicht für sich vor, sondern für den Menschen. Gott schafft hier Lebensraum für das lebendige Wesen Mensch, dass Er ein paar Tage später aus Lehm formen wird.

Hier darf man die Kategorien nicht durcheinanderbringen. Finsternis und das Böse sind nicht gleichzusetzen. In der Schöpfung ist Finsternis lediglich die Abwesenheit von Licht. Das ist etwas Physikalisches. Licht wurde ja von Gott erst noch durch den Schöpfungsakt geschaffen, vorher war Nichtlicht, aus Sicht des Menschen, der auf Licht angewiesen ist, also war vorher in einem physikalischen Sinne Finsternis. Was der Mensch als Licht wahrnimmt, ist nur ein Teil der natürlichen elektromagnetischen Elementarstrahlung. Wo für den Mensch Finsternis, also Abwesenheit von Licht ist, gibt es dennoch sehr viel andere Strahlung, die für bestimmte Lebewesen das ihre Licht ist, mit dem sie sehen bzw. wahrnehmen, wie die Umgebung beschaffen ist. Sie orientieren sich an für den Menschen unsichtbarem „Licht", das aber nicht Licht zu nennen ist, sondern Strahlung, auch wenn sich im Sprachgebrauch ultraviolettes Licht oder Infrarotlicht eingebürgert hat.

Die Frage: Warum war Finsternis? ist also eigentlich überflüssig und irrelevant, weil Finsternis nicht nur war, sondern noch ist und daran nichts Finsteres im geistlichen Sinne ist. Somit ist die Diskussion über Licht und Finsternis im Rahmen der Lückentheorie nicht zielführend. Weitere Strahlungsvarianten sind Mikrowellen, Radiowellen, Wärmestrahlung, Licht, Röntgenstrahlung und Gammastrahlung. Sie haben die Eigenschaft sich alle mit Lichtgeschwindigkeit unabhängig vom Medium durch das sie sich fortpflanzen auszubreiten.

Die Unterscheidung von Tag und Nacht gehört zu dieser Schöpfung dazu und ergibt sich ja mittlerweile aus der Drehung der Erde, was dazu führt, dass es in Alaska im

Sommer 24h hell bleibt und im Winter 24h dunkel, also alles streng physikalisch-astronomisch.

Wenn ich aufstehe und das Licht ausknipse, ist es dunkel, wenn ich es dann nach einer gewissen Zeit wieder einschalte, hat sich moralisch in der Zwischenzeit nichts geändert. Für eine Fledermaus oder andere Nachttiere ist die Nacht gar nicht Nacht, weil sie andere Sehorgane haben als wir. Wenn man zurecht von „finsteren" Mächten spricht, dann ist das eine Allegorie, die jeder versteht. Die Abwesenheit von Licht im physikalischen Sinn ist in einem Raum nicht besser oder schlechter wie die Anwesenheit. Und für Blinde gibt es auch keine feststellbare Verschlechterung. Dass Allegorien und Analogien Wirklichkeiten sind, aber nicht die in ihnen verwendeten Bildinhalte verwirrt viele, deshalb neigen sie dazu in Gen 1 unter „finster" eine böse Macht zu sehen.

 Diese physikalisch-astronomischen Verhältnisse könnten natürlich auch anders sein bzw. anders gemacht werden. Das Licht in dieser Schöpfung ist ein physikalisches Phänomen, das auch anders als von der Sonne kommen kann. Das sieht man sogar auch am Schöpfungsbericht. Zuerst wird das Vakuum der Himmel geschaffen und die Sterne, Sonne mit dem Mond werden erst am vierten Schöpfungstag erschaffen. Schon wegen 1 Mos 1,14-17 ist es nicht möglich, dass Sterne, Sonne und Mond vor dem tohu wa bohu erschaffen worden sind. Wie auch immer also die Vorwelt ausgesehen haben soll, man kann keine Spuren mehr davon finden und Sonne, Mond und Sterne und das „brenne auf mein Licht" können nicht dazu gehören. Die angeblich so chaotischen Strukturen auf der Erde auf anderen Himmelskörpern und im interstellaren Raum können also nicht einer Vorwelt zugeordnet werden, weil sonst die angebliche Restauration eine unzulängliche Flickschusterei wäre. Nach dem biblischen Befund müssen die Zerstörungsspuren ebenso wie die fossiltragenden Schichten dieser Erde mit all ihren von Leben und Sterben zeugenden Tierspuren nach dem Sündenfall von Adam und Eva zustande gekommen sein.

Es ist kein hilfreicher Denkansatz, wenn man die Himmelskörper irgendetwas mit dem Bösen zu tun haben lässt. Dass sich in Gen 1,1f etwas „offensiv" Böse gezeigt haben soll, entspricht vielleicht dem Denken mancher Ausleger. Aber nichts deutet darauf hin, dass da schon jemand gegen Gott aufgestanden wäre und dass es eine Rebellion im Himmel gegeben hätte. In welchem Himmel soll das stattgefunden haben? Wer behauptet, das sei zwischen Vers 1 und 2 geschehen, liest das in die Lücke hinein. Einen biblischen Beweis dafür gibt es nicht. Daher bleibt es Spekulation. Man nehme zum Vergleich Joh 1,1 und Joh 1,2: *Im Anfang war das Wort, und das Wort war bei Gott, und Gott war das Wort."* und *„Dasselbe war im Anfang bei Gott."* Wer wollte behaupten, dass „dasselbe" von Vers 2 sich nicht auf „das Wort" von Vers 1 beziehen würde! Aber vielleicht ist auch hier eine Lücke und „dasselbe" bezieht sich auf das, was in der Lücke angesprochen ist.

Es gibt Bibelgläubige, die glauben, dass es eine Lücke geben muss, weil der Vater mit Seinem Sohn niemals Finsternis mit Chaos schaffen könne. Diese Behauptung ist unrichtig, wie leicht zu zeigen ist. Finsternis ist im Schöpfungsbericht lediglich Abwesenheit von Licht. Es ist lediglich ein physikalischer Zustand der Relativität. Was der Mensch als Licht wahrnimmt ist Strahlung, jedoch nur ein Teil der gesamten Strahlung der Elementarteilchen, so dass Finsternis für den Menschen nur eine Abwesenheit eines Teils dieser Strahlung ist. Die Abwesenheit ergibt sich nur deshalb, weil der Mensch für diesen Teil der Strahlung kein Wahrnehmungsorgan hat. Tiere haben solche Organe. Für sie ist es also auch „licht", wenn es für uns „dunkel" ist. Es ist also eine rein physikalische Dunkelheit. Und die hat Gott sehr wohl geschaffen.

Gott könnte auch Chaos schaffen, wenn Er wollte. Sollte es etwas geben, was der Mensch kann, was Gott nicht kann? Aber abgesehen davon, dass auch das Chaos eine an sich lediglich physische Größe ist, Gott hat jedenfalls die Schöpfung so beschaffen, dass es in ihr auch ein „Chaos" geben kann, zum Beispiel hervorgerufen durch den Menschen. Im Schöpfungsbericht selbst steht jedoch nichts von einem Chaos. Man kann den Sand an einem Sandstrand als Chaos bezeichnen, wenn man will, weil die Sandkörner nicht nach Größe oder Gewicht oder Farbe usw. geordnet daliegen. Aber die Chaosvertreter unter den Lückentheoretiker belegen ihr „Chaos" ja schon mit dem Interpretationsmuss, dass es ein Chaos infolge einer Rebellion Satans in der Lücke gegeben haben muss. Das ist der typische Zirkelschluss!

Gen 1,2 sagt nichts von einem Chaos, außer, wenn man so will, dass er die Staub-, Erd- und Sandkörner, aus der die Erde besteht, nicht alle in ein schönes, für das menschliche Auge ansprechende und seinen Denksinn annehmbares Muster, gelegt hat. Chaos und Finsternis sind zunächst einmal nur physikalische Istzustände, die jederzeit jeden Winkel der Schöpfung, auch heute noch durchsetzen, sobald der Mensch daran Messungen vornimmt, denn auch auf den Sternen im hintersten Winkel des Weltalls toben die Sonnenstürme ungeordnet und die Kernfusionsprozesse werden nicht durchnummeriert.

Die Verwirrungen im Denken derer, die meinen, dass Gott keine Finsternis schaffen würde, weil es nicht Seinem Wesen entsprechen würde, ist so lange nicht behebbar, wie sie nicht verstanden haben, dass Analogien nicht gleichzusetzen sind mit der Wirklichkeit. In folgendem Satz wurde eine solche Gleichsetzung vorgenommen: *„Gott ist kein Komplize des Bösen, der die Nacht gemacht hat, damit Vergewaltigungen, Morde usw. unerkannt bleiben und die Täter flüchten können."* Wenn der Schluss lauten soll, dass Gott also nicht die Nacht gemacht haben kann, dann muss man dabei übersehen, dass Gott am Ende der Schöpfungswoche gesagt hat, dass alles sehr gut ist. Aber der Tag wäre nach dieser Logik noch böser, denn die meisten Verbrechen werden am Tage begangen. Aber, wenn alles nur Tag wäre, gäbe es die Schöpfungsordnung nicht und man hätte noch mehr Chaos, auch weil der Sabbat als Ruhetag nicht klar zu datieren wäre, auch nicht die Festtage

Gottes im Jahreszyklus, die Rückschlüsse auf Gottes Heilsgeschichte geben. Diese Tag/Nacht-Ordnungen sind nützlich, wenn wir uns bei Nacht ausruhen sollen, ein Großteil der Schöpfung lädt über Nacht die verbrauchten Energien wieder auf und rüstet sich für den nächsten Tageszyklus, ein nicht unerheblicher Teil der Schöpfung macht es genau umgekehrt. Die 24 Stunden eines Tages werden voll ausgenutzt. Es gibt keinen Grund, die Nacht abzuschaffen.

Es ist naheliegend anzunehmen, dass die „Finsternis" in Gen 1,4 „Gott schied das Licht von der Finsternis" mit dem „finster" von Gen 1,2 „und Finsternis war über der Tiefe" in direktem Zusammenhang steht. Nicht nur rein textmäßig oder chronologisch, sondern auch inhaltlich. Wenn dem so ist, ergibt sich, dass das für Vers 2 Gesagte ebenso für Vers 4 gilt. Mit anderen Worten, das Thema aus Vers 2, dass die Erde wüst und leer ward und Finsternis auf der Tiefe lag, wird in Vers 4 aufgegriffen und als „Finsternis" zusammengefasst, denn es geht ja darum, den Gegensatz von Licht und Finsternis anzusprechen. Gott konnte erkennbar Licht nur schaffen, wenn er vorher Finsternis in der Schöpfung deutlich machte.

Dunkelheit gibt es bei Gott ebenso wie Licht, wenn man der Bibel glauben kann. *16 Die Analogie böse-dunkel gilt natürlich ebenso wie die Analogie böse-licht, wenn man sie haben möchte, so z.B., wo Satan als Engel des Lichts beschrieben wird. Wenn er dem Menschen als Engel des Lichts erscheint, dann hat er offensichtlich etwas Lichtes benutzt, um seine "dunklen" Absichten zu verbergen.

Zu viel Licht schadet in dieser Schöpfung ebenso wie zu viel Dunkelheit. Das ist physikalisch leicht zu erklären. Im Geistlichen gibt es natürlich nur das Lichte bei Gott, wenn man das Licht in eine Analogie zum Vollkommenen bringt.

Als Fazit kann gesagt werden: Die Finsternis wird zwar in der Bibel in eine Analogie zum Bösen gestellt, ist aber als Geschaffenes Gottes „sehr gut", denn am Ende der sechs-Tage-Schöpfung urteilt Gott über Seine Schöpfung „sehr gut". Man muss also unterscheiden zwischen Analogie und Wirklichkeit, zwischen Geistlichem und

Physikalischem. Und auch hier wieder gilt: für die Lückentheorie ist in Bezug auf die „Finsternis" nichts gewonnen!

Wozu Schöpfung? Es gilt zwar Wort Gottes vor Wissenschaft! Aber das bedeutet nicht, dass Wissenschaft, wenn sie wahr ist, dem Wort widersprechen müsste. Das tut sie natürlich nicht und sie tut es hier auch nicht! Physikalische Verhältnisse sind nicht immer vom menschlichen Vorläufigkeitsdenken in der Naturwissenschaft richtig oder ganz erfasst, aber sie sind Realität wie das Wort Gottes. Das Wort Gottes redet hier in Gen 1 von Finsternis im physikalischen, nicht im geistlichen Sinn!

Das Problem der Menschen ist nicht nur, dass sie moralisch und gesinnungsmäßig weit von Gott weg sein können. Sie können es auch so empfinden: Überall wo Gott nicht ist, ist „Finsternis", wenn sie spüren, dass sie nicht bei Gott sind. In dem Moment, wo Gott etwas erschafft, tritt Er bereits in Distanz dazu, da entsteht also schon automatisch eine Trennung, die als ungut empfunden werden kann (und auch soll). Das ist aber nicht schlimm, solange Gott das, was fern ist, wieder zu sich nimmt. Das hat an sich nichts mit „böse" zu tun. *17 Gott trat damals bei der Erschaffung zu Adam und Eva nicht sofort auf große Distanz, sondern lebte bei Ihnen oder um sie herum. Eine zunehmende, vor allem geistliche Distanz kam dann mit dem Fall Adams und dem Ungehorsam. Bei Gen 1, 2 waren weder Tier noch Mensch von der Schöpfung von heute schon da. Es gab noch kein Böses, keinen Tod, keine Sünde (Röm 5,12).

Bevor Gott etwas geschaffen hat, war Er ganz bei sich. Dann hat Er Adam geschaffen. Dass Adam eine Distanz zu Gott hatte, lässt sich schon daran erkennen, dass er sündigen konnte. Gott kann das nicht, weil er vollkommen ist. Oder anders gesagt, Sünde definiert sich am Sosein Gottes bzw. am Nichtsosein wie Gott ist. Gott kann sich nicht entheiligen. Es gäbe auch nie einen Grund für Ihn, das tun zu wollen. Er müsste ja dazu Sein Wesen verändern. Aber warum sollte ein vollkommenes Wesen Sein Wesen verändern? Erst recht nicht, wenn dadurch für das Geschaffene nichts gewonnen, sondern nur zu verlieren wäre! Um ein Bild zu benutzen: warum sollte jemand sein Gesicht mit Geschwüren verunzieren wollen? So wie jeder von jeder Krankheit geheilt werden möchte, so möchte Gott erst gar nicht krank werden. Und wenn der Mensch vielleicht noch nicht heilig werden möchte, wie Gott heilig ist, im Widerstreben zu seiner Bestimmung (3 Mos 20,26; 1 Pet 1,15-16), dann befindet er sich in einem teilweisen Finsterniszustand, den Gott aus Liebe und Fürsorge für den Menschen nicht so lassen kann.

Das Geschaffene ist bis zur Beendigung der Trennung von Gott nicht vollständig in dem Sinne, dass Gott sich durch die Schöpfung verherrlichen will. Er spricht „es werde Licht", zwar sagte Er das in Gen 1 im Hinblick auf das Physische, aber Er führt es, in Fortsetzung der physischen Schöpfung erst recht im Hinblick auf das Geistliche durch. Und daher muss alles ins Werden gegeben werden, also den Prozess durchmachen, den etwas durchmacht, wenn es nicht bei Gott ist, bis es da ist, wo Gott ist bzw. es hinhaben will.

Insofern schadet eine Übersetzung von Gen 1,2 des „hayetah" **18** mit „werde" nicht, denn natürlich ist auch die Erde und sind die Himmel geworden, weil sie vorher noch nicht da waren. Und da die Erde noch roh und unbehandelt war, und erst im weiteren Verlauf der Schöpfungswoche befüllt werden sollte, war sie als eine tohu-wa-bohu-Erde geworden, die eine Ergänzung erfahren sollte. Mithin ist eine Übersetzung mit „wurde" für eine Lückentheorie nicht aussagekräftig.
Der Tod kam nicht durch die Schöpfung, sondern eine Trennung, das ist etwas Anderes.

In Gen 1,1-2 findet sich nichts von einem Chaos. Tohu wa bohu besagt nur, dass da etwas noch Formloses mit einer Leere da ist. Das ist die Bedeutung des Hebräischen. Man kann da natürlich etwas Anderes hineinlesen. Aber man muss es nicht. Wenn ein Mann zu seiner Frau sagt: ich habe heute ein Brot gekauft. Kann sie das so verstehen, wie er es gesagt hat. Aber sie kann natürlich auch denken, dass ihr

Mann bestimmt auch noch Butter dazu gekauft habe. Wenn es sich dann aber herausstellt, dass er keine Butter mitgebracht habe, kann man ihr sagen: hättest du deinen Mann beim Wort genommen. So darf man auch in Gen 1,1-2 ein Chaos hineinlesen. Aber es steht nicht verbal im Text.

Es ist wegen Röm 5 nicht möglich, dass es vor Adam schon ein Sterben gab. Die gesamte Schöpfung hängt an Adam, nicht an Satan. Gott hat nicht Satan geschaffen, um sich in der Schöpfung zu verherrlichen, sondern er hat den Menschen erschaffen, um sich durch ihn in der Schöpfung verherrlichen zu lassen. Aber das sollte man eher so verstehen, dass die Tongefäße, nachdem sie der Meistertöpfer in die fertige Form gebracht hat und prachtvoll bemalt hat, nun in seinem Atelier stehen und viele Bewunderer finden, die sich an den Gefäßen erfreuen können. Der Vergleich hinkt schon deshalb, weil bei Gott auch die Tongefäß-Kunstwerke sich untereinander und füreinander und aneinander erfreuen. Hinsichtlich des „Eigenanteils" am Kunstwerk, ist aber viel eher der Künstler zu lobpreisen als der Ton, der die Formung und Ausschmückung mit sich hat machen lassen. Ob Satan dem Ganzen eher dient oder eher im Wege steht, ist ein anderes Thema. Auch ob er wirkmächtiger in dieser Schöpfung ist. Man muss die Dinge thematisch auseinanderhalten, sonst versteht man die Bibel nicht.

Als Gott schuf, war Ihm klar, dass Er die Schöpfung dahingeben muss, um sie wieder zu sich nehmen zu können. So ähnlich wie bei Eltern, die ihre Kinder in die Unabhängigkeit geben müssen, weil sie immer nur an der Mutterbrust (oder im Mutterleib) nicht gedeihen können. Gott kann sich nicht selber erschaffen, Er kann sich aber gewissermaßen reproduzieren (Ps 2). Was dabei entsteht, ist nicht Gott, aber gottgleich im Sinne von gottgemäß. Auch ein Künstlertöpfer könnte, wenn ihm ein vollkommenes Kunstwerk gelungen ist, sagen, dass das Sein Erzeugnis ist, in dem er sich selber verwirklicht hat. Die Kunstwerke Gottes sind aber lebendig und sollen auch am Leben bleiben. Dazu muss bei der Herstellung besondere Sorgfalt ausgeübt werden. Sie sollen nicht den Geschmack einer bestimmten Epoche wiedergeben und den Kunstsinn einiger weniger für eine kleine Zeit befriedigen, sondern sie sollen zeitlos wie Gott selber sein und ein unausschöpflicher Wonnegrund für alles was lebt.

Die Schöpfung von Himmel und Erde in Gen 1 produziert nur gute Verhältnisse, keine perfekten, denn diese können sich erst nach einem langen Vervollkommnungsprozess gebildet haben, im engen Anschluss an Gott und in Durchgeistung durch Ihn. Davon handelt die Bibel, die Schaffens- und Vervollkommnungsprozesse, die Störungen erfahren, welche in Heilsprozessen ausgenutzt und überwunden werden

Adam und Eva haben sozusagen den Sechsjährigen gemacht, der das Elternhaus verlassen hat, um schon ganz selbständig in die Welt hinaus zu gehen. Die Polizei greift ihn bereits nach 2 Tagen auf, halb verhungert, müde und satt des Lebens ohne Elternhaus, und bringt ihn zurück.

Als Adam und Eva den Garten Eden verließen, waren sie der Auslöser für die Störungen in der Natur, die erst durch den neuen Adam wieder heil gemacht werden konnten (1 Kor 15,45). Das wurde Jesus Christus. Die Bibel ist ein in sich geschlossenes Buch. Nach 1 Kor 15,45 war der erste Mensch, Adam, zwar eine lebendige Seele, aber welche Qualitätsverlust und welchen Qualitätszugewinn sie bekommen würde, wurde den Menschen erst nach und nach deutlich. So zum Beispiel als die Qualität Leben erst durch harte Arbeit gegen manche Gefahren und Beschwernisse aufrecht zu erhalten war und dann auch wegen der Sterblichkeit des Menschen, die immer früher einsetzte. Es begann eine Uhr zu ticken, die proportional zur Atomuhr lief, denn auch der Zerfall der Atome beschleunigte sich zunehmend. Die ersten Menschen lebten noch Jahrhunderte, aber der Zerfall, der mit der Sünde und der Abtrennung des Lebensquells Gottes begonnen hatte, war unaufhaltsam. Der letzte Adam ist Jesus Christus, der für alle steht, die Ihm nachfolgen. Über Ihn heißt es, dass Er ein *„lebendig machender Geist"* ist (1 Kor 15,45).

Sein Geist macht lebendig, indem er in den Menschen Wohnung nimmt. Wenn auch der Leib dem alten Adam gehört, so ist es doch der Geist, der nicht verderben kann, sondern von Gott die Qualität des immerwährenden Lebens bekommt. Dazu wird all das an Wesensmerkmalen herangebildet, was der Kunstschöpfer Gott an Seinem Gefäß zu ewiger Bleibe hin veredeln will. Dass dieser Geist Christi der Schöpfergeist ist, ergibt sich aus Röm 8,9-11: „Ihr aber seid nicht im Fleisch, sondern im Geist, wenn wirklich Gottes Geist in euch wohnt. Wenn aber jemand Christi Geist nicht hat, der ist nicht sein.

Ist aber Christus in euch, so ist der Leib zwar tot der Sünde wegen, der Geist aber Leben der Gerechtigkeit wegen. Wenn aber der Geist dessen, der Jesus aus den Toten auferweckt hat, in euch wohnt, so wird er, der Christus Jesus aus den Toten auferweckt hat, auch eure sterblichen Leiber lebendig machen wegen seines in euch wohnenden Geistes."

Hier wird Christi Geist als der Geist Gottes bezeichnet, der in den Menschen zu wohnen kommt und das Sterbliche vollständig überwindet. Das hat göttliche Qualität. Jesus ist der Garant des geistlich-ewigen Weiterlebens und damit der Vervollkommnung der Schöpfung. Es war eben jener Geist, der in Gen 1,2 über dem Wasser schwebte, um dann mit der Sechs-Tage-Schöpfung zu beginnen. Das wird in Joh 1,1ff, Kol 1,16, Röm 11,36 und Heb 1,2-3 bestätigt. Das bedeutet, dass jener Geist göttlichen Wesens, das schon in Gen 1 mit der Schöpfung begonnen hat, auch persönlich den von Adam ausgelösten Fall der Schöpfung aufgehalten hat, um ihn umzudrehen und die Vollendung der Schöpfung zu erzielen. Das Kreuz von Golgatha ist dazu das Siegeszeichen. Dass von der Erlösung aus der Zerfallsgeschichte die ganze Schöpfung betroffen ist, müsste nicht eigens betont werden. Paulus macht es im Römerbrief dennoch (Röm 8,19-22): *„Denn das sehnsüchtige Harren der Schöpfung wartet auf die Offenbarung der Söhne Gottes. Denn die Schöpfung ist der Nichtigkeit unterworfen worden - nicht freiwillig, sondern durch den, der sie unterworfen hat - auf Hoffnung hin, dass auch selbst die Schöpfung von der Knechtschaft der Vergänglichkeit frei gemacht werden wird zur Freiheit der*

Herrlichkeit der Kinder Gottes. Denn wir wissen, dass die ganze Schöpfung zusammen seufzt und zusammen in Geburtswehen liegt bis jetzt."

Wenn das nicht nur eine bildhafte Allegorie ist, würde das bedeuten, dass in der Schöpfung ein Geist waltet, der der Schöpfung sein Bewusstsein gibt, sonst könnte sie nicht seufzen und warten, dass das Seufzen beendet wird. Paulus benutzt auch das Bild von den Geburtswehen. Die Schmerzen der Schöpfung mögen infolge des Zerfalls noch so dramatisch anwachsen, dennoch wird etwas geboren, was die Schmerzen vergessen lassen wird. In Jesus Christus ist bereits der geboren worden, der das neue Zeitalter, in dem alles Leiden und alles Weh beseitigt werden, bringen wird, denn *„Er wird jede Träne von ihren Augen abwischen, und der Tod wird nicht mehr sein, noch Trauer noch Geschrei noch Schmerz wird mehr sein; denn das Erste ist vergangen."* (Of 21,4)

Dann wird die Prophezeiung des Paulus wahr geworden sein, wonach sich die ganze Schöpfung diesem Christus untergeordnet und eingegliedert hat (1 Kor 15,20-25): *„Nun aber ist Christus aus den Toten auferweckt, der Erstling der Entschlafenen; denn da ja durch einen Menschen der Tod kam, so auch durch einen Menschen die Auferstehung der Toten. Denn wie in Adam alle sterben, so werden auch in Christus alle lebendig gemacht werden. Jeder aber in seiner eigenen Ordnung: der Erstling, Christus; sodann die, welche Christus gehören bei seiner Ankunft; dann das Ende, wenn er das Reich dem Gott und Vater übergibt; wenn er alle Herrschaft und alle Gewalt und Macht weggetan hat."*

Christus herrscht dann über alles auf Seinem Lichtthron. Doch bevor es soweit ist, wird die geistliche Finsternis nicht ausgelöscht sein und der Zerfall der Schöpfung weitergehen.

Manche Bibelleser sagen auch, dass der Baum der Erkenntnis des Guten und Bösen beweisen würde, dass es vorher bereits Böses gab, sonst würde der Baum keinen Sinn machen. Doch der Baum steht im Garten Eden für die Menschen, die dort leben. Er steht dort, weil es um die Menschen gibt. Sie sollen etwas lernen.

Und ganz bestimmt könnte das, was sie lernen sollen, sein, den Unterschied von beidem zu verstehen, nachdem sie beides kennen gelernt haben. Sie sollen lernen, dass das Böse im Widersachertum entweder zu Gottes Willen oder zu Gottes Wesen oder zu beidem steht. Doch das kann ihnen nur Gott beibringen, weil nur Gott genau wissen kann, was Sein Willen, Sein Wesen und Seine Ziele mit der Schöpfung sind. Das Böse, bzw. das Widersachertum muss deshalb vor Eden nicht existiert haben, wie manche behaupten. Logisch hat es zumindest in der Vorstellungsmöglichkeit Gottes existiert.

Zu beachten ist auch, dass alles was ist und nicht oder noch nicht wie Gott ist, zwangsläufig unvollkommen ist, denn nur Gott ist vollkommen und (vielleicht) noch das, was Gott vollkommen gemacht hat, falls Er das kann. Es fällt auf, dass im Rahmen der Erschaffung der Dinge in der sechs-Tage-Woche nichts von Gott als vollkommen bezeichnet wird, nur als sehr gut. Auch das Licht, das er von der Finsternis, der Abwesenheit von Licht, geschaffen hat, ist nicht vollkommen, insofern kann das geschaffene Licht, das etwas Physikalisches ist, nur unzureichend das totale Gegenstück zu jeglicher Art von Finsternis sein. Das ist auch deshalb anzunehmen, weil ja auch die Nacht, die zum Tag dazugehört, nicht vollständige Finsternis bedeutet, wegen des Streulichtes und wegen der einfachen Methode, sie ins Licht zu stellen, und sei es nur durch eine Kerze!

Erschaffen und machen – gibt es da einen Unterschied? Ist das eine weniger licht als das andere? Lückentheoretiker wollen auch eine unterschiedliche Verwendung der hebräischen Wörter bara (schuf) und asah (machte) ausgemacht haben. Dabei soll sich „schuf" auf eine neue Schöpfung beziehen, das „machte", auf eine Wiederherstellung. Jedoch werden beide Wörter gleichwertig verwendet. Das zeigt gerade auch 2 Mos 20,11: *„Denn in sechs Tagen hat der Herr den Himmel und die Erde gemacht, das Meer und alles, was in ihnen ist".* Hier ist ja ausdrücklich von Himmel und Erde gesprochen. Das steht in der Bibel immer für die ganze Schöpfung. ***19**

Und Gott <u>machte</u> die Ausdehnung. – Gen 1,7

Gott <u>schuf</u> die großen Seeungeheuer und jedes sich regende, lebendige Wesen. – Gen 1,21

Und Gott <u>machte</u> die zwei großen Lichter. – Gen 1,16

… den Menschen, den ich <u>geschaffen</u> habe. – Gen 6,7

Gott <u>machte</u> das Getier der Erde nach seiner Art. – Gen 1,25

Und Gott <u>schuf</u> den Menschen in seinem Bilde. – Gen 1,27

Lasst uns Menschen <u>machen</u>. – Gen 1,26

Als wollte Gott das noch unterstreichen, sagt Er in Gen 2,3: „… *ruhte er von all seinem Werk, das er geschaffen hatte, indem er es machte.*" – Gen 2,3

Gott erschafft durch machen! Ein Satz, der sonst sonderbar anmutet! Wenn der Lehrling seinen Meister fragt: wie hast du denn das fertiggebracht? und der antwortet, indem ich es gemacht habe, wird es hoffentlich ein Ansporn sein, es ihm nachzumachen. Und der Meister will damit sagen, dass es für ihn nichts Unmögliches gibt, solange man es nicht probiert hat.

Auch 1 Mos 2,4 wischt die Idee der Lückentheoretiker weg, denn da heißt es: „*Das ist die Geschichte des Himmels, und der Erde, als sie <u>geschaffen</u> wurden an dem Tag, da der HERR Gott Erde und Himmel <u>machte</u>*". Da werden zwei Fliegen mit einer Klappe geschlagen, da wird erstens in die Sechs-Tage-Schöpfung die Erschaffung des Himmels und der Erde mit einbezogen und zweitens das Erschaffen mit dem Machen gleichgesetzt. Das macht man auch im deutschen Sprachgebrauch so. Die Begriffe sind austauschbar. Ähnlich ist es in 1 Mos 5,1 und Jes 43,7, in den Schriftstellen, wo außerdem klargestellt wird, dass Gott den Menschen erschaffen hat, dass also der Mensch eben nicht von einer zufälligen Evolution hervorgebracht worden ist. *20

Die Schöpfungsordnung ist voll in Ordnung

Gott sagt also zunächst in Gen 1,1, dass alles angefangen hat mit der Erschaffung der Himmel und der Erde. In den nachfolgenden Versen erfährt man dann genau das, Himmel, Erde, die Lebewesen darin und zum Schluss der Mensch werden geschaffen und nachdem dies alles Tag für Tag erzählt wird, sagt Gott in Gen 2,4a: *„Dies ist die Entstehungsgeschichte (Toledot) des Himmels und der Erde, als sie geschaffen wurden."* Eine runde Sache also.

Mit anderen Worten, das ist ein geschlossenes Ganzes von Gen 1,1 bis Gen 2,4a und dieses geschlossene Ganze beschreibt im Detail, wie Gott die Himmel und die Erde erschaffen hat. Der erste Vers ist also eine Inhaltsangabe oder Überschrift für das, was kommt und steht nicht isoliert wie es die Vertreter der Lückentheorie Glauben machen, sonst müsste auch Gen 2,4 isoliert gesehen werden. Lückentheoretiker glauben, dass der Text einen riesigen Sprung macht, nachdem Gott Himmel und Erde erschaffen hat, stellt Er sie dann im nächsten Vers schon wieder neu her! Und obwohl das wichtig wäre, die Menschen davon in Kenntnis zu setzen, übergeht das Gott einfach und erwähnt es mit keinem Wort. Im Gegenteil formuliert Er schon in den ersten beiden Versen so missverständlich, dass seit mehr als Zweitausend Jahren die große Mehrheit der Bibelleser das so gelesen haben, wie es dasteht und kein Verständnisproblem hatten. Dass das richtig ist, ist äußerst unwahrscheinlich. Das so hinzunehmen, ist extrem unglaubwürdig.

Textlich gibt es jedenfalls keine Notwendigkeit, hier eine geheimnisvolle Lücke einzuschieben. Gäbe es diese Lücke, dann müsste Gen 2,4 richtigerweise so oder ähnlich lauten: *„Dies ist die Entstehungsgeschichte des Himmels und der Erde, als sie wieder geschaffen wurden."*

Es ist immer problematisch etwas in einen biblischen Text hineinzulesen, was nicht drinsteht. Drin steht im Text nur die Erschaffung von Himmel und Erde. Keine Wiedererschaffung oder Restauration. Das ist ein Faktum. Man müsste also Gott unterstellen, dass Er schon nach dem ersten Vers der Bibel, etwas Grundlegendes verschweigt.

Doch enthält der Schöpfungsbericht noch eine andere Besonderheit, nämlich für Bibelleser, die an eine theistische Evolution glauben. Sie scheidet wegen Gen 1,11 weitgehend aus. Man kann Gen 1,11 auch als Totschlagvers für die darwinistische Evolutionslehre sehen. Gott spricht, dass sich jede Pflanze folgendermaßen fortpflanzen soll: *„nach ihrer Art, in denen ihr Same ist! Und es geschah so."* Und das wird im nachfolgenden Vers noch einmal bekräftigt. ***21** Die anderen Lebewesen hat Gott genauso erschaffen. Gott schuf also die Lebewesen jedes nach seiner Art. Und in jedem Lebewesen war auch schon der Samen für die nächste Generation. Fortpflanzung und Sexualität mussten nicht erst erfunden werden. Sie waren schon da. Die Frage, was zuerst war, das Huhn oder das Ei wird von der Bibel klar mit Gen 1,21 beantwortet, zuerst war das Huhn, das in der Lage war, Eier zu produzieren und sich so fortzupflanzen. Die Hühnerartigen hatten eine komplette Gebrauchsanweisung für Hühnerartigen. Sie mussten sich keine Gedanken machen, wie pflanze ich mich fort? Sondern sie taten es einfach. Sie hatten das Know-How und mussten es nicht erst entwickeln und warten bis Auslese und Zufall nach vielen unersprießlichen Versuchen endlich einen Lösungsansatz gefunden hatten, aber noch keine Lösung, dann eine Lösung, doch noch keinen Folgeansatz für den nächsten Entwicklungsschritt usw. Darwin ist hier einem Denkfehler aufgesessen, der unbegreiflicherweise gerne von anderen aufgegriffen worden ist. Der Reiz Schöpfung ohne Schöpfer zu erklären, war all zu mächtig!

Interessant ist, dass die großen „Seeungeheuer" im Schöpfungsbericht gesondert genannt werden (Gen 1,21). Das hebr. Wort für Seeungeheuer (tannin) bedeutet wörtlich „die Langgestreckten". *22 außer „Seeungeheuer" werden so auch
„Schlange" und „Drachen" bezeichnet. Schlangen werden von Zoologen den Reptilien zugezählt. *23

Der Drachen, der in Hiob 41 beschrieben wird, kann ebenso wie die Drachen aus
den Drachensagen der Welt leicht mit einem Dinosaurier verglichen werden, denn
unter ihnen finden sich Arten, die ähnlich groß und für den Menschen vermutlich
ähnlich gefährlich waren. Man braucht für solche begründeten und nachvollziehba-
ren Mutmaßungen keine Paläontologen und „Fossilkundler. Wenn der Hebräer tatsächlich diesen Begriff für Tiere verwendet haben soll, die anders waren als alle
anderen Tiere, auch was ihre potentielle Gefährlichkeit für den Menschen anbe-
langte und mit „Schlange, Drachen, Seeungeheuer" umschrieben werden kann,
dann ist es nicht nur möglich, sondern wahrscheinlich, dass es sich um Tiere handelte, die wie Schlangen oder Drachen waren und vorwiegend im tiefen Wasser
lebten. Im Wasser können sich große und schwere Tiere ja leichter bewegen, als
an Land. Die Wale sind sicher keine Seeungeheuer, Schlangen oder Drachen, auch
wenn einige Arten von ihnen zu den größten Tieren überhaupt zu zählen sind und
noch immer existieren, obwohl sie an den Rand des Aussterbens gebracht worden
sind.

Dass die Dinosauriere, die „schrecklichen Echsen", ausgestorben sind, ist ein
Faktum. *24 Nomenklaturen sind Definitionssache. Dass Sauriere einmal gelebt
haben, ist auch ein Faktum. Wann das war, ist eine eigene Frage. Und wenn man
in der Bibel nach ihnen sucht, findet man in Gen 1,20 und ab Hiob 40,15 Tiere, die
auf die Beschreibung von solchen Dinosauriern und „Seeungeheuer" oder „Drachen" passen. Ob das Bibelausleger oder Naturwissenschaftler auch so sehen wollen, ist eine Sache für sich. In dem Drachen in Hiob 41 ein Krokodil sehen zu wollen,
ist geradezu lächerlich und – wissend um die Verantwortung, die ein Bibellehrer

hat, wohl schon jenseits des Randes der intellektuellen Redlichkeit, es sei denn es liegt eine solche gedankliche Verirrung vor, die den Verwirrten vor moralischen Vorwürfen schützt.

Aus dem Textzusammenhang von Hiob 41 ergibt sich klar, dass Gott Hiob zu denken gibt, welch gewaltigen Dinge Er erschaffen hat, die dennoch, im Gegensatz zur Machtlosigkeit des Menschen vollumfänglich unter Seiner Herrschaft sind. Hätte dieses Tier zur Zeit Hiobs nicht existiert, hätte Gott bei Hiob nichts ausrichten können. Man kann einem Blinden nichts über Farben erzählen, man kann aber auch keinem Sehenden etwas von einer Farbe erzählen, die es nicht gibt.

Gott redet selten zu den Menschen. Gott schweigt auch gegenüber Hiob lange, doch dann endlich spricht Er. Und wenn Gott spricht, ist es beeindruckend und nicht lächerlich oder unwahrhaft. Es ist also zweifelsfrei, dass Gott von einem Tier spricht, das Hiob kannte und das ein sehr beeindruckendes Tier war, nämlich gerade so wie es Gott beschrieben hat. Die Bibel ist hierin klar. Ausleger, die das leugnen, bewegen sich nicht auf dem festen Grund des biblischen Textes.

Gott beauftragte Adam und Eva mit der Hege und der Pflege der Schöpfung (Gen 1,28). Das zeigt, dass der Mensch im Mittelpunkt der Schöpfung steht. Das kommt auch dadurch zum Ausdruck, dass nur der Mensch nach dem Bilde Gottes gemacht ist (Gen 1,26). Der Mensch ist also kein höher entwickeltes Tier und hat sich auch nicht aus affenähnlichen Vorfahren entwickelt. Dem widerspricht der Schöpfungsbericht so deutlich, dass hier kein Raum für eine theistische Evolution bleibt. Weil der Mensch nach dem Ebenbild Gottes gemacht worden ist, hat er auch Würde. Tiere und Pflanzen haben keine Würde, außer der, dass sie von Gott geschaffen worden sind. Wäre der Mensch nur eines der Tiere, die aus dem Nichts entstanden wären, dann hätten sie keine Würde, sondern nichts! Menschen, die nicht an die Schöpfung glauben, haben keine Grundlage für einen Skrupel, die Menschen so zu behandeln als hätten sie Würde. Sie stammen ja ihrer Meinung nach von primitiven Vorfahren ab und kommen aus dem Nichts. Aus dem Nichts zum Nichts, das ist der

Weg, den nach Glauben eines Atheisten der Mensch geht. Der Weg ist also auch nichtig, weil er ja zu nichts führt. Wenn aber der Weg nichtig ist, dann ist es völlig gleich, wie man ihn geht, ob mit Würde, oder ohne.

Außerdem kann man auch in 5 Mos 4,19 eine Bestätigung sehen, dass der Mensch Zentrum und Höhepunkt der Schöpfung ist. Dort warnt Gott davor, die Himmelsgestirne als Götter anzubeten. Für die Völker waren Sonne, Mond und Planeten jedoch Götter, die sie anbeteten. Als die Kirche den Ruhetag Gottes, den Sabbat, mit dem Sonntag eintauschte, trug sie der heidnischen Götterverehrung Rechnung, da das Volk bisher den Sonntag dem Sonnengott zugeordnet hatte. Der Gott der Bibel spricht die Menschen dagegen direkt an und sagt ihnen, dass Er als Schöpfergott der einzige Gott ist, für den und auf den zu sie geschaffen sind. Sie sollen heilig werden wie Er heilig ist, sagt Er ihnen. Er gibt ihnen ein konkretes Programm. Er kommt sogar leibhaftig zu ihnen und lebt ihnen vor wie sie nachleben sollen. Sie haben die Wahlfreiheit, als Alternative können sie das Widersachertum wählen. Widersacher sein bedeutet, nicht der von Gott vorgegebenen Bestimmung zugeneigt sein und sich dagegen zu sperren. Darin ist er nicht allein, er kann sich zahlreiche Verbündete unter den Menschen suchen und Satan finden, der ihn ebenfalls im Widersachertum unterstützt. Er bleibt dann aber nur ein unvollendetes Werk, ein Tonklumpe, der zu seinem Meister sagt: rühre mich nicht an! Und der Meister rührt ihn vorerst nicht an. Doch irgendwann merkt der Ton, dass es sich der Satan nicht verbieten lässt. Und der fängt ungefragt an zu modellieren und der Ton braucht eine Weile, bis er merkt, dass er zu einer hässlichen Scherbe wird. Am Ende wird er also erkennen, dass er in den Händen des Meisters doch besser aufgehoben ist und er wird gerne die Meisterhand an sich lassen und sagen: „Mache du aus mir, was du für richtig und passend hältst!"

Gott gab dem Menschen das Kommando über die ganze Schöpfung (Gen 1,28), nicht dem Satan. Warum hätte Gott den Menschen in eine Welt hineinstellen sollen, deren Zustand nach einer vermeintlichen Rebellion Satans, nicht ideal war? Gott gab Satan Sondervollmachten wie aus dem Buch Hiob ersichtlich wird. Erst im Neuen Testament wird Satan als Fürst der Welt dargestellt. ***25** Er bietet Jesus die Weltherrschaft an (Mt 4,9). Und Jesus sagt an anderer Stelle, dass er den Satan wie ein Blitz vom Himmel stürzen sah (Lk 10,18). Dabei ist unklar, wann das gewesen sein soll. Nach Of 12,5ff war der Herabwurf des Satans jedenfalls nach der Geburt Jesu. In Of 12,9 wird erläutert: *„Und es wurde geworfen der große Drache, die alte Schlange, der Teufel und Satan genannt wird, der den ganzen Erdkreis verführt, geworfen wurde er auf die Erde, und seine Engel wurden mit ihm geworfen."* Wenn Jesus sagt, Er habe den Satan vom Himmel fallen sehen, ist auch nicht festzulegen, ob Er das, was Er sah, in Vergangenheit oder Zukunft geschieht, denn im Alten Testament und auch dann wieder im Neuen Testament, besonders deutlich wird das am Buch der Offenbarung, werden künftige Ereignisse als gegenwärtig oder vergangen beschrieben.

Nach Joh 8,44 war Satan ein Mörder von Anbeginn an. Da es erst seit Adam den Tod gibt, kann Satan erst seit dem Garten Eden ein Mörder geworden sein. Mit „Anbeginn" hat Jesus die sechs-Tage-Schöpfung gemeint. Das ist jedenfalls schlüssig, denn auch in Joh 1,1 heißt es in Bezug auf die Sechs-Tage-Schöpfung: *„Im Anfang war das Wort, und das Wort war bei Gott, und das Wort war Gott. Dieses war im Anfang bei Gott. Alles wurde durch dasselbe, und ohne dasselbe wurde auch nicht eines, das geworden ist."* Für alle Verfasser der Bibel beginnt der Anfang mit der Schöpfungswoche.

Aus dem Schöpfungsbericht geht auch noch klar hervor, dass vor dem Sündenfall, den Menschen und Tieren Pflanzen zur Nahrung gegeben worden war (Gen 1,30). Zu diesem Zeitpunkt, nach Abschluss der Schöpfungswoche, war alles noch „sehr gut": *„Und Gott sah alles, was er gemacht hatte, und siehe, es war sehr gut."* (Gen 1,31). Hier bleibt kein großer Interpretationsspielraum. Hier steht nirgends auch nur ein Sterbenswörtchen, von Fressen und Gefressenwerden, von Survival of the fittest, von Jahrmillionen, von evolutionären Prozessen. Die biblische Antwort dafür ist, wie jeder zugeben muss, sehr klar und einfach: weil das alles im biblischen

Text nicht vorkommt. Und die naheliegendste Erklärung dafür, das muss auch jeder zugeben, ist, dass es deshalb nicht im biblischen Text über die Schöpfung vorkommt, weil es diese Dinge für den Verfasser der Genesis nicht gegeben hat. Nun mag man überlegen, wer der Verfasser der Genesis ist.

Wer das Buch Genesis von Vers 1 bis zum Ende des Kapitels über die Schöpfung liest, kann dem schwerlich widersprechen, dass er da nichts von Jahrmillionen, der Rebellion und dem Fall Satans liest, weil es einfach nicht dasteht. Gott sagt stattdessen, dass es „sehr gut" ist, was Er da in sechs Tagen gemacht hat. Das Ergebnis ist sehr gut! Es gibt nichts daran auszusetzen, auch nicht: ist ja nur der zweite Versuch! Ist ja nur ein aufpoliertes Geflicke! Ist ja nur das Alte mit einem neuen Kleid! Auch dass die Tage für Jahrmillionen stehen sollen, entbehrt jeder schriftimmanenten Grundlage, denn das Hebräische „yom" steht nirgendwo in der Bibel erkennbar für Jahrmillionen. Und als ob Gott das klarmachen will, sagt Er am Ende jedes Schaffenstages: *„Und es wurde Abend, und es wurde Morgen!"* Der gleiche Gott, der Wasser in Wein durch Sein anordnendes Wort verwandelt, verwandelt auch einen leeren Raum an einem Tag in einen gefüllten Raum. Gott hat sich sechs Tage Zeit gelassen, weil Er am siebenten Tag ruhen wollte und so den Menschen einen Ruhetag vorexerzieren wollte, der ihnen und dem Vieh und dem Land zugutekommen sollte. Aber das ist eine andere Geschichte.

Im Text nach Gen 1,2 ergibt sich nicht der geringste Anhaltspunkt, dass es sich lediglich um eine Restauration handelt. Gott sagt ja, dass Er in sechs Tagen die Welt mit allem erschafft. Wäre es nur eine Reparaturarbeit gewesen, hätte Er es um der Wahrheit Willen sagen müssen, stattdessen liest sich auch ab Vers 3 die Schöpfung als wäre es eine Neuschöpfung, der nichts Anderes vorausgegangen ist.

Es gibt aber ein weiteres Problem. Die Planeten, die Monde und die Erde zeigen Spuren von gigantischen Katastrophen. Wenn sie von den Ereignissen nach Gen

1,1 und vor Gen 1,2 zeugen sollten, worin sollte dann die Erschaffung der Himmel und Erde, wie sie ab Gen 1,3 beschrieben wird, bestehen? Hat Gott alles nur geflickt und die hässlichen Narben belassen und dann doch alles als gut bezeichnet? Nein, denn die Beschreibung der Schöpfung ab Gen 1,3 lässt keinen Raum für diese Annahme. Die Himmelskörper, von denen in Gen 1 ab Vers 14 die Rede ist, wurden erschaffen, nicht übernommen wie sie waren. Das wird hinreichend durch Gen 1,16 belegt: *„Und Gott machte die beiden großen Lichter: das größere Licht zur Beherrschung des Tages und das kleinere Licht zur Beherrschung der Nacht und die Sterne."* Nach Gen 1,16 hat Gott am dritten Schöpfungstag das kleinere Licht, den Mond, geschaffen. Der Mond ist von Kratern übersät. Ebenso wie einige der anderen Planeten und Monde. Entweder hat Gott sie so geschaffen am vierten Tag. Oder die Krater sind zeitlich nach Gen 1,16 entstanden. Wären sie zuvor entstanden, dann würde der biblische Schöpfungsbericht nicht stimmen.

Der Mond ist zeitlich nach Gen 1,2 geschaffen worden und weist ebenso Krater auf wie die Planeten. Sogar die Erde hat riesige Einschlagkrater von Meteoriten. Es ist naheliegend anzunehmen, dass die Krater der Planeten und ihrer Monde in der gleichen Zeit entstanden sind wie die Krater des Mondes und der Erde. Die beiden einzigen biblischen Ereignisse von katastrophischen Ausmaßen sind der Sündenfall, der Tod und Zerfall in die Schöpfung gebracht hat und das Flutgericht Gottes zur Zeit Noahs. Ob sie geeignet waren, auch zu planetaren Verwüstungen zu führen, kann natürlich nicht beurteilt werden. Es gibt Überlieferungen der Völker, wonach es in grauer Vorzeit tatsächlich zu interplanetarischen Naturkatastrophen gekommen sein soll, aber solche Berichte sind natürlich nicht verlässlich. Im Unterschied zu den Sintflutberichten der Völker gibt es dazu in der Bibel keine Entsprechung. ***26**

Ein Argument für die Gleichzeitigkeit der katastrophischen Ereignisse ist darin zu sehen: da Gott den Menschen zwei Tage nach dem Mond erschaffen hat, müssten die Krater zwangsläufig zu Lebzeiten der ersten Menschen entstanden sein. Sie können jedenfalls nicht zwischen Gen 1,1 und Gen 1,2 entstanden sein, weil es da weder Sonne noch Mond gab. Da die Planeten auch Krater aufweisen, ist es berechtigt anzunehmen, dass auch deren „Verwüstung" in die gleiche Zeitspanne wie die des Mondes und der Erde fallen. Auch die Erde hat riesige Einschlagkrater von Meteoriten.

Aber was soll Gott dann überhaupt restauriert haben? Es gab keine Sterne, keine Sonne und keinen Mond zu restaurieren, von restaurierten Pflanzen oder Tieren erfahren wir auch nichts, denn sie wurden wie der Mensch alle neu erschaffen. Die Vorwelt ist noch weniger als eine Fata Morgana nachzuweisen. Alles im biblischen Gericht spricht für eine Neuschöpfung aus dem Nichts in sechs Tagen.

Wie ist dann aber der Einwand zu bewerten, dass doch ab Gen 1,2 schon eine Erde - אֶרֶץ – Eretz für „Erde", „Land" vorhanden ist? Aus dem Text wird nicht klar, ob ihre Erschaffung zum ersten Schöpfungstag dazu gehört oder nicht. Das gleiche gilt für das Wasser, das hier genannt ist. Tatsächlich heißt es aber zeitlich nach Gen 1,1 nicht mehr über die Erde, dass Gott sie erschaffen hat, nur, dass sie als Trockenes sichtbar wurde. Das Wasser wird zum ersten Mal geteilt (wie beim Durchgang durchs Rote Meer).

Nach Vers 1 wird ja gleich gesagt, dass die Erde wüst und leer war. Insofern geht Vers 1 nahtlos in Vers 2 über und das könnte auch der Grund sein, dass Gott hier nicht wiederholt, was er gerade schon gesagt hat, nämlich, dass er (die Himmel und) die Erde erschaffen hat. Klar ist, wenn Gen 1,1 eine Inhaltsangabe ist, dann bedeutet Himmel und Erde auch alles was im Himmel und auf der Erde in den sechs Tagen erschaffen worden ist. Insofern ist es berechtigt, in Vers 2 mit der Schöpfung im Zusammenhang mit der Erde zu beginnen. Wenn man also von einer Lücke im Schöpfungsbericht sprechen will, dann ist sie am ehesten hier auszumachen, weil nicht ausdrücklich gesagt wird, wann oder wie Gott die Erde und das Wasser als solche gemacht hat. Aber auch hier sei daran erinnert, dass Gott auch die Planeten nicht erwähnt, die aber die gleichen Spuren der Verwüstung aufweisen wie der

Mond und die Erde. Und der Mond ist am vierten Schöpfungstag zusammen mit der Sonne gemacht worden, und zwar als die Erde schon bestand.

Nach der Auffassung der Astrophysiker sind die Planeten und die Erde einschließlich ihrer Monde nach der Sonne entstanden, aus Material, das die Sonne abgegeben hat. Es wäre schwer eine Vorwelt vorstellbar, die ohne Sonne und ohne Mond, aber mit einer Erde existiert hat.

Anmerkungen zu Kapitel 1 - Analyse der biblischen Genesis

1

Vom Stein sagt dazu: *„Einer bestimmten Auslegung (Lückentheorie, siehe S. 28) zufolge liegt zwischen den Ereignissen und Zuständen, die in den ersten beiden Versen beschrieben werden, eine Lücke, in der Gott die geschaffene Erde durch ein Gericht verwüstet haben soll. Die Bibel erwähnt allerdings nichts davon. Wüst (oder formlos) und leer – das ist der Anfangszustand der Erde, bevor sie von Gott für den Menschen zubereitet wurde."* In „Creatio" S. 24, 2005.

2

„Inzwischen ist die Lückentheorie wie ein alter Dinosaurier ausgestorben – zumindest unter Bibelauslegern", schreibt Kevin Logan in seinem Buch Crashkurs: Schöpfung und Evolution (S. 159, 2004).

3

Manche, die die Lückentheorie vertreten, behaupten, dass hier nicht die „erste" Erde und der „erste" Himmel gemeint sei, sondern der „vorige". Aber auch hier bemerkt man das Bemühen die Texte so zu „lesen", dass sie zur vorgefassten Idee passen.

4

„Consider how absurd this idea sounds - a war between God and Satan that almost ruined the Universe. Satan is no match for God, nor is there any being that can

successfully challenge God's Authority. The Great Creator God has complete control and all the power in the Universe is available at His Command. This notion of a destructive war is more than absurd. It is total foolishness and borders on blasphemy." („The Gap Theory Controversy", Robert F. Hoobler) Oder *„All long-age ideas, including the gap theory, are theologically inconsistent with the Bible, the Lord Jesus and the Gospel. Thus, gap theorists should renounce this idea, not leaning on their own understanding but in all their ways submit to Him (Proverbs 3:5– 6). We should give our glorious God the praise and glory for creating in his own described manner and defend the straightforward biblical creation teaching against attempts—however well-meaning some may be—to water down the Bible's plain meaning. To do otherwise is a failure to see the dangers of naturalistic attempts to explain the Creation, such as those found in the fanciful fairytale of evolution and all that it entails.*" „How Genesis 13 undermines the 'gap theory'", Phil Robinson, 2013.

„Inzwischen ist die Lückentheorie wie ein alter Dinosaurier ausgestorben – zumindest unter Bibelauslegern", schreibt Kevin Logan in seinem Buch „Crashkurs: Schöpfung und Evolution" (S. 159, 2004).

5

Als Beispiel nenne ich die Behauptung, dass es mittlerweile erwiesen sei, dass die Welt nicht in sechs Tagen erschaffen worden sei. Diese Behauptung ist falsch, weil man nicht beweisen kann, ob etwas in einer Vergangenheit, auf die der Mensch keinen Zugriff hat, stattgefunden hat oder nicht. Sogar die Behauptung, dass die Naturgesetze immer gleich gewesen wären, kann nicht bewiesen werden. Etwas, was einen Anschein hat, muss nicht zwangsläufig so sein, wie es den Anschein hat.

Als Beispiel sei an den am Tatort mit dem blutigen Messer in der Hand Angetroffene gedacht. Es hat den Anschein, dass er der Täter sei. Tatsächlich hat er gerade erst den Tatort betreten und hat das Messer zu sich genommen, weil er sich gegen den Täter verteidigen wollte. Oder man schneidet ein Foto so lange zurecht, bis es eine andere Aussage hat. Der israelische Soldat, der sich gerade über einen zu Boden gestürzten Israeli beugt, den die Bildunterschrift als misshandelten Palästinenser präsentiert. Oder weinende Eltern mit einem toten Kind in den Armen, ein Foto, das im Bürgerkrieg in Syrien aufgenommen worden ist, aber von Palästinensern als Gräueltat der Israelis ins Netz gestellt wird. Der Schein trügt!

6

Hebräisch „malak" (NAS Exhaustive Concordance of the Bible with Hebrew-Aramaic and Greek Dictionaries, 1981, 1998 Nr. 4397).

7

Mustergültig ist die Reihenfolge, die die bibeltreuen Naturwissenschaftler von Wort + Wissen einhalten. Bei ihnen kommt zuerst das Wort Gottes und dann versucht man, das was man aus der Naturwissenschaft zu wissen glaubt, einzupassen und nicht umgekehrt (vgl. https://www.wort-und-wissen.de/).

8

Buber-Rosenzweig „Die Schrift", 1992.

9

Naftali Herz Tur-Sinai, „Die Heilige Schrift", 1954.

10

So heißt es beispielsweise in „A Survey of the Old Testament", Introduction, 1974, S. 184 (John Schroeder): *„Es ist ebenso möglich, dass das Verb ‚war' in 1. Mose 1,2 mit ‚wurde' übersetzt ... werden kann: ‚Und die Erde wurde wüst und leer.' Die Verwandlung der ursprünglichen Vollkommenheit der Schöpfung Gottes in ein Chaos wäre nur durch eine kosmische Katastrophe zu erklären, und gerade das scheint eine vertretbare Interpretation zu sein".* Die *„Vollkommenheit der Schöpfung"* vor 1 Mos 1,2, also vor dem Ende der sechs Schöpfungstage, ist eine Unterstellung, die die Voreingenommenheit des Schreibers offenbart. Außerdem ist es ein typischer Zirkelschluss. Man setzt ein Chaos voraus, das es gar nicht gab, um dann sagen zu können, da es ein Chaos gab, muss es ja eine ordentliche Welt vor dem Chaos gegeben haben.

11

Alexander Roberts „Ante-Nicene Fathers", S. 342, 1917.

12

De Sacramentis Christianae Fidei, Buch 1, Teil 1, Kapitel 6.

13

Simon Episcopius (1583-1643), „The Schaff-Herzog Encyclopedia of Religious Knowledge", 1952, Band 3, S. 302).

14

Zu „A Survey of Old Testament Introduction", S. 184, 1974.

15

Vgl. Richard Wiskin in „Die Bibel und das Alter der Erde", 1994 (ähnlich Classic net.bible): *„…the disjunctive clause at the beginning of v. 2 cannot be translated as if it were relating the next event in a sequence. If v. 2 were sequential to v. 1, the author would have used the vav consecutive followed by a prefixed verbal form and the subject."* Oder ähnlich Robert Mc Cabe, Professor für Altes Testament, in „Old Testament Studies", 1999: *„Waw may be divided into two broad categories: waw consecutive or waw disjunctive. The waw consecutive is clearly identifiable, for it is directly attached to a verb, and it generally expresses sequential action… The waw disjunctive appears at the beginning of v. 2. This type of waw is also easily identifiable. It is always attached to a non-verbal form, such as a substantive, pronoun, or participle; and it stands at the beginning of a clause."*

16

So z.B. in 5 Mo 4,11; 1 Kö 8,12 und Ps 97,2.

17

Die kabbalistischen Juden glauben an ein „Zimzum" genanntes Ausatmen Gottes, womit die Schöpfung angefangen habe. Da vorher nur Gott war, musste Gott etwas aus sich herauskommen lassen und dadurch eine Entferntheit schaffen. Eine gewisse Ähnlichkeit mit altindischem, brahamanischem Gedankengut ist erkennbar.

18

NAS Exhaustive Concordance of the Bible with Hebrew-Aramaic and Greek Dictionaries 1981, 1998, Nr. 1961.

19

Gen 14,22; 2 Kön 19,15; 2 Chr 2,12; Ps 115,15; 121,2; 124,8; 134,3; 146,6; Jes 37,16.

20

„Eine Gegenüberstellung von Bibelstellen zeigt, dass die Begriffe asah und bara, die mit „machen" und „schaffen" wiedergegeben sind, sich nicht grundsätzlich unterscheiden. Jedenfalls lässt sich die Vorstellung, dass mit bara eine Erschaffung aus dem Nichts und mit asah nur eine Wiederherstellung von Vorhandenem bezeichnet wird, damit nicht belege." (Alexander vomStein, „Creatio", S. 29, 2017).

21

Das hebräische „Min" bedeutet „Art", NAS, Nr. 4327.

22

NAS, Nr. 8577 übersetzt für tannin: „serpent, dragon, sea monster".

23

Man soll sich nicht daran stören, dass Krokodile und Vögel nach den neuesten „Forschungsergebnissen" von Zoologen als Saurier bezeichnet werden.

24

vomStein schreibt in „Creatio" S. 24, 2005: „Das hebr. Wort für Seeungeheuer (tannin) bedeutet wörtlich „die Langgestreckten. (evtl. ist darin ein Hinweis auf große Dinosaurier zu sehen)."

25

Joh 12,31; 14,30; 16,11; Eph 2,2.

26

Velikovsky hat nach eigenen Angaben die Überlieferungen vieler Völker erforscht und ist dabei auf erstaunliche Übereinstimmungen über eine frühere Welt gestoßen, die großen Veränderungen unterworfen war. Er schrieb etliche Bücher darüber. In seinem ersten schreibt er gleich zu Anfang: *„The historical-cosmological* *story of this book is based on the evidence of historical texts of many peoples around the globe, on classical literature, on epics of northern races, on sacred books of the peoples of the Orient and Occident, on traditions and folklore of primitive peoples, on old astronomical inscriptions and charts, on archaeological finds, and also on geological and paleontological material."* („Worlds in collision", Immanuel Velikovsky, S. 3, 1950).

2.

Synthesen der biblischen Genesis

Der Tod kam erst mit Adam

Ein gewichtiger Einwand gegen die Lückentheorie ist die Tatsache, dass die Sünde erst mit Adam in die geschaffene Welt kam und mit der Sünde der Tod. Mit der Lückentheorie hat man also ein theologisches Problem. Röm 5,12: *„Darum, wie durch einen Menschen die Sünde in die Welt gekommen ist und durch die Sünde der Tod…".* Und in Röm 5,14 wird ergänzt: *„Aber der Tod herrschte von Adam bis auf Mose selbst über die, welche nicht gesündigt hatten in der Gleichheit der Übertretung Adams, der ein Bild des Zukünftigen ist."* Der Tod herrschte von Adam an, nicht von einem voradamitischen Menschenartigen und auch nicht in einer Vorwelt. Es sei denn, man sieht in der Himmelswelt eine Vorwelt. Doch diese gehört nicht zur Schöpfung, von der in Gen 1,1 die Rede ist, dazu.

Wozu gehören dann die Fossilien in den verschiedenen geologischen Schichten, denen die Geologen Alter zurechnen, die sie mit Jahrmilliarden und Jahrmillionen angeben? Sie sind unzweifelhaft Spuren und Überreste einer vergangenen Welt. Aber auch die Roaring Twenties gehören einer vergangenen Welt an. Auch mein

Großvater, der 1964 gestorben ist, gehört einer vergangenen Welt an. Und all diesen Welten ist eines gemein, sie fanden auf Terra statt, auf dieser Erde und nachdem Adam gesündigt hatte.

Wer glaubt, dass es vor Gen 1,2 Saurier gegeben hat, muss auch theologisch erklären können, warum sie dann gestorben sind.

Oder anders formuliert, wenn die Lückentheorie stimmt, dann stimmen wichtige theologische Aussagen über unsere Errettung vom Tod nicht. Streicht man die Lückentheorie, gibt es dieses Problem nicht.

Der biblische Befund ist klar. Es hat saurierartige Großtiere zur Zeit Hiobs gegeben. Ab Hiob 40,25 ff ist eine eindeutige Beschreibung eines Drachen, wie sie klarer nicht sein kann. Es handelt sich um Leviathan. In den Versen zuvor wird Behemot beschrieben, der auch ein saurierartiges Wesen war. Das kann man nicht in Frage stellen.

Der Behemot wird folgendermaßen beschrieben (Hiob 40, 15-24): Er ist ein Pflanzenfresser (Vers 15). Er hat beachtliche Körperkräfte (Vers 16). Sein Schwanz wird mit einer Zeder verglichen (Vers 17). Die Zeder ist ein großer Baum. Wenn ein Tier einen Schwanz wie einen Baum hat, dann ist das Tier jedenfalls noch größer als ein Baum. Die Knochen werden mit Eisen verglichen (Vers 18). Anscheinend hüten sich die Menschen, ihm nahe zu kommen (Vers 24). Die Bedeutung des Behemot wächst aber noch durch zwei Faktoren. Erstens hat Gott ihn zusammen mit einem anderen Tier ausgewählt, um Hiob mit der Größe seiner ehrfurchterheischenden Schöpfungswerke zu beeindrucken, alle anderen Tiere erwähnt er nicht, weder den Löwen, der ein Schwanz wie ein Strick hat, mit dem man ein Kalb anbindet, noch den Elefanten, dem seit ungefähr die letzten hundert Jahren größten Landtier der Erde. Zweitens zeigt die Beschreibung des zweiten Tieres solche gewaltigen Merkmale, dass man auch den Behemot in diese Kategorie eines Riesen versetzt, den es seit langer Zeit nicht mehr gegeben hat.

Nur ein kurzer Ausschnitt (Hiob 41,10-13):

- Sein Niesen strahlt Licht aus, und seine Augen sind wie die Wimpern der Morgenröte.
- Aus seinem Rachen schießen Fackeln, sprühen feurige Funken hervor.
- Aus seinen Nüstern fährt Rauch wie aus einem angefachten und glühenden Kochtopf.
- Sein Atem entzündet Kohlen, und eine Flamme fährt aus seinem Rachen.

Die Bibel, bzw. Gott, beschreibt hier einen feuerspeienden Drachen. Er tut das, weil Er weiß, dass Hiob dieses Tier kennt. Es dürfte keine vernünftigen Zweifel geben, dass die Bibel in Hiob 40-41 einen Drachen beschreibt und zwar einen solchen, vor dem sich Menschen fürchten: *„Lege nur deine Hand an ihn! Denk an den Kampf! Du wirst es nicht noch einmal tun!"* (Hiob 41,32)
Manche glauben, mit Leviathan sei bei Hiob der Satan beschrieben. Doch die Beschreibung würde dann keinen Sinn machen. Warum sollte Gott dem Hiob sagen, „Sein Niesen strahlt Licht aus! Aus seinen Nüstern fährt Rauch!" Man stelle sich Satan vor, der aus seinen Nüstern Rauch ausfahren lässt! Wie könnte das einen reifen Menschen beeindrucken! Kleine Schulmädchen würde das vielleicht erschrecken, aber Erwachsene würden dem Satan eine Prise Schnupftabak anbieten und ihm sagen, dass er ein vorzügliches Faschingskostüm geschneidert hat.
Ein Mensch hätte mit dem Leibhaftigen ein ganz anderes Problem, als dass er Rauch aus seinen Nüstern aussteigen lässt. Die Beschreibung macht nur Sinn, wenn Gott einen Drachen meint, denn da gehören diese zoologischen Besonderheiten, die sonst den Tieren nicht zu eigen Sinn, zur Beschreibung des Tieres, damit man es sofort identifizieren kann. Drachen speien Feuer und lassen Rauch auffahren! Und das ist in unmittelbarer Nähe höchst lebensgefährlich für Menschen. Dazu passt auch die übrige Beschreibung des Leviathans. Sie klingt lächerlich, wenn man an Satan denkt, aber nicht, wenn man an einen Drachen denkt. Wer wollte mit dem leibhaftigen Satan kämpfen? Mit einem solchen Drachen will auch niemand kämpfen, aber, wenn man ihm nicht ausweichen kann, bleibt einem nichts

Anderes übrig. Und wenn man den Kampf überlebt hat, wird man es nicht ein zweites Mal tun wollen, weil man weiß, dass man kein zweites Mal so viel Glück und der Drache so viel Unentschlossenheit haben würde.

Satan ist gewiss kein niesender und feuriger Raucheengel, der im Kino das Publikum vor Lachen auf die Schenkel schlagen lässt! Die Gefährlichkeit des Satans liegt nicht darin, dass er Feuer speien kann oder auf abgrundtief hässlich macht. Das sind verharmlosende Vorstellungen über ein Wesen, das vielleicht viel öfter in Gestalt eines Engels des Lichts oder einer schönen Frau in Erscheinung tritt, als als buckeliger Quasimodo.

Hiob wird von Gott gezeigt, wie großartig Er die Schöpfung gemacht hat. Dass dazu Gott Satan beschreibt, ein gefallenes Wesen, mit dem sich der Mensch, so jedenfalls macht es die Bibel klar, überhaupt gar nicht beschäftigen soll, ist nicht passend. Gott redet über Dinge, mit denen sich der Mensch nicht beschäftigen soll! Gott redet über etwas Ungutes, um den Menschen damit zu beeindrucken! Gott redet über Satan, der anscheinend eher ein Konkurrent zu Gott und den Menschen ist als ein vorzeigbares Geschöpf Gottes! Gott redet über das mächtigste Geschöpf, ja, aber stellt es als Witzfigur dar, nein!

Gott stellt Hiob den Satan als feuerspeienden Drachen vor. Das dürfte Hiob eher verwirrt haben, insbesondere, wenn er Satan gar nicht kennt. Aber Behemot, das riesige Tier mit einem Schwanz wie eine Libanon-Zeder und Leviathan mit einem eisenharten Schutzpanzer als Haut, die kennt Hiob. Sie sind Bestandteil einer gefallenen Schöpfung, die in ihrer Vielfalt und Komplexität Staunen machen. Wer das geschaffen hat, hat auch den Menschen geschaffen. Und wer den Menschen geschaffen hat, muss mit seiner Kompetenz und Macht unendlich weit über dem kleinen Wirkkreis und Wirkvermögen des Menschen stehen. Und er muss auch über dessen Fragen und Nöten erhaben sein, nicht in dem Sinne, dass er sich nicht damit abgibt, sondern, dass er für alle Fragen Antworten zur rechten Zeit hat und die Nöte beheben kann.

Es stimmt, in der Bibel wird vieles in Bildern transportiert. Aber man muss auch den Kontext beachten. Gott beschreibt die Natur, die Hiob umgibt, er offenbart Ihm dabei nichts Übernatürliches. Es stimmt auch, dass der Satan tatsächlich in der Bibel mit der Schlange und dem Drachen gleichgesetzt wird. Aber das kann nur deshalb sein, weil es Schlangen und Drachen tatsächlich gibt und gab. Glaubt man denn allen Ernstes, dass Gott sich ein Tier nimmt, dass sich Menschen ausgedacht haben, einen Mythos der Menschen aufgreift, um eine göttliche Sache daran zu verdeutlichen? Hat Er nichts selber auf Lager, wo Er doch die ganze Welt geschaffen hat? Hat Er es nötig, sich der Phantasie des Menschen zu bedienen, um etwas mitzuteilen?

Wenn also in der Bibel von einem Drachen gesprochen wird, muss anhand des Kontexts untersucht werden, ob das Tier oder Satan gemeint ist. Beides sind biblische und geschaffene Realitäten. Wäre Satan gemeint, wäre die sehr anschauliche Beschreibung überflüssig, unklar und aussageschwach. Anders herum wird auch ein Schuh daraus. Gott übertreibt hier auch nicht, weil das im Kontext auch völlig kontraproduktiv wäre und sich dadurch Gott in den Augen der Menschen erst recht lächerlich machen würde. Hiob ist das Buch, wo dem Menschen gezeigt werden soll, dass dem Menschen viel Leid widerfahren kann, weil er geprüft werden soll, um ihn weiter zu bringen. Weiter wohin?

Zu Gott hin, mit der Nebenbemerkung, dass Gott sich dieses Verfahren leisten kann, weil Er alles wieder zurechtbringt. Er hat die Natur, die uns so schrecklich übermächtigen kann, geschaffen und so geschaffen, dass Er sie jederzeit im Griff hat. Viele Bibelausleger und Alttestamentler lehren nämlich, dass der Leviathan ein Krokodil sei. Es ist zu befürchten, dass sich diese Herren nicht nur selber einen Glaubwürdigkeitsverlust beibringen, sondern dabei auch noch Gott verunehren. Das Krokodil war schon in der Antike eine beliebte Jagdbeute und wurde zum Teil als Haustierchen gehalten, mit dem Kinder spielten. Es taugt in keiner Weise dafür, dass man damit einen Menschen beeindruckt, außer Menschen, die sowieso schon sehr ängstlich veranlagt sind. Eingedenk der Tatsache, dass wir seit dem zwanzigsten Jahrhundert überwältigende Zeugnisse davon haben, dass in Urzeiten sehr viel größere Landtiere über den Erdboden schritten kann man es nur Ignorantentum nennen, wenn ein Theologe Tiefstapelei betreibt, um vielleicht Hochstapelei zu verhindern.

Der Kontext bei Hiob zeigt, dass Gott die Schöpfung beschreibt. Und dazu gehören natürlich die Saurier als großartige Tiere, die allezeit die Menschen beeindruckt haben, sogar noch als bloße Fossilien. Satan gehört nicht zu den Geschöpfen, mit denen Gott den Menschen beeindruckt. Wenn in der Bibel von Drachen gesprochen wird, kann grundsätzlich der Satan gemeint sein, aber er muss nicht immer gemeint sein, denn sonst dürfte es auch keine Felsen aus Gestein geben, nur, weil ein oder zweimal in der Bibel Christus mit einem Felsen gleichgesetzt wird.

Auch die Logik des Textes verbietet es, den Leviathan mit dem Satan gleichzusetzen, denn vor der Beschreibung des Leviathans steht die Beschreibung des Behemot. Auch er hat herausragende physische Merkmale, die ihn von der Masse der Lebewesen abhebt. Es sind andere Merkmale wie beim Leviathan. Wenn also der Leviathan der Satan sein soll, wer ist dann Behemot? Wenn der Leviathan der Satan sein soll und der Behemot ein Tier, dann passt dieses Paar schwerlich zusammen.

Am folgenreichsten ist an dieser Auslegung, den Satan mit dem Leviathan gleichzusetzen, dass man ihn dadurch verharmlost. Er tritt viel öfter als Engel des Lichts auf als als Drache. Genaugenommen tritt er nie in Gestalt eines Drachen auf, sondern wird nur wegen seiner Gefährlichkeit in Analogie so genannt. Wenn es stimmt, dass Satan einst ein strahlender Cherub war und er sich auch noch in neutestamentlicher Zeit als Engel des Lichts darstellen kann, dann gibt es für ihn keinen Grund sich eine hässliche Fratze aufzusetzen, wenn er die Menschen verführen will. Er wird sie nicht in Schrecken versetzen wollen, dass sie ihn meiden und davonlaufen. Wenn Junggesellen auf der Tanzfläche die freie Wahl haben, neigen sie dazu sich die schönste Frau auszusuchen, ob es dann die richtige ist, wird sich ja dann erst erweisen. Und auch unverheiratete Frauen schauen nach den Männern, die sich nicht abstoßen. Wie kommt man dazu, anzunehmen, dass Satan das nicht weiß? Wie würde er sich unters Volk mischen? Würde er nicht die Gestalt annehmen, die ihn am ehesten ans Ziel bringt? Wenn also in der Bibel der Satan als Drache bezeichnet wird, dann bezieht sich das auf seine inneren, verborgenen Qualitäten.

Er ist gefährlich, er ist zu meiden, er ist die Opposition Gottes. Und deshalb muss er gegenüber den Werten Gottes die Gegenwerte vertreten. Um das erschaffene Ebenbild Gottes, den Menschen, den Gott zu seinen Qualitäten bringen will, indem Er ihn heiligt und verherrlicht, zu dem Entgegengesetzten zu ziehen, muss er ihn dazu verführen, den Weg Satans als attraktiv und wertvoll anzunehmen. Er muss also lügen und fälschen, vortäuschen und sich in eine Schale werfen, die seine wahren Absichten verbergen.

Es passt nicht zu Gott, dass er das Böse oder den Satan anpreist als besonderes Schöpfungswerk. Gott reicht es, bzw. dem Menschen reicht es, wenn Er ihn ein wenig mit den Urgewalten der Natur bekannt macht oder sie in Erinnerung ruft. Der Stadtmensch versteht das vielleicht nicht mehr, weil er sich den ganzen Tag mit Papiertigern und Stofflöwen umgibt. Wenn es dann einmal richtig kracht, rennt er davon und fängt das Heulen und Zittern an. Aber auch schon ein Ausflug in die Natur kann ausreichen. Oder die Natur kommt in Form einer Naturgewalt zu ihm, ein Blitz schlägt im Haus ein, der Bach flutet den Keller, ein Brand bricht aus. Wer heute noch am Schreibtisch im Büro sitzt, kann in ein paar Stunden schon in den Bergen in eine lebensbedrohliche Situation geraten, nur, weil er einen Wettersturz miterlebt oder sich verirrt hat und die Kälte allmählich ihren Tribut fordert.

Hiob kannte die Natur, denn er lebte in und mit ihr. Drachen oder Sauriere sah er höchstwahrscheinlich nicht alle Tage und legte sicherlich auch keinen Wert darauf. Aber jeder, der schon einmal in der Wildnis einem Tier zu Fuß begegnet ist, welches eine potentielle Gefahr für den Menschen sein kann, weiß, wie klein man sich dann plötzlich vorkommt. Genau das will Gott dem Hiob vorhalten. Schau` dich an! Du bist so klein und schwach und fällst der Natur zum Opfer, wenn ich auch nur einen Augenblick nicht über dich wache. Also, vertraue mir!

Es reicht uns heute meist schon ein bisschen Donner und Blitz, um uns zu beindrucken. Manchmal kommen andere Naturgewalten dazu, die Existenzen zerstören und ganze Länder verwüsten: Erdbeben und Tsunami, Hurrikan und Dürren. Man muss da nicht Satan bemühen, um auf den Menschen Eindruck zu machen. Der Mensch sieht ja den Satan ohnehin nicht. Er sieht allenfalls die Auswirkungen seines vollmächtigen Handelns, schon deshalb wäre eine Beschreibung Satans als rauchfauchendes Ungeheuer nutzlos.

Gott zeigt hier bei Hiob noch lange nicht seine Allmacht auf, sondern die Überforderung und Machtlosigkeit des Menschen. Hiob erkennt es und vertraut Gott, dass Er auch Hiobs Leben im Blick hat. Es geht hier nicht um einen Kampf Gott gegen Satan. Hiobs Problem ist, dass er sich als Gerechter sieht und Gott vorwirft, dass er mit ihm etwas falsch macht, wenn Er ihn so leiden lässt. Gott demonstriert ihm, dass Hiob allezeit unter der schützenden Hand Gottes steht, weil Gott die Macht hat. Gott ist auch mit Hiob nicht überfordert und entscheidet über sein Wohlergehen. Gott ist der Souverän in Hiobs Leben.

Wer immer die Lückentheorie vertritt, darf Hiob 40-41 nicht übergehen. Es sind viele Tierarten ausgestorben. Das belegen die Fossilfunde. Das ist auch zu erwarten bei einem Sündenfall mit anschließendem Zerfall der Schöpfung und dem Missbrauch der Erde durch den Menschen.

Man hat Fossilien in Gesteinsschichten gefunden, von denen man annimmt, dass sie Jahrmillionen alt sind. Doch in eben solchen alten Erdschichten hat man auch Reste von Tieren gefunden, die Weichteile enthielten. Und bei einigen dieser Weichteile ließ sich die DNA isolieren. Proteine können keine Millionen Jahre überdauern, höchstens ein paar Tausend, wie bei Ötzi oder den sibirischen und kanadischen Mammuts. Anscheinend hat es Saurier noch einige Zeit nach der Vertreibung der Menschen aus dem Garten Eden, vielleicht sogar nach der Sintflut gegeben, denn so lassen sich auch die vielen Berichte aus aller Welt erklären, die zum Teil sehr detailliert sind und unabhängig voneinander erstaunliche Parallelen aufweisen. Das kann kein Zufall sein. Natürlich macht man sich lustig über die Vorstellung, dass Saurier und Menschen zusammenlebten, weil man sonst zugeben müsste, dass es die Erde nur ein paar Tausend Jahre gibt und das ganze Konstrukt der Evolutionslehre würde zusammenbrechen. Aber man lacht auch über jene, die an die Auferstehung Jesu glauben.

Es gibt Sagen von feuerspeienden Drachen aus aller Welt und wie man nachweisen kann, auch bei Völkern, wo noch keine Missionare waren, die den Leuten etwas von Hiob 40-42 erzählt haben könnten. Auch das deutet darauf hin, dass in Hiob nicht der Satan gemeint ist, denn die Sagen meinen damit auch nicht Satan. Der Leviathan war eine echte Bedrohung für die Menschen, nicht unbedingt, weil er immer nur Jungfrauen fressen wollte, sondern weil es nicht zu vermeiden war, ihm immer aus dem Weg zu gehen und wenn man dann einmal mit ihm kollidierte, hatte man einen sehr schweren Stand. Damals gab es noch keine feuerfesten Schutzwesten.

Die Schöpfung lässt sich biblisch nicht ohne den Menschen erklären. Das ganze Universum ist wegen des Menschen geschaffen worden. Auch schon deshalb macht es keinen Sinn, anzunehmen, dass es vorher schon mal was Ähnliches gab, lange, bevor der Mensch geschaffen wurde. Gott ist kein Flickschuster, der die Schöpfung repariert oder neu erschafft. Das hat Er auch nicht nach dem Sündenfall oder nach der Sintflut gemacht, auch wenn das große Einschnitte waren in der Heilsgeschichte Gottes mit den Menschen. Wie 1 Pet 3,19-20 zeigt, ist Er mit den Menschen, die damals dem Gottesgericht zum Opfer fielen, noch lange nicht fertig! Mit und in der Schöpfung muss der Geist Christi weiter wirken „In diesem ist er auch hingegangen und hat den Geistern im Gefängnis gepredigt, die einst ungehorsam gewesen waren, als die Langmut Gottes in den Tagen Noahs abwartete, während die Arche gebaut wurde." Eine Predigt bedeutet in der Bibel immer den Aufruf zur Umkehr. Es ist für die meisten immer zu spät, zu den Ersten zu gehören. Aber es ist nie zu spät, zu den Letzten zu gehören! Und das gibt es nur bei Gott, dass bei ihm auch die Letzten zu den Ersten gehören können (Mt 20,16)! Und das liegt an Seiner souveränen Vollmacht über die gesamte Schöpfung. Das gilt es anzuerkennen!

Tag und Nacht

Jene, die eine theistische Evolution oder eine Jahrmillionen dauernde Schöpfungsgeschichte vertreten, behaupten, dass der Schöpfungsbericht allegorisch zu verstehen sei. So seien Tag und Nacht in Wahrheit nur ein Bild für etwas Anderes, was Tag und Nacht heute sind. Doch sie können nicht sagen, für was. Andere wiederum behaupten, dass ein Tag Jahrmillionen gedauert hat. Aber das ist nicht nachvollziehbar, denn es ergibt keinen Sinn, einen Tag in der Schöpfungswoche Jahrmillionen dauern zu lassen und die Nacht nicht. Wenn die Nacht auch Jahrmillionen dauerte, konnten die Lebewesen nicht überleben.

Der Schöpfungsbericht ist leicht verständlich abgefasst und erklärt zugleich, was unter einem Tag wirklich zu verstehen ist, nämlich eine 24 Stunden – Periode insgesamt und den Lichtteil dieser 24 Stunden- Periode insbesondere. Das ergibt sich eindeutig aus dem Text selbst:

„Und Gott nannte das Licht Tag und die Finsternis nannte er Nacht. Und es wurde Abend und es wurde Morgen: erster Tag" (Vers 5)

Und so geht es weiter: *„Und es wurde Abend und es wurde Morgen: zweiter Tag"* (Vers 8);

„Und es wurde Abend und es wurde Morgen: dritter Tag" (Vers 13);

„Und es wurde Abend und es wurde Morgen: vierter Tag" (Vers 19);

„Und es wurde Abend und es wurde Morgen: fünfter Tag" (Vers 23);

„Und es wurde Abend und es wurde Morgen: der sechste Tag" (Vers 31). Hier etwas Anderes hinein zu interpretieren, macht die biblische Aussage wertlos und lächerlich. Gott gibt den Menschen keine wertlosen oder lächerlichen Informationen, mit denen man nichts anfangen kann, weil sie falsch sind. Gott übertreibt nicht. Gott lügt nicht. Gott kennt sich mit den wahren Verhältnissen besser aus als wir Menschen! Wer sagt, dass die Tage keine 24 Stunden hätten, will irgendein Konzept verteidigen, das offenbar der Bibel widerspricht. Für bibeltreue Bibelleser verbietet sich das.

Für einen 24-Stunden Tag braucht man eine Erde, die sich um ihre eigene Achse dreht, dazu noch Licht und Dunkelheit – und alles war ab dem ersten Tag da. Und deshalb konnten Adam und Eva, die ab dem sechsten Tag existierten, sofort am ersten Sabbat zu Protokoll geben: 7. Tag der Welt, unser zweiter Tag auf Erden. Adam geboren am sechsten Schöpfungstag, nicht am soundsovielst millionsten Tag der Weltenexistenz. Mohammedaner rechnen ihre Zeit ab seiner Flucht nach Medina, vorher kam er in Mekka bei seinen Stammesgenossen nicht zum Zug. Soll es Gott ebenso ergangen sein? Er hat sich in der Vorwelt nicht durchsetzen können, daher ist er geflüchtet mit Sack und Pack, um es im Garten Eden nochmal anzufangen?

Diese Sichtweise, dass der Tag mit seiner Nacht 24 Stunden dauert, die sich klar aus dem Schöpfungsbericht ergibt, wird noch einmal klar und deutlich in 2 Mose 20,9–11, bestätigt, denn da sagt Gott Seinem Volk Israel, was der Grund dafür ist, dass sie den Sabbat halten sollen. Es ist deshalb: weil Gott die Welt in sechs Tagen erschaffen hat.

Für das Volk Israel war klar, dass Gott damit 24-Stunden Tage meinte, denn sonst hätten sie fragen müssen, wie viele Jahrmillionen sie verstreichen lassen sollen, bis sie dann den Sabbat halten müssen. Diese Vorstellung ist absurd und lächerlich.

Viele Menschen, die nicht an die Bibel glauben, halten sie auch deshalb für ein nicht ernstzunehmendes Buch, weil sie es nicht selber gelesen haben, sondern weil sie von „Experten" sonderbare Dinge gehört haben, was die Bibel sagt oder was sie nicht sagt. Es gibt mehr als 500 Nennungen von „Yom" – Tag, in der Bibel. Es bedeutet in der Bibel immer, wenn es mit Abend, Morgen oder einem Zahlwort zusammen erwähnt wird, einen 24-Stunden-Tag. Eine andere Sichtweise ist wegen 2 Mo 20,11 ausgeschlossen. Yom wird in der Bibel 410 Mal zusammen mit einer Zahl genannt, im Zusammenhang mit „Abend" und „Morgen" 61 Mal, mit „Nacht" und „Tag" 52 Mal. Und immer ist der 24-Stunden-Tag gemeint.

Das gilt auch für Hos 6,2. Manche sagen, dass es dort anders zu verstehen sei. Das sind diejenigen, die glauben, dass Jesus nicht volle drei Tage und drei Nächte im Grab waren. Das wäre dann aber eher einen Grund Hos 6,2 als weiteren Beweis zu sehen, dass Jesus eben doch volle drei Tage im Grab war, denn warum sollte „yom" ausgerechnet in Hos 6,2 eine andere Bedeutung haben.

Zwar sagt 2 Petrus 3,8, dass für Gott tausend Jahre wie ein Tag sind, aber eben nicht für den Menschen. Die Bibel ist jedoch für den Menschen geschrieben, nicht für Gott. Gott bringt in Seinem biblischen Text die Zeiten nicht heillos durcheinander, sondern heilsam zueinander. Ebenso wie für Gott tausend Jahre wie ein Tag sind, ist auch ein Tag für Gott wie tausend Jahre. Damit kann nichts Anderes gesagt sein als dass Gott, der außerhalb Seiner Schöpfung steht und keinen der vier Dimensionen unterworfen ist, zeitlos ist. Er gebietet auch souverän über die Zeit. Das mag schwer vorstellbar sein, aber es ist so. Gott hat keine Zeitprobleme, weil Er alle Zeit in Seinen Händen hat und sie dehnen oder schrumpfen kann. Der Mensch erlebt die Lebenswirklichkeit zeitgebunden, aber das ist deshalb, weil er selber in diese Welt eingebunden ist. Und siehe da, seine Alterung und sein Tod unterstreichen das. Gott stirbt nicht.

In 2 Pet 3,8 (oder auch Ps 90,4) wird auch nur zum Ausdruck gebracht, dass Gott jenseits aller zeitlichen Gebundenheiten ist. Für ihn ist Zeit kein Hinderungsgrund. Er kann sie gewissermaßen für sich ausdehnen (Ps 90,4) oder raffen (2 Pet 3,8).

Auffällig ist die Struktur der Schöpfungstage zueinander. Das kann kaum Zufall sein. Wenn Gott der Schöpfer ist, dann war ja ohnehin nicht der Zufall der Schöpfer oder Planer. ***1** In der Schöpfungswoche ergänzen sich die Schöpfungstage sinnvoll. stehen der 1. dem 4. Tag gegenüber, so auch der 2. dem 5. und der 3. dem 6. Am ersten Tag wurde der Tag an sich geschaffen. Damit war die 24-Stunden Periode hergestellt. Aber Monat und Jahre gab es noch nicht. Die wurden bestimmbar mit der Erschaffung von Sonne, Mond und Sternen am 4. Tag.

Am zweiten Tag wurde noch dazu der Himmel von dem geschieden, was die belebte Welt neben der Atmosphäre noch als Lebensgrundlage braucht: Wasser. Im unteren Bereich des Himmels ist es ja der Sauerstoff, den die Lebewesen zum Atmen brauchen. Auch Wasser enthält gebundenen Sauerstoff. Wasser und Luft sind Lebensräume für Vögel und die Meeresbewohner, die am fünften Tag in ihre Lebensräume versetzt wurden.

Dazu musste am dritten Tag die Erde vom Wasser getrennt werden. Damit wird der Lebensraum Erde und Wasser bereitgestellt, der dann am fünften und sechsten Tag vollends gefüllt wird.

Am vierten Tag wird der obere Himmel, wo keine Atmosphäre ist, weil sie dort nicht benötigt wird, mit den Himmelsköpern bestückt. Man sieht also, zuerst werden Lebensräume geschaffen, die zunächst noch „leer" sind. Dann werden sie teilweise gefüllt. Das ergibt sich auch aus Jes 45,18, wo es heißt, dass Gott die Erde erschaffen hat, um sie mit Leben zu füllen: „zum Bewohnen hat er sie gebildet.", nicht damit sie „tohu", leer oder öde bleibe. Wer hier stehen bleibt bei „er hat sie nicht zur Öde geschaffen", unterschlägt das, was ja auch der Schöpfungsbericht nicht unterschlägt: es bleibt nicht dabei, der leere Raum wird gefüllt. ***2** Zur Frage, ob die Schöpfungstage 24 Stunden Tage gewesen sein sollen, könnte man die Gegenfrage stellen, warum das nicht der Fall sein soll. 24 Stunden sind eine Zeitperiode, die ein regelmäßiger Tag-Nacht-Wechsel beinhaltet. Dieser ist mit dem funktionierenden Organismus der Lebewesen gekoppelt. Menschen, die Schicht arbeiten müssen oder viel nachts unterwegs sind, machen die Erfahrung, dass sie das mehr Energie kostet als der tägliche Rhythmus. Jedes Abweichen von diesen natürlichen Vorgaben gefährdet die Gesundheit.

Zu beachten ist, dass in der Sechs-Tage-Schöpfung Gott die Zeit mitgeschaffen hat. Und dazu macht Er noch die Zeitangaben, denn E setzt den siebenten Tag als Ruhetag und bestätigt diesen Tag später bei Mose am Berg Sinai. Sechs Tage soll der Mensch arbeiten und am siebenten Tag ruhen. Gott hat bestimmt nicht gemeint, dass man sechs Millionen Jahre arbeiten soll, um dann eine Million Jahre nichts zu tun. Es ist im Grunde indiskutabel anzunehmen, dass hier eine andere Tagesperiode gemeint sein könnte als diejenige, die durch die Erdrotation angezeigt ist. Einmal in 24 Stunden dreht sich die Erde um die eigene Achse. Damit ist die Länge des Tages astronomisch festgelegt. Gott definiert auch, was eine Woche ist und wegen der Platzierung von Mond, Sonne und Sterne gelangt der Mensch zur Berechnung von Monat und Jahr. Alles ist bereits in der Schöpfungswoche angelegt.

Beim Schöpfungsbericht handelt es sich nicht um ein Bildnis, sondern um einen geschichtlichen Bericht. Das ergibt sich auch aus der Sprache. In Gen 2,4 heißt es: „Dies ist die Geschichte des Himmels und der Erde". Diese Formulierung „Dies ist die Geschichte", hebräisch „Toledot" wiederholt sich in der Genesis und steht immer da, wo eine neue geschichtliche Epoche beginnt. Die Bibel markiert also auch die Sechs-Tage-Schöpfungswoche als ein geschichtliches Ereignis, daher ist es ausgeschlossen, dass die am fünften Tag geschaffenen Lebewesen eine Nacht durchhalten mussten, die Jahrmillionen dauerte, bis es wieder Morgen wurde.

Der erste Kosmos

Es gibt eine Vielzahl von theologischen Problemen, wenn man annimmt, dass es eine „Vorwelt" mit einem Fall Satans gegeben habe. Wenn es in der „Vorwelt" einen Fall Satans gegeben haben soll, warum lässt dann Gott Satan wieder auf die Welt los und gibt ihm Vollmachten, wenn er doch wieder nur zerstört? Hat Gott nichts aus der Zerstörung der Vorwelt gelernt? In der Jetztwelt machen die Vollmachten Satans nach dem Sündenfall Sinn und siehe da in der Bibel, diese satanische Welt wird abgelöst durch eine himmlische Welt, sobald sie ihren Zweck erfüllt hat. Gott braucht keine Versuche, Er macht gleich Nägel mit Köpfen!

Die alte Welt ist die Welt vor der Sintflut, denn diese ging ja unter.

Der biblische Begriff Kosmos steht für die von Gott geschaffene Sechs-Tage-Schöpfung und enthält deshalb „die Himmel und die Erde". Jesus ist gekommen, um diese Welt zu erlösen, die in ihrem Lauf der Entscheidung von Adam und Eva gefolgt ist. Durch Adam und Eva ist die Alte Welt in die Schieflage geraten, bei Noah hat Gott diese Welt gerichtet und das betraf beide Male die Himmel und die Erde. Der Begriff Kosmos ist also wie ein Sammelbegriff für unsere Welt. Das verdeutlichen folgende Schriftstellen im Neuen Testament:

Joh 3,17: *„Denn Gott hat seinen Sohn nicht in die Welt gesandt, dass er die Welt richte, sondern dass die Welt durch ihn gerettet werde".* Welche Welt ist gemeint? Die Sechs-Tage-Woche.

2 Kor 5,19: *„Dass Gott in Christus war und die Welt mit sich selbst versöhnte".* Paulus hat hier an die Menschheit gedacht.

In Heb 9,11-12 steht sogar ausdrücklich, dass sich Jesu Opfer auf diese Schöpfung bezieht. *3 Kol 1,19.20: *„und durch ihn alles mit sich zu versöhnen - indem er Frieden gemacht hat durch das Blut seines Kreuzes - durch ihn, sei es, was auf der Erde oder was in den Himmeln ist."* Hier scheint Paulus noch darüber hinaus zu gehen. Was gibt es denn in den Himmeln, was dort zu versöhnen wäre? Wenn das nicht nur eine Aussage ist, die verdeutlichen will, dass es zu einer restlosen und lückenlosen Versöhnung mit der gesamten Schöpfung kommt, bedeutet die Versöhnung für die Himmel, dass es dort auch noch Lebewesen gibt, für die die Versöhnung gilt. Zu denken wäre an die Engel, die wie Satan gerade gegen diese Versöhnung opponierten. Mit Engeln Gottes ist ja keine Versöhnung notwendig, also müssen es andere Wesen sein, die der Versöhnung bedürfen. Menschen können nicht gemeint sein, weil sie Erdlinge sind und wer in den so genannten „Himmel" kommt, hat die Versöhnung bereits. Diese Aussage korrespondiert mit Röm 11,15, wonach Gott die Welt mit sich versöhnte.

In Hiob 15,14,15 werden die unreinen Himmel in den Kontext mit den Menschen gebracht. Aber was hat die Himmel unrein gemacht? Der Sündenfall, denn die Himmel gehören wie die Erde zur Schöpfung dazu. Dazu gehört nicht der Himmel, in dem Gott ist. Dieser „Himmel" gehört nicht zur Sechs-Tage-Schöpfung

Nach Ps 82,1 gibt es eine Versammlung der „Söhne Gottes". *4 In Heb 9,23−26 werden Abbilder der im Himmel befindlichen Dinge angesprochen. Hier ist jedoch auch wieder der Himmel gemeint, in dem sich Gott befindet. Gottes Himmel ist nicht gleichzusetzen mit den Himmeln der Schöpfung. Gottes Himmel gehört nicht zur Sechs-Tage-Schöpfung.

Nun zu dem merk-unwürdigsten Argument der Bibelleser, die die Lückentheorie vertreten. Manche führen 2 Pet 3,5-7 an: *„Denn denen, die dies behaupten, ist verborgen, dass von jeher Himmel waren und eine Erde, die aus Wasser und durch Wasser Bestand hatte, und zwar durch das Wort Gottes, durch welche die damalige Welt, vom Wasser überschwemmt, unterging. Die jetzigen Himmel und die jetzige Erde aber sind durch dasselbe Wort aufbewahrt und für das Feuer aufgehoben zum Tag des Gerichts".*

Im ersten Brief an die Juden in der Diaspora schrieb Petrus noch: „die vor Zeiten sich weigerten zu glauben, als Gottes Langmut einstmals zuwartete in den Tagen Noahs, während die Arche zugerichtet wurde" (1 Pet 2,20).

Und im zweiten Petrusbrief schrieb er einige Verse vor 2 Pet 3,5-7: *„Und wenn er die alte Welt nicht verschonte, sondern [nur] Noah, den Verkündiger der Gerechtigkeit, als Achten bewahrte, als er die Sintflut über die Welt der Gottlosen brachte…"* (2 Pet 2,5).

Das bedeutet also, dass Petrus sowohl in seinem ersten Brief, als auch im zweiten Brief jeweils Bezug nimmt auf die durch die Sintflut Noahs untergegangene Welt, die Gott nicht verschonte, dann kommt der Satz, wonach die Spötter sagen, es bleibt alles beim Alten, seit die Väter entschlafen sind und dass es ihnen verborgen ist: *„dass von jeher Himmel waren und eine Erde, die aus Wasser und durch*

Wasser Bestand hatte, und zwar durch das Wort Gottes, durch welche die damalige Welt, vom Wasser überschwemmt, unterging." Hier, so die Lückentheoretiker sei plötzlich nicht mehr von der Sintflut Noahs die Rede, sondern von einer Flut, die eine Vorwelt überflutet und gerichtet hat. Dazu müssen sie zugleich behaupten, dass die „jetzigen Himmel und die jetzige Erde" zur Neuschöpfung der Sechs-Tage Schöpfung dazugehören würde. Interessanterweise sollen also die Himmel und die Erde von Gen 1,1 nicht die gleichen sein wie die „jetzigen Himmel und die jetzige Erde", obwohl sie doch sagen, dass die Himmel und die Erde von Gen 1,1 der Vorwelt angehören und nicht der Jetztwelt. Die gleiche Formulierung „Himmel und Erde" soll bei den Lückentheoretikern also etwas völlig Verschiedenes bedeuten, nämlich einmal die Vorwelt vor Gen 1,2, dann einmal die Nachwelt, von der Petrus spricht. Das ist unglaubwürdig. Es ist also nicht unglaubwürdig, dass es jeweils um eine eigene Sache geht, wenn von „Himmel und Erde" gesprochen wird, sondern die inkonsequente, offensichtlich voreingenommene Interpretation ist unglaubwürdig. Petrus macht nämlich deutlich, dass er durchaus von zwei Welten redet, nämlich so: die Welt vor der Sintflut und die „jetzige Welt" nach der Sintflut. Man muss zugeben, dass es eine Berechtigung dafür gibt, diese Einteilung zu machen! Die Sintflut hat alles radikal verändert. Das ist aber etwas ganz Anderes als was die Lückentheoretiker behaupten.

Sie tun den Bibelversen Gewalt an. Eigentlich müsste es jedem einleuchten, dass Petrus mit der vormaligen Welt die Welt meint, die mit der Sintflut zerstört worden ist. Und was machen die Lückentheoretiker? Sie sagen, vor der Welt, die in der Sintflut zerstört worden ist, gab es schon einmal eine Welt, die durch Wasser zerstört worden ist. Merkwürdig ist aber, dass uns Petrus hier nur von einer einzigen vormaligen Welt erzählt. Und warum sollte er gerade von jener Welt erzählen, nach Meinung der Lückentheorievertreter, in der es Menschen noch gar nicht gegeben hat? Was hätte das den Briefempfängern sagen sollen?

Dann spricht Petrus im nächsten Atemzug gleich von „die jetzige Erde aber", überspringt also nach der Lesart der Lückentheoretiker die Welt, die durch die Sintflut untergegangen ist. Hier wird also auch eine künstliche Lücke geschaffen, die es gar nicht gibt. Die naheliegende Erklärung ist, dass Petrus hier selbstverständlich von der Sintflut redet. Das ist so klar, dass man nicht darauf angewiesen ist, zu 2 Pet 2,5 auch noch 1 Pet 2,20 dazu zu nehmen. Es ist sonderbar, dass Lückentheoretiker nicht bemerken, wie sie sich durch solche abenteuerlichen Auslegungen unglaubwürdig machen.

Die Sintflut ist ein wichtiges Kapitel in der Bibel. Hätte es schon vorher einen *„Herabwurf des Kosmos"* gegeben wie F.H. Baader diese erdachten Ereignisse in der Vorwelt nennt, dann können sich ihre Vertreter nur auf den einen Vers in 2 Pet 3,5 berufen. Und der eignet sich, wie einzusehen ist, nicht sonderlich, weil er viel Besseres zu dem bereits Gesagten über die Sintflut von Noah passt. Es ist nicht diskussionswürdig, das ernsthaft bestreiten zu wollen.

Übrigens ist es auch eine sonderbare Vorstellung, dass Gott zweimal die Welt mit einer Art Sintflut gerichtet haben soll. Einmal bevor es Menschen gab, um vielleicht Engelwesen zu richten, die anscheinend wasserscheu waren – nun ja, ihr Teufel fürchtet ja auch das Weihwasser! - dann um Menschen zu richten. Warum nicht gleich drei Mal, bevor Gott es dann ein viertes und fünftes Mal tut? Wann weiß Gott endlich, was Er will?

Das Argument, Petrus könne nicht (zweimal) von der Sintflut geredet haben, weil ja bei der Sintflut die Himmel nicht vernichtet worden wären, greift nicht, denn die Bibel behauptet nirgendwo, dass es bei der Sintflut nur um irdische Ereignisse ging, bei denen die Himmel nicht betroffen waren. Es ist erstens theologisch schlüssig anzunehmen, dass auch die Himmel betroffen waren, da nicht nur die Erde zur Schöpfung gehört und an das Schicksal der Menschen gebunden ist, sondern das gesamte Weltall. Zweitens ist es naturkundlich schlüssig, denn auch die Planeten und Monde zeigen Spuren der Verwüstung, ja sogar, wie man mittlerweile weiß, von kataklystischen Erdbewegungen, die auf die Beteiligung von mächtigen Flüssigkeiten schließen lassen. Darauf freilich können sich auch die Vertreter der Lehre von den zwei Sintfluten berufen, nur, dass sie dann darauf angewiesen sind, dass auch die Vorwelt eine physische war.

 Behauptungen, die biblisch sein sollen, muss man durch Schriftworte belegen können. Wenn man in Ermangelung klarer Schriftworte, solche Schriftworte hernimmt, die unklar sind oder bei denen die erste Lesung und der Kontext etwas ganz Anderes ergeben, steht die Auslegung auf schwachen Beinen, weil sie eigentlich im Text das Naheliegende übergeht. Wenn es nun zu einem Übergang zu einem neuen Inhalt kommt, steht das Ergebnis unter dem Verdacht, falsch zu sein. In diesem Fall sollten andere gute Argumente, die Auslegung stützen. Davon kann bei der Lückentheorie kaum die Rede sein. Bei ihr fällt auf, dass biblische Aussagen zu Hilfe genommen werden, die eigentlich die Schwäche der Aussage untermauern. Das ist bei den Verweisen auf 2 Pet 3,5 so. Das ist auch bei Of 21,1 so.

 Of 21,1 widerspricht dieser Sichtweise von einer Vorwelt, die in einer Vorflut untergegangen ist: *„Und ich sah einen neuen Himmel und eine neue Erde; denn der erste Himmel und die erste Erde waren vergangen, und das Meer ist nicht mehr."* Das griechische „protos" *5 bedeutet fast immer etwas Erstiges. Es ist ein Adjektiv von „pro" – „vorher", *6 in der Steigerungsform und bedeutet, „das, was zuerst kommt". *7 Hätte der Bote von Of 21,1 an eine Welt vor der vorherigen Welt geglaubt, hätte er ein anderes Wort benutzt! Es ist also mehr als nur ein zeitliches vorher, sondern auch ein rangmäßiges. *8 Es gibt nur zwei Welten, biblisch gesehen. Die Welt die in sechs Tagen erschaffen worden ist, und die Welt, die am Ende der Zeit von Gott für die Menschen sichtbar wird. Das sind die einzigen Welten, die für den Menschen relevant sind und damit auch für die Bibel, denn die Bibel ist das Buch der Geschichte Gottes mit den Menschen. Und zwischen diesen Welten liegen Äonen, Erdzeitalter, die man, jedes für sich, auch „Welt" nennen kann, wenn man es möchte. Auch mein Großvater lebte vor meiner Zeit und daher in einer anderen „Welt".

Nach Röm 8,19 ff ist die Schöpfung der Nichtigkeit unterworfen worden und soll ebenso befreit werden wie der Mensch: *„frei gemacht werden zur Freiheit der Herrlichkeit der Kinder Gottes".* Sie wird es also infolge des Freiwerdens des Menschen. Einen Bezug zu einer vorherigen gefallenen Welt, außer der ab dem Zeitpunkt des Sündenfalls, ist hier nicht erkennbar und wäre auch unverständlich. Was aber gesagt ist, ist dann verständlich, wenn die Schöpfung infolge des Sündenfalls des Menschen gefallen ist. Eine noch früher gefallene, andere Welt wird überhaupt nicht thematisiert.

Dass Kosmos also ganz überwiegend die bewohnte Erde meint, gilt auch für 2 Pet 3,6 *„durch welche die damalige Welt, vom Wasser überschwemmt, unterging."* Das ist insbesondere deshalb richtig, weil ja Petrus ein paar Verse vorher ausdrücklich die Sintflut anspricht und sie kennzeichnet als alter Kosmos, der nicht verschont wurde. D.h. Petrus versteht unter Kosmos in 2 Pet 2,5 die Welt, die durch die Sintflut untergegangen ist.

Daher ist eine Vorstellung einer vor der Sintflut und vor Adam stattgefunden habenden Welt, die durch Wasser unterging, wenn sie sich nur auf 2 Pet berufen will, nur schwer zu stützen. Daran ändert auch nichts die Existenz vieler Himmel (Lufthülle, luftleerer Raum im Universum, geistige Welten), oder dass unter „Kosmos" sowohl die Erde als auch die Himmel gemeint sein können. Da, wo die Bibel davon spricht, meint sie den physischen Kosmos.

Da die Lückentheoretiker nicht vieles aufzubieten haben, womit sie die Lücke füllen können, sind sie auf solche Bibelstellen angewiesen, die man vielleicht doch umdeuten kann. So eine Umdeutung und Zurechtdeutung haben sie mit 2 Per 3,6-7 vorgenommen. Da heißt es dann bei einem Ausleger: *„Über die Vorgänge, die zwischen 1 Mo 1,1 und 2 stattfanden, haben wir durch Petrus in seinem zweiten Brief weitere Angaben (2 Petr 3,3.7) …Denn nach ihrem eigenen Willen ist ihnen dies verborgen, dass von alters her Himmel waren und eine Erde, entstehend {O. bestehend} …"* usw. Dann schreibt der Ausleger weiter: *„Dass hier nicht die Sintflut gemeint sein kann, geht unzweifelhaft aus den Worten Petrus' hervor. Denn bei der*

Sintflut ist nicht der Kosmos untergegangen, Petrus versteht hier klar die Himmel und die Erde darunter, sondern nur was auf der Erdoberfläche war..." man höre und staune: *klar und unzweifelhaft!* Das ist eine abenteuerliche Auslegung, die aus verschiedenen stichhaltigen Gründen abzulehnen ist.

Verblüffend ist zunächst einmal, dass der Verfasser meint, dass *es „unzweifelhaft" aus den* Worten von Petrus sei, dass es zwischen Gen 1,1, und 2 ein göttliches Gericht gab, dabei ist es naheliegend, dass Petrus hier in 2 Pet 3 von der Sintflut redet. Wie kann man dann von *„unzweifelhaft"* reden? Das Beispiel zeigt, dass der Mensch, gleich welchen Glaubensstand er hat, immer anfällig zu sein scheint, wenn er sich etwas in den Kopf gesetzt hat, dazu auch die für ihn passenden Rechtfertigungen zu finden, und wenn sie noch so an den Haaren herbeigezogen sind. Je absurder etwas ist, desto *„unzweifelhafter"*! Wo die Sachargumente fehlen, macht man es sprachlich!

Nach dem Verständnis des antiken Menschen war „Kosmos" schlicht die Welt. Was denn sonst! Petrus war ein Mensch der Antike, der an Menschen in der Antike schrieb. Die von Gottes Geist inspirierten Briefe sind nicht in einen klinisch reinen Raum hineingeschrieben worden, ebenso wenig wie Gott Abraham in eine idealistische Bibelwelt hineingesandt hatte. Die biblischen Ereignisse fanden alle in einer schmutzigen, unheiligen Umgebung statt! Petrus schrieb an reale Menschen auf dem Hintergrund ihres realen Verstehens- und Erfahrungshorizontes, der sich im Großen und Ganzen mit dem des Petrus deckte. Und zu diesem gehörte natürlich die Erzählung von der Sintflut in der Überlieferung durch die Bibel.

Dazu gehörte nicht eine vorweltliche Sage über Thor und das himmlische Asgard. Die Allerwenigsten wussten, dass die Erde nur ein Sandkorn im Weltall ist! Man stelle sich nur einmal vor, was die Kinder von Noah geantwortet hätten, wenn man sie gefragt hätte, ob für sie die „alte Welt", der „Kosmos", mit der Sintflut untergegangen ist. Kann man allen Ernstes meinen, dass sie gesagt hätten: *„Nein, nein, es ist ja bei der Sintflut nur die Erde überflutet worden, der richtige Weltuntergang,*

Die Sintflut war Gottes Gericht über die Menschheit und die ganze belebte Schöpfung. Natürlich ist jene Welt, die untergegangen ist, der „damalige Kosmos"! Wer an eine Weltenflut vor der Sintflut glaubt wie er an eine Schöpfung vor der Sechs-Tage-Schöpfung glaubt und es hier im Petrusbrief hineinlesen möchte, behauptet auch gleich, dass Petrus in seinem Brief an die Juden in der Diaspora nichts von dieser Noah-Sintflut gesagt hätte, obwohl er doch vom Gericht über die Menschheit redet, nicht über ein etwaiges Gericht über eine Engelwelt. Und er fügt weiter die unglaubliche These hinzu, Petrus hätte ein noch viel früher stattgefundenes Gericht angesprochen, als es noch gar keine Menschen gab. Das ergibt keinen Sinn, sondern Konfusion. Man bedenke, in der gesamten bekannten antiken jüdischen Literatur ist nichts bekannt von einer Weltkatastrophe zwischen Gen 1,1 und Gen 1,2. Aber die Leser des Petrusbriefes damals sollen davon gewusst haben! Was hätten die Briefempfänger darauf antworten können, wenn Petrus wirklich eine vorsintflutliche Sintflut gemeint hätte? *„Lieber Petrus, was kommst du uns mit Zeiten und Sachen, die nichts mit uns zu tun haben!"* [9] Es gab biblisch nachvollziehbar keine zwei Ereignisse, die Gottes Gerichte waren, sondern nur eines. Es gab nicht den Himmel und Erde - Untergang, bevor es Menschen gab (Null-Ereignis), sondern nur die weltweite Sintflut (B-Ereignis).

Und nun schreibt Petrus an die Juden in der Diaspora einen Brief und warnt vor einem Weltuntergang (C-Ereignis), der noch kommen wird. Den setzt er, nach Meinung der Lückentheoretiker, in Bezug auf Null und erwähnt B an dieser Stelle gar nicht, obwohl nur B die Menschen betroffen hat und Null nicht. Das entbehrt jeglicher Logik und Stringenz! Hinzu kommt, dass dann Petrus, um die Verwirrung zu vervollständigen, nach dieser Sichtweise, dann in 2 Pet 3 eindeutig von der Noah-

Sintflut redet. Petrus redet noch nicht einmal vom Sündenfall (A-Ereignis). Vermutlich deshalb, weil das, was dabei geschah, alle Menschen betrifft, während die Sintflut nur die Gottlosen betraf.

Wenn die Lückentheoretiker Recht hätten, dann wäre die Vorstellung von einer Vor-Welt Gemeingut der Juden in der Diaspora gewesen! Man unterstellt den Menschen damals, dass es für sie relevant war, was passiert ist, als es noch gar keine Menschen gab. Das ist nicht kontextgemäß. Den Kontext muss man aber immer als ein wichtiges exegetisches Prinzip beachten! Der Kontext ist hier die Sintflut als Gerichtshandeln Gottes.

Auch Jesus redet von der Noah-Sintflut (B-Ereignis) und setzt sie in Bezug zum Gericht der letzten Tage (C-Ereignis), bei Ihm hört man nichts von einem weiteren Weltuntergang (Null-Ereignis), denn er sagt: *„wie die Tage Noahs waren, so wird auch die Ankunft des Sohnes des Menschen sein."* (Mt 24,37). Er spricht also die gleiche Warnung aus wie Petrus. Deshalb ist logisch, dass beide von den gleichen beiden Ereignissen reden, die sie zueinander in Bezug stellen, der Noah-Sintflut (B-Ereignis) und dem Weltgericht am Ende der Zeit (C-Ereignis). Von einer anderen Kosmos-Katastrophe vorher redet Jesus nicht! Das jedenfalls beweist, dass für die Juden natürlich die Sintflut eine große Sache war. Warum redete Jesus nicht über die Vor-Welt? Eine naheliegende Antwort: Weil es die Vor-Welt gar nicht gab! Und selbst wenn es sie gegeben hätte, sind die Sintflut bei 2 Petrus 3 und auch der Sündenfall viel naheliegender und viel relevanter, denn es geht um das Gericht über die Menschen! Die Gerichte über die Menschen sind ein Zentralthema der Bibel. Wenn also die einzig andere denkbare Antwort auf die Frage, warum Jesus nicht über die Vor-Welt redete, lauten müsste, weil es nicht relevant war, dann wäre es auch für Petrus nicht relevant gewesen, darüber zu reden.

Das Alte Testament berichtet in epischer Breite über die Sintflut. Nirgendwo steht etwas über eine Wasserflut, die vorher stattgefunden hat und noch gewaltiger war und auch noch den Himmel überflutet hat (was ohnehin nicht vorstellbar ist). Das scheint eine Erfindung, noch dazu im wahrsten Sinne des Wortes eine „überflüssige" zu sein!

Diese Auslegung kann man auch als kontextfeindlich bezeichnen. Auch von der Methodik her ist das zu hinterfragen. Man nimmt einen Sachverhalt x (Petrus Briefinhalt), der eine Aussage Y (das Gericht ist schon einmal über die Menschheit gekommen, als Wassergericht, nächstes Mal gibt es ein Feuergericht) enthält, um damit eine These z (es muss ein Gericht vor Gen 1,2 gegeben haben, denn Satan hat rebelliert) zu untermauern, die sonst nirgendwo in der Bibel als (historische) Tatsache vorkommt.

Es tun sich außerdem völlig neue Fragen auf. Was für einen Sinn sollte etwa eine Wasserflut als Gericht gehabt haben, bevor es Menschen, Tiere und Pflanzen gab? Zu viel Wasser schadet den Organismen ebenso wie zu wenig, denn Wasser ist eine der biologischen Voraussetzungen, dass sich organisches Leben erhalten kann. Geistwesen können von Wasser nicht tangiert werden. Wozu also eine Wasserflut? Wasser ist etwas Physisches, Geist ist etwas Geistiges. Das eine schadet dem anderen nicht. Ein Gericht ist nur dann ein Gericht, wenn es auf der gleichen Ebene der Dimensionen vollzogen wird, in der sich der oder das zu Richtende ebenso befindet wie die Gerichtswirkung.

Der „Herabwurf" des Kosmos

Der Begriff Katabole wird von den Restitutionslehrern mit „Herabwurf", also wörtlich übersetzt. Sie vermuten einen Zusammenhang mit einer Vor-Welt. Jedoch gibt es in jeder Sprache viele Wörter, die aus zusammengesetzten Wörtern gebildet werden, deren ursprüngliche Bedeutung nicht mehr relevant ist. *10 Was soll herabgeworfen worden sein? Von wo nach wohin? Wirft Gott eine beschädigte Vorwelt auf eine unbeschädigte Rohform? Wozu soll das gut sein? Wozu ein „Wurf"? Das sind primitive Vorstellungen von Menschen, dass sich die Götter, die menschenähnlich sind, aus Zorn Worte oder Blitze oder ganze Erdschollen zuwerfen. Warum nimmt Gott nicht die beschädigte Welt gleich, ohne mit ihr herum zu werfen, und verändert sie, oder, was auf jeden Fall für Ihn kein größerer Aufwand wäre, macht alles neu? Oder, warum schafft Er eine Welt, die Er dann Bankrott gehen lässt, wenn Er nichts Substantielles von dieser Welt übernimmt?

Warum setzt Er den neuen Menschen in eine alte Welt und sagt ihm dann, dass die Erde ihm untertan sein soll und dass die ganze Schöpfung auf ihn, den Menschen, hinausläuft und dass Er für ihn alle Dinge gemacht hat und dass Er für ihn Sein Leben sogar opfern wird, damit er Erlösung erfahre? Eine alte Vorwelt wäre hier deplatziert. Dass Menschen ein altes Auto gerne wieder aufpolieren, ist verständlich, denn er muss das festhalten, was ihm Emotionen wert sind. Er ist ja limitiert und erfährt in seinem Leben auch die Knappheit und Vergänglichkeit der Liebesbeziehungen. Er pflegt daher im besten Falle alles, was ihm guttut, auch wenn es nur vermeintlich ist. Gott hat diesen Mangel nicht, und Er hat ihn, bezogen auf die Schöpfung, die auf Ihn hin, anbetend und lobpreisend, aber gerade eben auch emotional, ausgerichtet sein soll, nur vorübergehend, denn Er weiß ja um Röm 11,36: *„Denn aus ihm und durch ihn und zu ihm hin sind alle Dinge! Ihm sei die Herrlichkeit in Ewigkeit"* Gott kommt auf jeden Fall zum Ziel mit Seiner Schöpfung. Er kann warten. Er hat die Zeit und Er nimmt sich auch die Zeit, den göttlichen Kairos, in dessen Kategorie die Menschen nicht denken können, weil sie nur von der Wiege bis zur Bahre in dieser Welt gefragt werden können und dabei ganz dem Chronos unterworfen sind.

Der Begriff vom „Herabwurf" bringt also nicht einmal für die Restitutionstheorie erkennbar Brauchbares.

Die Bibel widerspricht aber selber einer Bedeutung des Wortes im Sinne der Lückentheoretiker. Die Vorkommen von Katabole im Neuen Testament, wo es meist mit „Grundlegung" übersetzt wird, kommt häufig in der Formulierung „katabole kosmou" vor. Das ist die „Grundlegung der Welt". Dass es sich dabei auch tatsächlich um eine Grundlegung handelt, ist leicht einzusehen:

1.

Mt 13,35

„Ich werde aussprechen, was von Grundlegung der Welt an verborgen war." Um
wen geht es? Um Menschen! Sie gibt es seit Gen 1,27. Sie wurden im Rahmen der
Sechs -Tage -Schöpfung erschaffen. Es wäre sinnlos zeitlich noch weiter zurück-
zugehen. Vor Menschen waren unausgesprochene Dinge verborgen. Einem Menschen kann aber nur etwas verborgen sein, wenn es den Menschen bereits gibt!
Steinen oder Sternenstaub ist nie irgendetwas verborgen gewesen, weil es für sie
keinen Unterschied gibt zwischen dem, was verborgen ist und dem was nicht verborgen ist. Sie haben kein Bewusstsein und kein Wahrnehmungsvermögen.

2.

Mt 25,34

„Erbt das Reich, das euch bereitet ist von Grundlegung der Welt an!" Hier gilt das
Gleiche wie unter 1. Der Mensch ist Erbe dessen, was Gott ihm vermacht. Bereits
Adam und Eva wurde die gesamte Schöpfung anvertraut. Die Heilsgeschichte Gottes mit den Menschen fängt an mit dem Menschen, auch wenn Gott schon vorher
alles geplant hat. Gottes vorher ist aber bei Gott immer etwas Zeitloses. Die „Grundlegung der Welt" bezieht sich also heilsgeschichtlich und menschengeschichtlich
auf die jetzige Welt, nicht auf eine Vorwelt oder Vorvorwelt.

Das Konzept von der Vorwelt erinnert an die Ideen manch atheistischer Philosophen und Evolutionstheoretiker. Sie haben eingesehen, dass die Existenz der
Schöpfung etwas extrem Unwahrscheinliches ist, wenn es zufällig entstanden sein
soll. Wenn es aber unendlich viele Welten gibt, muss auch eine dabei sein, die so
aussieht wie unsere. Und wir, die wir in dieser Welt aufwachen fragen uns dann,
warum wir so zufällig sein können. Das Problem dieser Sichtweise ist, dass man
dann für unendlich viele Welten erklären muss, wie sie zufällig entstanden sein
können, nicht nur für eine. Man hat also das Problem nicht nur verlagert, sondern

vervielfacht. Das eigentliche Problem liegt aber in der Uneinsichtigkeit des Menschen. Er will Seinen Schöpfer nicht ehren. Das geht am einfachsten, wenn man Seine Existenz und Sein Schöpfungspotential leugnet. Die Frage stellt sich, ob man durch die gedankliche Konstruktion einer Vorwelt nicht auch an der schlichten Wirklichkeit vorbeidenkt.

3.

Lk 11,50

„Damit das Blut aller Propheten, das von Grundlegung der Welt an vergossen worden ist". Hier wird es besonders deutlich, dass mit „Katabole" keine vorherige Welt gemeint sein kann, denn das Blut der Propheten konnte erst vergossen werden, nachdem es Menschen gab. Es wird in einen direkten zeitlichen Zusammenhang mit „katabole" gebracht. Ein Christ, der Geologe ist, würde nicht einmal sagen: Das Blut der Propheten, das seit der Zeit des Kambriums vergossen worden ist, wenn er weiß, dass der Mensch erst im tertiär die Weltbühne betrat.

4.

Heb 4,3-4

„Sie sollen nimmermehr in meine Ruhe eingehen!", obwohl die Werke von Grundlegung der Welt an geschaffen waren. Denn Gott hat irgendwann von dem siebten Tag so gesprochen: „Und Gott ruhte am siebten Tag von allen seinen Werken." (Heb 4,4) Hier wird Katabole gleich doppelt in die Menschheitsgeschichte eingebaut. Einmal, weil die Menschen nicht in die Ruhe eingehen, weil sie seit Grundlegung der Welt nicht richtig handelten und nicht die richtigen Entscheidungen getroffen haben. Und außerdem, weil hier ausdrücklich von der Schöpfungswoche die Rede ist. Das bedeutet, dass der Katabole entweder ab der Schöpfungswoche stattgefunden haben muss, vorher kann es nicht gewesen sein, oder dass der Katabole identisch ist mit der Sechs-Tage-Schöpfung!

5.

Heb 9,26

„Sonst hätte er oftmals leiden müssen von Grundlegung der Welt an -; jetzt aber ist er einmal in der Vollendung der Zeitalter offenbar geworden" Im Kontext geht es um die Erlösung der Menschen durch Jesus. Es macht keinen Sinn, wenn der Verfasser des Hebräerbriefes sagen wollte, dass Jesus auch schon, bevor es überhaupt Menschen gab, sich für sie hätte opfern sollen. Der „Grundlegung der Welt" schließt sich vielmehr die Vollendung der Zeitalter an, wie man Jesu Leben und Sterben nennen kann, denn es ist der Höhepunkt der Geschichte der Menschen und des gesamten Kosmos, denn dieser wartet ja mit Seufzen auf die Verherrlichung der Menschen (Röm 8,22). Hier wird klar, dass der Verfasser mit „Katabole" die Ereignisse um die Erschaffung des Menschen, also die Schöpfungswoche meint.

6.

Of 13,8

„Und alle, die auf der Erde wohnen, werden ihn anbeten, jeder, dessen Name nicht geschrieben ist im Buch des Lebens des geschlachteten Lammes von Grundlegung der Welt an". Auch hier geht es wieder um die Menschen. Es macht keinen Sinn, dass Gott ein Buch des Lebens eröffnet, wenn Er noch lange keine Menschen erschaffen hat, weil Er ja noch nichts reinschrieben kann. Auch hier wird „Katabole" eindeutig mit der Sechs-Tage-Schöpfung gleichgesetzt.

7.

Of 17,8

„Die Bewohner der Erde, deren Namen nicht im Buch des Lebens geschrieben sind von Grundlegung der Welt an". Die Namen von Menschen können nicht in ein Buch geschrieben sein, das viele Millionen Jahre vor Adam und Eva aufgelegt worden ist. Auch hier bezieht sich „Katabole" ausdrücklich auf die Schöpfungswoche.

Es würde auch kein Mensch im 21. Jahrhundert sinnvoll sagen können, seit Alexander dem Großen habe ich nicht mehr so gelacht.

8.

Joh 17,24

„Du hast mich geliebt vor Grundlegung der Welt." Jesus wird neutestamentlich als Schöpfergott dargestellt (Joh 1,1ff). Seine Präexistenz ist folgerichtig. Prä heißt vor der Sechs-Tage-Schöpfung. Auch hier würde es keinen Sinn machen, wenn Jesus seinen Jüngern sagen würde, der Vater habe Ihn vor einer ersten Schöpfung geliebt, bei der es noch keine Menschen gab, wenn es sie auch vor der zweiten Schöpfung noch gar nicht gab. Hat Gott Seinen Sohn nur vor der ersten Schöpfung geliebt und danach nicht mehr? Nein, sondern bevor das Schöpfungsprojekt der Sechs-Tage-Schöpfung umgesetzt worden ist, hat Gott sich mit Seinem Sohn abgesprochen und das Verhältnis war von Liebe geprägt. Das bedeutet, dass auch die Liebe zuerst noch unvollendet in der Schöpfung verwirklicht, in zunehmendem Maße an Boden gewinnen und vervollkommnet wird. Das ist auch der Grund, warum Jesus diese beiden Gebote als wichtigstes Ziel des Menschen in Bezug auf sein Wesen angab: Gott mit allem Vermögen zu lieben und den Nächsten so wie man sich selber liebt.

9.

Eph 1,4

„Wie er uns in ihm auserwählt hat vor Grundlegung der Welt". Angenommen, Gott hätte in Christus die Menschen auserwählt. Dann fragt sich, warum Er Millionen Jahre darauf gewartet hat, sie zu erschaffen. Oder haben die Auserwählten in einer Vorwelt bereits existiert und nun ist ihnen die Erinnerung daran abhandengekommen? Nein, sondern die Auserwählung gehörte zur Planungsphase, noch ehe dann

der Mensch in der Sechs-Tage-Schöpfungswoche geschaffen wurde. Das zumindest ist das Naheliegende. Die Lückentheorie geht nicht vom Naheliegenden aus, sondern vom Fernliegenden. Das ist eine ihrer Schwächen.

10.

1 Pet 1,20

„Er ist zwar im Voraus vor Grundlegung der Welt erkannt, aber am Ende der Zeiten offenbart worden um euretwillen". Würde man hier Katabole mit einer ersten Schöpfung gleichsetzen, müsste man sich fragen, warum Petrus die Schöpfungswoche von Gen 1,2ff, also die Schöpfung der Jetztwelt mit dem Menschen, unerwähnt lässt und sofort das „Ende der Zeiten" anhängt. Würde es eine Vorwelt gegeben haben, hätte er gar nicht darauf Bezug nehmen müssen, weil es da ja keine Menschen gab. Wenn er aber darauf Bezug nehmen wollte, hätte er die viel wichtigere Sechs-Tage-Schöpfung auch erwähnen müssen. Vorwelt - Sechs-Tage-Schöpfung – Ende der Zeiten hätte die Formel lauten müssen. Er hat aber nur die Formel Sechs-Tage-Schöpfung – Ende der Zeiten, d.h. er umschließt die Zeit, seitdem es Menschen gibt. Erst seitdem es Menschen gibt, gibt es Sünde, Tod und Verderben. Jesus ist ja offenbart worden, um des Menschen willen, also interessiert doch auch nur Seine Schöpfung der sechs Tage.

11.

Heb 11,11

Abraham empfing Kraft „Nachkommenschaft zu zeugen". Hier wird das Wort „katabolein" benutzt („eis katabolen spermatos"). Auch hier wird zeugungsmäßig eine Grundlage geschaffen. Hier wird das Wort aber als Verb noch in seinem ursprünglichen Sinn benutzt... Dem Herauswerfen des Samens entspricht die Aufnahme, neues Leben kommt in die Entstehung. Hierin dürfte die wortursprüngliche Bedeutung liegen.

Die Wortanalyse für Katabole hat damit eindeutig ergeben, dass die Übersetzung im Sinne einer „Grundlage", einer Anfangsetzung und nicht im Sinne einer Nachgangsetzung, denn der „Herabwurf" setzt eine Vorschöpfung voraus, zutreffend ist. Eine Übersetzung mit Herabwurf wäre irreführend und nicht angemessen. Gott hat nichts herabgeworfen, sondern grundgelegt.

Wann hat Satan rebelliert?

War Satan im Garten Eden schon der gefallene Cherub?

Der Garten Eden wurde laut Gen 2,8 - *„Und Gott, der HERR, pflanzte einen Garten in Eden im Osten"* - von Gott eingerichtet, nachdem Er die sechs Tage Schöpfung vollbracht hatte. Der Cherub von Hes 28, der nach übereinstimmender Auffassung vieler Schriftausleger zum Satan wurde, war aber noch im Garten Eden ein glänzender Cherub, denn in Hes 28,13-14 heißt es: *„du warst in Eden, dem Garten Gottes; aus Edelsteinen jeder Art war deine Decke: Karneol, Topas und Jaspis, Türkis, Onyx und Nephrit, Saphir, Rubin und Smaragd; und Arbeit in Gold waren deine Ohrringe und deine Perlen an dir; am Tag, als du geschaffen wurdest, wurden sie bereitet. Du warst ein mit ausgebreiteten Flügeln schirmender Cherub, und ich hatte dich dazu gemacht."* Somit kann Satan, falls er der König von Tyrus von Hes 28 ist, vor Gen 1,2 ein Tohu wa bohu als gefallener Engel noch gar nicht ausgelöst haben, weil er da noch kein gefallener Engel war. Dann müsste aber der Herabwurf Satans als Drache mit einem Drittel der Sterne ebenfalls nach Gen 1,2, genauer gesagt nach dem in Hes 28,14 beschriebenen Zustand stattgefunden haben.

Da der König von Tyrus in Hes 28, im Garten Eden noch ein glänzender Cherub ist und der Garten Eden im Zusammenhang mit der sechs Tage Schöpfung von Gott extra für Adam und Eva eingerichtet worden ist, kann die angebliche Jahrmillionenlücke zwischen Gen 1,1 und Gen 1,2 nicht damit begründet werden, dass dort Satan rebelliert haben soll, denn er war ja zurzeit, als Gott Eden einrichtete, noch ein glänzender Cherub. Wenn man aber sagt, der König von Tyrus hat mit Satan nichts zu tun, bleibt überhaupt kein biblischer Vers, der noch die Lücke rechtfertigen würde und die Theorie fällt ebenso in sich zusammen. Wie man es dreht und wendet, die Lückentheorie steht auf tönernen Füßen, aber nicht auf einem biblischen Fundament.

Da ist also klar von einem Mann, einem König, die Rede, der in Bezug gesetzt wird zu historischen Ereignissen und anderen Menschen, die unter diesem König zu leiden haben. Er sagt von sich: *„Zum Himmel will ich hinaufsteigen."* Das kann nicht Satan sein, denn der war ja schon im Himmel, bzw. ist es zum Zeitpunkt, als Daniel das schreibt, immer noch.

Wie Dan 9 zeigt, war der König von Babel (Nebukadnezar) in seinem Selbstverständnis in Himmels Höhen, also größenwahnsinnig; und dass die Herrscher der Antike sich mit Gott oder einem Gottessohn gleichsetzten, ist auch aus der Geschichtsforschung bekannt. Und eben auch aus der Bibel, denn auch der König von Tyrus erhob sich zum Gott (Hes 28,2) und musste sich von Gott sagen lassen: „doch nur ein Mensch" zu sein. (Hes 28,2.9). Das heißt also, dass Hes 28 alle Argumente liefert, dass auch Jes 14,13-14 sich auf einen Menschen, nämlich einen hochmütigen König beziehen kann.

Von Bibelauslegern werden gelegentlich gerade die Verse 12–14 von Jes 14 herangezogen, um ihre These vom Reden über den Satan zu untermauern. Diese Verse könnten, so sagen sie, von keinem irdischen König von Babel gesagt werden. Ob man da nicht Gott vorgreift? Wollen sie Gott ins Gesicht sagen, dass Er das so nicht sagen kann?

Wenn das stimmen würde, dann dürfte in der Bibel auch von einem irdischen König von Babel nicht gesagt werden, dass seine Größe bis an den Himmel reiche, aber genau das hat Daniel über den König von Babel gesagt. Warum sollte dann Jesaja ihn nicht als Glanzstern bezeichnen? *„Wie bist du vom Himmel gefallen, du Glanzstern, Sohn der Morgenröte! Wie bist du zu Boden geschmettert, Überwältiger der Nationen!"*

Außerdem geht ja der Satz mit dem Glanzstern noch weiter: „Du… Überwältiger der Nationen!" Das trifft auf den König von Babylon sehr wohl zu, der nach Daniel das erste Weltreich geschaffen hat.

Aber was ist mit dem „Sohn der Morgenröte"? Im hebräischen Text steht hillel ben schachar. Helel war aber der babylonische Gott des Morgensterns. Es macht Sinn, dass Jesaja den babylonischen König, der sich als ein Halbgott verstand oder zumindest darstellte, mit dem Götzengott Helel gleichsetzte. Das passt in den Kontext. Falls Jesaja den König von Babel mit Satan gleichsetzen wollte, ist nicht ersichtlich, warum er das an dieser Stelle gemacht haben sollte. Es passt nicht zum Kontext, auch nicht wirklich zu Lk 10,18. Aber selbst dann, wenn Helel Satan wäre, ist nichts über den Zeitpunkt des Falls gesagt.

Vers 14 lautet: *„Ich will hinaufsteigen auf Wolkenhöhen, dem Höchsten mich gleichmachen."* Doch dieser Vers muss im Zusammenhang gesehen werden mit den Versen 15-16, wo von einem „Mann" geredet wird. Das ergibt sich aus dem Text, denn in Vers 15 heißt es: *„Doch in den Scheol wirst du hinabgestürzt, in die tiefste Grube."* Und in Vers 16: *„Die dich sehen, betrachten dich, sehen dich genau an: „Ist das der Mann, der die Erde erbeben ließ, Königreiche erschütterte?"*

Es gehört schon viel Fantasie dazu, hier Satan erkennen zu wollen. Aber Ausleger haben ja oft viel Fantasie. Einer schreibt: *„Zunächst lehnte sich ein Teil der unsichtbaren Schöpfung gegen die Vorrangstellung des Allerhöchsten auf. Diese Auflehnung himmlischer Mächte war Verfehlung und Sünde und führte zu einem Gericht. Gott warf die Widersacher und Antagonisten aus den himmlischen Bereichen herab (Jes 14,12; Eph1,4)."* Das schreibt er, obwohl alles, was Jesaja dort über den König von Babel schreibt, zum irdischen König von Babel und vieles nicht zu Satan passt. Angenommen ein Zeuge eines Mordes würde den Täter beschreiben und die Beschreibung würde in allen Punkten auf einen Tatverdächtigen passen und nur zum Teil auf einen anderen Tatverdächtigen. Dann würde man doch nicht den Letztgenannten verhaften. Genau das macht der Ausleger hier.

Der König von Babel wird in Dan 4,8 und Dan 4,19 als bis in den Himmel reichend beschrieben, als ein Baum, der aber gefällt wird (Dan 4,20.23): *„Der Baum wurde groß und stark, und seine Höhe reichte bis an den Himmel, und er wurde gesehen bis ans Ende der ganzen Erde."* Und Vers 19: *„Das bist du, König, der du groß und stark geworden bist; und deine Größe nahm zu und reichte bis an den Himmel und deine Herrschaft bis ans Ende der Erde."*

Klarer geht es eigentlich nicht mehr: „Das bist du, König!"

Jes 14 besagt über den König von Babel (**fett** alles, was den Bezug zu ihm kennzeichnet) sehr vieles, und vieles davon (*kursiv*) kann den Satan **nicht** meinen:

Vers 4: „da wirst du dieses Spottlied anstimmen über ***den König von Babel*** und sagen: Wie hat aufgehört ***der Unterdrücker***, …

8 … *„Seitdem du daliegst, kommt der Holzfäller nicht mehr zu uns herauf."*

9 *„Der Scheol drunten ist in Bewegung* **deinetwegen***, in Erwartung* **deiner** *Ankunft. Er stört* **deinetwegen** *die Schatten auf, alle Mächtigen der Erde, er lässt von ihren Thronen alle Könige der Nationen aufstehen."*

10 *„Sie alle beginnen und sagen zu* **dir***: "Auch* **du** *bist kraftlos geworden wie wir, bist uns gleich!""*

11 „In den Scheol hinabgestürzt ist **deine** Pracht und der Klang **deiner** Harfen. Maden sind unter **dir** zum Lager ausgebreitet, und *Würmer sind deine Decke."*

12 „Wie bist **du** vom Himmel gefallen, **du** Glanzstern, Sohn der Morgenröte! Wie bist **du** zu Boden geschmettert, *Überwältiger der Nationen!"*

13 „Und **du, du** sagtest in deinem Herzen: „Zum Himmel will ich hinaufsteigen, hoch über den Sternen Gottes meinen Thron aufrichten und mich niedersetzen auf den Versammlungsberg im äußersten Norden."

14 „Ich will hinaufsteigen auf Wolkenhöhen, dem Höchsten mich gleichmachen."

15 „Doch in den Scheol wirst **du** hinabgestürzt, in die tiefste Grube."

16 „Die **dich** sehen, betrachten **dich**, sehen **dich** genau an: "Ist das *der Mann*, der die Erde erbeben ließ, *Königreiche erschütterte?""*

17 *„Er machte den Erdkreis der Wüste gleich und riss ihre Städte nieder.* Seine Gefangenen entließ er nicht nach Hause."

18 „Alle Könige der Nationen, sie alle ruhen in Ehren, jeder in seinem Haus."

19 „**Du** aber bist hingeworfen fern von **deiner** *Grabstätte* wie ein verabscheuter Schössling, *bedeckt mit Erschlagenen,* vom Schwert Durchbohrten wie ein zertretenes Aas."

20 „Mit denen, die zu den Steinen der Grube hinabgefahren sind, mit ihnen wirst **du** nicht vereint werden im Grab. *Denn du hast dein Land zugrunde gerichtet, dein Volk erschlagen.* Das Geschlecht von Übeltätern wird in Ewigkeit nicht mehr genannt werden."

21 *„Bereitet für seine Söhne die Schlachtbank zu um der Schuld ihrer Väter willen! Sie sollen sich nicht mehr erheben und die Erde in Besitz nehmen und die Fläche des Erdkreises mit Städten füllen."*

22 „Und ich werde mich gegen sie erheben, spricht der HERR der Heerscharen, und werde **von Babel** ausrotten Namen und Rest und Spross und Nachkommen, spricht der HERR."

23 „Ich werde es zum Besitz der Igel machen und zu Wassersümpfen. Und ich werde es ausfegen mit dem Besen der Vertilgung, spricht der HERR der Heerscharen."

In der Bibel erscheinen antike Großmächte wie Ägypten, Assyrien, Babylon und Persien als Gottes Diener, die Gottes Ratschluss ausführen, zugleich aber für die Missetaten und Überhebungen bestraft werden oder für die sie eine Bestrafung durch die Propheten in Aussicht gestellt bekommen. Solche Überhebungen sind nicht nur Gewalttaten, die weit über das hinausgehen, was zur Eroberung eines wehrhaften Landes notwendig sind, sondern auch, dass sie ihre „Erfolge" sich selber zuschreiben und sogar so hochmütig werden, dass sie sich mit Gott gleichsetzen lassen. Genau das ist die Situation bei den Königen von Ägypten, Babel und dem Beherrscher des kleinen, jedoch sehr einflussreichen und reichen Stadtstaates Tyrus an der Levante, im heutigen Libanon.

Jes 14 beginnt damit, dass die Wiederherstellung Israels und die Niederlage der Feinde Israels vorausgesehen werden. Infolge dessen wird man ein Spottlied über den König von Babel anstimmen (Jes 14,4). Endlich hat die Unterdrückung durch Babel aufgehört, heißt es da. Und hier beginnt der Prophet damit, Israel und Babylon zum Mittelpunkt der ganzen Welt mit allen Nationen zu machen. Dies zu erkennen, ist wichtig. Der Fokus des Propheten liegt nicht auf China oder Amerika oder Europa, sondern auf Israel, Babel und die anderen Nationen und Völker im näheren Umkreis. Und doch wird das als die ganze Welt gesehen. Es stimmt ja auch, Israel ist biblisch, prophetisch und heilsgeschichtlich die Mitte der Welt. Was in Neukaledonien geschieht, interessiert nicht, bzw. hängt davon ab, was in und mit Israel geschieht! Das ist deshalb wichtig, weil man so auch verstehen kann, warum diese Schriftstellen nichts über Satan aussagen müssen!

„Zerbrochen hat der HERR den Stab der Gottlosen, den Herrscherstab, der Völker schlug im Grimm mit Schlägen ohne Unterlass, Nationen unterjochte im Zorn mit Verfolgung ohne Schonung." Mit *„Der Herrscherstab, der Völker schlug…"* ist der Herrscherstab des Königs von Babylon gemeint. Dass Babylon im 6. Jahrhundert vor der Zeitenwende ein „Weltreich" errichtete, sehen auch Historiker so, obwohl man sich darüber im Klaren ist, dass China im 6. vorchristlichen Jahrhundert darüber vielleicht nur geschmunzelt hätte. Und die Nationen, mit denen es China zu tun hatte, hätten es gar nicht lustig gefunden, da sie ihrerseits auch nicht viel unter der „chinesischen Bedrohung" zu lachen hatten. Den Gott Jesajas, der Jesaja hier so reden lässt, stört das nicht. Er lässt Israel-zentriert reden. Seine Prophezeiungen sollen in erster Linie Israel nutzen. Ein frommer Jude hätte sich davon warnen lassen, denn wenn Gott über Babylon so reden lässt, muss es für Israel harte Zeiten geben. Beim Propheten ist von Gefangenschaft die Rede.

Und da es dann dem König von Babylon an den Kragen geht, sagt der Prophet: *„Es ruht, es rastet die ganze Erde. Man bricht in Jubel aus."* (Jes 14,7) Hier wird deutlich, der Einflussbereich Babyloniens – das war Nordafrika, der Nahe Osten und Kleinasien – wird als „ganze Erde" bezeichnet. Das war ja tatsächlich auch, biblisch gesehen, die ganze Menschenwelt in der Zeit nach der Sintflut. Von Babylon aus, nicht von Afrika aus, hat sich die nachsintflutliche Menschheit ausgebreitet und entwickelt und ist von dort aus in alle Kontinente vorgedrungen.

Bibelausleger haben ja immer wieder Probleme mit dieser Begrifflichkeit der ganzen Erde oder der ganzen Welt. Sendet Jesus Seine Jünger im Neuen Testament nicht über die „ganze Erde"? Nein, Jesus schickt sie nur dahin, was für die Juden die ganze Erde war, nicht für das, was spätere mitteleuropäische Kirchenschreiber als ganze Erde betrachtet haben. Es ist eigentlich verblüffend, wie es ein Mann der Kirche des 21. Jahrhunderts tatsächlich für so selbstverständlich sehen kann, dass er nie darüber nachgedacht hat, ob das, was Jesus Seinen zwölf Jüngern vor zweitausend Jahren aufgetragen hat, auch ihm gilt.

Man bricht also in Jubel aus, wenn die Macht Babylons gebrochen wird. Mit Sicherheit wollte Jesaja damit nicht gesagt haben, dass man im Schwarzwald ein Fest gefeiert hat, weil irgendwo im Orient ein König entmachtet worden war! Also merke: „die ganze Erde" ist keine unzulässige Übertreibung, sondern ein Bekenntnis dazu, dass sich Weltgeschichte und Heilsgeschichte ebenso wie die Unheilsgeschichte immer um Israel dreht und um alle, die mit Israel Berührung haben. Das ist die biblische „ganze" Welt. Die Bibel ist israelzentriert, nicht kirchenzentriert und auch nicht europazentriert. *11

Und dann wird der Prophet allegorisch. *„Der Scheol drunten ist in Bewegung deinetwegen, in Erwartung deiner Ankunft. Er stört deinetwegen die Schatten auf."* (Jes 14,9) Eine Sache kann ja nicht in Erwartung sein. Hier spricht aus Jesaja der pure Spott. Nein, das will nicht heißen, dass die Heizer in der Hölle noch mehr glühende Kohlen auflegen. Scheol ist das hebräische Pendant zum griechischen Hades. Er steht schlicht für das Totenreich und das „wartet", strenggenommen, nicht. Das ist nur eine Allegorie. Wegen des Falls von Babylon, sagt der Prophet, gehen alle Könige der Nationen in Hab-Acht-Stellung (Hes 14,9). Es sind „alle Mächtigen der Erde". Und *„In den Scheol hinabgestürzt ist deine Pracht und der Klang deiner Harfen."* (Jes 14,11) Bis hierher würde niemand auf die Idee kommen, dass hier jemand anderes gemeint sein könnte als der irdische König von Babel.

Jetzt heißt es aber gleich anschließend: *„Wie bist du vom Himmel gefallen, du Glanzstern, Sohn der Morgenröte! Wie bist du zu Boden geschmettert, Überwältiger der Nationen!"* (Jes 14,12)

Man beachte, es gibt hier keinen Einschub, der hergenommen werden könnte, um daran zu denken, dass jetzt plötzlich von einer anderen Person als der des Königs von Babel geredet wird. Zwischen Satz eins: *„Wie bist du vom Himmel gefallen, du Glanzstern, Sohn der Morgenröte!"* und Satz zwei: *„Wie bist du zu Boden geschmettert, Überwältiger der Nationen!"* ist nichts!

Wäre im ersten Satz vom Satan die Rede, verlöre der Satz seine Bindung an das, was über den König von Babel gesagt worden ist. Satan sei vom Himmel gefallen, Satan sei der Glanzstern – oder zumindest gewesen, Satan sei die *„Morgenröte"*. Jedoch, heißt es dann nicht auch, dass er ein *„Überwältiger der Nationen!"* sei? Hat Satan die Nationen überwältigt? Zumindest beherrscht er sie. Aber sie waren nie sein Gegner. Er musste sie nie überwältigen. In ihren Tempeln standen allezeit die Götzen Satans!

Der König von Babel war allerdings so ein Überwältiger und Eroberer. Gerade das wird ihm ja vorgeworfen. Einst beherrschte er die Nationen, nun, in der prophetischen Schau, ist er gestürzt. Indem man ihn verbal vom Himmel herunterfallen lässt, wird die Tiefe seines Falls noch deutlicher. Ein Glanzstern ist er zwar gewesen, doch er ist nichts im Vergleich zur Sonne Israels, die weiter bestehen bleibt, ganz gleich, ob man mit der Sonne Israel meint oder den himmlischen König Israels. Die Herrscher der Antike waren zwar Sonnengottanbeter, aber sie haben mit Israel gemacht, was sie wollten. Kein Gott gab ihnen Einhalt, jedenfalls nicht zunächst.

Im nachfolgenden Vers wird das Thema „Himmel" noch einmal aufgegriffen: *„Und du, du sagtest in deinem Herzen: „Zum Himmel will ich hinaufsteigen, hoch über den Sternen Gottes meinen Thron aufrichten und mich niedersetzen auf den Versammlungsberg im äußersten Norden. Ich will hinaufsteigen auf Wolkenhöhen, dem Höchsten mich gleichmachen."* (Jes 14,13-14)

Da haben wir die Rebellion Satans! - So sehen es jedenfalls einige, denn ein Mensch kann ja nicht ernsthaft daran glauben, zum Himmel aufzusteigen und gottgleich zu werden. Genau das wird aber von vielen Herrschern der Antike behauptet, dass sie sich zum Gott oder Halbgott erhoben haben. Außerbiblisch ist das bekannt über die ägyptischen Pharaonen und Alexander den Großen und andere. Cäsar wurde, kaum, dass er tot war, von vielen als ein Sohn der Götter bezeichnet. Viele römischen Kaiser wurden mit Gott gleichgesetzt oder zumindest wurde ihnen gottgleiche Verehrung zuteil. Wäre das nicht so gewesen, hätten Christen sich bedenkenlos vor dem Opferaltar einfinden können, den die Römer aufbauten, um daran dem gerade regierenden Kaiser zu opfern. Viele orientalische Herrscher des Altertums wurden als gottgleich angesehen.

Auch dass ein Herrscher sich als „Glanzstern" bezeichnete oder bezeichnen ließ, ist allegorisch zu verstehen. Ägyptens Pharaonen verstanden sich als Söhne der Sonne und die Sonne als den höchsten Gott.

Das Buch Jesaja wurde von den Juden bewahrt und als gottgegebenes Buch betrachtet, schon lange bevor es die ersten Christen gab. Ihr Verständnis über das Buch Jesaja hatte eine Tradition und nie scheinen sie auf die Idee gekommen zu sein, dass hier von jemand anderem als dem König von Babylon die Rede sei. Ihre Tradition wusste von den Königen des Altertums und welchen Rang sie für sich beanspruchten. Jes 14 ergibt dazu ein stimmiges Bild und muss nicht durch einen zusätzlichen Narrativ beschwert werden.

Jes 14 unterscheidet sich aber hierin nicht von Hes 28 und beide Schriftstellen unterscheiden sich nicht in dieser Sicht, dass die Herrschergestalten, mit denen

Israel auf ungünstige Weise zu tun bekamen, auf diese Weise überhöht dargestellt wurden, denn so konnte ihr Fall noch deutlicher werden. Außerdem schwingt hier auch der Spott noch mit, von dem ja tatsächlich auch noch die Rede ist. Wenn ein Fußballspieler einen Elfmeter verschießt, dessen Verwandlung er vorher großmundig angekündigt hat, wird er sich auch nicht fragen müssen, was damit gemeint ist, wenn jemand zu ihm sagt: *„Du bist ja ein richtig guter Mittelstürmer"*. Der Tadel kleidet sich oft in spöttische Übertreibung.

Dass hier der König von Babel gemeint ist, wird auch noch einmal unterstrichen, denn weiter heißt es: *„Die dich sehen, betrachten dich, sehen dich genau an: „Ist das der Mann, der die Erde erbeben ließ, Königreiche erschütterte?"* (Jes 14,16)

Satan ist kein „Mann", er hat auch Königreiche nicht erschüttert, insbesondere dann nicht, wenn es weiter heißt, er *„riss ihre Städte nieder. Seine Gefangenen entließ er nicht nach Hause."* (Jes 14,17) Das passt aber auf den König von Babel, wie auch, dass er nun *„bedeckt mit Erschlagenen"* liege (Jes 14,19). Was „Gefangenschaft" bedeutet, haben die Juden ja sprichwörtlich bei ihrer „Babylonischen Gefangenschaft" erlebt.

Das Verhalten des Königs von Babel hat auch Folgen für sein eigenes Land: *„Denn du hast dein Land zugrunde gerichtet, dein Volk erschlagen."* (Jes 14,20). Dann soll noch für seine Söhne die Schlachtbank bereitet werden (Jes 14,21). Auch eine bekannte Praxis in der Antike, dass man die Söhne des Königs, den man besiegt hatte, auch gleich umbrachte, damit man keine Rache fürchten musste und allen weiteren Widerstand abwürgte. Davon berichtet auch die Bibel andernorts (2 Kö 25,7). Aber auch hier, denn nach Jes 14,22 wird Gott von Babel ausrotten *„Namen und Rest und Spross und Nachkommen"*.

In Dan 4 wird bestätigt, dass vom König von Babel so zu reden ist wie bei Jes 14. Sein Hochmut erreicht Himmelshöhen, weil Gott direkt angegriffen wird in Seiner Stellung. Da legt Daniel Nebukadnezar einen Traum aus. Der König hatte einen riesigen Baum gesehen und dieser Baum reichte an den Himmel heran. *„Das bist* *du, König, der du groß und stark geworden bist; und deine Größe nahm zu und reichte bis an den Himmel und deine Herrschaft bis ans Ende der Erde."* (Dan 4,19) Wenn also Daniel den König von Babel als König bezeichnet, dessen Größe bis an den Himmel reichte, ist es berechtigt auch Jes 14,14 auf den König von Babel zu beziehen: *„Ich will hinaufsteigen auf Wolkenhöhen, dem Höchsten mich gleichmachen."*

Das Problem des Nebukadnezar war ja gerade, dass er sich als größten Herrscher sah. Ihm verdeutlichte der Gott Jesajas und Daniels, dass es einen größeren gab. Sieben Jahre ließ Gott den König von den Menschen ausgestoßen, beinahe wie ein Tier dahinvegetieren. Das war der tiefe Fall Nebukadnezars. Wie man an diesem Beispiel sieht, gab es für den König von Babel nach der Reue noch die Umkehr. Der Fall herunter bis zum Scheol ist nicht das Ende.

Man sieht also, Dan 4 steht mit Jes 14 in vollem Einklang.

Was ist mit dem *„Versammlungsberg im äußersten Norden"* gemeint? Der Himmel liegt nicht im Norden. Zwei weitere Nennungen des äußersten Nordens in der Bibel bezeichnen eine Weltgegend, aus dem die Feinde Israels kommen werden. *12 Babylon lag im Norden, aber nicht im äußersten Norden, zumal Assyrien noch nördlicher lag. Die Griechen stellten sich die Götter auf einem Berg wohnend vor, dem Olymp. Andere Völker, einschließlich der Babylonier, hatten eine ähnliche Vorstellung. Z.B. die Chinesen, bei denen es auch im Norden einen Götterberg gab. *13 Auch bei den Indern lag der Götterberg Meru im Norden. Auch im Gilgamesch Epos der Babylonier gab es einen Götterberg im Norden. *14 Bei den Iranern war es „Albard", bei den Nord-Germanen „Asgard". Bergsteiger wissen ein Lied davon zu singen, wenn sie in Gegenden von Völkern Berge besteigen wollen, die noch an der Überlieferung festhalten, wie es z.B. in Nepal noch der Fall ist. Das glauben die Menschen dort wirklich, dass die Berge der Wohnsitz der Götter sind und man sich ihnen deshalb nicht ungestraft nähern kann.

Im Vorderen Orient, der nach der Bibel die Gegend ist, von wo sich die Menschheit aus verbreitete, gab es anscheinend auch diese Vorstellung von einem Götterberg im Norden. Und so kann auch der Spott auf den König von Babel solche babylonischen Glaubensmythen mit aufgenommen haben. Gott nimmt auch andernorts in der Bibel Vorstellungen der Völker aufs Korn.

Die Israeliten stammten teils von den Babyloniern ab, denn Abraham und seine Sippe waren aus Ur in Chaldäa. Von den Babyloniern aus gesehen, lagen die höchsten Berge im Kaukasus, nicht weit vom Berge Ararat. In der Bibel wird der Berg Zion als Berg Gottes bezeichnet. Und der lag in Jerusalem. Über dieses „Berglein" konnten die damaligen mächtigen Könige aus dem Norden nur lachen, in etwa so wie wenn sich Österreicher oder Schweizer über die Briten mit ihrem höchsten Berg Ben Nevis lustig machen. Dennoch wollten die Könige des Nordens Jerusalem immer wieder belagern und erobern, weil es von strategischer Bedeutung war.

Der „*Versammlungsberg im äußersten Norden*" findet sich aber noch an einer anderen Stelle in der Bibel, nämlich in Ps 48,3. Da gibt es einen Berg, der als „Freude der ganzen Erde" bezeichnet wird und ausdrücklich „Zion" genannt wird. Gibt es neben Jerusalem noch ein weiteres Zion?

Wie dem auch sei, die Botschaft der Überhebung und des Hochmuts des Königs von Babel ist unstrittig. Die ersten Menschen, die nach der Sintflut einen Staat aufbauten, wollten einen Turm bis in den Himmel bauen. So ist der Hochmut auch mit Babylon und dem König von Babylon in Verbindung zu bringen.

Was ist mit dem „*Sohn der Morgenröte*" gemeint? Manche Bibeln haben hier „Luzifer" stehen. Das ist lateinisch für „Lichtbringer".

Eos ist in der griechischen Überlieferung die „Göttin der Morgenröte". Bei den Römern hieß sie Aurora. Ihr Bruder ist der Sonnengott Helios, ihre Schwester die Mondgöttin Selene. Eos war verheiratet mit Astraios, dem Gott der Abenddämmerung, mit dem sie einen Sohn hatte, den Eosphoros. Der wiederum war bei den

Römern als Lucifer bekannt. Die frühen Griechen identifizierten ihn mit dem Planeten Venus, den erst die späteren Griechen als Aphrodite und die Römer mit der Venus identifizierten. Auch Aphrodite, die als der Morgenstern betrachtet wurde, kommt wortgleich nicht in der Bibel vor, aber sie wird von den Historikern und Ethnologen mit der Astarte oder Aschera der Bibel gleichgesetzt. Diese Göttin wurde bei den Völkern um das Land Israel herum in der vorgriechischen Zeit angebetet. Diese Tradition wurde in veränderter Form dann auf die Maria der Kirche Roms übertragen, die aus der mehrfachen Mutter aus Galiläa eine Mutter Gottes machte.

Dieses Wort Lucifer kommt in der hebräischen oder griechischen Bibel, dem masoretischen Text oder der Septuaginta nicht vor, nur in solchen Bibelübersetzungen, die sich am Lateinischen orientieren. Die Frage ist aber hier nur, ob der „Lichtbringer" mit Satan gleichgesetzt werden kann, denn eigentlich ist ja Satan kein Lichtbringer, sondern ein Finsternisverbreiter! Der eigentliche Lichtbringer ist Jesus (Joh 8,12; 9,5).

Wenn man sich inmitten der Petruskathedrale in Rom hinstellen und laut ausrufen würde: *Jesus ist der wahre Luzifer",* würde man bestimmt viele wütende oder wenigstens irritierte Blicke ernten und man müsste sich nicht wundern, wenn man vor einem Gericht wegen Beleidigung der Religion verurteilt würde. Und einer der Gründe dafür wäre, weil man eine Tradition für selbstverständlich und wahr hält, die nachweislich zumindest zum Teil falsch ist.

Die Gleichsetzung von Satan mit Lucifer ist eine Erfindung der Kirche und ist somit ein unechtes Argument für die Ausleger, den Sohn der Morgenröte mit Satan gleichsetzen zu können. Zwar haben manche Bibelübersetzungen statt „Sohn der Morgenröte" das lateinische „lucifer" stehen. *15 Aber im Hebräischen heißt es „Helel", das wörtlich mit „Scheinender" wiedergegeben werden kann und in der Septuaginta steht Eosphoros.

Das würde am besten zum Kontext passen, dass der König mehr zu sein scheint und vorgibt, mehr zu sein, als er tatsächlich ist. Der König von Babel meint ja nur der Größte zu sein, der seinen Herrscherglanz über die Erde verbreitet, ihm scheint es, als sei er an Macht- und Prachtentfaltung nicht zu überbieten.

Wohl ist dieses Wort „Helel" für den Morgenstern benutzt worden, aber dass es auch für Satan benutzt worden wäre, ist nicht überliefert. Dass man Satan als scheinbares Licht, während Jesus das wahre Licht ist, bezeichnen kann, ist klar. So ist es auch im Neuen Testament geschehen, wo der Satan nicht gleichgesetzt wird mit dem Licht, aber als „Engel des Lichts" bezeichnet wird. So kommt er vielen Menschen vor. Er ist kein Engel des Lichts, er scheint es für die verführten und verblendeten Menschen nur zu sein (2 Kor 11,14). Sein Licht ist trügerisch und offenbart die wahren Verhältnisse nicht.

Da im Altertum der Sonnengott Helios von vielen Völkern im östlichen Mittelmeerraum als oberster Gott angesehen worden ist, mussten Mond und Morgenstern, somit die hellsten Himmelserscheinungen als Abglanz oder Ableger der Sonne betrachtet werden. Oder als Familienmitglieder. Selbst Joseph gibt den ihm im Traum erschienen Himmelskörpern, Sonne, Mond und Sterne eine Zuordnung zu Personen (1 Mos 37,9). Er bezieht sie auf Vater, Mutter, Kinder. Und so war es nicht unüblich in der Antike, die Sonne als höchsten Gottvater anzusehen, den Mond als Mutter und die hellsten Sterne, die ja in Wirklichkeit Planeten waren, als Kinder.

Wenn sich andererseits auch viele Könige und Pharaonen als Sohn Gottes sahen, waren sie also ein Sohn der Sonne und konnten sich daher in ihrem Machtbewusstsein und ihrer Eitelkeit als erster und wichtigster der Söhne Gottes, im Vergleich zu den anderen Königen und Herrschern um sie herum, sehen. Der größte der Sterne war aber die Venus, eben dieser Morgenstern. In Hiob 38,7 heißt es, dass die Morgensterne jubelten, als Gott die Erde erschuf, vielleicht waren damit Engel gemeint, zumal im gleichen Satz noch die Söhne Gottes erwähnt werden.

Die griechische Septuaginta übersetzt Jes 14,12 mit ἑωσφόρος – Heosphoros. Somit ist *„Sohn der Morgenröte"* ungenau.

Wenn die Bibel aber andernorts den Messias als wahren Lichtbringer, lateinisch „Lucifer", identifiziert (Of 22,16), ist klar, dass jeder menschliche König nur eine Fälschung sein kann. Of 22,16 beweist nicht, dass der Luzifer in Jes 14,12 nicht der Satan sein kann. Dann würde aber Gott einmal den Satan als Luzifer bezeichnen und dann wieder Christus. Das ist sehr fraglich. Umgekehrt lässt sich besser argumentieren, dass Of 22,16 das Thema der Völker, wer denn nun das wahre Licht sei, endgültig beantwortet und damit alle anderen irdischen Herrschergestalten, die sich als Lichtbringer oder „stupor mundi" *16 oder gar als Sohn der Götter bezeichneten, widerlegt.

Der „leuchtende Morgenstern" von Of 22,16 steht sogar für einen König, den „Spross Davids". Er ist der König aller Könige im messianischen Reich. Der Spross Davids wird von allen gläubigen Juden als Messias erwartet.

Es wird nicht einmal in Jes 14,12 richtiggestellt, dass man hier nicht mehr vom König zu Babel zu denken habe. Der Prophet hätte damit in Rätseln gesprochen. Und der König von Babel hätte, im Wissen, dass er hier gar nicht gemeint ist, eine Abschwächung der Botschaft und eine geminderte Vorwerfbarkeit seiner Verfehlungen erkennen können. Der Satan steckt ja schließlich hinter dem allen. Ob ein Anbeter des Gottes Israels das weiß, oder ein noch völlig Unbekehrter macht den Unterschied, dass der Unbekehrte sich nicht der Tragweite seiner Gottlosigkeit bewusst ist.

Der Spott durch die Übertreibung Gottes, dass der König von Babel wie der Sohn der Morgenröte sei, wäre jedenfalls unterbrochen, wenn dieser Abschnitt als Einschub über Satan zu verstehen wäre. Es gibt viele Ausleger, die das verständlicherweise genau so sehen, weil es textgerecht ist. *17

Als Ergebnis der Untersuchung von Jes 14, 1ff lässt sich sagen, dass die dort getroffene Aussage über den König von Babylon ohne Bruch der Logik auch durchgängig als solche, die den König von Babel meint, verstanden werden kann. Einen Teil von Jes 14 als Einschub, der zwar vom König von Babel spricht, aber den

Satan meint, zu verstehen, bedeutet einen Bruch im Narrativ, der sonderbar wäre, zumal es thematisch bei Jesaja um Israel und seine Feinde geht. Man darf schließen: Der Satan hat an dieser Stelle nichts zu suchen!

Auch der König von Tyrus dachte wie der König von Babel. Gott sagt zum „Menschensohn", was er dem Fürsten von Tyrus vorwerfen soll, nämlich auch das, was der König von Tyrus zu sich selber sagte: *„Gott bin ich, den Wohnsitz der Götter bewohne ich im Herzen der Meere!"'* (Hes 28,2) *„im Herzen der Meere"* - der Bezug zu der Stadt Tyrus ist da, denn Tyrus lag am Mittelmeer und war damals dort die mächtigste Stadt. Der König von Tyrus wird beschrieben als jemand, der durch Verstand und Handel reich geworden ist. Das war ihm zu Kopf gestiegen. Gott lässt ihm ausrichten, dass er deshalb, weil er sich zum Gott erhoben hat, von Feinden besiegt werden wird. Auch er muss hinabfahren in den Scheol, wo seine Macht dahin ist. (Hes 28,7-11). Das ist das Schicksal aller Machthaber und Hochmütigen. Damals wie heute! Auch Vers 12 entspricht dem noch: *„Menschensohn, erhebe ein Klagelied über den König von Tyrus und sage ihm: So spricht der Herr, HERR: Du warst das vollendete Siegel, voller Weisheit und vollkommen an Schönheit".*
Doch dann wird der König von Tyrus als mit Edelsteinen im Garten Eden bedeckt beschrieben (Hes 28,13). Spätestens hier haken manche Ausleger ein und sagen: Garten Eden? Das ist doch der Paradiesgarten! Im Paradiesgarten waren nur Adam und Eva und die Schlange. Und die Schlange ist für sie Satan.
Falls Hesekiel hier wirklich diesen Garten Eden gemeint haben sollte, und zwar nicht bildhaft, sondern historisch zutreffend, also jenen Platz, der nach 1 Mos 2,8 erst nach der Erschaffung von Adam und Eva von Gott angepflanzt wurde, dann würde das aber bedeuten, dass der König von Tyrus kein Mensch sein kann. Die einzigen Menschen im Garten Eden waren Adam und Eva, nicht der König von Tyrus.
Manche Ausleger sagen, dass folglich der König von Tyrus Satan sein muss. Doch dann wäre er noch nicht gefallen gewesen, denn er ist ja noch ein prachtvoll mit Edelsteinen bedecktes Wesen. Es war die Schlange, die Eva verführte und dann

kriechen musste. Wenn Satan in Eden noch ein prächtiges Wesen war, voller Weisheit und Schönheit wie es über den König von Tyrus heißt, dann kann es vor der Schöpfung von Himmel und Erde und allem, was Gott dabei in den sechs Tagen geschaffen hat, keinen Fall Satans gegeben haben, denn der muss ja dann später gewesen sein und zwar nachdem es den Garten Eden schon gegeben hatte und nachdem er dort noch ein prächtiges Wesen war, mit anderen Worten, frühestens mit Adam und Eva.

Das heißt also, dass Ausleger, die sowohl behaupten, dass ein Fall Satans vor Adam und Eva stattgefunden habe, als auch, dass der König von Tyrus Satan wäre, in einem Dilemma sind. Beides zugleich kann nicht sein. Es kann entweder nur das eine oder das andere sein. Es gibt noch eine dritte Möglichkeit: beides stimmt nicht.

Weiter beziehen sich die Ausleger, die hier den Satan sehen wollen, darauf, dass dieser König ein *„schirmender Cherub"* war und auch das kann man doch über einen Menschen nicht sagen: *„Du warst ein mit ausgebreiteten Flügeln schirmender Cherub, und ich hatte dich dazu gemacht; du warst auf Gottes heiligem Berg, mitten unter feurigen Steinen gingst du einher."* (Hes 28,14)

Menschen sind keine Engel mit Flügeln, auch nicht der König von Tyrus. Aber sie sind eben auch keine Bäume, die bis an den Himmel wachsen und erst recht nicht Gott. Doch genauso haben sich die antiken Herrscher darstellen lassen. Wenn ein Mensch sich schon zu „Gott macht", warum sollte man ihn deshalb nicht gerade auf diese Weise der Überhöhung verspotten? Der König von Tyrus hatte so viel Reichtum und Pracht angehäuft. Das war ihm zu Kopf gestiegen. Gott bestraft ihn und lässt ihn noch verspotten im Sinne von *„Du warst ja geradezu ein Cherub im Garten Eden! – Und schau` dich jetzt an! Wo ist deine Pracht geblieben?"*
„Dein Herz wollte hoch hinaus wegen deiner Schönheit, du hast deine Weisheit zunichte gemacht um deines Glanzes willen. Ich habe dich zu Boden geworfen, habe dich vor Königen dahingegeben, damit sie ihre Lust an dir sehen." (Hes 28,17)

Hier in Hes 28,17 zwischen Satz eins und Satz zwei sehen dann die Ausleger den Übergang, denn im zweiten Satz sei wieder vom irdischen König von Tyrus die Rede. Vorher soll der Einschub über Satan anzusiedeln sein.

„Durch die Menge deiner Sünden, in der Unredlichkeit deines Handels, hast du deine Heiligtümer entweiht." (Hes 28,18) Satan kann hier nicht gemeint sein. Aber kann über einen irdischen König gesagt werden: *„Und ich verstieß dich vom Berg Gottes und trieb dich ins Verderben, du schirmender Cherub, aus der Mitte der feurigen Steine."* (Hes 28,16)? In der Überhöhung zum Zwecke des Spottes ist das möglich. Und das macht Gott bzw. Seine Propheten in der Bibel öfters. Den Gottlosen und den Machthabern, aber auch den gläubigen Menschen wird mit übertreibendem Spott die Haltlosigkeit oder Unhaltbarkeit ihrer Sichtweisen vor Augen geführt. So prophezeit Gott z.B. dem König von Babel, dass man ein Spottlied auf ihn anstimmen würde (Jes 14,4).

Auch hier bei Hesekiel wie bei Jesaja erkauft man sich die Einführung Satans mit dem Preis, dass ein Einschub vorgenommen wird, der überhaupt nicht zum Kontext passt. Die verspottende Überhöhung eines irdischen Königs passt hingegen ideal in den Kontext. Satan würde hier aus dem Nichts auftauchen und wieder ins Nichts verschwinden. Das ist nicht unmöglich, aber sonst auch nicht in der Bibel die gängige Methode. Biblische Texte sind in sich stimmig und kongruent.

Auffälligerweise gibt es aber weitere Sachverhalte, die von Auslegern hergenommen werden, um eine „Verstehenslücke" zu konstruieren. Eine solche Lücke kann es ja auf zweierlei Weise geben. Man behauptet entweder, dass die Bibel etwas nicht sagt, was da stehen müsste, was man sich deshalb dazu denken muss. Oder man behauptet, dass man etwas als themenfremden Einschub betrachten müsse. Beides stellt das einfachere Verstehen der biblischen Aussage nach dem Kontext zurück und setzt dafür eine komplexere Anschauung ein.

Ob eine bestimmte Aussage einen höheren Erklärungsgehalt hat als eine andere, hängt immer vom Denkrahmen ab. So hängt der Glauben an den besseren Erklärungswert, wonach Jesus von den Toten auferstanden ist, weil Er Gott ist, im Vergleich zum Glauben, dass das eine Legende der Jünger sei, vom vorausgesetzten Denkrahmen ab. Für den, der davon ausgeht, dass es Gott gibt und Jesus Sein Sohn ist, ist es leicht, die Auferstehung als einfache Erklärung für die Geschehnisse zu betrachten. So ist es auch hier, wer die „Hypothese Satan" nicht für seinen Denkrahmen braucht, erkennt, dass sie den Sachverhalt nur unnötig verkompliziert. Wer die „Hypothese Satan" braucht, zum Beispiel, weil er in der Bibel nach Belegstellen, die seinen Denkrahmen bestätigen, sucht, wird die Verkomplizierung in Kauf nehmen. Und das nicht mit einem schlechten Gewissen, denn tatsächlich ist es mitunter sehr kompliziert in der Welt. *18

Was ist mit den *„Bergen Gottes"* bzw. *„Gottes heiligem Berg"* gemeint? Die Erklärung zu der ähnlichen Formulierung in Jes 14,13, *„Versammlungsberg im äußersten Norden"*, dass der Berg Zion gemeint sei, befriedigt nicht ganz, denn wann war der König von Tyros in Zion? Es bleibt nur die Erklärung, dass der heilige Berg Gottes wieder eine Anspielung auf den Glauben der antiken Völker ist, wonach von den Herrschern die Gottgleichheit angestrebt worden ist und er am Ende seiner irdischen Laufbahn in das himmlische Walhall durfte. * 19

Es gibt noch einen dritten Hinweis dafür, dass der glänzende Cherub von Tyrus nur ein menschlicher König ist. Die Könige Ägyptens wurden schon immer als Pharaonen bezeichnet. *20 In altägyptischen Texten wird der Pharao oft anders genannt. Da findet sich „der gute Gott", oder „der große Gott". *21 In Bezug auf Hes 28 und 31, sowie Jes 14,13 ist es von Interesse, dass die Pharaonen seit der 4. Dynastie auch Sa Ra, Sohn des Re genannt wurden. *22 Re war der Sonnengott. Dann ist also auch der Sohn Gottes wiederum ein Lichtbringer, ein „Luzifer", ohne dass dieser Luzifer der Satan ist! Dass ein solcher Mensch-Luzifer nur ein Schein-Luzifer wie Satan selbst ist, bleibt unbenommen.

Diese Allegorie stimmt! Aber es gibt zweierlei Arten von Allegorien. Die erste besagt, dass Gott bewusst eine Allegorie beschreibt und damit etwas zum Ausdruck bringt, was dann von hoher Relevanz ist. So verstehen die „Luzifer-Satan-Lobbyisten" die vorgenannt besprochenen Schriftstellen über den König von Babel und den König von Tyrus.

Die andere Art der Allegorie ist nur eine Folgeerscheinung der Rezeption des Textes. So kann jeder sich seine eigene Allegorie bilden, indem er analog denkt. Hätte beispielsweise Jesus nicht gesagt, dass Er das Licht der Welt ist, wäre man sicherlich als Christ auf diesen Gedanken gekommen. Dieser Art Analogien in Bezug auf allegorisches Denken sind nützlich und richtig. Und so ist es auf jeden Fall richtig, wenn man sagt, so wie der König von Babylon beschrieben wird, so sind auch Analogien zu Satan erkennbar. Zu beachten ist jedoch, dass auch Ausleger, die in Jes 14 und Hes 28 Satan erkennen wollen, zugeben müssen, dass nicht alles, was dort über die irdischen Könige geschrieben steht, auf Satan passt. Damit ist klar, dass man nicht alle Merkmale übertragen kann und jedes für sich betrachtet werden muss. Das ist wichtig, zu erkennen, weil man durch die Auswahl seinen Denkrahmen entweder bestätigt oder noch erweitert. Und gerade darin könnte der Fehler liegen.

Es ist also nicht so sehr das Problem, dass man überhaupt hier eine Anspielung auf Satan erkennen möchte, sondern, was man daraus für richtige oder falsche Schlüsse zieht. So bedeutet die zweifellos vorhandene Feindschaft des Satans gegenüber Israel nicht auch, dass er gegen Gott jemals im Himmel rebellierte. Und seine Macht und sein Reichtum bedeutet nicht, dass er hochmütig ist.

Die antiken Könige waren sozusagen nach ihrem Selbstverständnis immer Söhne Gottes und damit die Konkurrenten des wahren, ewigen Königs aller Menschen, des Messias Israels, von dem sie nichts wissen konnten. Der Pharao war für die Ägypter ähnlich wie der Papst für die Katholiken der Vermittler zwischen Himmel und Erde. ***23**

Auch hier bei Hesekiel, soll der Prophet zum *„Pharao, dem König von Ägypten"* (Hes 31,2) gehen und ihm von Gott etwas ausrichten. Es spricht also wieder Gott zum König. Es kommt wieder dieser Thematisierung der Überhebung. Gott sagt, dass er die Größe des Königs mit einem Baum vergleicht von so *„hohem Wuchs; und zwischen den Wolken war ihr Gipfel."* (Hes 31,3). Das ist offensichtlich eine Übertreibung, die dazu dienen soll, dem König zu zeigen, wie tief er fallen wird. Im Schatten des Königs *„wohnten all die vielen Nationen"* (Hes 31,6) Die Übertreibung geht weiter, der Baum soll sogar schöner sein, als die Bäume im Garten Gottes, also Edens (Hes 31,8.16). Gott sagt ausdrücklich, dass er diesen Baum wegen des Hochmuts fällen wird (Hes 31,10-14) und *„so werde ich sie in die Hand des Mächtigen der Nationen geben."* (Hes 31,11).

Das abschließende Urteil lautet: *„Wem gleichst du so an Herrlichkeit und an Größe unter den Bäumen Edens? So wirst du mit den Bäumen Edens hinabgestürzt werden ins Land der Tiefe. Mitten unter den Unbeschnittenen wirst du liegen, bei den vom Schwert Erschlagenen. Das ist der Pharao und sein ganzer Prunk, spricht der Herr, HERR."* (Hes 31,18). Interessant ist die Israelzentrierung auch hier wieder, die sich sogar bis ins Totenreich erstreckt, denn dort sind die *„Unbeschnittenen"* wie all die anderen Gegner Israels: tot!

Hier verzichtet Gott auf eine bildhafte Gleichsetzung des Pharos mit Gott, wie Er sie bei den Königen von Babel und Tyrus noch vorgenommen hatte. Die allegorische Übertreibung ist aber auch hier biblisches Stilmittel: *„Und ich werde, wenn ich dich auslösche, den Himmel bedecken und seine Sterne verdunkeln; ich werde die Sonne mit Gewölk bedecken, und der Mond wird sein Licht nicht scheinen lassen."* (Hes 32,7)

Den Vergleich des Königs mit einem Baum hat auch der Prophet Daniel in seinem Repertoire. Da träumt der König von Babel von einem riesigen Baum, der bis zum Himmel reicht (Dan 4,7ff). Derr Baum ist der König von Babel (Dan 4,18-19). Damit die Menschen erkennen, dass auch so ein Gottkönig nur ein Mensch ist, lässt ihn

Gott sieben Jahre verrückt sein. Erst als er seinen Hochmut bereut, der darin bestand, sich als höchsten Herrscher zu sehen, wird er wieder als König eingesetzt.

Als Fazit lässt sich sagen, dass in drei Fällen ein irdischer König von Gott gedemütigt worden ist, nachdem er das durch seine Propheten (Jesaja, Hesekiel; Daniel) ankündigen gelassen hatte. Die Demütigung war die Folge der geistigen Höhenflüge der Könige, die Gott ihnen vorhielt. Die spöttische Übertreibung im Text ist eine direkte Antwort auf die Überhöhung, die diese Könige vorgenommen haben. Sie haben sich zum Teil als Gott bezeichnen lassen, oder Gottes Sohn oder von göttlichem Geschlecht, als ob damit ihre Herrschaft bis in den Himmel reichen würde. Das geschah damals aus Zwecken der Legitimierung vor dem Volk, zur Einschüchterung der Feinde oder der politischen Gegner, teils aus dem Selbstverständnis eines orientalen Herrschers mit Ambitionen nach innen wie nach außen. Für die ägyptischen Pharaonen war die Unterstützung der Priesterschaft wichtig, weshalb sie im ägyptischen Reichs- und Religionsverständnis die Stellung des Halbgottes oder Gottessohns einzunehmen hatten. Dies alles ist aus biblischer Sicht ein Affront gegenüber Gott, den allein man anbeten soll.

Durch die sprachliche Allegorisierung und Übertreibung wird also das Gleiche aufgenommen und ins Absurde geführt, jedenfalls spätestens mit der Erfüllung der Prophezeiung. Der Fall der Könige mit ihren Reichen und die Ursache dafür soll so noch deutlicher hervorgehoben werden.

Diese Erklärung passt nahtlos in den Kontext. Die Erklärung, dass an einzelnen Stellen Einschübe vorhanden seien, die ein allenfalls verwandtes Thema zum Gegenstand haben: der Hochmut Satans habe ebenfalls zu seinem tiefen Fall geführt – passt nicht nahtlos in den Kontext, da weder der Prophet, noch die Ausleger Israels oder die jüdische Tradition diesen Gedanken hier herauslesen konnten.

In der mathematischen Formel $1+x+3=6$ passt die 2 nahtlos in den Kontext, nicht hingegen $(4-2)$. $(4-2)$ für x erbringt zwar wieder das richtige Ergebnis 6, aber es gibt keinerlei Anhaltspunkte, dass x nicht viel einfacher nur „2" ist. Im vorliegenden Fall stünde Satan für „4-". Aber auch nur dann, wenn es tatsächlich einen Lebenslauf des Satans gäbe, der mit dem der drei irdischen Könige vergleichbar wäre! Das müsste andernorts erst noch belegt werden!

Die Frage stellt sich also: Wird der Satan in der Bibel als König dargestellt, dessen Hochmut gotteslästerlich wurde und ihn so zu Fall brachte?

Es wird also darum gehen müssen, in der Bibel festzustellen, was man über Satan sagen kann und was nicht, um so ein Bild über ihn zu bekommen. Wenn sich die gestellte Frage bewahrheitet, dann bedeutet das noch nicht, dass bei Jesaja und Hesekiel von Satan die Rede ist, aber es erscheint wahrscheinlicher.

Wenn die Frage verneint werden muss, ergeben sich zwangsläufig weitere Schlussfolgerungen darüber, was der Satan ist und was er nicht ist.

Aber nur Satan konnte doch wollen, sich dem Höchsten gleich zu machen, lautet ein Einwand. Nein, denn der Satan ist vergleichsweise ebenso weit von Gott entfernt wie ein Wurm. Abgesehen davon, dass sich jeder Atheist folgerichtig zu seinem Denken an erste Stelle setzt und sich damit an Stelle von Gott setzt, die Stelle, die nur Gott gebührt, hat jeder Mensch damit zu kämpfen, dass er sich nicht zum Mittelpunkt der Welt macht. Das ist ein Grundproblem eines jeden Menschen, dass er seit dem Sündenfall diese Flucht vor Gott antritt und erst wieder lernen muss, Gott näher zu kommen! Je weiter er sich aber von Gott entfernt, desto näher kommt er einem Egozentrismus, der sich selbst zum Mittelpunkt der Welt und zum eigentlichen Gott macht.

Wie kommt man darauf, dass Satan rebellierte und auf die Erde geworfen wurde? Of 12,9: *„Und es wurde geworfen der große Drache, die alte Schlange, der Teufel und Satan genannt wird, der den ganzen Erdkreis verführt, geworfen wurde er auf die Erde, und seine Engel wurden mit ihm geworfen."*

Das geschieht aber **nach** den Ereignissen von Of 12, 1-8:

Vers 1 „Das Zeichen der Frau (Israel) erscheint mit den 12 Sternen (Stämme Israels)."

Vers 2 „Die Frau soll gebären.“

Vers 3 „Das Zeichen des Drachen (Satan) erscheint im Himmel!“

Vers 4 „Der Drachen zieht den dritten Teil der Sterne des Himmels fort, und warf sie auf der Erde. Der Drache will das Kind der Frau verschlingen, die im Begriff ist, es zu gebären.“

Vers 5 **„Die Frau gebiert das Kind (Jesus), das Kind wird entrückt zu Gott.“**

Vers 6 „Die Frau flieht in die Wüste 1260 Tage.“

Vers 7 „**Und** es entstand ein Kampf im Himmel zwischen Michael und dem Drachen…“

Vers 8 „**und** sie wurden nicht mehr im Himmel gefunden.“

Vers 9 „**Und** es wurde geworfen Satan…auf die Erde.“

Vers 10 „**Und**…Nun ist das Reich von Christus gekommen, denn hinabgeworfen ist Satan.“

Das bedeutet also, dass der **biblische Herabwurf des Satans vom Himmel eindeutig nicht vor dem ersten Kommen Jesu** geschieht und nicht vor 1 Mos 1,2. Dies wird auch im Buch Hiob bestätigt. Hiob kann gelebt haben, wann er will, er lebte jedenfalls nach dem Sündenfall von Adam und Eva. Und da war Satan noch im Himmel, laut Hiob 1,6.

Wenn man die Bibel für sich sprechen lässt, ist sie vielleicht nicht immer eindeutig. Aber da, wo sie es ist, muss man nichts in sie hineinlesen. Biblisch gibt es keine ausdrückliche „Rebellion“ Satans gegen Gott, außer man will die in Of 12 beschriebenen Ereignisse als Rebellion bezeichnen. Widersachertum ist ja immer eine Form der Rebellion.

Der Fall ist eigentlich klar. Eine Einfügung eines Satzes über Satan durch Jesaja ist zwar möglich, aber der Satz stünde isoliert und macht wenig Sinn, es geht ja im ganzen Abschnitt um Babylon, den Feind Israels.

Aber selbst dann, wenn Helel Satan wäre, ist nichts über den Zeitpunkt des Falls gesagt.

Wer Hes 28,13ff als Rebellion und Fall Satans ansehen will, kann dies kaum mit Of 12 in Übereinstimmung bringen, da es ja in Hes 28,16 ausdrücklich heißt, *„ich verstieß dich vom Berg Gottes und trieb dich ins Verderben"* und dieses weiter ausgeführt wird als Schicksal eines Königs unter den Menschen: *„Ich habe dich zu Boden geworfen, habe dich vor Königen dahingegeben, damit sie ihre Lust an dir sehen."* Und auch alles Weitere im Kontext zeigt, dass es sich um einen Menschen handelt. Wer dennoch unter dem *„Cherub im Garten Eden"* Satan sieht, hat jedenfalls hier zusätzlich zu Hiob 1,6 den Hinweis, dass bis zur Schöpfung des Gartens Eden noch keine „Rebellion" und noch kein „Herabwurf" auf die Erde stattgefunden haben kann, sonst wäre dort im Garten Eden der Satan nicht noch ein strahlender Cherub gewesen, den Gott lobend hervorhebt.

Jesus sagte: *„Ich schaute den Satan wie einen Blitz vom Himmel fallen."* (Lk 10,18) im Zusammenhang mit der Austreibung von Dämonen. Über den Zeitpunkt und was damit gemeint ist, wird nichts weiter ausgeführt. Of 12 ,9 darf dazu jedoch nicht im Widerspruch stehen. Zu harmonisieren mit Of 12 ist es wegen der Reihenfolge der Ereignisse in Of 12,1-10. Jesus wurde geboren und dann wurde der Satan herabgeworfen. Diese Auslegung ist möglich, wenn auch nicht zwingend!
Daher fällt im Ergebnis auch aus biblischer Sicht das Argument, dass zwischen Gen 1, 1 und Gen 1,2 eine Rebellion von Satan stattgefunden haben könnte, in sich zusammen.

Der Grund, warum Bibelausleger überhaupt von einer Rebellion Satans sprechen, die sie in eine Zeit vor Adam legen, könnte einerseits sein, weil im Garten Eden die Schlange bereits als Verführer auftritt. Aber Satan tritt auch bei Hiob als Böser auf und ist dennoch im Himmel. Infolgedessen besteht offensichtlich kein unmittelbarer Zusammenhang zwischen dem „Fall" Satans und dem Auftreten der Schlange. Das mag für manche ein ungewöhnlicher Gedanke sein, er ist aber biblisch nachvollziehbar.

Of 12,4 lautet folgendermaßen: *„und sein Schwanz zieht den dritten Teil der Sterne des Himmels fort, und er warf sie auf die Erde. Und der Drache stand vor der Frau,* *die im Begriff war, zu gebären, um, wenn sie geboren hätte, ihr Kind zu verschlingen."*

In Of 12,1ff ist eindeutig von Israel und Jesus Christus die Rede. Wenn es in Of 12,1-9 eine Chronologie der Ereignisse gibt, dann ist klar, dass das in Of 12,4 beschriebene Ereignis erst lange nach der Entstehung des Königreichs Israel einzuordnen ist. Wenn es hier keine Chronologie gibt, dann ist dennoch der direkte Zusammenhang des Herabwurfs der Sterne mit den Ereignissen um Israel und der Geburt des Messias offensichtlich. Es ist also abwegig, diesen Herabwurf der Sterne vor Gen 1,2 zu sehen. Das Gleiche gilt für Off 12,9, wo der Drache selbst und seine Engel herabgeworfen werden (Of 12,9).

Nimmt man den Text unvoreingenommen, versteht man ihn als Darstellung von Ereignissen, die lange nach der Schöpfungswoche geschehen sein müssen. Der Fall Satans ist eben gerade nicht vor der Sechs-Tage Woche geschehen. Und es bleibt wieder nichts, was man sinnvoll in die „Lücke" füllen könnte.

Der Satan als Schlange und Drache

In Of 12,9 und 20,2 werden alle drei, Satan, Schlange und Drache in einem Atemzug genannt und sie bezeichnen die gleiche Person, Satan. Nicht nur das, Teufel – das deutsche Wort für das griechische Diabolos – ist er auch noch. Derjenige, der in großem Stil und mit großem Raffinesse gegen die Sache Gottes schafft, wirft zugleich auch alles durcheinander. Er macht orientierungslos. Ist nicht die Orientierungslosigkeit der jungen Generationen eines der herausragendsten Merkmale unserer Zeit? Das lässt auf die Aktivität des Satanischen schließen.

Der Drachen wird in der Bibel erstmals im Zusammenhang mit Satan im letzten Buch der Bibel genannt. Im Alten Testament wird Satan so nicht beschrieben. Manche Ausleger sehen zwar in dem Leviathan von Hiob 40 den Satan, aber das passt nicht in den Kontext. Dort wird in der Tat von einem drachenähnlichen, feuerspeienden Wesen gesprochen, das zur Zeit Hiobs lebte und aufgrund seiner Größe und

Stärke und Gefährlichkeit beeindruckend Zeugnis für eine vom Menschen nicht zähmbare Gewalt ablegte.

In Of 12,7 wird erstmals der Drache genannt. Er kämpft mit seinen eigenen Engeln gegen Michael und dessen Engel. Das berechtigt zu der Annahme, dass der Drache selber eigentlich ein engelartiges Wesen ist. Und sofort ergibt sich der Gedanke, dass Gott das Wort Drache deshalb einem Tier entlehnt, weil das, was der Satan an Größe und Stärke und Gefährlichkeit für den Menschen darzustellen hat, dem Menschen nur begreiflich sein kann, wenn er eine Vergleichsmöglichkeit hat. Das bedeutet, dass der Satan Drache oder auch Leviathan genannt werden kann, weil er mit ihm gewisse Merkmale gemein hat, aber nicht umgekehrt, dass die Menschen sich aufgrund der Beschreibung Satans in der Bibel ein Tier ausgedacht hätten, dass vor grauer Vorzeit einmal gelebt haben soll. Hier wird Ursache und Wirkung verwechselt.

Ähnlich verhält es sich mit dem „Lamm Gottes". Es gab schon Lämmer, bevor Jesus das Lamm Gottes wurde. Nur weil wir in historisch nachweisbarer Zeit und bis zum heutigen Tag Lämmer haben, bereitet es uns kein Problem zu verstehen, dass „Lamm Gottes" eine Allegorie ist. Warum sollten wir anders über die Allegorie „Drache" denken? Es ist nicht stichhaltig bei Satan und dem Leviathan davon auszugehen, dass es kein solches Tier gab, nur, weil wir es in historischer Zeit nicht nachweisen können. Wir können auch nicht nachweisen, dass Jakob, Abraham, Noah, Hiob oder Adam gelebt haben und doch haben sie gelebt.

Dass es aber Drachen als Tiere der Urzeit tatsächlich gab, ergibt sich aus der Bibel, wo ein solcher Drachen in Hiob 40-41 so detailliert beschrieben wird, dass kein Zweifel möglich ist. ***24** Und außerdem hat man noch zahlreiche Überlieferungen vieler Völker, die unabhängig voneinander von solchen Tieren wissen. Schließlich hat man fossile Überreste von Tieren gefunden, die auf die Beschreibung des Leviathans in der Bibel passen. Es gibt also keinen Grund, in die Bibel etwas Anderes hineinzulesen, als drinsteht! Das widerspräche der wichtigsten Auslegungsregel.

Infolge des Kampfes mit Michael und seinen Engeln wurde der *„der große Drache, die alte Schlange, der Teufel und Satan genannt wird, der den ganzen Erdkreis verführt"*, mitsamt seiner Engel *„auf die Erde"* geworfen (Of 12,9).

Wann das geschehen ist, oder überhaupt, ob es schon geschehen ist, kann man dem Text nicht entnehmen. Es kann sein, dass die Ereignisse, die unmittelbar davorstehen, sich auch unmittelbar davor ereignet haben. Zwingend ist das nicht.

Da gibt es zunächst am Himmel das Zeichen einer *„Frau, bekleidet mit der Sonne, und der Mond war unter ihren Füßen und auf ihrem Haupt ein Kranz von zwölf Sternen."* (Of 12,1) Diese Frau ist Israel. Sie gebiert nämlich *„einen Sohn, ein männliches Kind, der alle Nationen hüten soll mit eisernem Stab; und ihr Kind wurde entrückt zu Gott und zu seinem Thron."* (Of 12,5). Hier ist natürlich vom Messias Israels die Rede. *25 Und da heißt es, *„der Drache stand vor der Frau, die im Begriff war, zu gebären, um, wenn sie geboren hätte, ihr Kind zu verschlingen."* Die Versuche König Herodes, dieses Kind aufzuspüren und umzubringen, sind ja bekannt (Mt 2,13). Der Drache ist also hier überdeutlich als Widersacher Gottes beschrieben.

Neben Israel wird als zweites großes Zeichen *„ein großer, feuerroter Drache, der sieben Köpfe und zehn Hörner und auf seinen Köpfen sieben Diademe hatte"* (Of 12,3) genannt. Satan war schon immer der Widersacher Gottes. Er war aber auch schon immer der Widersacher Israels und zugleich der Widersacher des Messias. Daher stimmt die Formel: gegen Gott=gegen Christus=gegen Israel. Hinzufügen kann man „= für Satan". Daraus kann man die Schlussfolgerung ziehen, dass hinter jedem Antisemitismus ebenso wie hinter jedem Antichristentum Satan seine Fäden zieht.

Nun heißt es in Of 12,4 aber noch über diesen Drachen, bevor Israel den Messias in die Welt gebiert: *„Und sein Schwanz zieht den dritten Teil der Sterne des Himmels fort, und er warf sie auf die Erde."* Wenn schon andere Personen in der Bibel als Morgenstern bezeichnet und sogar in einen Zusammenhang mit den *„Söhnen Gottes"* gestellt worden sind, ist es naheliegend, dass man auch diese *„Sterne des*

Himmels" als Personen betrachtet. Das deckt sich mit der nachfolgenden Feststellung (Of 12,9), dass Satan mit seinen Engeln auf die Erde geworfen wurde.

Anscheinend geschah das also zurzeit Jesu oder unmittelbar davor. Zu dieser Annahme passt auch, dass Jesus viele Dämonen austrieb und Er und dann auch seine Jünger anscheinend gegen eine starke Aktivität himmlischer Mächte anzukämpfen hatten.

Dem entspricht auch die sonderbare Aussage von Jesus gegenüber seinen Jüngern, nachdem die ihm von ihren Erfolgen bei der Austreibung von Dämonen berichten: „Ich schaute den Satan wie einen Blitz vom Himmel fallen." (Lk 10,18) Wann dieses Ereignis geschah, ist unklar. ***26**

Aber dies passt nur zum Kontext, wenn aufgrund des Fallens Satans auf die Erde, auch seine Engel mitgefallen sind und sich seither auf der Erde breitmachen. Und worauf würden sie sich konzentrieren? Das Amazonasgebiet zu bevölkern? Die Steppen der Mongolei? Oder doch eher Israel? Gegen wen sind die meisten Resolutionen der UN gerichtet? Warum ist die UN so israelfeindlich eingestellt? Weil Satan der Fürst dieser Welt ist. Er sitzt im Regime!

Der heilsgeschichtliche Ablauf könnte so sein, dass der Widersacher Gottes auf der Erde sein Unwesen verstärkt treibt, seitdem auch YHWH selbst auf die Erde gekommen ist. Israel ist seither verstockt und heilsgeschichtlich ausgeschaltet. Es ist seither die Zeit der Gnade für die Nationen, das Gemeindezeitalter. In den Christusnachfolgern ist Christus weiter gegenwärtig durch Seinen Geist, der in den Menschen wohnt. Das gleiche „Recht" hat der Widersacher, dem Jesus die Herrschaft über die Welt nicht abgenommen hat (Mt 4). Er wohnt in den Herzen der Antichristen und Antisemiten und beeinflusst sie geistig und geistlich ebenso wie Jesus die Seinen führt und inspiriert.

Doch Jesus kommt wieder zurück und wird einen neuen Heils-Äon beginnen, das messianische Zeitalter. Das wird das Ende des Gemeindezeitalters sein und zugleich das Ende der Herrschaft Satans über die Erde, denn er wird gebunden, bis zum Ende des kommenden Äons. Man kann hier eine gewisse heilsgeschichtliche Ordnung erkennen. Bei alledem bleibt aber die Funktion Satans immer die gleiche. Auch nach dem messianischen Zeitalter wird der Satan wieder losgebunden (Of 20,2-3). Man könnte sich fragen, warum das Gott zulässt, denn er wirkt dann wieder genauso gegen die Heilswege Gottes und als Widersacher und Zerstörer der Menschen. Auch hier wird deutlich, Gott ist souverän. Er hat die Macht und Er hat die Verantwortung über all das Böse und das Unheil, das den Menschen widerfährt.

***27** Da Gott gut und vollkommen ist, gibt es dafür nur eine sinnvolle Erklärung: Gott benutzt das Böse, um das Gute sich in aller Endgültigkeit und Vollendung entwickeln zu lassen. Und die Richtigkeit dieser Annahme bestätigt nicht nur der biblische Konsens, der davon spricht, dass Gott alles zu sich führt (Röm 11,36), sondern die persönliche Erfahrung, die jeder Mensch macht, nämlich, dass man an Widerständen wächst und reift. Jeder kann einmal von sich sagen, „ich habe eine schwere Zeit durchgemacht, aber ich bin daran stärker geworden". Wenn das viele Menschen sagen können, kann erwartet werden, dass alle Menschen dazu gebracht werden können, es irgendwann auch so zu sehen und zwar in Hinsicht auf das ganze Leben.

Das Buch der Offenbarung gibt noch mehr Details über den Drachen preis. In Of 12,12 wird er wieder Diabolos genannt. Im Himmel kann man froh sein, den Drachen losgeworden zu sein. Er war ja, wie bei Hiob zu sehen war, bei den himmlischen Versammlungen dabei. Aber nun ist er auf der Erde und verbreitet „Wehe": *„Denn der Teufel ist zu euch hinabgekommen und hat große Wut, da er weiß, dass er nur eine kurze Zeit hat."* Als der Apostel Johannes diese Zeilen aufschrieb, hätte er wahrscheinlich diese „kurze Zeit" so gedeutet: Wenn der Satan zur Zeit der Geburt Jesu nicht nur so wie früher die Erde „durchwanderte", sondern sie zu seinem dauerhaften Domizil hatte, ohne weiteren Kontakt mit dem Himmel, aber andererseits bei Jesu zweiter Rückkehr gebunden würde, dann würde die „kurze Zeit" ja wirklich nur kurz sein, wenn die Rückkehr Jesu unmittelbar bevorstand. Das glaubten die Apostel, dass Jesus noch zu ihren Lebzeiten kommen könnte. Aber, was meint Jesus, der auferstandene Sohn Gottes, der dem Johannes diese Offenbarung gegeben hat, mit „kurzer Zeit"? Nach himmlischer Zeitrechnung, die Satan sehr wohl kannte, sind tausend Jahre wie ein Tag. Dies ist auch nur eine Allegorie, um den Menschen eine Vorstellung davon zu geben, dass es bei Gott kein Zeitproblem gibt. Die Welt hat nur alle Zeit der Welt, den Chronos. Gottes Chronos ist alle Zeit, die Gott hat. Gottes Omnipräsenz und Omnipotenz gilt auch für die Zeit. Er ist zu jeder Zeit „da" und beherrscht die Zeit so, dass er sie behandelt wie Er es will.

Anders steht die Zeit für Satan als ein Parameter seines Handelns da. Weil er nur eine kurze Zeit hat, hat der Satan große Wut. Hier steht im griechischen „thymon" was „Leidenschaft" bedeutet, denn es kommt von thyo – „aufgeregt werden". ***28** Man könnte also auch übersetzen mit: Satan hatte einen großen Eifer, eine große Leidenschaft. Zu was? Um sein Programm zu verwirklichen. Satan steht unter Zeitdruck. Sein Programm ist und war, zur Gott ergebenen Gesellschaft des göttlichen Ratschlusses eine Parallelgesellschaft des satanischen Gegenbeschlusses aufzubauen. Und diese Parallelgesellschaft sollte möglichst die andere ersetzen. Und das hat Satan bis zum heutigen Tage tatsächlich auch weitgehend geschafft. Man hat eine Parallele in den Islamparallelgesellschaften zu den christlichen bzw. „weltlichen" Gesellschaften, die allmählich verdrängt werden sollen. Solche Behauptungen aufzustellen, wird sicherlich bald unter Strafe gestellt und es ist klar, wer diese Normierung betreiben wird. Es steckt Satan dahinter.

Es wird dann in Of 12,14 weitergesagt, dass die Frau, also Israel, für eine gewisse Zeit in Sicherheit vor dem Satan gebracht wird. Satan wird hier wieder Schlange genannt. Da die Schlange nicht den direkten Zugriff auf Israel hat, versucht sie Israel über die Nationen zu erreichen. Das wäre eine mögliche Deutung von Of 12,15: *„Und die Schlange warf aus ihrem Mund Wasser wie einen Strom hinter der Frau her, um sie mit dem Strom fortzureißen."* Israel wäre nicht mehr existent, nachdem es ab dem 2. Jahrhundert nicht mehr als Nation in seinem Land war, wenn sie sich völlig in der Diaspora assimiliert hätten. Das betrieb Satan. Zum

Teil gelang es ihm. Von ihm stammen auch diese Ideen, dass Israel nicht Israel sei. Davon gibt es einige Varianten. Die jetzigen Juden seien in Wahrheit Chasaren. Oder die Europäer und Nordamerikaner seien in Wirklichkeit die Nachfahren der angeblich verlorenen Stämme, usw. ***29** Aber die meisten Juden bewahrten das Wissen um ihre Identität. Satan versuchte auch, die Juden physisch zu vernichten. Auch da hatte er viele Erfolge, aber dennoch ist es ihm nicht ganz gelungen. Nicht nur im Raum der kirchenchristlichen Nationen, auch in den islamisierten Ländern wurden Juden verfolgt und zu Millionen umgebracht. Aber der Strom riss nicht alle Juden mit sich fort. Es blieb immer der jüdische Rest.

Der Drache Satan hat die letzten zweitausend Jahre seine Betriebsamkeit und sein Heer der Dämonen hauptsächlich gegen Israel und die Christusnachfolger, die wirklich Glieder der Gemeinde Jesu sind, gerichtet. Dazu hat er sich vor allem der Kirchenchristenheit und des Islam bedient.

„Und die Erde half der Frau, und die Erde öffnete ihren Mund und verschlang den Strom, den der Drache aus seinem Mund warf." (Of 12,16) Das hört sich nicht gut an für die Nationen, die sich gegen Israel richten. Bekanntermaßen erlässt ja die UN eine Resolution nach der anderen gegen Israel in völliger Ignoranz gegenüber den biblischen Warnungen: *„Wen du segnest, der ist gesegnet, und wen du verfluchst, der ist verflucht."* (4 Mos 22,6) ***30** Die UN spielt mit eben dem Feuer, das die Nationen einst heimsuchen wird. Und das obwohl sie sich sonst in der Bibel auszukennen vorgeben, wie man an ihrer Verwendung des Friedenssymbols der Schwerter und Pflugscharen von Jes 2,4 ersehen kann.

Es ist möglich, dass sich Of 12,6, wo Israel als Flüchtende bezeichnet wird, auf ein zukünftiges Ereignis bezieht, denn die Juden sind ja noch zum Teil, etwa zur Hälfte, in der Diaspora unter den Nationen, wo sie in den letzten Jahren, Stand 2019, immer mehr unter dem zunehmenden Antisemitismus zu leiden haben. Der feindliche Strom ist also noch nicht von der Erde verschlungen.

Nachdem Satan es nicht gelungen ist, Israel zu vernichten, richtet sich jetzt sein ganzer Ehrgeiz gegen eine andere Gruppe von Menschen: *„Und der Drache wurde* *zornig über die Frau und ging hin, Krieg zu führen mit den Übrigen ihrer Nachkommenschaft, welche die Gebote Gottes halten und das Zeugnis Jesu haben."* (Of 12,17) Israel steht zurzeit noch unter dem Schutz Gottes. Währenddessen leiden viele, die sich zu Christus bekennen in vielen Ländern der Erde, vor allem in beinahe allen Islamstaaten.

Wer waren die, welche die Gottes Gebote hielten und das Zeugnis Jesu hatten? Juden, die an Jesus gläubig geworden waren. Heute nennt man sie messianische Juden. Für sie gilt auch, dass sie zur Nachkommenschaft Israels zählen. Die meisten Ausleger verstehen hierunter Christen, weil es ja eine geistliche Nachkommenschaft gibt. Sie sind dabei aber teils von ersatztheologischen Gedanken beeinflusst. ***31** Für weite Teile der Kirchenchristen trifft weder zu, dass sie die Gebote Gottes halten, ***32** Noch, dass sie das Zeugnis Jesu haben, zumal sie ja Jesus noch nicht einmal kennen, weil sie einen Ersatzjesus haben. ***33** Da es Satan nicht gelingt, Israel zu vernichten, wendet er sich also verstärkt den Christen unter ihnen zu. Man könnte den Ausschluss der messianischen Juden von Kirchentagen und ihre Ächtung bzw. Nichtakzeptanz zu seinen Kriegsmaßnahmen zählen. Die Respektlosigkeit der Kirchen gegenüber den messianischen Juden ist verwandt mit der Einstellung Luthers. Luther bekam einen Zorn auf die Juden, weil sie seinem Evangelium nicht glaubten. Daraufhin erklärte er sie für vogelfrei. Die Kirchen sehen es ähnlich, Juden müssten entweder zu ihnen überlaufen, wenn sie wirklich Christen wären, oder sie sollten Juden bleiben. Jude und Christ, das ließe sich nicht vereinbaren. ***34** So sehen es viele Kirchenvertreter.

Das gehört aber zur Strategie Satans, den Juden, Judenchristen, und messianischen Juden das Leben möglichst zu verleiden und sie in ihrem Fortgang zu hemmen. Dass von solchen Kirchen Muslime geladen und an einen runden Tisch gebeten werden und sie noch als Brüder im Glauben an den einen Gott bezeichnet werden, passt vollends ins Bild. Hier ist Satan am Werk.

Es ist natürlich richtig, dass auch jetzt bereits Satan die Juden, messianischen Juden und alle jene Christen verfolgt und stört, die zur Gemeinde Jesu dazugehören.

In dieser Gemeinde Jesu gibt es keinen Antisemitismus. Das ist eines der Kennzeichen der Gemeinde Jesu, dass sie weiß, wer und was Israel ist.

In Of 13,1-2 steigt ein Tier aus dem Meer, das aufgrund seiner Namen der Lästerung und weil ihm der Drache Kraft, seine Macht und seinen Thron gibt, weiß man, dass es sich um eine Herrschaft handelt, die antichristlich und antisemitisch eingestellt sein wird. Demzufolge sind auch alle Menschen, die unter der Herrschaft dieses Tieres stehen, verführt. Und das ist die „ganze Erde". Die Verführung und Manipulation wird so groß sein, dass sie sogar, direkt oder indirekt, den Satan anbeten: *„Und sie beteten den Drachen an, weil er dem Tier die Macht gab, und sie beteten das Tier an und sagten: Wer ist dem Tier gleich? Und wer kann mit ihm kämpfen?"* Of 13,2.

Zu so etwas ist die Menschheit nach dem 20. Jahrhundert noch fähig. Und tatsächlich sieht man jetzt schon die ersten Anzeichen dafür. Man kann mit den Menschen diskutieren und meint sehr schnell, dass sie bei ihrer von ihnen selbst unbemerkten Sinnwidrigkeit im Denken, von einem anderen Geist, dem Geist des Irrsinns beherrscht werden. Es ist ein Geist der Verwirrung und der Irrationalität, der unermüdlich dafür wirkt das Gute Böse zu nennen, das Gute, nicht das Böse zu verbieten und alle, die das Gute noch vertreten, zu bekämpfen.

Diese Verwirrung bringt die Menschen dazu, das Tier aus der Offenbarung (Of 20,4), das für eine antichristliche und antisemitische Herrschaft steht, anzubeten. Man glaubt bereits im 20. Jahrhundert nicht mehr an Gott, sondern an die Wissenschaft, an das Ich, an die Idole oder Ersatzgötter. Alles ist erlaubt und alles wird gefördert, solange es nicht biblisch und nicht israelfreundlich ist. Dadurch lästert man bereits Gott (Of 13,5-6). Die antichristliche Macht wird sogar zur Weltmacht (Of 13,7). Sie führt *„mit den Heiligen Krieg"* und überwindet sie. Wer sind die Heiligen? Wenn die Christen entrückt sind, können die Heiligen nur die Juden sein, die noch in ihrem Staat leben. Gegen die feindliche Übermacht können sie nicht bestehen. Aber sie haben eine Erwählung, daher nennt sie Gott Heilige. ***35** In Of 13,11 kommt noch ein anderes Tier. Johannes sieht, ein Tier ist aus der Erde aufgestiegen, das „wie ein Drache" redet. Der unbestimmte Artikel fehlt im Griechischen. Das Tier redet also drachenhaft. Da ein Tierdrache kaum reden kann, muss man hier eine Analogie zum Reden des Satans sehen. Wie redet der Satan? Situationsangepasst und immer verführerisch, weil er ja etwas erreichen möchte, was die Menschen in die Irre und auf den Weg des Bösen bringt. Der Mensch ist gut und böse und weiß zwischen Gut und Böse zu unterscheiden. Daher richtet Satan sein Interesse daran, die Werte um- oder abzuwerten (Jes 5,20) und da, wo es ihm nicht gelingt, das Gute als das Böse darzustellen und das Böse als das Gute. In der letzten Zeit wird er das verstärkt tun, denn je länger es dauert, desto schneller geht seine Herrschaft und Macht dem Ende entgegen.

Ein Geist eines Dämons, der aus dem Drachen, der Satan ist, herauskommt, zieht zusammen mit zwei anderen Dämonengeistern durch die ganze Erde, um die menschlichen Machthaber *„zu versammeln zu dem Krieg des großen Tages Gottes, des Allmächtigen."* (Of 16,14) Die große Endschlacht vor dem bzw. zum Kommen Christi wird vorbereitet. Und auch hier hat Satan wieder die Funktion immer alles daran zu setzen, was ihm gegeben ist, gegen Christus-YHWH mobil zu machen. Christus kommt und besiegt die vereinigte Weltmacht, der Satan wird ergriffen und für das tausendjährige Reich, das nun anbrechen kann, gebunden (Of 20,2). Danach wird der Satan wieder losgelassen, um die Völker, die dann eintausend Jahre Friedensherrschaft des Messias und Israels erlebt haben, noch einmal zu prüfen (Of 20,7). Und wieder bringt er die Nationen dazu, zum Krieg gegen Israel aufzustehen. Und wieder werden sie vernichtend geschlagen. Der Satan wird *„in den Feuer- und Schwefelsee geworfen, wo sowohl das Tier als auch der falsche Prophet sind; und sie werden Tag und Nacht gepeinigt werden von Äon zu Äon."* (Of 20,10). So wie der Satan und seine Dämonen über Jahrtausende die Menschen gepeinigt und belästigt haben, wird er nun selber einem harten Gericht unterzogen.

So weit reicht der Blick, den Johannes tun darf. Er blickt nicht bis ans Ende aller Zeiten, aber weit genug, dass jeder sich warnen lassen kann. Soweit, bis zum Feuersee, in den auch die kommen, die nicht im Buch des Lebens geschrieben sind (Of 20,14-15), kann man wissen, wie der persönliche Werdegang ist, wenn man sich nicht warnen lässt und umkehrt.

Im Buch der Offenbarung wird also sehr klar gemacht, wer der Satan ist und was er zu tun hat. Es wird auch unmissverständlich verdeutlicht, dass er der Verführer der Menschheit ist, der immer darauf aus ist, Israel und die Gerechten und Heiligen Gottes zu bekämpfen.

Als Verführer tritt er offenbar bereits im Garten Eden auf, weshalb er im ersten und letzten Buch der Bibel auch Schlange genannt wird.

Nach 1 Mos 3,1 war die Schlange ein Tier. Da sie aber sprechen konnte, muss sie vom Geist Satans benutzt worden sein. Die Schlange sät bei Eva Misstrauen gegen Gott, um sie gewinnen zu können.

Das ist eine der ersten Methoden, die Satan bei den Menschen anwendet. Er sät Misstrauen. Gibt es überhaupt Gott? Konkret soll der Mensch auch dem Wort Gottes misstrauen. Es ist ja nur ein Buch, von Menschen geschrieben. Wenn es Gott doch geben sollte, wird Er sich bestimmt nicht um die Menschen kümmern oder er kann kein guter Gott sein. Er ist missgünstig, er will sein Wissen für sich behalten und wirft den Menschen nur lieblos die Brocken hin. Wenn man sich von ihm fernhält, wird man in der Autonomie alles das, was Gott einem vorenthalten will, gewinnen können. Ist Gott nicht tot, dann soll Er doch wenigstens als uninteressiert am Los der Menschen oder als inkompetent dargestellt werden. Die Gedanken sollen weg gehen davon, dass man Ihm Gehorsam schuldet zum eigenen Heil. Das Glück der Welt liegt vielleicht auf dem Rücken der Pferde, aber ganz bestimmt nicht, wenn man auf Gott setzt. Alles das flüstert Satan sinngemäß Eva zu. Und was nicht fehlen darf, ist der Hinweis, dass Gott auch nicht straft. Gute Erzieher wissen, dass bei der Erziehung von Kindern Gehorsam und Strafe ein wichtiges Führungsmittel sind. Diese Einsicht will der Satan stören, *„keineswegs werdet ihr sterben!"* (1 Mos 3,4).

„Keineswegs werdet ihr Gott fürchten müssen! Tut, was ihr wollt! Niemand wird euch zur Rechenschaft ziehen! Es gibt keine Folgen! Ihr seid die Macher eurer Welt! Bleibt frei und ungebunden!" Das sind die typischen Merksätze des Widersachers Gottes von Anfang an.

In 1 Mos 3 wird die Marschrichtung Satans bereits aufgezeigt. Von den Menschen wird das nicht zur Kenntnis genommen. Dabei spielt sich die gesamte Menschheitsgeschichte mit ihrer Weltpolitik in dieser Beziehung zwischen den Nachkommen der ersten Frau und Satan ab. Die Schlüsseloffenbarung ist 1 Mos 3,15. Da sagt Gott zur Schlange: *Und ich werde Feindschaft setzen zwischen dir und der Frau, zwischen deinem Samen und ihrem Samen; er wird dir den Kopf zermalmen, und du, du wirst ihm die Ferse zermalmen."* *36 Hier wird beides genannt, die Fluchlinie und die Segenslinie. Die Fluchlinie beginnt bei Satan, der sie auf Eva und ihre Nachkommen zu übertragen versucht. Die Nachkommen Evas verfallen immer wieder dem Widersachertum Satans. Damit begeben sie sich auf der Fluchlinie, Eva-Kain-Mörder-Betrüger-Lügner und dann Israelfeinde und schließlich Christusfeinde. Antisemitismus und Antichristentum liegen beide auf dieser Fluchlinie. Sie sind wie alle Fluchzweige Satans mit Mord, Lüge, Betrug gekennzeichnet. Es gibt sogar eine Weltreligion, die ihren Gott als größten aller Täuscher bezeichnet **37 und auch zu Gewalttaten aufruft. *38 Hauptsächlich ist das gegen Gottes Volk gerichtet. *39

Man muss aber beachten, dass auch das Kirchenchristentum, vor allem die katholische Kirche, im Verlauf der Jahrhunderte unzählige gegen Israel und gegen die der Kirche widerstehenden Christen gerichtete Beschlüsse und Anweisungen erlassen hat, die von einem deutlichen Widersachertum geprägt waren. All dieses gehört zur Fluchlinie und hat von Anbeginn viel Fluch- und Gerichtswirkung hervorgerufen.

Das ist die Feindschaft zwischen dem Satan und seinem Samen auf der einen Seite und der Frau und ihrem Samen auf der anderen Seite, denn der Samen der Frau bringt die Segenslinie hervor. Zunächst einmal erwählt sich auf dieser Linie Gott

Abraham (Gen 12,2-3). Gott sagt nicht nur Abraham den Segen zu, sondern auch seinen Feinden den Fluch. Mehr noch, Gott sagt, dass in Abrahams Nachkommen alle Nationen gesegnet werden. Über dessen Nachkommen Isaak und Jakob, der den Namen Israel bekam, wird die Segensverheißung für Israel, aber ebenso die Fluchverheißung für Israels Gegner übernommen. *40 Israel ist nun der Segensträger und die Israel feindlichen Nationen sind die Fluchträger. Der Messias Israels wird in Israel geboren, gezeugt von Gott und einer Jüdin (Lk 1,68ff) und Er wird auch zum Erlöser aller Nationen. Er ist der Nachkomme Abrahams, Isaaks, Jakobs und Davids, der den Segen über alle bringt, denn: *„Ich, Jesus, habe meinen Engel gesandt, euch diese Dinge für die Gemeinden zu bezeugen. Ich bin die Wurzel und das Geschlecht Davids, der glänzende Morgenstern."* (Of 22,16) In Ihm werden Segens- und Fluchlinie zusammenfallen, *„Denn wie in Adam alle sterben, so werden auch in Christus alle lebendig gemacht werden. Jeder aber in seiner eigenen Ordnung: der Erstling, Christus; sodann die, welche Christus gehören bei seiner Ankunft; dann das Ende, wenn er das Reich dem Gott und Vater übergibt; wenn er alle Herrschaft und alle Gewalt und Macht weggetan hat. Denn er muss herrschen, bis er alle Feinde unter seine Füße gelegt hat."* (1 Kor 15,22-25)

„Unter die Füße legen" ist ein Ausdruck dafür, dass die Herrschaft des Königs anerkannt ist. Es wird dann keine Seele mehr geben, die gegen Gottes Ordnung aufbegehren will. Und damit ist auch das Widersachertum Satans beendet. Sein Dienst wird nicht mehr benötigt. Der letzte Feind, der beseitigt worden ist, war der Tod, (1 Kor 15,26) die Trennung von Gott. Sie ist aufgelöst. Die Menschheit ist eins geworden unter Christus. Wenn die Schöpfung vollendet und Gott verherrlicht ist, gibt es keine Störfaktoren und nichts Trennendes mehr.

Gott ist kein Täuscher

Michelangelos Adam an der Decke der Sixtinischen Kapelle in Rom hat erstaunlicherweise einen Nabel. Eva hätte ihn, spätestens nachdem Seth, das erste Kind der beiden, geboren worden war, gefragt, warum Adam und sie selber den Nabel hatten, weil er impliziere, dass sie von einer Frau geboren worden wären, was für beide nicht zutraf. Adam und Eva konnten auch nicht sinnvoll einen Geburtstag feiern. Aber sie hatten eine Erklärung dafür, dass sie als Erwachsene mit dem Leben und dem geistigen Denken angefangen hatten. Aus diesen Überlegungen heraus wird deutlich, dass Adam und Eva keinen Nabel hatten, aber in ihrem Erbgut waren Informationen abgespeichert, wie ein Kind entstehen und geboren werden sollte. Der Nabel entsteht durch eine Handlung des Menschen, nämlich das Abschneiden der Nabelschnur. Es bleibt aber ein ganz anderes Problem. Soll man Gott als einen Täuscher bezeichnen, weil Er Adam und Eva ein scheinbares Alter von einem erwachsenen Menschen gab, ebenso wie den Tieren und Pflanzen, das nicht mit dem Alter ihrer Existenz übereinstimmte? *41 Was ist eigentlich eine Täuschung?

Täuschung kann man so definieren: „Durch Täuschung wird eine Fehlvorstellung (Irrtum) durch nicht der Wahrheit oder Wirklichkeit entsprechende Umstände oder Sinneswahrnehmungen hervorgerufen, die zu einer falschen Auffassung eines Sachverhalts führen. Dabei ist es gleichgültig, ob die Täuschung bewusst durch einen anderen herbeigeführt wird (jemand wird getäuscht) oder nicht (jemand täuscht sich). Im ersten Fall spricht man auch von Irreführung (oder umgangssprachlich Masche.)." *42 Nach dieser Definition sind die Kinder von Adam und Eva nicht getäuscht worden, weil es bei ihnen nie zu „einer falschen Auffassung eines Sachverhalts" geführt hat. Sie wussten ja von Adam und Eva, dass Gott sie gemacht hatte und sie deshalb keine Eltern hatten. Dann muss aber für alle nachfolgenden Generationen, die dann Adam und Eva nicht mehr selber erlebt haben, das gleiche gelten. Denn auch wenn ihnen gesagt wird, z.B. durch den Bericht in der Bibel, dass Adam und Eva am ersten Tag ihres Lebens wie Erwachsene aussahen, bleibt die bereits feststehende Tatsache, dass Gott sie erschaffen hat, gleich mitgeliefert. Dementsprechend ist es auch keine Täuschung, wenn Gott Sterne erschafft und sie „alt" aussehen lässt, denn dass Er sie erschaffen hat, steht ja in der

Bibel. Wenn man der Bibel nicht glaubt, trägt man selber dafür Verantwortung. Solange also das, was Gott sagt, nicht der Lüge überführt werden kann, kann man auch von der Schöpfung nicht von einer Täuschung reden.

Manche Kritiker des Kurzzeitmodells der Schöpfung behaupten, dass Gott die Menschen täuschen würde, wenn er ihnen einen Weltraum vor die Augen setzt, der aussieht als sei er Millionen Jahre alt, wenn er doch nur wenige Tausend Jahre alt ist. Dem ist zu entgegnen, dass dann auch die Erschaffung von Adam so eine Täuschung wäre, denn er sah, kurz nachdem ihn Gott erschaffen hatte, wie ein erwachsener Mann und nicht wie eine befruchtete Eizelle aus, obwohl er doch nicht jahrealt war. Und so war es mit jedem „Ding", das Gott in den sechs Schöpfungstagen fertigstellte. Er rief ja jeweils nur die Dinge ins Dasein und sie standen fertig da. So jedenfalls nach dem Schöpfungsbericht und nach Ps 33,9: „Denn er sprach, und es war; er gebot, und es stand da" (Vgl. Heb 11,3). Vom Stein hat einen Gedanken, der den Täuschungsvorwurf zumindest entkräftet. **43** Er verweist auf das Weinwunder in Kana. Jesus verwandelte Wasser in Wein. Der Wein wurde als guter Wein wahrgenommen. Aber ob guter oder weniger guter Wein, Wein braucht Zeit zum Reifen, damit aus den Traubensamen Trauben werden und aus den Trauben Traubensaft und aus dem Traubensaft vergorener Traubensaft. Täuschte Jesus die Hochzeitsgäste in Kana, weil Er den natürlichen Prozess beschleunigte auf null, Komma null? Kehrte Er nicht etwa das um, was inzwischen naturgesetzlich irdisch war? Und dabei demonstrierte Er wieder das göttliche Erschaffungsszenario, bei dem aus Nichts alles wird, was Gott haben will? Qualitativ und essentiell ist das Weinwunder nichts anderes als die Erschaffung der Milliarden Sternen mit der Ausdehnung des Raumes mit einem Durchmesser in Millionen Lichtjahren. D.h., wenn Gott etwas in die Existenz ruft, wie es der Schöpfungsbericht in der Bibel schildert, dann ist es da und zwar ist es genauso da, wie Gott es haben will.

Es kann keinen Stern geben, der nicht aussieht wie ein Stern und dazu gehört ein gewisses Alter. Mit Täuschung hat das nichts zu tun. Der Mensch mag das so empfinden, denn in seinem miniaturalisierten Raum-Zeitgefüge, blickt er auf seine kleine heile Welt und übersieht dabei, dass sie eigentlich unheil und im Zerfallen ist. Seine Messmethoden messen einen sich von Gott entfernenden Kosmos. Und nach der Bibel ist die Ursache dafür der Sündenfall. Jeder konnte erfahren, woher der Wein kam, der so vorzüglich schmeckte. Mit der Schöpfung ist es genauso. In der Bibel teilt Gott uns mit, wie er sie durch Sein Wort ins Dasein gerufen hat. Wenn wir die klare Botschaft der Bibel ablehnen und uns stattdessen auf unsere eigene Erkenntnis verlassen, so ist es nicht Gott, der uns täuscht, sondern wir selbst sind es, die sich täuschen. Und das gleich zweifach. Indem wir meinen, Gottes Wort und Schöpferkraft anzweifeln zu können.

Mache, die die Lückentheorie vertreten, nehmen die Zuflucht zur Wissenschaft. Das ist ein zweifelhaftes Unterfangen, denn einerseits verwirft man die Evolutionstheorie, aber andererseits anerkennt man die geologischen Theorien über die langen Zeiträume und die untergegangenen Lebensräume, die Standbeine der Evolutionslehre sind. Das ist der sogenannte Aktualismus, der ebenso wie der Darwinismus mehr einer Weltanschauung entspricht als wissenschaftlich gesicherten Erkenntnissen. Man scheint dabei völlig zu übersehen, dass Geologie und Evolution voneinander abhängen.

Man spricht in der Geologie von langen Zeiträumen, weil es eine lange Evolution gegeben haben soll. Und man spricht von Evolution, weil man ja auch aus der Geologie wissen will, dass die Erde schon Jahrmilliarden Jahre alt ist und die fossilführenden Schichten das zu zeigen scheinen. Hier stützen sich zwei Blinde nach dem Motto zwei Blinde sehen mehr als einer! Es gibt weder klare Beweise für Evolution noch klare Beweise für lange Erdzeitalter. Die Bibel befürwortet beides nicht. Im Gegenteil - laut Bibel haben Saurier oder Drachen mit Menschen zusammengelebt (Hiob 41). Entweder ist die Bibel richtig, oder der derzeitige Stand der Wissenschaft.

Die atheistische Wissenschaft verneint die Richtigkeit der Schöpfung Gottes. Man sollte daher sehr sorgfältig erwägen, ob man sich der Argumente aus der atheistischen Wissenschaft bedienen soll, denn diese widerspricht der Bibel. Eigentlich ist jede biblische Theorie eine schwache Theorie, wenn sie sich der sogenannten Wissenschaft bedienen muss. Damit ist nichts gegen die Wissenschaft als solche gesagt, zumal die Wissenschaft, wenn sie zu exakten Ergebnissen kommt, niemals der Bibel widersprechen wird.

Anmerkungen zu Kapitel 2 - Synthesen der biblischen Genesis

1

Der Zufall kann weder das eine noch das andere bewerkstelligen. Darwinisten sagen ja zurecht, dass der Zufall kein Planer sei, weil er keine geistige Potenz habe. Aber sie behaupten, er sei der Mitschöpfer, als ob für einen Schöpfungsakt ein Nichts besser geeignet wäre, als eine denkende Person.

2

Luther 2017 übersetzt: *„Er hat sie nicht geschaffen, dass sie leer sein soll, sondern sie bereitet, dass man auf ihr wohnen solle".* Bei Menge heißt es: *„Nicht zu einer Einöde hat er sie geschaffen, nein, um bewohnt zu werden."*

3

Griechisch „tautes tes ktiseos" (Nr. 2937; Helps Word Studies, 1987, 2011). Ktisis als Schöpfung findet sich schon bei Homer im Sinne eines ex nihilo, einer Erschaffung aus dem Nichts. Aus dem Nichts ist gleichzusetzen mit „ohne Vorwelt".

4

Die nachfolgende Kritik an den ungerechten Urteilen ab Vers 2 bezieht sich jedoch schon wieder auf die Mächtigen unter den Menschen.

5

Nr. 4413, Helps Ministries Word studies, 1987, 2011.

6

NAS, Nr. 4253

7

S. Nr. 6

8

Die konkordante Übersetzung („Das Konkordante Neue Testament", 1986) übersetzt hier unzutreffend mit „vorherig", entsprechend ihrem vorgefassten Denkrahmen.

9

Vielleicht hätte er dann antworten sollen: „Ich wollte nur mal wieder darauf hindeuten, dass es bei der Schöpfung von Himmel und Erde ein Tohuwabohu gegeben
hat, dass dem Fall des vormaligen Kosmos geschuldet war."

„Und was bringt uns das?"

„Dass ihr nicht auf die Idee kommt, der Boden, auf dem ihr steht, sei eine Urschöpfung, nein, es ist nur ein restaurierter Boden!" Eine Unterhaltung, die reichlich überflüssig erscheint, wie es vielleicht auch die Lückentheorie ist.

10

Im Deutschen ist die „Niederlage" ähnlich. Gemeint ist nicht, dass etwas „niederge-
legt" ist, sondern dass man etwas verloren hat, bzw. einen Verlust erlitten hat.
Wenn die alten Griechen glaubten, dass unsere Erde einmal von den Göttern herabgeworfen worden ist und somit diese Version des „Anfangs" der Welt als Weltanfang in den Sprachgebrauch übergegangen ist, ist klar, dass auch ein griechisch
sprechender Jude seinen griechischen Glaubensgenossen kein anderes Wort präsentieren wird, wenn er über den Anfang des Kosmos redet. Es ist eine fragwürdige
Methode, hier eine Theorie ableiten zu wollen, dass nicht etwa nur die Hebräer
einen Mythos der Griechen übernommen haben sollen, nur, weil sie griechische
Wörter benutzt haben, sondern dass sich Gott dem auch noch anschließt. Außerdem wird unterstellt, dass die Griechen den richtigen Weltanfang sprachlich überliefert hätten, die Hebräer ausgerechnet aber nicht! Ungeachtet dessen hätten aber

die hellenistischen Juden die Einsicht gehabt, das zu erkennen. Also viele Unwahrscheinlichkeiten. Zudem ist dennoch unklar, was denn eigentlich dann in einem biblischen Sinne herabgeworfen sein sollte.

11

Und die Kirche ist nicht immer bibelorientiert. Sie ist sogar oft genug bibelfeindlich gewesen. Wenn sie aber bibelfeindlich ist, ist sie nicht die Kirche des biblischen Gottes. Ihre Bibelfeindlichkeit sieht man beispielsweise daran, was sie verboten hat. Im Jahr 1234 im Beschluss der Synode von Tarragona: *„Niemand darf im Besitz der alt- oder neutestamentlichen Bücher in der Muttersprache sein. Wenn jemand solche Bücher hat, muss er sie innerhalb von acht Tagen nach Bekanntmachung dieser Verordnung an den örtlichen Bischof abgeben, damit sie verbrannt werden können."*

In der Synode von Oxford, 1448: „[...] dass niemand künftig von sich aus irgendeinen Text der Heiligen Schrift in die englische Sprache übersetze oder in irgendeine andere, als Buch, Schrift oder Traktat, noch, dass ein solches Buch, Schrift oder Traktat gelesen werde, ob es neu ... verfasst wurde oder in Zukunft erst geschrieben werden soll, ob in Teilen oder als Ganzes, öffentlich oder verborgen. Dies steht so lange unter der Strafe des großen Kirchenbanns, bis der Bischof des Ortes oder, falls nötig, ein Provinzialkonzil die besagte Übersetzung approbiert habe. Wer aber dagegen handelt, der soll wie ein Häretiker und Irrlehrer bestraft werden." (beides Quelle: Wikipedia)

12

Hes 38,6.15; 39,2.

13

Liä Dsi, „Das wahre Buch vom quellenden Urgrund", um 450 vZ.

14

Arthur Ungnad, Hugo Gressmann, „Das Gilgamesch-epos", Bände 12-15, S. 114ff.; 1911.

15

Z.B. die King James Übersetzung.

16

Staunen der Welt.

17

Bensons Kommentar: *„Lucifer is properly a bright star, that ushers in the morning; but is here metaphorically taken for the mighty king of Babylon, who outshone all the kings of the earth by his great splendour."* Barnes kommentiert: *„There can be no doubt that the object in the eve of the prophet was the bright morning star; and his design was to compare this magnificent oriental monarch with that. The comparison of a monarch with the sun, or the other heavenly bodies, is common in the Scriptures."* Im Jamieson-Fausset-Brown Bible Commentary steht: *„Lucifer—"day star." A title truly belonging to Christ (Re 22:16)".*

Matthew Poole's Commentary hat: *„O Lucifer; which properly is a bright and eminent star, which ushers in the sun and the morning; but is here metaphorically taken for the high and mighty king of Babylon. And it is a very usual thing, both in prophetical and in profane writers, to describe the princes and potentates of the world under the title of the sun or stars of heaven. Some understand this place of the devil; to whom indeed it may be mystically applied; but as he is never called by this name in Scripture, so it cannot be literally meant of him, but of the king of Babylon, as is undeniably evident from the whole context, which certainly speaks of one and the same person, and describes him as plainly as words can do it. "*

18

Ich wurde selber einmal Opfer einer falschen Verdächtigung. Die Verdächtiger hatten eine einfachere Erklärung als ich, aber sie war dennoch falsch!

19

Ellicott's Commentary for English Readers: *„The prophet still has his mind upon Mount Zion (comp. Isaiah 11:9; Isaiah 56:7), but yet the words are ironically spoken of Tyre as a venerated sanctuary, rising up from the sea."* Benson Commentary: *„Thou art the anointed cherub that covereth — The prophet here alludes to the* *cherubim in the temple of Solomon, which were a part of the ark, being made of beaten gold, and therefore were with it anointed, and were very large, and covered the mercy-seat with their wings. The prince of Tyrus is here compared to one of these, on account of the high power which he bore among men, and his covering or protecting his people by that power."* Barnes' Notes on the Bible: *„The prince of Tyre was also anointed as a sovereign priest - covering or protecting the minor states, like the cherubim with outstretched wings covering the mercy-Seat."* Jamieson-Fausset-Brown Bible Commentary: *„The imagery employed by Ezekiel as a priest is from the Jewish temple, wherein the cherubim overshadowed the mercy seat, as the king of Tyre, a demi-god in his own esteem, extended his protection over the interests of Tyre."*

20

Das Wort bedeutet eigentlich „großes Haus".

21

Netjer-nefer

22

Susanne Bickel, „Die Verknüpfung von Weltbild und Staatsbild.", S. 82–84 und 87–88, 2009.

23

Klaus Koch, „Geschichte der ägyptischen Religion: von den Pyramiden bis zu den Mysterien der Isis.", S. 73, 1993.

24

Siehe hierzu vom Verfasser: Der schmale Weg 1/15, S. 19ff.

25

Vgl. Ps 2,9 und Of 2,27, wo Bezug genommen wird auf die Aussage von Ps 2,9. In Ps 2,7 wird von dem Sohn Gottes gesprochen. Er ist es, der die Nationen mit eisernem Stab weiden soll.

26

Sollte Jesus gemeint haben, dass dieser Fall Satans noch bevorstehen würde, würde das nicht in den Kontext passen.

27

Vgl. 1 Kö 14,10; Jes 31,2; Jer 4,6; 11,23; Dan 9,14; Am 3,6; Mi 1,22.

28

Nr 2372, Helps word studies, 1987,2011.

29

Von einem wissenschaftlichen Standpunkt ist das nicht haltbar, da sich die Juden, ganz gleich, ob es sephardische, aschkenasische oder orientale Juden sind, genetisch von den Europäern grundlegend unterscheiden.

30

Hier existiert bereits die Nation Israel, als die Hebräer aus Ägypten herausgeführt werden.

31

Aus anderen biblischen Gründen, die hier nicht näher erläutert werden sollen, ist die Gemeinde Jesu zu jener Zeit möglicherweise bereits entrückt. Doch nicht jeder Kirchenchrist ist ein Mitglied der Gemeinde Jesu!

32

Nur eine kleine Zahl hält das vierte Gebot des Dekalogs.

33

Es ist anzunehmen, dass jemand, der den Geist Christi hat, nicht zugleich den Geist des Antisemitismus in sich haben kann.

34

Ein messianischer Jude berichtete, er würde zwar von Christen eingeladen, aber dann bekäme er Schweinebraten vorgesetzt und auf seinen Hinweis, dass er das nicht essen könne, werfe man ihm vor, er sei doch in Christus frei von der Torah. Hier fehlt nicht nur Taktgefühl und Bruderliebe, sondern auch heilsgeschichtliches Verständnis!

35

Im ganzen Alten Testament bezieht sich die Bezeichnung für die Auserwählten Gottes auf den Teil des Volkes Israel, der Gott treu ergeben ist, wobei das nicht immer sprachlich klar zu trennen ist vom ganzen Volk, da ja auch das ganze Volk Israel auserwählt ist. Im Neuen Testament gehören alle, die den Weg Christi gehen, zu den Heiligen. Da kommt die Gemeinde Jesu noch dazu, wobei diese sogar vor der Grundlegung der Welt auserwählt, also geheiligt, wurde (Eph 1,4).

36

Eigentlich „in die Ferse stechen", d.h. den Fortgang beeinträchtigen.

37

Koransure 3,54.

38

Koransure 2,191; 8,12; 8,17; 8,39; 9,5; 47,4.

39

Koransuren 9,29; 2,65.94; 5,12.13.16.18.51.64.81; 2,69.120; 57,15.

40

Gen 26,4; 27,29; 28,14.

41

Über den Gott der Muslime heißt es im Koran, dass er der größte aller Täuscher sei (Sure 3,54). Schon das unterscheidet ihn grundlegend vom Gott der Bibel, der für sich in Anspruch nimmt die Wahrheit zu sein.

42

Wikipedia

43

Alexander vom Stein, „Creatio", S. 45, 2017„Geschaffenes Alter" – täuscht Gott uns?"

3.

Drachenhistorie

Dass es auch außerbiblische Zeugnisse davon gibt, dass Sauriere oder Drachenwesen zusammen mit Menschen lebten, ist eine Thematik für sich. Ein derart wie im Buch Hiob beschriebenes Tier ist den Menschen nicht unbekannt, denn es ist nur zu offensichtlich, dass eine solche Beschreibung perfekt auf drachenähnliche Tiere passt. Es gibt außerbiblische menschliche Überlieferungen, die von solch großen Drachentieren zu berichten wissen.

Auch die Zoologie und Paläontologie kennen drachenähnliche Tiere aus der Urzeit, auf die die Beschreibung hinreichend passt. In grauer Vorzeit haben zweifelsohne drachenähnliche Tiere von gewaltiger Größe gelebt. Jedoch sollen die Saurier vor 60 Millionen Jahren gelebt haben und dann plötzlich ausgestorben sein. Das ist auch der Grund, warum für die meisten Bibelausleger eine Gleichsetzung des biblischen Leviathans aus dem Buch Hiob mit einem Dinosaurier („deinós sauros" verdeutscht „Schreckliche Echse") nicht in Betracht zu ziehen ist, denn wenn die Saurier vor 60 Millionen Jahren ausgestorben sind, so hat doch Hiob damals sicherlich nicht gelebt. Bibelausleger sehen sich also in einem Dilemma. Sie meinen, entweder die 60 Millionen Jahre überbrücken oder den Leviathan zu einer Schmuseechse degenerieren lassen zu müssen. Im ersten Fall machen sie sich bei den weltlichen Weisen und Wissenschaftlern unglaubwürdig, im anderen Fall bei denen, die der Bibel mehr glauben als dem jeweiligen Stand des menschlichen Wissens.

Aber warum gehen sie davon aus, dass die weltlichen Wissenschaften zuverlässiger sind als das Wort Gottes? Die weltliche Wissenschaft wird immer wieder revidiert und kannte deshalb zu allen Zeiten zu jedem beliebigen Thema weniger Fakten als Behauptungen, die sich noch als falsch erwiesen. Und die Bibel? Glaubt man etwa, dass die Bibel nur zum Teil Wahrheit enthält und das noch weniger als andere Schriften?

Dennoch gibt es seit über zweitausend Jahren auch außerhalb der Bibel Überlieferungen, die genau das behaupten - drachenähnliche Wesen und Menschen haben ihnen zufolge zusammengelebt. Die meisten Drachen aus diesen Überlieferungen haben eine deutliche Affinität zum Wasser, wie man zum Beispiel aus den südostasiatischen Drachenbootfesten und – rennen schließen kann. Aber auch die anderen im Buch Hiob beschriebenen Merkmale kommen häufig vor. Das scheint eine gemeinsame Wurzel – biblisch wie außerbiblisch – nahe zu legen.

Es gibt sogar eine unübersehbare Menge solch menschlicher Überlieferungen, bei der eine christliche Überlieferung auszuschließen ist. Die Missionare waren ja in der ganzen Welt. Aber abgesehen davon, dass bei den Missionaren so gut wie nie das 40. und 41. Kapitel bei Hiob eine Rolle gespielt hat, waren sie doch nicht immer und überall. Und ihr Einfluss war auch bei den Völkern gering, die den christlichen Glauben gar nicht annahmen, wie z.B. in Ostasien. Und schließlich ist ohnehin nicht zu übersehen, dass die meisten Theologen seit jener Zeit als die Missionare die ganze Welt bereisten und die christlichen Kirchen sich ausbreiteten, gar nicht den Drachen von Hiob als Drachen verstanden. Er wurde entweder zu einem Krokodil verkümmern gelassen, oder zum Satan hochstilisiert. Die Gründe dafür habe ich bereits andernorts angegeben. Man wollte sich nicht vor den weltlichen Wissenschaftlern blamieren, die sich sehr schnell befleißigten, jeden, der Hiob 40 und 41 wörtlich nahm, der intellektuellen Unredlichkeit zu bezichtigen.

Doch zu den Überlieferungen der Völker gehören unverdrossen neben den Drachenerzählungen auch Drachen- Artefaktfunde und der Gebrauch einer Drachenysmbolik. Die heutige Verbreitung der Verwendung von Drachen- bzw. Sauriersymbolen ist weltweit und ist es allem Anschein nach schon immer gewesen.

Es ist unübersehbar, das Drachenthema hat zu allen Zeiten viele Menschen beschäftigt und wie man an Filmen wie „Jurassic Park" oder der „Herr der Ringe" - Filmreihe sieht, wollen die Menschen unterhalten werden. Und damit ist viel Geld zu verdienen. Drachen sind lukrative Dauerbrenner. Daher ist es unvermeidlich, wenn Tatsachen durch eine Flut von Fantastereien verdeckt werden, und dann steht das Wenige, was man noch in der Lage ist, zu entdecken, unter dem Generalverdacht der Fälschung und des Irrtums. Dennoch ist es eine Tatsache, es gibt vorchristliche und außerchristliche Überlieferungen.

Die Hollywooddarstellungen zeigen den Drachen meist geflügelt. Ein Abbild einer bloßen gedanklichen Fantasie filmisch umgesetzt. Anders der Dornteufel, der mit seinem wissenschaftlichen Namen sinnigerweise „Moloch horridus" heißt. Es handelt sich dabei um eine Echse, die in der Wüste Australiens beheimatet ist, die aber nur 11 cm groß wird. Es gibt sogar lebende Flugdrachen der Art „Draco volans" in Südostasien, jedoch nicht von Sauriergröße, denn sie sind auch nur bis 22 cm groß. Von ihrer Existenz haben die Nordvölker jedenfalls nichts gewusst. Also konnten sie auch nicht aus einem kleinen Flugdrachen, den es tatsächlich gibt, einen großen Sagendrachen machen. Der Grund für die Existenz von Sagen über große Drachen muss ein anderer sein.

Es folgt eine Aufzählung solcher menschlichen Überlieferungen, die ich in zwei Klassen unterteilt habe. Die erste Klasse, bei der eine christliche Überlieferung (nahezu) auszuschließen ist (1.) und die zweite Klasse, bei der sie nicht auszuschließen ist (2.), so z.B. bei der Sankt-Georgs-Sage. Zu unterscheiden ist außerdem, ob es sich um erzählerische Überlieferungen handelt oder um Artefaktfunde. Artefakte sind menschliche, gestalterische Hinterlassenschaften. Auch wird dabei ein kurzer Überblick über die heutige Verbreitung der Verwendung von Drachen- bzw. Sauriersymbolen gegeben. Drittens werden zweifelhaften Zeugnisse und Funde kurz angesprochen.

Drachensagen ohne christlichen Bezug

Deutsche Länder

Die deutsche Siegfriedsage geht auf ältere nordische Sagen zurück. Sigurd und der ihm nachgedichtete Siegfried töteten einen feuerspeienden Drachen. Sie wurden dadurch zum Helden, denn anscheinend war es nicht leicht Drachen zu töten! *„Lege nur deine Hand an ihn! Denk an den Kampf! Du wirst es nicht noch einmal tun!"* (Hiob 40,32)

In der germanischen Literatur ist der Drache vom 8. Jahrhundert bis in die Neuzeit literarisch gut belegt. Lange bevor der Reichsadler der Staufer das Emblem der Herrscher war, wurde dem Kaiser eine purpurne Drachenfahne bei der Schlacht und bei Feierlichkeiten vorangetragen. Es war der Drache, das gewaltigste und furchteinflößendste Tier, ganz wie bei Hiob. Der Drache fand dann im Mittelalter weite Verbreitung in der Darstellung auf Fahnen, Wappen, Schildern und Helmen. Bis zur Zeit Maximilian I. galt er als kaiserliches Tier.

Seit der Karolingerzeit setzte sich die geflügelte Variante des feuerspeienden Drachen in Europa durch. Vorher gab es die mehr schlangenähnliche Darstellung. Ab dem Mittelalter kam außerdem in der bildenden Kunst und Emblematik die Darstellung des Drachen als Verkörperung des Teufels hinzu. Daher müssen christliche und vorchristliche bzw. außerchristliche Überlieferungen auseinandergehalten werden. *1

Die Drachenüberlieferungen in Deutschland sind zahlreich. Vielleicht hängt das damit zusammen, dass die Drachen in den finsteren, nebligen Wäldern und Mooren Deutschlands günstige Lebensverhältnisse vorfanden. Wahrscheinlicher ist, dass man die Drachengeschichten mitbrachte, als man in das Land migrierte, was erst im Jahrtausend vor Christi Geburt stattfand.

In Furth im Wald verursachte der dort beheimatete Drachen das älteste Volksschauspiel, wie es zumindest auf der Webseite „Der Drachenstich" behauptet wird.

Seit 500 Jahren halten es die Further für notwendig, eine reine Erfindung am Leben zu erhalten? Was für ein Aufwand! Der Further Drache hatte seit Urzeiten geschlafen und wurde durch die lärmenden, blutigen Hussitenkriege im 15. Jhdt. aufgeweckt. Es bedurfte eines bayrischen Reckens, um ihn zu besiegen. Vielleicht waren die Further so dankbar, dass der hussitische Heereslindwurm gebannt werden konnte, dass man dieses Schauspiel alljährlich aufführte und mit der älteren Legende verband. Das scheint die naheliegende Erklärung zu sein.

Beim Ingolstädter Dohlenfelsen, der auch Drachenfelsen genannt wird, soll einmal einen Drachen gehaust haben, der dafür bekannt war, dass er mit seinem Gluthauch zu jeder Jahreszeit ein Feuer veranstalten konnte. Ob daraus die Ingolstädter Grillfeste sich entwickelt haben, ist unbekannt. Immerhin wissen die Ingolstädter: Drachen speien Feuer! „Aus seinem Rachen schießen Fackeln, sprühen feurige Funken hervor.

„Aus seinen Nüstern fährt Rauch wie aus einem angefachten und glühenden Kochtopf. Sein Atem entzündet Kohlen, und eine Flamme fährt aus seinem Rachen."
(Hiob 41,11-13)

Der Drachen ziert auch das Stadtwappen.

Weitere Drachensagen sind in Deutschland von Schöten, Geldern, Schwarzenberg, Kürbitz und Syrau bekannt. Auch in der Schweiz und Österreich, früher Anhängsel Deutschlands, gibt es – erwartungsgemäß - Drachenlegenden. Die Drachenlegende vom Thuner See stammt aus einer Zeit als die Schweizer noch zum Römischen Reich Deutscher Nation gehörten. Allerdings hat der Drache schon lange vorher im 2. Jhdt gelebt haben, als das Römische Reich noch mehr römisch als deutsch war. Angeblich soll der in einer Höhle lebende Drachen durch das Kreuzeszeichen so erschreckt worden sein, dass er sich im See ertränkte. Die Höhle wurde zur Wallfahrtsstätte, bis die protestantische Berner Regierung nach der Reformation die Kapelle abreißen und das Gelände sperren ließ, um dem heidnischen Kult einen Riegel vorzuschieben. Heute würde man da mehr touristisch-kommerziell denken.

Der wohl berühmteste Drachenberg der Schweiz ist der Pilatus bei Luzern. Die alten Sagen beschreiben verschiedene Drachen, darunter auch die geflügelte, feuerspeiende Art, die auf diesem Berg gehaust haben. Drachenbekämpfer Beatus liefert das Wappen der schweizer Gemeinde Beatenberg, die sich auch Drachenberger nennen.

Auch die Klagenfurter hatten es mit so einem Drachen zu tun, dem die Stadt sogar ihre Entstehung verdankt. An jener Furt musste oft wegen des Drachens geklagt werden. Es ist leicht eine Sagengestalt zum Schuldigen zu machen! *2

Das älteste, noch erhaltene Stadtsiegel aus dem Jahr 1287 zeigt schon den geflügelten Drachen. Das kam so: Als der Kärntner Herzog von der Karnburg aus das Land regierte, breitete sich dort, wo heute Klagenfurt liegt, ein großes Moor aus. Die unwirtliche Gegend war verständlicherweise menschenleer, denn dort lebte ein Drache, der sich vom Vieh der Bauern ernährte. Der Drache wurde als geflügelt und von einem schuppigen Panzer bedeckt beschrieben. *„Ein Stolz sind die Schuppenreihen, verschlossen und fest versiegelt. Eins fügt sich ans andere, und kein Hauch dringt dazwischen, eins haftet am andern, sie greifen ineinander und trennen sich nicht.“* (Hiob 41,7-9)

Er war auch groß genug, dass er Tier und Mensch verschlucken konnte. Selbst die tapfersten Männer wagten sich nicht in seine Nähe. Weil er immer gefräßiger wurde, ließ der Herzog alle Männer des Landes zusammenrufen und setzte einen hohen Preis für denjenigen aus, der ihn zur Strecke brächte. Durch menschliche List gelang es endlich. Man baute einen Turm und band einen Ochsen als Köder daran, doch der Ochse enthielt einen Widerhaken und so hing der Drache wie an der Angelschnur und konnte erschlagen werden.

An Ort und Stelle baute man eine Burg. Das umliegende Land konnte nun gerodet und trockengelegt werden. Bald schon konnten hier die Bauern den Pflug in das Erdreich führen. Um die Burg entstand eine Ansiedlung, die sich zur Stadt Klagenfurt entwickelt hat. Alles nur Erfindung? Die bekanntermaßen im Alpenraum zu historischer Zeit ansässigen Tierarten umfassten keine Arten, die eine überregionale Jägerkoalition gefordert hätte. Wenn man einen Bären erlegen wollte, gingen die Männer des Dorfes mit ihren Ackergeräten auf ihn los. Die Klagenfurter hatten ein ernsteres Problem.

Gab es einmal einen Wettbewerb für das originellste Stadtlogo? Als hätten die Leute im Mittelalter nicht andere Sorgen gehabt! Was bewegte die Bürger, den Lindwurm zum Wahrzeichen und Wappentier von Klagenfurt zu machen? 1583 wurde dem Sagentier sogar ein 6 Tonnen schweres Denkmal errichtet, das bis heute den Neuen Platz in Klagenfurt ziert. Dieser steinerne Lindwurm wird heute noch von jedem Besucher gebührlich bewundert.

Der Drache ist das Sagentier Nummer eins in Österreich. Im Land gibt es unzählige Drachenlöcher, Drachensteine, Drachenklammen, Drachenhöhlen und Drachenböden, der Drachensee und sogar eine Drachenzunge, welche im Kloster Wilten seit mindestens dem 13. Jhdt. aufbewahrt wird. Ein gewisser Haimon soll den Drachen getötet haben.

Es ist einzusehen, dass der Volksglauben sich ausgiebig mit der Drachenthematik auseinandergesetzt hat und mehr Drachen gesehen hat, als es für die Glaubwürdigkeit gut ist.

Westeuropa

Drachensagen sind nicht eine Erfindung im deutschsprachigen Raum, der ja für seine Märchensammlungen bekannt ist Es gibt sie in ganz Europa und in der ganzen Welt. Das angelsächsische Epos über Beowulf, das sich nach eigenem Bekunden auf historische Ereignisse bezieht, - ähnlich wie die Siegfriedsage - entstand in der Form wie man sie heute hat vermutlich nach dem Jahr 700 und spielt in der Zeit vor 600 uZ in Skandinavien. Die handelnden Personen zeigen die im Norden Europas beachteten Charaktereigenschaften und sind zwar von christlichen Sichtweisen beeinflusst, die Drachenerzählung geht jedoch nicht auf biblische Motive, sondern außerbiblische Anstöße zurück.

Der zum König der „Geatas" und Erbe des dänischen Reiches aufgestiegene Beowulf sieht sich einem feuerspeienden Drachen gegenüber und besiegt ihn. „Drachentöter" ist die größte Auszeichnung, die ein Mann erhalten kann. Christus ist der eigentliche Drachenüberwinder.

Drachen sind in England oft „Wyverns", schlangenähnlichen Wesen mit zwei Beinen, wie der germanische Lindwurm. Warum sich eine solche Vorstellung durchsetzen und verbreiten kann, wenn dem nichts Reales entspricht, muss rätselhaft bleiben.

Interessanterweise enthält das Wappen des Prince of Wales neben dem deutschen Spruch „ich dien" den walisischen Drachen. Mit der Thronbesteigung des Hauses Tudor gelangte der goldene Drache in das Wappen der britischen Könige, denn die Tudors stammten aus Wales, wo der Drache schon immer Nationaltier war. Der Drache ziert die Staatsflagge von Wales. Die Queen hatte auch schon mehrfach das Vergnügen, zusammen mit einem Drachen auf einer Briefmarke abgebildet zu werden. Nicht, dass man die Queen für einen Drachen hielt. Der walisische rote Drachen Y Ddraig Goch soll schon König Arthurs Standarte geziert haben. Aber Arthur ist auch eine Sagengestalt.

In einer Höhle unter einem Berg in Wales sollen der rote und der weiße Drachen gegeneinander gekämpft und dabei die Wehrbauten der Angelsachsen zum Einsturz gebracht haben, was die Schwierigkeit bei der Vereinnahmung von Wales erklären soll. 1807 dankten die Waliser das dem roten Drachen, indem sie ihn offiziell auf die Nationalflagge beförderten. Dabei geht die älteste überlieferte Verwendung des roten Drachens als Symbol von Wales auf das Jahr 820 zurück, also sehr nahe an die Zeit mit den Legenden um Beowulf und König Arthus.

Das Beispiel Großbritannien zeigt, wie man in der Überlieferung in der Drachendarstellung schwankt zwischen dem Drachen, der das Böse, gegen das man kämpft, verkörpert, mithin ins Land eindringende Römer und Angelsachsen, und dem Drachen, der beneidenswerte Eigenschaften wie Macht und Stärke hat, die sich jeder König wünscht. Genau das ist, was Satan Jesus angeboten hat, die Herrschaft über die Welt, Glanz und Gloria. Er lehnte ab. Die Könige im christlichen Abendland verstanden sich dagegen als Herrscher von Gottes Gnaden. Wohl selten stehen sich Wahnsinn und Wahrsinn so nahe wie bei irriger und wahrhafter Christusnachfolge.

Auch schottische Städte, wie Dundee und Carlisle, bedienen sich des Drachens als Motiv mit den zugehörigen Sinnsprüchen: „Prudentia et Candore". Mit Weisheit und Reinheit kann man dem Drachen begegnen. Und „Be just and fear not!" - nur wer die Gerechtigkeit hat und furchtlos ist, kann es in der Tat mit dem Drachen aufnehmen! Schottland ist auch die Heimat des Ungeheuers von Lochness. Was die meisten nicht wissen, es gibt weltweit Seen, denen man ein in den Tiefen lauerndes Ungetier andichtet, oder doch nur zuschreit?

Die Franzosen ließen sich von Drachen so sehr beeindrucken, dass sie ihre stärkste und berühmteste Waffe „Dragoner" nannten. Andere Armeen taten es ihnen danach gleich und nannten ihre Kavallerie ebenso.

Die Tarasque ist der Drache, dem die südfranzösische Stadt Tarascon ihren Namen verdankt. Die Legende reicht in eine Zeit, als die Gegend noch ländlich war und der Drache sein Unwesen so sehr trieb, dass man sogar beim König um Hilfe nachfragte. Aber die Ritter waren der Ansicht, dass sich für ein paar Bauern der Aufwand nicht lohnte. Vielleicht fürchteten sie sich auch nur vor dem Feuerstrahl des Drachen. Dabei verspeiste der Drache regelmäßig Vieh, Wanderer und Jungfrauen, wie die Quellen berichten. Und er verwüstete das Land. Anscheinend war der Drache musikalisch, denn die Heilige Margarethe machte ihn so schläfrig mit ihrem Gesang, dass er einschlief und dann getötet werden konnte. Bis heute wird die Drachengeschichte jedes Jahr zu Pfingsten mit einem Umzug gefeiert. Ziemlich viel Aufwand für ein Märchen ohne historische Grundlage. Warum, wenn an der Legende nie was dran war?

Der Drache Tarasque ziert das Stadtwappen. Anders wie in Metz. Zwar hat nicht die Stadt Metz, getreu der Legende, aber dafür der Fußballclub den Drachen im Wappen.

Der Graoully war ein Drachen, der in den Ruinen des römischen Amphitheaters der Stadt Metz hauste, bis er vor Clemens, dem ersten Bischof von Metz, im 3. Jahrhundert, kapitulierte. Es bot sich an, dies als Sieg des Christentums über das Heidentum zu deuten.

Auch der Bischof von Rouen soll einen Drachen getötet haben. Zum Dank hat die römisch-katholische Kirche den Romanus († 23. Oktober 640) zum Heiligen erklärt. Auch die katholische Kirche schreckt offenbar nicht davor zurück, Fehlinformationen zur Grundlage ihres Programms zu machen oder Tatsachen nach ihrer Deutungshoheit zu beurteilen. Nimmt man alle europäischen Drachensagen zusammen, muss man entweder annehmen, dass die Europäer ein leichtgläubiges Volk mit einer unverständlichen Vorliebe für Drachen sind, oder man gewinnt den Eindruck, dass es drachenähnliche Wesen gegeben hat, die immer wieder zu einem nennenswerten Sicherheitsproblem und Wohlstandshindernis für die Bewohner der Landstriche wurde. Dass dann irgendein Heiliger, ein Katholik, daherkam und das Drachenproblem übernahm, könnte einer nachträglichen Abwandlung der ursprünglichen Legende zu verdanken sein, auch wenn man vermutet, dass gerade die katholische Kirche einen besonderen Zugang zum Umgang mit Drachen hatte, da sie sich ja auch zuständig dafür hält Teufel auszutreiben.

Da Romanus einen zum Tode verurteilten Straftäter zum Mittäter der Tötung des Drachens machte, wurde es zu einer anerkannten Gewohnheit, jährlich zu seinem Gedenken einen Strafgefangenen freizulassen. Zum Glück für die Ängstlichen sind alle Drachen getötet oder zumindest versteinert.

Den angeketteten Drachen der Stadt Rouen findet man heute nur noch an den Portalen der Universität. Oder man hat die französischen Drachen zu Wasserspeiern degradiert, so wie in Saint-Séverin, Paris. Die gotischen Kathedralen haben häufig Drachendarstellungen, und sei es nur als Wasserableiter. Daraus zu folgern, dass die Kathedralen Drachenhöhlen sind, ist gewagt.

Drachen bezeichnet man in Frankreich als Gargouille, was darauf schließen lässt, dass der Franzosendrache in der Lage war, Wasser zu speien. Wer die Geschichte der Stadt Rouen kennt, weiß, dass die Stadt öfter eine bessere Feuerwehr hätte gebrauchen können, da es da zu oft brannte. Die Drachen schmücken stattdessen die gotischen Kathedralen nicht nur in Frankreich und dienen als Wasserableiter. Anscheinend hat man in ganz Europa eine übereinstimmende Vorstellung, wie ein Drache auszusehen hat. Aber da hat der eine vom anderen abgezeichnet.

Nordeuropa

Auch den Wikingern waren die Drachen bekannt. Die Hauptschiffe der Vikingerkönige waren sogenannte Drachenschiffe. Die Drachenschiffe gab es lange, bevor Norwegen christianisiert wurde. Insofern bedeutet die Verwendung des Drachenmotivs in norwegischen Stabkirchen nicht die Herkunft der Drachenvorstellung aus biblischen Motiven, sondern geht auf ältere Vorlagen zurück, die aus naheliegenden Gründen mit christlichen Inhalten verbunden wurden. Dieses Vorgehen ist typisch für die kirchenchristliche Methode Heidnisches mit christlichen Inhalten zu überlagern. In den Kirchen des Mittelalters und späterer Kunst- und Kulturepochen hat man die Vorliebe für Drachenmotive weiter gepflegt. Die vorchristlichen Völker hatten wie die Naturvölker heutiger Zeit die Gewohnheit, ihre Häuser und Tempel mit Drachenmotiven zu verzieren, um damit Drachen und böse Geister abzuwehren. Die Kirchenchristen dachten, dass das übernommen werden könnte, denn hatte nicht das Blut des Passahlammes an den Türpfosten die Israeliten vor dem Todesengel bewahrt? Ja, nur das war in der Zeit des Alte Testaments. Hatte man schon wieder vergessen, dass zwischendurch Jesus, der Sohn Gottes das neue Passahlamm geworden war. Braucht man da noch Fetische und Zauberkult?

Der Drachenkopf hatte bei den Vikingern etwa die Bedeutung wie die Dämonenfratzen bei Naturvölkern und an gotischen Kirchenfassaden. Sie sollten feindliche Kraftwirkungen vermeiden und gegnerische Betrachter einschüchtern. Wer die Feinde aus dieser Welt unterwarf und aus der anderen Welt in Schach hielt, war Herr der Lage und damit Herrscher. Deshalb gehörten die Drachenschiffe meist Anführern.

In den Sagen der Wikinger kämpften die Götter mit Drachen. Das ist eine auffällige Parallele zu den altgriechischen Sagen, die wohl auf indoeuropäische Ursprünge zurückzuführen ist. Die historischen Wurzeln bestätigen sich teilweise durch die Aussagen des Alten Testaments. Nicht nur Hiob kannte drachenähnliche Wesen. Ein sich durch die ganze Bibel durchziehendes Motiv ist die Gegnerschaft Gottes und Satans, der auch als Drache, Schlange und Leviathan bezeichnet wird. Das dürfte damit zusammenhängen, dass der Drache das schrecklichste Tier war, das man am meisten zu fürchten hatte und somit der geeignete Gegensatz zum Lamm Christi. Der Satan kann unterschiedliche Form annehmen. Er kann sich sogar zu einem Engel des Lichts verstellen, weshalb ihm kein bestimmtes Aussehen gegeben werden kann (2 Kor 11,4).

Die Wikinger erfuhren von den Christen in Bezug auf die Existenz von Drachen nichts Unbekanntes. Sie hatten nun nur noch den Namen eines Mannes, der sich mit Drachen auskannte: ein gewisser Hiob. Die Skandinavier glaubten nicht daran, dass Drachen nur Sagentiere sind. Daher findet man auf Kirchenportalen, Grabstelen und Felsritzungen unzählige solcher Drachenmotive. Drachenköpfe verzieren Runensteine, Fibeln und Waffen.

Da die Bewohner von Island Nachfahren der Wikinger sind, ist es nicht verwunderlich, dass sich ihre Drachenerfahrungen mit denen der Norweger decken. Die isländische Variante des Leviathans, der Drache Níðhöggr, entspricht in vielen Merkmalen dem Leviathan bei Hiob, der *„macht, dass die Tiefe brodelt wie ein Topf, und* *rührt das Meer um, wie man Salbe mischt."* (Hiob 41,23). Ihn gibt es sogar als Verkehrsschild am Lagarfljót-See mit dem im See vermuteten Lagarfljót – Drachen.

Der Drache Níðhöggr war bei den alten Nordleuten eine Art Antagonist der guten Mächte, insofern er sich an den Wurzeln des Baums des Lebens des ganzen Universums zu schaffen machte, um es zum Einsturz zu bringen. Er brachte es so auf eine isländische Briefmarke. Inwiefern sich altnordische Erzählungen in die christliche Zeit hinüberretteten, ist heute nicht mehr nachzuweisen. Fest steht nur, dass es bei den Nordleuten lange vor der christlichen Zeit schon Drachenüberlieferungen gab.

Osteuropa

Aber auch in Osteuropa waren Drachen „heimisch". Interessant ist die Begründung für das slowenische Wappen. Nach der Sage soll sich Jason, der Anführer der Argonauten, als er auf der Jagd nach dem goldenen Vlies war, nach Slowenien verirrt und in der Nähe von Ljubljana an einem See einen Drachen erfolgreich bekämpft haben. Was für einen Anlass könnten die Slowenier gehabt haben, sich eine solche Geschichte ausgedacht zu haben? In der slawischen Mythologie ist der Drachen identisch mit dem Anti-Gott Veles, dem Gegenspieler des höchsten Gottes Perunin. Der berühmteste Drache Polens (poln. „Smok") ist „Wawel", der im 12. Jahrhundert die Hügel um Krakau terrorisiert hat. Heute erinnert in Krakau eine aufwändige Skulptur an den Drachen, die alle paar Minuten Feuer spuckt. Auch in den übrigen slawischen Ländern gibt es Drachensagen. *3
Der serbische Drache ist ein intelligentes Tier mit großer Kraft, das einen „sagenhaften" Reichtum in Besitz hat und eine Vorliebe für Frauen hat, was seinen Reichtum zumindest gefährdet. Hier scheint der Drache Eigenschaften der Schlange aus dem Garten Eden übernommen zu haben. Er ist kein primitives Tier, sondern eine Kreatur mit Denkkraft, wie der Satan der Bibel. Auch der serbische Drachen speit

Feuer. Er bewohnt den Luftraum und die Untiefen der Gewässer. Es gibt aber außerdem noch einen Aždaja oder Aždaha genannten Drachen, der in unzugänglichen Orten haust wie ein wildes Tier und oft mehrere Köpfe hat. Er wird in der Ikonographie als Gegenpart zum Heiligen Georg dargestellt. Auch hier lässt sich vermuten, es gibt diese zwei Stränge der Überlieferung. Die eine mit dem biblischen Satan-Leviathan, die andere, die eher mit dem Hiob-Leviathan zu korrespondieren scheint.

Natürlich haben auch die Slawen ihre Drachenbändiger. Anleihen an den germanischen Siegfried sind jedoch nicht erkennbar. Dobrynja Nikititsch (russisch Добрыня Никитич) ist der russische Siegfried. Dobrynja Nikititsch rettet Prinzessin Zabawa vor dem Drachen Zmej Gorynytsch, einem dreiköpfigen Drachen. Mehrköpfigkeit kommt bei Tieren bei genetischen Problemfällen vor. Sind Drachen ausgestorben, weil sie genetisch zu anfällig geworden waren?

Ein weiterer russischer Drache ist Tugarin Zmeyevich, der von dem Helden Alyosha Popovich zur Strecke gebracht wurde, weil der sich an den feuerspeienden Manieren des Drachen störte.

Der tatarische Zilant *4 ist mit den englischen Wvern vergleichbar. Seit 1730 ist er das offizielle Symbolzeichen der Stadt Kazan, mit deren Gründung er in Verbindung gebracht wird.

Die slawischen Drachen sind flugfähig. In Russland gibt es viele Drachenlegenden. Drachen scheinen eine große Faszination auf Menschen in Eurasien auszuüben, während sie in den Legenden Afrikas und Amerikas nicht vorzukommen scheinen. Allerdings gibt es dort keine ausgeprägte schreibende Kultur.

In den Drachensagen kommen immer auch Menschen vor. Drachensagen gehörten zum Allgemeingut. Drachen stellten nichts Außergewöhnliches dar. An ihrer Koexistenz mit Menschen zu zweifeln, erscheint seit Lyell und Darwin verständlich, geschieht aber auf Kosten der Erforschung der Entstehung des Mysteriums, wie die Drachenerzählungen zustande gekommen sind und sich so nachhaltig und ergiebig gehalten haben. Das Credo des konsensfähigen Standes des Wissens lautet, da Drachen vor Millionen Jahren ausgestorben sind, müssen alle Drachensagen Erfindungen sein.

Albanische Drachen fingen erst mit 12 Jahren mit dem Feuerspeien an, was eine aufmerksame zoologische Beobachtung bezeugt – oder eine blühende Fantasie! Ebenso beachtlich ist, dass ihm Hörner und Dornen wuchsen. „Kannst du seine Haut mit Spießen spicken und seinen Kopf mit der Fischharpune?" (Hiob 40,31) Zu besänftigen waren albanische Drachen nur durch Menschenopfer. Das machte sie extrem unbeliebt. Der albanische Drache Bolla, hat die klassischen Drachenmerkmale mit der Besonderheit, dass er 364 Tage im Jahr schläft und dann auch nur wach wird, um einen Menschen zu fressen. Dass er mit dieser Überlebensstrategie nicht bis auf unsere Tage überdauern konnte, war zu erwarten. Menschen akzeptieren solch menschenverachtendes Verhalten nicht.
Der sogenannte Kuçedra – Drachen scheint Anlehnungen aus der Mythologie des benachbarten Griechenlands zu haben. Drache der Skipetaren werden oft als flugunfähig dargestellt. Warum dieser freiwillige Verzicht darauf, den Drachen als weniger gefährliches und mächtiges Tier darzustellen? Merkmal einer Degeneration?

Südeuropa

Griechische Drachen fanden sich immer an wichtigen Örtlichkeiten. So z.B. der kolchisische Drachen, der das Goldene Vlies, hinter dem Jason her war, bewachte. Der nemeische Drachen behütete die Gärten von Zeus. Vom griechischen „drakeîn" stammt auch unser Wort ab. Andere Europäer übernahmen das Wort ebenfalls. Drakein bedeutet eigentlich, den klaren Blick zu haben.
Die griechischen Drachen der Zeit der Klassik mussten dafür ohne Gliedmaßen auskommen, was sie eher als Riesenschlangen erscheinen lässt. Erstmals taucht ein Drache in der Illias auf, also vor dem 6. Jahrhundert vZ. ***5** Es gibt Darstellungen aus jener Zeit von König Agamemnon, der ein Drachenmotiv auf seinem Gürtel und

das Emblem eines dreiköpfigen Drachens auf seinem Harnisch hat. Erst in der Zeit des Hellenismus, ab dem vierten Jahrhundert vor Christus, bekamen die griechischen Drachen, vermutlich unter dem Einfluss anderer Völker, Glieder und „erwarben" Flugfähigkeit.

Herodot nennt sie aber nicht „drakones", sondern „ophies pteretos" oder „ophies amphipterotoi". Das sind Schlangen mit einem Paar Schwingen. Die alten Griechen wussten sogar zu berichten, dass es in Äthiopien Drachen gab, die Elefanten jagten und sage und schreibe 60 Meter Länger erreichten, was die Vorliebe für Elefanten verständlich macht.

Auch ist bekannt, dass Griechengöttin Demeter dem Halbgott Triptolemus, die Kunst der Landwirtschaft und als Zugabe ein Gespann gab, das von zwei Drachen gezogen wurde, damit er die ganze Welt mit seiner Kunst überziehen konnte. Kein Wunder, wenn Drachen in der ganzen griechischen Welt bekannt wurden.

Skylla und Charybdis, mit denen es nach Homers Sage Odysseus zu tun bekommen hatte, waren wie der biblische Leviathan befähigt, das Meer so sehr in Bewegung zu versetzen, dass es Schiffe zum Kentern bringen konnte. Skylla fraß sechs Gefährten des Odysseus, Charybdis schluckte gleich das ganze Schiff. Auch Jason machte Bekanntschaft mit diesen Meeresungeheuern. Wie Odysseus eine Meerenge mit einer beträchtlichen Brandung und einem gefährlichen Sog mit einem Ungeheuer gleichsetzen konnte, ist uns aufgeklärten modernen Menschen unverständlich. Wenn uns wenigstens Odysseus darüber aufgeklärt hätte, dass Skylla Sizilien und Charybids Kalabrien war, oder war es doch umgekehrt?
Die Hydra von Lerna war ein vielköpfiger Meeresdrachen mit giftigem Atem und der Fähigkeit abgeschlagene Köpfe nachwachsen zu lassen. Es bedurfte des Halbgottes Herkules, um der Hydra den Garaus zu machen.

Delphyne ist der Name eines weiblichen Drachens, der die Göttin Gaia zur Mutter hatte. Der bekannteste griechische Drachen dürfte aber ihr Sohn Python sein, der das Orakel von Delphi bewachte und von Apollon getötet wurde. Interessant ist, dass nach Ovid der Python nach der großen Deukalionischen Flut, die alles überschwemmt hatte, übrig geblieben war. Das ist die griechische Version der biblischen Sintflut, die nachzuweisen scheint, dass einige Drachen die Flut überstanden. Dass Noah, bei den Griechen Deukalion genannt, nicht Drachen an Bord der Arche nahm, ist verständlich. Python könnte man als Urdrachen bezeichnen, von dem alle Drachenlegenden oder – wahlweise – alle Drachen abstammen könnten. Sehr wahrscheinlich ist das jedoch nicht, denn die griechischen Sagen sind nie sehr verbreitet worden unter den Völkern Europas. Nur Bildungsbürger wussten etwas von der griechischen Antike. Den alten Germanen gingen Apollo und Herakles am Horizont vorbei!

Die griechische Antike wimmelte von Ungeheuern und ungeheuren Halbgöttern. Das ist insofern verwunderlich als die griechische Kultur schon sehr früh eine beträchtliche literarische Überlieferung hatte und die Sagenwelt ebenso selbstverständlich ernst nahm wie Kunst und Wissenschaft. Ausgerechnet die griechischen Philosophen und Denker fanden es nicht ungebührlich, mit Meeresungeheuern, Sphingen und Zentauren zu rechnen. Etliche Überlieferungen dürften vom Vorderen Orient stammen, weil es auch dort zu alter Zeit ganz ähnliche Abbildungen von Fabelwesen gab, beispielsweise in Assyrien und Babylonien.
Es gibt Abbildungen über Drachen auf griechischen Vasen, die 2500 Jahre alt sind. So z.B. über Cadmus, der mit dem ismenischen Drachen kämpft. Dieser Drachen ist ohne Flügel.

In Italien gibt es neben der St. Georgslegende etliche andere Drachensagen mit Drachentötern. So ließ es sich die Stadt Forli auch nicht nehmen, sich von einem Drachen befreien zu lassen. Der Markusplatz in Venedig ziert die Statue eines weiteren Drachenbezwingers, des Heiligen Theodor. Der drachentötende Erzengel Michael scheint hingegen das Ergebnis rein christliche Vorstellungskraft zu sein. Auch eine Frau hat sich um die Beseitigung eines Drachen verdient gemacht: St. Margaret. Die Sagen laufen anscheinend immer nach dem gleichen Prinzip ab. Einheimische sind nicht mehr länger bereit, den lästigen Drachen zu dulden und benötigen eine Erlösergestalt. Da die einheimische Tierwelt nichts Furchterregendes hergibt, was die Unfähigkeit der Bevölkerung anklagen muss, nimmt man sich als Entschuldigung einen unbestreitbar gefährlichen Gegner. Und dieser ist eben nur mit einem Helden oder einem Heiligen zu bezwingen. So könnte es gewesen sein. Ob sich so die Legenden alle erklären lassen?

In Umbrien sind Drachensagen besonders beliebt. Ein Drache namens Thyrus soll im Mittelalter die Stadt Terni belagert haben, ehe er von einem ob dieser Behinderungen genervten jungen Mann getötet wurde. Terni verewigte diese Tat im Stadtwappen wie auch die lateinische Inschrift zeigt: „Thyrus et amnis dederunt signa Teramnis". Und das alles wegen nichts oder um eine eigene Schwachheit oder Feigheit zu vertuschen? Ein touristischer Gedankenzug im Mittelalter? Touristen interessieren sich zwar nicht dafür, ob eine Stadt ein Wappen mit Drachen hat, aber sie wünschen die Vermarktung einer guten Geschäftsidee. Die Ternier haben nichts dergleichen veranstaltet, ganz als ob es diesen Drachen tatsächlich gegeben hätte, denn dies wäre in der Tat eine ausreichende Begründung für den Drachen im Stadtwappen. Der Retter hatte offenbar keine Einwände. Wie überhaupt andere Erklärungen nie geltend gemacht wurden, nicht in Terni und auch sonst nirgendwo in der Welt. Der Drache selber wurde nie angezweifelt, auch wenn es verschiedene Versionen von Sagen gibt, der Drache bleibt treu und unverrückbar an seinem Platz. Es sind ja immer gelehrte Leute von außerhalb, die dann irgendwo auftauchen mit ihrer wissenschaftlichen Ausbildung und den Einwohnern nach vielen Generationen endlich sagen, wo es langgeht!

Die papstliebenden Italiener haben sogar Papst Sylvester zu einem Drachenbändiger erhoben und ihm im 13. Jhd. aus Dankbarkeit eine Kirche errichtet. Aber die Italiener neigen zu Übertreibungen. Vielleicht war ihr Drachen nur ein englischer Pitbull namens „dragon".

Der Biscione wird aber nicht als Hund, sondern als menschenfressende Riesenschlange dargestellt, die das Adelsgeschlecht der Visconti 1277 nach Mailand gebracht hat. Seitdem ist es das Logo der Stadt, des Fußballclubs Inter Milan und der Automarke Alpha Romeo. Interessanterweise hat auch die Flagge der Stadt einen weiteren Bezug zum Drachen über das Georgskreuz. Das hat außerdem Eingang gefunden in den anderen Fußballcub der Stadt AC Milan.

Dabei reicht es den Italienern nicht einmal, mit den Überlieferungen ihrer Vorfahren, der Römer, Vorlieb zu nehmen. Der Drache symbolisierte bei allen Völkern Macht und Stärke und vermittelte Ehrfurcht. Das passte vorzüglich für die römische Armee, die den Drachen häufig als Feldzeichen verwendete. Unter anderem übernahm sie die Dracostandarte von den osteuropäischen Dakern. Besonders bei den sarmatischen und dakischen Kohorten wurde seit den Kriegen Kaiser Trajans dieses Feldzeichen eingeführt.

Dass es im Vatikan Drachen gab und dass dort der Oberdrache hauste, hätte Luther nicht abgestritten. Da der Vatikan aber tatsächlich immer sehr auf Herrschaft und Macht aus war und dabei Angst und Schrecken verbreitete, um seine Ziele zu erreichen, ist es nicht verwunderlich, dass der Vatikan den Drachen als Symbol verwendet hat. Wohlgemerkt sind dabei nicht Darstellungen des Kampfes Gottes gegen den Leviathan gemeint, sondern die für Menschen schon immer erstrebenswerte und attraktive Eigenschaften von Drachen. Für Kritiker der Papstkirche ist der Fall klar, Gott winkt mit dem Zaunpfahl. Das beste Zeugnis das man gegen einen Straftäter für seine Tat hat, ist das Zeugnis, das er selber gibt.
Raffael malte 1510 im Vatikan ein Fresco an die Decke, das den Kaiser Konstantin mit der Vision des Kreuzes zeigt. *6
Dabei stellte er einen Drachen dar, weil er dachte, mit Konstantin sei das heidnische Rom, symbolisiert durch den Drachen, abgelöst worden durch das Christentum. In Wirklichkeit war es genau umgekehrt, mit Konstantin ist das Heidentum, also der Drache, in die Christenheit eingeführt worden. Von da an wurde die Kirche weltlich und machteifrig. Und der Drachen ist geblieben!

Dass dies die eher richtige Interpretation der Ereignisse ist, scheint Papst Gregor XII (1572-1585) beweisen zu wollen. Er wählte den Drachen als sein Herrschaftssymbol. *7 Eigentlich merkwürdig, wenn man bedenkt, dass in der Bibel Christus gegen den Leviathan kämpft und ihn besiegt (Of 12). Aber vielleicht war Gregor, der die Kalenderreform durchführte, ein ehrlicher Mensch, der wusste, auf welcher Seite er zu stehen hatte. Die katholische Kirche hat allezeit viel mit Symbolik und Zeichenhaftigkeit Politik und Liturgie gemacht, dass man sich aber nicht davon enthalten konnte, die Drachensymbolik, die nur doppeldeutig sein konnte, zu verwenden, ist sonderbar.

Auch Gregor XIII fühlte sich dem Drachen verbunden. Auf der Rückseite seiner Medaille von 1582 umschließt ein Ouroboros genannter Drache ein weiteres satanisches Symbol, den Widderkopf. *8 Papst Gregor XIII ließ sein Grab von einem Drachen bewachen. Dass niemand auf die Idee kommt, ihn zu stören, wenn die Entrückung kommt!

Der Ouroboros, der sich selbst in den Schwanz beißt, erscheint mehrfach in den Zauberpapyri des hellenistischen Ägypten. Er ist ein Symbol der kosmischen Einheit. Auch der Widder ist ein altägyptisches magisches Zeichen und steht für den Sonnengott Amun. Der Papst dürfte mit dem Widder das erste Zeichen des Tierkreiszeichens und mit Ouroboros die Rückkehr zum Anfang des Zyklus gemeint haben. Aber oft verraten die Menschen ja durch ihr Tun noch wahre Verhältnisse auf einer anderen Wirklichkeitsebene.

Auch Papst Paul V (1605-1621) verwendete den Drachen für sein Wappen. Das ist auch sichtbar in dem von ihm errichteten Brunnen in den vatikanischen Gärten. Paul V war ein Borghese und die hatten den Drachen in ihrem Wappen. *9 Sie waren den Umgang mit Drachen gewohnt. Papst Paul V ließ auch die Decke im Portiko des Petersdoms dementsprechend herrichten *10

Die Nachwelt hat den Borgheser Päpsten viel an Aufklärungsarbeit zu verdanken. Sie verwendeten das Drachensymbol an zahlreichen Kirchen und anderen Bauwerken in Rom. *11

Die päpstliche Tiara und der gekrönte Drachen sind zusammen im Dienstsitz des Papstes an Deckengemälden abgebildet. Es gibt zahlreiche Hinweise dafür, dass der Mensch denkt (das Eine) und Gott lenkt (zu etwas Anderem).

Man könnte vermuten, dass die Drachenmythen Spaniens über die griechischen oder römischen Kolonien nach Spanien eingeführt wurden. Das erklärt aber immer noch nicht die Bereitschaft der Spanier nun ihrerseits die Geschichten interessant genug zu finden, um so tun zu können, dass sie in Spanien stattgefunden hätten. Jeder Spanier würde mit Stolz darauf verweisen, dass Spanien seine eigenen Drachen hat und keine fremden Anleihen braucht.

Der Cuélebre, wie der Drache in Asturien und Kantabrien genannt wird, scheint aber eine Vorliebe für den Norden des Landes gehabt zu haben. Er war ein gewaltiges Tier, das einer geflügelten Schlange glich. Es hauste in einer Höhle, wo er auch schon mal Schätze bewachte, was an die Gewohnheiten von bestimmten Krähenvögel erinnert. Man nahm an, dass er unsterblich oder zumindest übermäßig langlebig wäre und musste wie der Drachen in Klagenfurt mit List bezwungen werden. Das war auch ratsam, denn die spanischen Drachen ernährten sich von Rindern oder Menschen. Zum Töten benutzten sie ihren giftigen Atem wie die griechische Hydra. Ihre angebliche Langlebigkeit könnte damit zusammenhängen, dass sie die einzigen waren, die große Naturkatastrophen überstehen konnten. Und weil die Erdoberfläche dabei zerstört wurde, dichtete man allen überlebenden drachenähnlichen Tieren Flügel zu. *12

Nimmt man alle europäischen Drachensagen zusammen, muss man entweder annehmen, dass die Europäer ein leichtgläubiges Volk mit einer schwerverständlichen Vorliebe für Drachen sind, oder man gewinnt den Eindruck, dass es drachenähnliche Wesen gegeben hat, die immer wieder zu einem nennenswerten Sicherheitsproblem und Wohlstandshindernis für die Bewohner der Landstriche wurden.

Vorderasien

Drachen scheinen eine große Faszination auf Menschen in Eurasien auszuüben, während sie in den Legenden Afrikas und Amerikas nicht vorzukommen scheinen. Allerdings gibt es dort keine ausgeprägte schreibende Kultur.

Bei „Drachen in Persien" denken viele vielleicht an die Khomenis & Co. Aber schon vor der islamischen Zeit kannte man Azhi Dahaka, Azi Dahaka oder Zahâk als ein Erzdämon. Azhi Dahaka wurde als historische Gestalt gesehen. Man hat diesen Drachen-Dämon für die 1000jährige Unterdrückung durch die Babylonier und Assyrer verantwortlich gemacht.

Der persische Drachen war stürmisch im Auftreten und beeindruckte durch seine 3 Köpfe und 6 Augen. Das hat in einigen Legenden seinen Niederschlag gefunden und war den Iranern wert, am Neujahresfest gedacht zu werden. Dem persischen Wort für Schlange oder Drachen Aži (Nominativ Ažiš) entspricht das indisch-sanskrite Ahi. Das Wort Dahāka hat vermutlich die gleiche Wurzel wie das Sanskrit Dahana. Die Bedeutungsbreite umfasst auch etwas Brennendes und Befremdliches. Daneben gibt es aber auch andere Drachenwesen, den gehörnten Aži Sruvara und Aži Zairita, der obligatorisch von einem Helden namens Kərəsāspa, getötet wurde. Von weiteren persischen Drachen kann gesagt werden, dass sie gefährlich und gefräßig waren und dass die Menschen manchmal versuchten, sich über Opfergaben mit ihnen zu arrangieren. Die Perser waren schon immer geschickte Händler. Auch die islamische Literatur hält die Drachenbekämpfung für unverzichtbar, nachzulesen bei Dichtern wie Ferdosi und seinem „Schāhnāme", dem Nationalepos der persischsprachigen Welt. *13

Neben legendären Figuren dichtete man auch historischen Personen den Drachenkampf an. Einer der persischen Drachentöter ist Bahram Gur. *14

Unverkennbar scheint, dass man indisches Sagengut übernommen hat und es mit historischen Besonderheiten der persischen Geschichte angereichert hat. Drachen scheinen auf alle Völker eine große Anziehungskraft auszuüben. Aber auch die Perser können uns nicht sagen, warum!

Noch ältere Überlieferungen als von den Persern kennt man von den Sumerern. Der sumerische Drachen aus grünem Jaspis auf einem Relief im Louvre, stammt aus der Zeit um 3300 vZ und weist große Ähnlichkeit mit dem Skelettfund eines Apatosaurus auf. *15 Es gibt eine Feuer speiende Riesenschlange auf einem babylonischen Rollsiegel im Britischen Museum in London. Es erinnert an das Pergamon Museum in Berlin. Denn auch die dort ausgestellten Teile der Stadtmauer von Babylon enthalten die Abbildung eines drachenähnlichen Wesens. Es ist der Mušhuššu an der Stadtmauer von Nebukadnezars Babylon aus dem 6. Jhd vZ. Es fällt die frappierende Ähnlichkeit mit den Drachen der Tang Dynasty auf. Sie beherrschte China von 618 bis 906 uZ.
Die Abbildung eines Drachen auf einer Bronzelampe aus Syrien, die sich in der Smithsonian Freer Collection, Washington befindet, zeigt eine verblüffende Ähnlichkeit mit dem Schädel eines Hadrosaurus.

Drachengestalten haben in der Erinnerung der alten vorderasiatischen Völker eine bedeutende Rolle gespielt, sonst wären Drachen nicht auf der Stadtmauer und den Toren Babylons in der gleichen Häufigkeit und Prominenz dargestellt worden wie Löwen, die zu jener Zeit noch in diesem geographischen Raum vorkamen und seit jeher als Königstier galten. Dass Drachendarstellungen voneinander abweichen, könnte darauf hindeuten, dass es zu jener Zeit keine Drachen mehr gab, dass die Erinnerung daran aber nachdrücklich und bedeutend war. Falls Drachen existiert haben sollten, ist es aber ebenso wahrscheinlich, dass es verschiedene Arten gab. Vielleicht stand ihr Aussterben am Ende eines degenerativen Niederganges. Die Welt war nach der Sintflut eine andere geworden und die riesigen Tiere waren anfällig für die verstärkt einsetzende Strahlung. Es kam zu Gendefekten und Chimärwachstum. Aber auch das ist nur hypothetisch.

Auch die Hethiter kannten ein Drachenwesen, das sie mit dem Purulliya-Neujahrsfest in Verbindung brachten. Sie bemühen den höchsten Gott ihres Pantheons Taru, der den Drachen Illuyanka töten muss, um die Landesplage zu beenden. *16 Insofern stellt die hethitische Überlieferung eine Besonderheit dar, dass der Drache von Menschen gar nicht besiegt werden kann. Illuyanka ist ein schlangenartiger Drache, der im Meer und in Höhlen haust.

Ostasien

Sollte es im größten Gebirgszug der Welt nicht auch Spuren von Drachen finden lassen? Doch! Der Tempel von Muktinath befindet sich im früheren Königreich Mustang 3.749 Meter über Seehöhe. Kaum anzunehmen, dass in dieser eher kargen Gegend Sauriere lebten. Schon gar nicht der Triceratops, der ja ein Pflanzenfresser war. *17 Aber wie sah die Gegend vor dreitausend Jahren aus? Fakt ist, dass die Abbildungen am Tempel eine gewisse Ähnlichkeit mit einer solchen „Nashorn"-Art, die längst ausgestorben sein muss, haben. *18
Aber es gibt auch Tempel in Lhasa, Tibet, die Drachenköpfe abbilden, die eine verblüffende Ähnlichkeit mit dem Schädel des Styracosaurus hat. Zwar haben sich in Tibet inzwischen die Chinesen breitgemacht, aber sie haben diese Drachen nicht mitgebracht. Sie waren schon vorher da!
Auch in Indien gibt es Zeugnisse von Fabelwesen, die „in situ" nicht die Zeit nicht überdauert haben. Jeder Inder kennt die Nagas. Sie finden sich beinahe in jedem Tempel und in jeder Größe. Sie sind aber in der Regel flügellos. Oft werden sie mit Drachenköpfen dargestellt und werden mit Dämonen in Verbindung gebracht.
Apalala ist ein Wasserdrache aus buddhistischem Umfeld. Er lebte an der Quelle des Flusses Swat, bis er von Buddha selbst zum Buddhismus bekehrt wurde. Es könnte aber auch umgekehrt gewesen sein, wer will das schon genau sagen können!

Es gibt sogar eigenständigen Himalayastaat, der sich nach den Drachen benannt hat. Bhutans eigener Name für das Land ist Druk Yul, འབྲུག་ཡུལ་, was so viel heißt wie „Land des Donnerdrachens" oder auch Druk-Gyalkha, „Drachenreich" genannt. Auch das Staatsoberhaupt von Buthan nennt sich Druk Gyalpo, Drachenkönig. Bhutan hat natürlich den Drachen in der Staatsflagge. Der Drache hat Juwelen in der Hand. Ein Symbol für den Reichtum. Er hat alle Herrlichkeiten der Welt in seiner Verfügungsgewalt. Das Staatswappen Bhutans hat zwei Drachen auf buddhistisch rotem Grund. Die Drachenüberlieferung lässt sich in Bhutan bis ins Jahr 1189 zurückverfolgen, hat aber vermutlich ältere Vorgänger, denn damals schon kannten die Bewohner der Täler Bhutans die Drachen als ihre Mitbewohner.

Offenbar hat der Buddhismus dem Drachenmythos nichts anhaben können. Er hat sich hartnäckig gehalten. Die buddhistischen Bhutaner nennen sich selber auch Drachenmenschen, Drukpa. Vor allem in den Tempeln und Klöstern des tibetanischen Buddhismus wimmelt es von Drachendarstellungen.

Und natürlich haben es die Drachen bis nach Ostasien geschafft. Angkor Wat ist eine Stadt, die insbesondere im 12. Jhdt ausgebaut worden ist. Damals war Kambodscha hinduistisch. Was in Angkor Wat als Drachen zu finden ist, würde man eher als

Saurier bezeichnen. Da gibt es Tempelfassaden mit Abbildungen eines Tieres, das einem Stegosaurus ähnlich sieht. ***19**

Wie konnten die damaligen Künstler etwas von den Stegosauriern wissen, die erst im 20. Jahrhundert aus Fossilienfunden rekonstruiert worden sind?

Bhutan nennt sich zwar Drachenland, aber nirgendwo gibt es so viele Drachendarstellungen wie in China. Gäbe es auf der ganzen Welt keine Drachenüberlieferungen außer in China, so wäre die Situation für die Drachenforscher kaum verändert, denn China ist das klassische Drachenland. Drachen hausen an jeder Straßenecke in China und zieren jeden Tempel und jedes Restaurant, könnte man meinen. Und so ist es auch kein Wunder, dass die ältesten überlieferten ostasiatischen Darstellungen bereits drachenähnliche Wesen darstellen. Die älteste Drachenstatue aus der Yangshao Kultur wird bis auf das 5. Jahrtausend (oder auch nur 3. Jts) vZ datiert und mit einem Fruchtbarkeitskult in Verbindung gebracht. Jadedrachen der Hongshan Kultur ordnet man ebenfalls dieser Zeit zu.

Funde einer Vielfalt von Objekten mit Drachenmotiven werden bis ins 2. Jahrtausend vZ datiert. Bereits die Shang-Dynastie vom 15.–11. Jhdt vZ benutzte den Drachen als Symboltier für die Macht des Herrschers. Das ist er für die Kaiser Chinas geblieben. China braucht inzwischen keine furchteinflößenden Drachen mehr. Es hat ja seine kommunistische Regierung und die Partei.

Der Drache wurde außerdem zum Beherrscher der chinesischen Kunst und so zierten und zieren Drachendarstellungen aus Stein, Granit, Holz oder Jade, in Tuschezeichnungen, Lackarbeiten, Stickerei, Porzellan- und Keramikfiguren hunderttausende Häuser, Paläste, Tempel und Klöster. Rituale mit Drachenbeteiligung sind schriftlich bereits im I Ging-Buch aus dem 11. Jhdt vZ überliefert, die chinesische Überlieferung kennt zahlreiche Drachenzeremonien für alles Erdenkliche. Warum ausgerechnet feuerspeiende Drachen Regen herbeirufen sollten, ist unklar, aber zumindest beweisen die Chinesen mit ihrer Drachenliebe, dass sie den Drachen für ein kompetentes und multifunktionales Wesen betrachten und nicht für ein nichtexistentes Fabelwesen.

Bereits vor der Zeit der Han-Dynastie (3. Jhdt.) feierte man das Drachenbootfest, das sich bis zum heutigen Tag erhalten hat und in ganz Ostasien gefeiert wird. Drachentänze und Prozessionen werden nicht nur zum chinesischen Neujahrsfest gefeiert, sondern auch in anderen Ländern. Die Chinesen lassen die Drachen auch ein Wort mitreden, wie schon der Daoismus ***20** seit dem 2. Jhdt. empfiehlt, wenn sie Häuser, Gärten, Grabanlagen planen und bauen. Auch kommt die chinesische Medizin nicht ohne Drachenelexier aus.

Man nimmt an, dass die Drachenüberlieferungen Thailands, Tibets, Vietnams, Koreas, Bhutans und Japan zum Teil eine chinesische Herkunft haben. Sollte es Drachen aber tatsächlich gegeben haben, wäre es naiv anzunehmen, dass sie ihre Ausbreitung auf chinesisches Staatsgebiet beschränkt haben sollten. Auffällig ist, dass es unter den zahlreichen verschiedenen Drachendarstellungen auch solche gibt, die eine verblüffende Ähnlichkeit mit den Marduk-Darstellungen des Ischtar-Tores in Babylon haben. Aber vielleicht hat auch ein Transport von Kulturgütern und Kunst stattgefunden. Die Fantasie der Künstler ging dann auch so weit, dass man darstellte wie man auf Drachen Jagd machte.

In China werden mächtige und erfolgreiche Menschen als Drachen bezeichnet, die Versager als Würmer. Dieser Sichtweise tragen auch viele Sprichwörter Rechnung. „Ich hoffe, dass dein Sohn ein Drache wird" wird als Kompliment aufgefasst. Zum Papst hat es jedenfalls noch kein Chinese geschafft.

In der Zhou Dynastie assoziierte man den Drachen mit fünf Klauen als Sohn des Himmels, während der Drachen mit vier Klauen den Adligen und der Drache mit nur drei Klauen den Ministern zugeteilt wurde. Das zeigt, dass man eine quasi-zoologische Unterscheidung der Drachen vornahm. In der Qin-Dynastie war der Drachen mit den fünf Klauen heruntergestiegen von seinem himmlischen Thron und zum Kaiser mutiert. Spätestens dann fand sich der Drache auf der kaiserlichen Standarte.

Es ist überliefert, dass Chinesen bereits in der Antike auf fossile Knochen gestoßen sind, die sie als Drachenknochen deuteten. Das bedeutet nicht, wie Wissenschaftler annehmen, dass die äußerst seltenen Knochenfunde, von der die Bevölkerung nichts erfuhr, zur Erfindung der Drachentiere führte. Das als Start für eine weltumfassende Drachenüberlieferung und Drachenkultur anzunehmen, ist abwegig. Viel wahrscheinlicher ist, dass die Überlieferung über Drachen bereits existierte und somit die Knochenfunde leicht gedeutet werden konnten. Man kannte die Ausmaße von vor Jahrmillionen ausgestorbenen Saurieren nicht, sondern von Drachen. Und so viel die Zuordnung leicht.

Kein Wunder also, dass die Chinesen die Überreste der Sauriere als Mei long bezeichnen (寐 mèi and 龙 lóng), was nichts Anderes bedeutet als „schlafender Drachen".

Das Drachenfest oder „Duanwu" wird nicht nur in China und Taiwan, sondern auch in Japan, Vietnam und Korea und anderen ostasiatischen Ländern gefeiert, obwohl diese keinen historischen Bezug zu den Ereignissen des 3. Jhdts. vZ haben, seitdem dieses Fest nachgewiesen ist. Die noch ältere Überlieferung deutet auf das Brauchtum einer Opferung an einen Flussdrachen hin. An diesem Festtag, der öffentlicher Feiertag ist, werden auch die Drachenbootrennen veranstaltet.

Eigenartig, dass die Chinesen den Tag der „größten Sonne", Duanwu, mit dem Drachen in Verbindung bringen. An diesem Tag hat die Sonne ihren höchsten Stand. Die Sonne repräsentiert wie der Drache Kraft. Glück und Macht sind Kennzeichen des chinesischen Drachens. Besonders bei Finanzgeschäften soll der Beistand des Drachen zum Erfolg führen.

Ein anderer Überlieferungszweig in China kommt aus dem Buddhismus. Jedoch sind die buddhistischen Drachen nicht seit der Entstehung des buddhistischen Glaubens im 6 Jhdt vZ aufgetaucht, sondern gehen ihrerseits auf ältere Vorstellungen zurück. Besonders häufig finden sich buddhistische Drachendarstellungen und Skulpturen in Tibet. Kein Tempel kommt ohne den Nachweis aus, dass der Buddhismus eine Drachen-Religion ist.

Auf meinen Reisen durch Tibet, Nepal und China ist mir immer wieder aufgefallen, dass der Drache oft in der buddhistischen Kunst dargestellt wurde. Aber gerade in Tibet und Nepal hat das Christentum niemals einen bedeutenden Einfluss ausgeübt. Der Leviathan und der Drache aus der Bibel sind dort völlig unbekannt.

Der chinesische Buddha wird oft als Beherrscher oder Freund des Drachen dargestellt. Die Frage ist wer wen beherrscht.

Chinesische Skulpturen und Gefäße der letzten zweitausend Jahre weisen häufig das Drachenmotiv auf. Dabei finden sich nicht selten Darstellungen, die eine gewisse Ähnlichkeit mit Sauriern aufweisen. *21 Drachen haben gerade wegen ihrer immer wieder von der menschlichen Überlieferung hervorgehobenen Merkmale der Macht auf Flaggen, Wappen und Königsinsignien Verwendung gefunden.

Die Wappen Südvietnams und Hongkongs, wo der britische Löwe und der chinesische Drachen sich schlüssig ergänzen, zeigen ebenso Drachen wie die Kaiserflagge Chinas. Die hohe symbolische Bedeutung der Drachen in Verbindung mit ihrer dekorativen Bildhaftigkeit lässt sie auch für Bauwerke geeignet erscheinen. Das Staatswappen Macao hat einen Drachen im Wappen, der einen portugiesischen Vater und eine chinesische Mutter hat, denn auch Portugal hat den Drachen im vollständigen Staatswappen. *22 „San Jorge" ist niemand anders als St Georg, der Drachenkämpfer. Die portugiesische Kolonialmacht dürfte sich in China einem übermächtigen Drachen gegenüber gesehen haben.

Von den Drachen in Korea heißt es ebenso wie von der japanischen Variante, dass sie in Flüssen, Seen und im Ozean lebten. Ob auch die Bewohner des Sees Cheonji in Japan daran dachten, den Tourismus anzukurbeln, scheint eher unwahrscheinlich, zumal es auch dort noch vor der Industrialisierung Japans Sichtungen geben hat. *28 Eine Befruchtung von Schottland kann es also nicht gegeben haben. Es soll sich dort bei den schwimmenden Monstern nicht um Einzeltäter gehandelt haben. Ein weiterer Fundort für japanische Saurierartige ist der Ikeda-See.

Afrika und Amerika

Drachen fehlen auffälligerweise in Afrika. * 24 Das scheint umso erstaunlicher zu sein, als gerade die afrikanischen Völker reich an fantasiereichen Erzählungen sind und der Aberglaube stark ausgeprägt ist. Warum haben die Afrikaner keine Drachengeschichten erfunden? Vielleicht ist die einfachste Erklärung: weil es dort keine Drachen gab. Afrika ist kein Land, das die Eiszeit sah, es gibt keine eiszeitlichen Seen. Damit auch kein Lebensraum für Drachen. Bis auf eine Ausnahme. Die Ayida Hwedo ist in Westafrika auch als Göttin des Regenbogens und des Feuers bekannt, obwohl sie angeblich Hitze nicht liebte. Sie galt als Fruchtbarkeitsgöttin auch als Herrin der Schlangen. Ihre Darstellung als Drache geht aber auf die Legende zurück, dass sie als Drache dem Schöpfergott Nanu-Buluku als Reittier diente. Er bestimmte das Meer zu ihrem Lebensraum. Wie bei allen Überlieferungen Schwarzafrikas ist nicht bestimmbar, wo sie ihren Ursprung nahmen. Das Drachenmotiv könnte daher eine relativ späte Hinzufügung sein.

Nach den Pygmäenstämmen des Kongo gibt es ein Mokele-Mbembe genanntes Tier, das in den Urwäldern Zentralafrikas leben soll. Die Beschreibung dieses Tieres weist Merkmale eines Sauriers auf von der zweifachen Größe eines Elefanten. Mokele-Mbembe bedeutet in der Lingala language „der den Fluss nicht weiter fließen lässt".

Man nimmt an, dass die Besiedlung Amerikas über die Beringstraße erfolgte. Zu späterer Zeit ist Amerika aber immer wieder aus Europa besucht worden. Kamen so auch die Drachensagen nach Amerika? Das ist eher unwahrscheinlich.

Was in der spanischen Sprache in Mittel- und Südamerika als „dragon" eingeführt worden ist, muss man nicht notwendigerweise auf einen Drachen beziehen, zumal die bekannten Glaubensbilder der altamerikanischen Indianervölker Mittelamerikas über die gefiederten Schlangengötter Quetzalcoat, Kukulkan und Kukulmatz, sowie Amaru in Südamerika eher als Riesenschlangen beschrieben werden. Sie werden auch als „gefiederte Schlange" bezeichnet. *25 Der Huaca del dragon auf einem indianischen Flachrelief in Chimu, Peru, das aus der Zeit vor dem 15. Jhdt. stammt, zeigt eine zweiköpfige Schlange als Symbol für Wasser und Fruchtbarkeit. Um das Hauptmotiv herum angeordnet sind weitere Fabelwesen.

Dem atztekischen Codex Borbonicus zufolge war es eine ziemlich große gefiederte „Schlange". Die Darstellung stammt aus der Zeit der spanischen Invasion und wurde von aztekischen Priestern angefertigt. * 26 Die ähnlichen Darstellungen des Kukulkan bei den Maya verweist auf eine gemeinsame Überlieferung, die eindeutig auf die Zeit vor Ankunft der spanischen Eroberer verweist. Im Art Institute, Chicago befindet sich ein Hocker, der aus der Zeit 100vZ-800uZ in Costa Rica gefertigt worden sein soll. Er hat einen Drachenkopf integriert, der eine große Ähnlichkeit mit einem Schädel eines Tyrannosaurus Rex hat. Das sind aber visuelle Eindrücke.

Bei der Vorstellung der Inka über den Amaru-dragon taucht wieder das Element der Weisheit und des Wissens auf, das oft mit dem Drachen in Verbindung gebracht wird. Es gibt auch einen weiblichen Drachen Pachamama, der zugleich als Fruchtbarkeitsgöttin verehrt wurde. Die Inkadrachen waren geflügelt, schlangenartig, hatten bemerkenswerter Weise einen Fischschwanz und Schuppen.

Auch der Amaru-Drache der Andenstaaten wird wie in Westafrika nach der Legende mit dem Regenbogen und der Fruchtbarkeit in Verbindung gebracht. Das kann kein Zufall sein. Die bekannte geschichtliche Vergangenheit, die Südamerika und Westafrika gemeinsam haben, sind die westafrikanischen Negersklaven, die aber eben gerade nicht in die Andenstaaten verbracht worden sind, und die Kolonisierung durch Portugiesen, die ebenfalls eben gerade nicht die Andenstaaten erreichte. Wenn die Archäologie sich nicht irrt, stammen die Abbildungen des Amaru aus der Zeit vor der Kolonialisierung durch die Spanier.

Die Vorliebe der Drachen in der nördlichen Hemisphäre Amerikas gilt eindeutig den Gewässern. Der kanadische Okanagan See ist Heimat des legendären Seeungeheuers Ogopogo, der in seiner modernen Adaptation die Gestalt eines Drachen annimmt.

Es ist unbekannt wie lange Ogopogo (auch „Naitaka", was „Seeschlange" bedeutet) schon im Okanagan Lake in der kanadischen Provinz British Columbia haust. ***27** Die Angaben über seine Größe schwanken. Der einheimische Indianerstamm der Okanagan setzte dieses schlangenähnliche Wesen mit einem Dämon namens N'ha-a-itk gleich. Immerhin war der in der Lage, sein Revier zu verteidigen, denn wenn sich ein Boot seinem Wohnsitz auf der Rattlesnake Island näherte, versenkte er es mit einem Schwanzschlag oder den Wellen, die er erzeugte. Dieses Verhalten kennt man nur von Walen. Der indianische Leviathan war jedoch außerdem in der Lage durch Pusten einen Sturm zu erzeugen. Das erinnert an den biblischen Leviathan, denn *„In seinem Hals wohnt Stärke, und vor ihm hüpft die Angst her."* (Hiob 41,14).

Angebliche Sichtungen des Ogopogo ab 1872 sind vermutlich eher als Folge des Besucheranstiegs und der unkontrollierten Einbildungskraft zuzuschreiben, denn keine der Sichtungen vermochte exakte Beschreibungen zu hinterlassen.

Auch im Falle des amerikanischen Champlain Lake hielt man es für geschickt, von sich Reden zu machen. Aber auch hier gibt es alte Sagen. In diesem Fall sind es die Indianer vom Stamm der Irokesen und Abenaki, die das „Tatoskok" und „Chaousarou" ganz bestimmt nicht mit einem Baumstamm oder Biber verwechselt haben. Auch der Eriesee ist ein nacheiszeitlicher See, den die Indianer der unbewiesenen Beherbergung eines Monsters verdächtigen. Aber für Indianer ist ja schon eine Eisenbahn ein Eisenross, warum sollten sie dann zuverlässige Zoologen sein? Die Erfahrung lehrt allerdings, dass Beobachtungen von Naturvölkern immer eine ernstzunehmende Grundlage haben.

Soweit ein Überblick über Drachengeschichte, die vom Christentum nicht nachhaltig berührt wurde.

Drachensagen mit christlichem Bezug

Die St. Georgslegende

Es ist aber nicht weniger erstaunlich, dass es auch im Umkreis des Christentums Drachensagen gibt. Sollte man es sich nicht an der Nüchternheit des christlichen Glaubens, wie er in den Schriften des Neuen Testaments zum Ausdruck kommt, genügen lassen. Wozu diese Kindereien über Fabelwesen, die selbst den Brüdern Grimm zu abwegig waren, als dass sie sie in ihre Märchensammlung übernahmen? Die alles überragende, weil weltweit verbreitete und zumindest in jedem europäischen Land bekannte Drachenlegende christlicher Überlieferung ist die St. Georgslegende. Was an dieser Legende christlich ist, hat aber möglicherweise mit ihrer

Entstehung nichts zu tun. Alles was an diese Legende christlich ist, ist nämlich lediglich die Tatsache, dass der gute Georg ein Christ war. Und er selbst, der als Märtyrer im 4. Jhdt sein Leben verloren haben soll, wusste nichts davon, dass man ihm 800 Jahre später mit der Tötung eines Drachen in Verbindung gebracht hat. Wieso es dazu kam, muss ungeklärt bleiben. Die Legende selbst sieht Georg als edlen Ritter, der eine jungfräuliche Königstochter, die vom Volkswillen geopfert werden sollte, vor dem Drachen rettete und mit der Tötung des Drachen zugleich das Land erlöste. Es soll sich bei der Stadt um Silena in Libyen gehandelt haben. Also doch noch eine afrikanische Drachenlegende! Der Drachenkampf ist der mutige Kampf gegen das Böse, dem jeder edle Ritter sich stellen muss. So gesehen dürfte die Legende gerade für die im Heiligen Land gegen die Übermacht der Muslime meist auf verlorenem Posten stehenden Kreuzritter zur Motivationsfindung gedient haben. Der Drache ist der Islam. Die Jungfrau ist Jerusalem. Doch ist das wiederum pure Spekulation.

Ein Land hat sich gleich nach ihm benannt. St. Georg ist natürlich der Schutzheilige von Georgien. St. Georg wird immer mit dem Drachen abgebildet. So auch auf dem Wappen Georgiens. Dieses Amt des Schutzheiligen übt er auch in England aus. Das sogenannte Georgskreuz findet sich im Stadtwappen von Freiburg, Koblenz, Montreal, Padua, Barcelona, Mailand, Genua und London usw. Mit dem Junion Jack hat das Georgskreuz im gesamten Bereich des British Commonwealth Eingang gefunden, so z.B. auch auf den Wappen der kanadischen Provinzen. Auch der Ritterorden vom Heiligen

Grab zu Jerusalem benutzt das Georgskreuz. Es ist auf dem Wappen vieler Fürstenhäuser, Städte und Staaten. Z.B. Englands, Schottlands, Serbiens und sogar des FC Barcelona. Das Staatswappen Islands hat das Georgskreuz und den Drachen. Ebenso die City of London. Darunter steht zu lesen: „Domine, dirige nos" – ob das ernst gemeint ist? Wer den Leviathan so nett bittet, wird doch wohl auch

Gehör finden! Das „Herr führe uns!" soll sich natürlich auf Gott beziehen. Ein Widerspruch, denn St Georg, dessen Kreuz abgebildet ist, würde Drachen bekämpfen und sie nicht als Machtsymbole benutzen.

Diese heraldische Zusammenstellung zeigt vielleicht aber den ganzen Widerspruch des Christentums an. Einerseits benutzt man den Drachen, wegen seiner Macht und Stärke, andererseits bekämpft man ihn, weil er das Böse verkörpert, was allen Christen bekannt ist, weil auch der Satan Drache genannt wird. Was will man also? Drachen großziehen, oder bekämpfen? Satan nachfolgen oder Gott, der in Jesus Christus auch die Macht Satans gebrochen hat? Er ist also der wahre und einzige wirklich erfolgreiche Drachentöter! Wer das übersieht, macht sich empfänglich für eine irreleitende Geschichtsbetrachtung. Der Drachen der Mariensäule vor dem Münchner Rathaus, die 1638 aus Dank für die Verschonung Münchens im Dreißigjährigen Krieg errichtet wurde, ist vielleicht ein Symbol dafür, denn die Verschonung wurde von dem Protestanten König Adolf von Schweden gewährt, nicht von Maria.

Noch häufiger als das Georgskreuz findet man St. Georg selbst. In tausenden Kirchen findet man St. Georgsbildnisse, hunderte Kirchen sind dem St. Georg geweiht. Statuen des St. Georg findet man in ganz Europa, tausende Wappen zeigen ihn. Auf unzähligen Plätzen und Brunnen steht er. So vielen schien es wichtig zu sein, sich mit dem Mut und Heldentum eines St Georg dem Bösen zu stellen. Eigentlich zeigt die Verwendung dieses Bildes, dass man dieser als recht und gut erkannten Forderung nicht nachkommt, denn wenn etwas selbstverständlich ist, braucht man es nicht in Stein hauen und auf Leinwand aufmalen. Es gibt unzählige Briefmarken mit dem St. Georg, was beweist, dass die nicht religiöse Welt die Bedeutung der Legende zu würdigen weiß.

Rund um die Welt gibt es St. Georgskirchen, z.B. in Äthiopien, Indien. Allein in Moskau (rechts) wurden 40 Kirchen ihm gewidmet. Und natürlich gibt es auch in Jerusalem eine St. Georgskirche. Das St. Georgs Motiv schmückt viele tausend Kirchen weltweit auf Bildern oder als Glasfenster. St Georg ist Schutzpatron vieler

Städte und wird auch in Festen gefeiert. *28 Der Drache ist häufig in die christlichen Glaubensbereiche eingedrungen, ohne dass es sicher gesagt werden kann, ob er sich nicht unchristlich häuslich eingerichtet hat. In Münchens Mitte steht auf einer hohen Säule die Maria, gekrönt und mit Zepter, die ihrerseits auf einer Mondsichel steht. Am Fuß der Säule wird unter Hinweis auf Psalm 91,13 ein Engel dargestellt, der mit einem Drachen kämpft („Et draconem conculcabis"). Die Katholische Kirche glaubt die heidnische Symbolik, die in Himmelskönigin-Mondgott-Drachengott geschlossen ist, durch christliche Inhalte überlagert zu haben. Kritiker der Kirche würden sagen, sie kennt ihren Erzeuger nicht. Aber Gott kennt ihn.

Es scheint natürlich eine absurde Vorstellung zu sein, dass es in christlicher Zeit einen Heiligen gegeben haben soll, der mit einem Drachen gekämpft hat, auch wenn das der Sage zugrundeliegende Motiv ein durch und durch christliches gewesen sein kann, denn in der volksfrömmigen Vorstellung widersteht und bezwingt ein „Heiliger" den Drachen Satan. Die ursprünglich heidnische Erzählung von Siegfried bzw. Sigurd wurde vielleicht dem Leben des Heiligen Georg übergestülpt. Soll das heißen, dass es Christen mit der Wahrheit nicht immer so genau nehmen? Wenn ja, dann natürlich nur, weil sich Lügen mitunter besser verkaufen lassen als die Wahrheit. Abstrakte Wahrheiten meint man manchmal in ein kindisches Gewand verpacken zu müssen.

Was die meisten nicht wissen, Berichte von Sichtungen solcher „Monster" gibt es von vielen Seen aus der ganzen Welt. Sofern es sich um sehr alte Überlieferungen handelt, kann der Wahrheitsgehalt darin gesehen werden, dass über Generationen hinweg die Überlieferung lebendig geblieben ist, weil in grauer Vorzeit einmal entsprechende Sichtungen und Begegnungen gemacht worden sind. Typische Fälle von Hörensagen, wo die Quelle des Gehörten unsicher ist bzw. einen unbekannten Ursprung hat.

Die erste bekannte Erwähnung des Seeungeheuers von Loch Ness ist auf das Jahr 565 datiert. Angebliche Sichtungen seit dem 19. Jhd. „kranken" daran, dass man inzwischen die Fossilkunde und Nachbildungen kennt.

Mhorag, gälisch für „Geist des Sees", auch Morag genannt, ist der Name eines plesiosaurierähnlichen Seeungeheuers, das angeblich im Loch Morar haust. Manipogo ist der Name eines Seeungeheuers, das angeblich im kanadischen Manitobasee leben soll. Offensichtlich ein Vetter des Ogopogo.

Der Lagarfljótwurm (isländisch Lagarfljótsormurinn), ist eine Art Riesenschlange, die den Lagarfljót-See bei der isländischen Stadt Egilsstaðir bewohnt. Sichtungen sind bis ins Jahr 1345 bekannt. Auch dieses Relikt, das die Eiszeit überlebt zu haben scheint, ist ziemlich pressescheu. Bei all dem Rummel, den ihr Auftauchen verursachen würde, kann man das verstehen.

In der Beschreibung des „Apostels der Grönländer", Hans Egede aus 1729 in „Det gamle Grønlands nye Perlustration" gab es riesige wasserspeiende Seeschlange. Nur Seemansgarn? Grönlandfahrer, die Wale mit Seeschlangen verwechseln?

Die Norweger wollten nicht zurückstehen. Sie tauften das im Seljordsvatn See angeblich gesichtete schlangenähnlichen Seeungeheuer Selma. Und sie bildeten auf ihrem Wappen von Seljord einen Drachen ab, was sich sicherlich touristisch nicht nachteilig auswirkt.

Artefakte

Es ist zu erwarten, dass wegen der kommerziellen Ausrichtung so vieler Menschen auch Fälschungen von Artefakten in Umlauf sind. Das gilt vor allem für den südamerikanischen Markt. So sind die Funde von Ica und Ocucaje wahrscheinlich als unecht anzusehen. Es handelt sich dabei um bis zu Faustgröße große Steine mit Saurierdarstellungen. Es ist jedoch nicht auszuschließen, dass hier der gleiche Fall vorliegt wie mit den altägyptischen Skarabäen. Da die Einheimischen und die Anstifter aus dem Westen ein Geschäft witterten, wurde dem Antiquitätenhandel eine Vielzahl von nachgemachten Erzeugnissen hinzugefügt. Das Ergebnis von

solchen Machenschaften kann leider auch sein, dass echte Funde in der Masse
der Fälschungen untergehen.

Die Anzahl der in Peru und andernorts erst seit den sechziger Jahren des vorigen
Jahrhunderts aufgetauchten Steine mit Gravuren von Sauriern geht in die Zigtau-
sende. Wenn hier nicht eine Fälscherindustrie dahintersteckt, dann wäre es erstaunlich, dass man in anderen Weltteilen verhältnismäßig wenige vergleichbare
Artefakte entdeckt hat. Daher ist solchen „Funden" mit der notwendigen Skepsis zu
begegnen.

Keine Fälschungen sind die Respektlosigkeiten, die man den Drachen in der Neu-
zeit entgegenbringt, indem man sie ganz nach Belieben mit dem Bösen gleichsetzt.
So haben die Holländer eine Briefmarke herausgebracht, wo der niederländische
Löwe den Nazi-Drachen besiegt. Das zeigt, dass Drachenmythen zwar einen rea-
len historischen Kern haben können, der aber nicht unbedingt etwas mit echten
Drachen zu tun haben muss.

Das Rätsel um die Drachen bleibt bestehen. Allerdings gibt es für Menschen, die
die Bibel als wahres Wort Gottes verstehen, keine Frage, ob drachenähnliche Tiere
mit Menschen zusammen vorgekommen sind. Wie ich oben versucht habe nachzuweisen, gibt es genügend außerbiblische Überlieferungen, die alle in Hiob 41
beschriebenen Merkmale des Leviathans aufweisen. Dass dies kein Zufall ist, darf
angenommen werden. Somit steht die Behauptung der Schulwissenschaft, dass es
niemals Saurier bzw. Drachen gemeinsam mit Menschen gab auf wackligen Beinen. Aus biblischer Sicht ist sie eindeutig zurückzuweisen.

Anmerkungen zu Kapitel 3 - Drachenhistorie

1

In der Karolingischen St. Gallen Stiftsbibliothek, Cod. 22, saec. IXex, S. 140,
Psalterium Aureum, gibt es eine Illustration zu Ps 60 (Feldzug des Joab) einer
Panzerreiterei aus dem 9. Jhd., mit einer Dracostandarte. Die Dracostandarte mit

dem fliegenden Drachen übernahmen die Römer von ihren dakischen Gegnern im Osten des Reiches.

2

Die Republik gab 1997 eine Briefmarke zum Gedenken an den Lindwurm von Klagenfurt. Oder zur Erinnerung an die Sage?

3

In der slawischen Mythologie wurden Drachen auch als „zmey" bezeichnet (Bulgarisch und Russisch: змей, Mazedonisch: змеj, Polnisch: żmij, Ukrainisch: змій, Kroatisch und Slowenisch: zmaj.). So heißt er auch bei den Serben (змаj). Es ist die maskuline Form des Wortes, das in seiner femininen Form „Schlange" bedeutet.

4

Tatarisch: Жылан oder تناليز, russisch: Зилант, asserbaidschanisch: İlan.

5

Man nimmt an, dass die Illias aus dem 8. Jahrhundert vZ stammt.

6

Vgl. Vatikan, Sala di Constantino, Palazzi Vaticani, Rom, 1510.

7

Sichtbar über der Tür zum Kalendersaal im Vatikan.

8

Inschrift der päpstlichen Medaille: GREGORIUS XIII PONT(IFEX) OPT(IMUS) MAXIMUS ANNO RESTITUTO MDLXXXII. Die alten Römer führten in ihren Triumphzügen ihre Feinde vor, manchmal auch mit abgeschlagenen Köpfen. Die Drachen des Vatikan sehen hingegen recht munter und zufrieden aus, als ob sie das bekommen, was sie gewollt haben.

9

Z.B. als Schmuck an den Burgen der BorgheseMonte Compatri, Monte Porzio Catone.

10

Drachen sind auch auf dem Dach der Eingangspropyläen zur Villa der Borgheser. Es gibt auch Münzev von Paul V mit dem Drachen-Wappen

11

Z.B. an den Fassaden der Kirchen San Gregorio Magno al Celio, 1629-1633 und San Crisogono, 1626 in Rom oder als Mosaik in San Crisogno.

12

Man findet diese Drachenart z.B. im San Anton Museum, La Coruña, Spanien, als Relief aus dem 14. Jahrhundert oder als Skulptur aus dem 16. Jahrhundert an der Kathedrale von Oviedo.

13

Das Buch der Könige, das um 1010 zu entstand.

14

Dazu gibt es eine Miniatur aus dem Schähnäme, Schiraz-Schule, 1371, Topkapı Sarayı-Bibliothek, Istanbul.

15

Ein komplettes Apatosaurus-Skelett findet sich im American Museum of Natural History, New York.

16

Ein Kalksteinrelief aus 1050-850 vZ ist in Malatya erhalten. Es befindet sich Museum für Anatolische Zivilisationen in Ankara, Türkei.

17

Ein Schädel des Triceratops kann im Senckenbergmuseums, Frankfurt besichtigt werden.

18

Da der Tempel 1815 eingeweiht wurde, bleibt nur die Hoffnung, dass in Vergessenheit geraten ist, dass der Wasserspeier erst einhundert Jahre später gebaut worden ist, sonst hätten diejenigen, die sagen, dass der Triceratops vor 60 Millionen Jahren ausgestorben ist, ein Problem.

19

Ein vollständiges Skelett ist im Senckenbergmuseum, Frankfurt ausgestellt. Die Ähnlichkeit liegt in den Rückenfortsätzen, der Körper auf der Skulptur ähnelt im Vorderteil eher einem Triceratop oder Nashorn.

20

Harmonielehre des Feng Shui.

21

Man vergleiche z.B. eine Jade-Skulptur aus der Shang Dynasty, 1766 - 1122 vZ, mit dem Saurolophus Skelett im Field Museum of Natural History in Chicago. Oder aus dem 2.Jhdt., aus der Han Dynasty, eine Bronze, mit Drachenschnabel, die dem Schädel eines Sauropoden im Museum of Fine Arts, Boston, nachgebildet zu sein scheint.

22

Meist ist das Wappen ohne die Drachen dargestellt. In der vollständigen Version säumt jeweils ein Drachen links und rechts das Wappen.

23

Im Musée des Arts Premiers, Paris wird ein Brustpanzer eines Samurai des Ikeda-Clans aus dem 18. Jhdt mit einer Drachenabbildung gezeigt.

24

Zwar feierten Guinea-Bissau und Nachbarstaat Guinea das Jahr des Drachen 2012 mit einer Briefmarke, aber darauf sind nur chinesische Drachen abgebildet.

25

Eine Abbildung befindet sich am Tempel des Quetzalcóatl, Teotihuacán, Mexiko. Interessanterweise sollen nach neusten wissenschaftlichen Erkenntnissen die Saurier mit Gefieder ausgestattet gewesen sein, weshalb man Vögel als noch lebende Saurier bezeichnet.

26

Der Codex Borbonicus, befindet sich ebenso wie der Codex Telleriano-Remensis mit einer ähnlichen Darstellung des Quetzalcoatl in der Bibliothèque nationale de France, Paris und stammen aus dem 16. Jhdt.

27

Der Ogopogo ziert das Wappen der kanadischen Stadt Kelowna. Auch der einheimische Eishockkeyclub hat ihn im Emblem.

28

Z. B. in Italiens Ferrara, wo ein Palio, Pferderennen alljährlich stattfindet, daneben Feste in Bangalore, Indien und Akko, Israel.

Literaturverzeichnis

Gerhard Charles Aalders, „Genesis", 1936

James Barr, „The Semantics of Biblical Language", 1961

John Barrow/ Frank Tipler, „The Anthropic Cosmological Principle", 1986

Horst W. Beck, „Genesis. Aktuelles Dokument vom Beginn der Menschheit", 1983

Michael J. Behe, „Darwins Black Box", 2007

Olaf Benzinger/ Brigitte Röthlein, „Schrödingers Katze", 1999

Susanne Bickel, „Die Verknüpfung von Weltbild und Staatsbild", 2009

Michael Brandt, „Vergessene Archäologie", 2011

Reinhard Breuer, „Das anthropische Prinzip", 1984

Buber-Rosenzweig „Die Schrift", 1992

Gale E. Christianson, „Edwin Hubble: Mariner of the Nebulae", 1996

David J. Clines, „The Dictionary of Classical Hebrew", 1993

William L. Craig, „Die Existenz Gottes und der Ursprung des Universums", 1989

Arthur Custance, „Without Form and Void", 1970

John Dalton, „A New System of Chemical Philosophy", 1808

Charles Darwin, „Die Abstammung des Menschen", 1873

Paul Davis, „Gott und die moderne Physik", 1986

Owen Edwards „Expanding Universe. Photographs from the Hubble Space Telescope",   2018

Helmuth Egelkraut, „Das Alte Testament: Entstehung, Geschichte, Botschaft", 2017

Weston W. Fields, „Unformed and Unfilled", 1978

Ernst Peter Fischer, „Die Hintertreppe zum Quantensprung", 2012

Frank E. Gaebelein/ Richard P. Polcyn „The Expositor's Bible Commentary", 1990

Werner Gitt, „Signale aus dem All", 1993

John Gribbin/ Martin Rees, „Ein Universum nach Maß", 1994

Hermann Haken/Hans Christoph Wolf, „Atom- und Quantenphysik", 2004

Gerhard F. Hasel, „The 'Days' of Creation in Genesis 1", 1994

Werner Heisenberg, „Der Teil und das Ganze", 2001

Werner Heisenberg, „Quantentheorie und Philosophie", 1986

Martin Hengel, „Judentum und Hellenismus", 1988

Francois Jacob, „Die Maus, die Fliege und der Mensch. Über die moderne Genforschung", 1998

Reinhard Junker, „Genesis, Schöpfung und Evolution", 2019

Reinhard Junker/Siegfried Scherer, „Evolution: Ein kritisches Lehrbuch", 2013

Reinhard Junker, „Spuren Gottes in der Schöpfung", 2018

Bernhard Kaiser, „Studien zur Fundamentaltheologie", 2005

Kenneth Kitchen, „Alter Orient und Altes Testament", 1966

Matti Leisola, „Evolution – Kritik unerwünscht!", 2017

John Locke, „A Letter Concerning Toleration", 1689

Kevin Logan, „Crashkurs: Schöpfung und Evolution", 2004

Keil, C. f. and F. Delitzsch, „The Pentateuch", 1973

Douglas F. Kelly, „Creation and Change", 1997

Klaus Koch, „Geschichte der ägyptischen Religion: von den Pyramiden bis zu den Mysterien der Isis",   1993

Udo Köhler, „Sündenfall und Urknall", 1983

Jakob Kroeker, „Die Schöpfung. Ihr Fall und ihre Wiederherstellung", 1985

Thomas Nagel, „Geist und Kosmos", 2016

Friedrich Nietzsche, „Antichrist", 1895

Gerhard May, „Schöpfung aus dem Nichts", 1978

Robert Mc Cabe, „Old Testament studies", 1999

Norbert Pailer, „Faszination Weltraum", 1998

Norbert Pailer, „Lichtwelten", 2011

Norbert Pailer, „Der vermessene Kosmos", 2019

Dieter Hoffmann, „Max Planck: Die Entstehung der modernen Physik", 2008

Markus Rammerstorfer, „Lebewesen und Design", 2010

Josef Reichholf, „Der Tropische Regenwald", 2010

Josef Reichholf, „Der unersetzbare Dschungel", 1991

Alexander Roberts „Ante-Nicene Fathers", 1917

Phil Robinson, „The Gap Theory'", 2013

Mark F. Rooker, „Genesis 1:1–3—Creation or Re-creation?" 1992

Erich Sauer, „The King of the Earth", 1962

Bradley Schaefer, „Astronomy and the limits of Vision", 1993

Friedrich Schopenhauer, „Parerga und Paralipomena", 1851

Roman Sexl/Herbert Schmidt, „Raum-Zeit-Relativität", 1979

Manfred Stephan, „Sintflut und Geologie", 2015

Manfred Stephan, „Der Mensch und die geologische Zeittafel", 2003

Andreas Suchantke, „Metamorphose: Kunstgriff der Evolution", 2002

Andreas Suchantke, „Partnerschaft mit der Natur", 1993

Ian Taylor, „In the Minds of Men: Darwin and the New World Order", 1991

Naftali Herz Tur-Sinai, „Die Heilige Schrift", 1954

David Toshio Tsumura, „The Earth and the Waters in Genesis 1 and 2", 1989

Henrik Ullrich & Reinhard Junker (Hrsg.), „Schöpfung und Wissenschaft", 2008

Merrill F. Unger, „Rethinking the Genesis Creation Account", 1958

Arthur Ungnad, Hugo Gressmann, „Das Gilgamesch-epos", 1911

Immanuel Velikovsky, „Worlds in collision", 1950

Bruno Vollmert, „Das Molekül und das Leben", 1985

Alexander vomStein, „Creatio", 2005

Bruce K. Waltke, Creation and Chaos", 1974

Claus Westermann, „Genesis", 1970

John C. Whitcomb, „The Early Earth", 1986

John C. Whitcomb/ Henry M. Morris. „The Genesis Flood: The Biblical Record and Its Scientific Implications", 1961

Markus Widenmeyer, „Welt ohne Gott?", 2015

Markus Widenmeyer (Hrsg.), „Das geplante Universum", 2019

Richard Wiskin, „Die Bibel und das Alter der Erde", 1994

Ludwig Wittgenstein, „Vortrag über Ethik", 1989